高等职业教育"十四五"规划教材
高等职业教育畜牧兽医专业教学资源库配套教材
高等职业教育在线开放课程新形态一体化教材

动物微生物与免疫

第 2 版

高月林　于学武　主编

中国农业大学出版社
· 北京 ·

内容简介

本书是高等职业教育畜牧兽医专业教学资源库配套教材、在线开放课程新形态一体化教材。本书内容包括细菌、病毒、其他微生物、外界因素对微生物的影响、传染、免疫学基础、变态反应、免疫学应用和实验实训，以“纸质教材＋数字课程”的方式呈现，内容丰富，资源多样，功能完备。知识点与相应学习资源直接对接，扫描二维码即可阅读，方便读者学习。线上学习资源包括视频、微课、动画、图片、在线测试等，大幅扩展教材容量，并可根据学科领域发展及时更新，体现新技术、新方法，巩固教材内容先进性。

本书既可以作为高等职业院校畜牧兽医等相关专业的教材，又可以作为社会学习者和企业员工进行专业学习的参考资料和培训用书。

图书在版编目(CIP)数据

动物微生物与免疫 / 高月林，于学武主编. --2 版. 北京：中国农业大学出版社，2024.9.（2025.2 重印）--ISBN 978-7-5655-3297-9

Ⅰ.S852

中国国家版本馆 CIP 数据核字第 2024PQ1775 号

书　　名　动物微生物与免疫　第 2 版

作　　者　高月林　于学武　主编

策划编辑　康昊婷　　**责任编辑**　康昊婷

封面设计　郑　川　李尘工作室

出版发行　中国农业大学出版社

社　　址　北京市海淀区圆明园西路 2 号　　**邮政编码**　100193

电　　话　发行部 010-62733489，1190　　读者服务部 010-62732336

编辑部 010-62732617，2618　　出　版　部 010-62733440

网　　址　http://www.caupress.cn　　**E-mail**　cbsszs@cau.edu.cn

经　　销　新华书店

印　　刷　北京溢漾印刷有限公司

版　　次　2024 年 9 月第 2 版　　2025 年 2 月第 2 次印刷

规　　格　185 mm×260 mm　　16 开本　　22.5 印张　　560 千字

定　　价　59.00 元

编审人员

主　编　高月林　于学武

副主编　邬立刚　陆玉良　禹海杰

编　者　于学武　内蒙古民族大学
王　箭　佳木斯市万达家合宠物医院
邬立刚　黑龙江农业职业技术学院
李　蕊　黑龙江省农产品和兽药饲料技术鉴定站
陆玉良　杭州动物园
范　辉　福建省将乐县畜牧兽医水产中心
郝春晖　辽宁农业职业技术学院
段龙川　温州科技职业学院
禹海杰　嘉兴职业技术学院
姚志兰　江苏农牧科技职业学院
高月林　黑龙江农业职业技术学院
郭子君　佳木斯市抚远市农业农村局
曹　娟　贵州农业职业学院
鲁兆宁　黑龙江农业职业技术学院

主　审　于　波　黑龙江农业职业技术学院
李　睿　东北农业大学
刘立新　佳木斯大学

学银在线助力智慧课堂

调用畜牧兽医专业教学资源库资源，海量在线资源任您选用。建设整合自有资源，快速构建在线开放课程。构建智慧交互教学过程，及时记录分析学习过程，打造以学生为中心的教学生态情景。

畜牧兽医专业教学资源库配套教材共有6类数字资源标注形式，当教材中出现相应图标时，可在在线开放课程中获取相关资源。

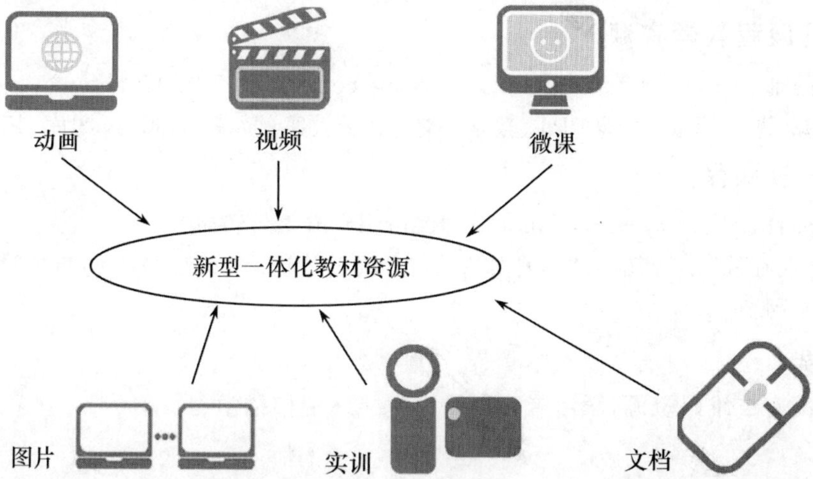

动物微生物与免疫

课程主持人：高月林

课程平台：学银在线(https://www.xueyinonline.com)

高等职业教育畜牧兽医专业教学资源库标准化基础课程

立体化教学资源

资源库示范课程教学资源

资源库网址：https://45552tzu.mh.chaoxing.com/page/246747/show

课程资源：课程标准、教学PPT、教学录像、电子教案、微课、动画、试题库、拓展资料。

学银在线开放课程

课程网址：https://www.xueyinonline.com/detail/236593407

登录“学银在线”平台，输入“高月林”，点击“搜索”，进入“动物微生物与免疫”在线开放课程进行在线学习。

二维码资源

本教材配有二维码资源，学习者可以使用智能终端扫描学习。

动物微生物与免疫知识树

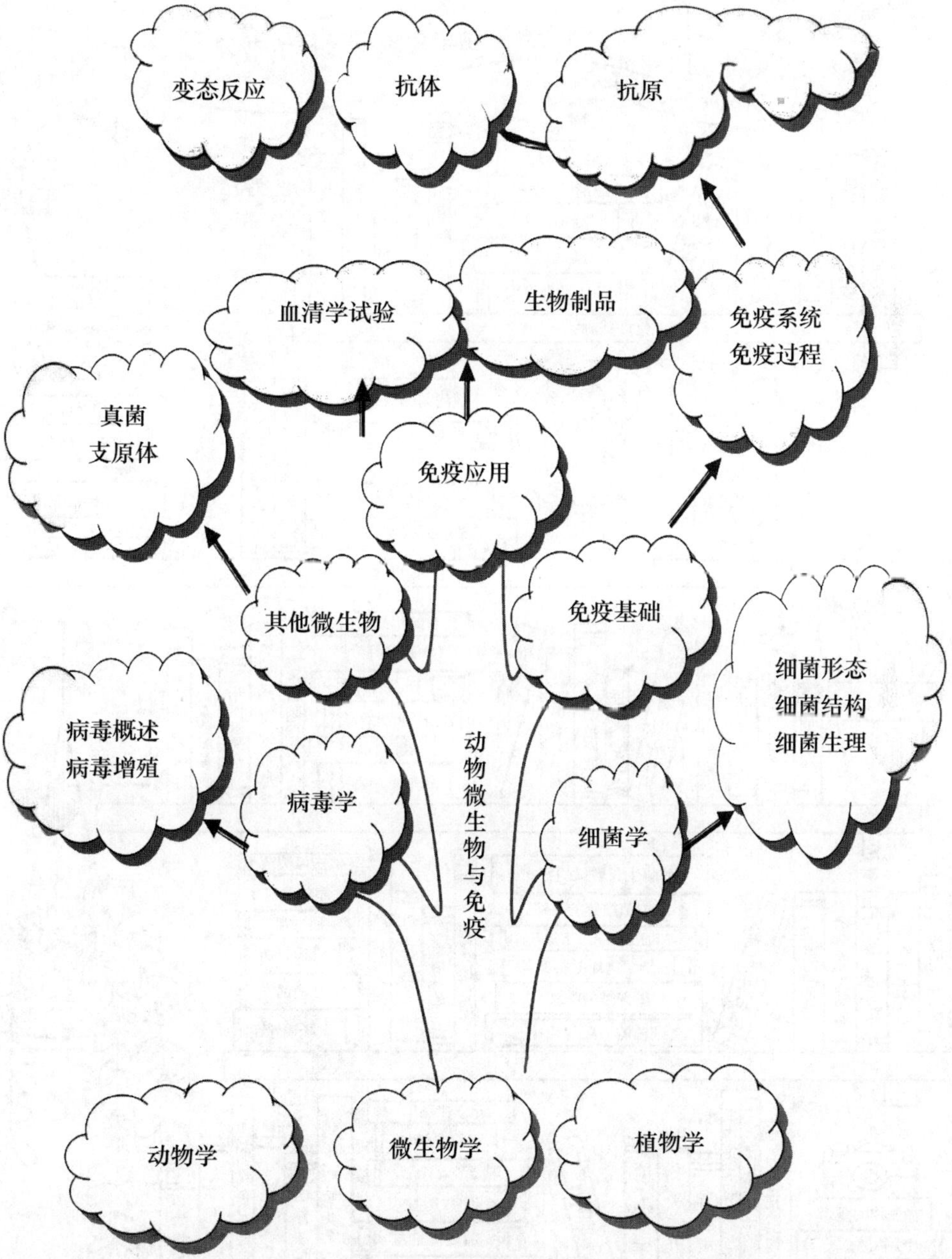

动物微生物与免疫学习打卡书架

前　言

本书是高等职业教育畜牧兽医专业教学资源库标准化基础课程“动物微生物与免疫”配套教材。为贯彻落实《中共中央办公厅 国务院办公厅印发〈关于深化现代职业教育体系建设改革的意见〉的通知》（中办发〔2022〕65 号）等文件精神，确立了深化职业教育供给侧结构性改革，坚持以人为本、能力为重、质量为要、守正创新，建立健全多形式衔接、多通道成长、可持续发展的梯度职业教育和培训体系，推动职普协调发展、相互融通，让不同禀赋和需要的学生能够多次选择、多样化成才；坚持以教促产、以产助教、产教融合、产学合作，延伸教育链、服务产业链、支撑供应链、打造人才链、提升价值链，推动形成同市场需求相适应、同产业结构相匹配的现代职业教育结构和区域布局的总体目标。国务院颁布《国家职业教育改革实施方案的通知》（国发〔2019〕4 号）（简称“职教 20 条”）明确提出，职业教育与普通教育是两种不同的教育类型。为了实现这一总体目标，必须以“面向全体、分类施教”的全新观念为指导，整体更新高等职业畜牧兽医专业教育体系的基本结构，进一步深化以职业教育为特色的专业教育，构建高等职业院校学生专业思维、工匠精神与技能实践联动的培养体系，紧密结合职业教育资源库线上线下混合教学模式，为落实创新驱动发展战略提供强有力的人才保障和智力支撑。

近年来，本书编写团队与东北农业大学、内蒙古民族大学、黑龙江省农产品和兽药饲料技术鉴定站、佳木斯市抚远市农业农村局、佳木斯市万达家合宠物医院、福建省将乐县畜牧兽医水产中心等知名单位合作进行了多次学术交流与研修培训，吸收并借鉴了大量优秀的经验，在全国高等职业教育畜牧兽医专业教学指导委员会的指导下，联合编写本书。本次修订针对书中存在的错误和遗漏进行了修改和增补，根据学科发展更新了内容和数据，丰富了媒体资源形式和内容，具有新形态教材的显著特征，具体特色如下。

1.理论价值和专业知识结合

为贯彻落实党的二十大精神与全国高校思政工作会议精神，积极推动思想政治理论与专业知识结合的改革创新，本书每一节教学内容都结合知识点设置了“素质考核目标”，每一项目结合真实案例设置了“思政淬炼”栏目，巧妙地把思想政治教育与畜牧兽医专业教育的价值性和知识性相结合，把思政育人同创新实践结合起来，培育学生以人为本、服务社会、报效祖国的历史使命感。

2.思维意识与方法技能合一

本书内容立足当今畜牧行业对人才的需求标准和发展趋势，将畜牧兽医专业人才培养从需求出发，贯通以学生为中心的教育理念，侧重动物微生物理论知识和动物疫病检验能力双向培养的教学模式。逐级建立微生物与免疫的科学逻辑体系，由微生物的一般认知到特点掌握，再到方法流程与实践行动，最后落脚在微生物检验与验证能力上。

3.学习任务表单活页式编排，新颖易用

为落实“职教 20 条”提出的活页式教材要求，本书针对实训内容，引入了大量的任务训练内容，采用表单活页式编排，形式生动新颖，内容灵活易用。任务表单中既有训练学生实验实训能力的知识学习活动，也有引导学习小组进行综合训练的项目行动，并配合操作视频，让学生深入理解每一个学习任务在实际工作中的意义。

4.跨界创新与“互联网 +”混合驱动

动物微生物与免疫本身属于多学科交叉的一门课程，因此在教学定位上将本书定位为畜牧兽医相关专业的通识教材，在实际的教学实践中也鼓励学习者跨专业组建团队进行实践。本书配合高等职业教育畜牧兽医专业教学资源库使用，可以实现线上线下混合式教学、自主学习、翻转课堂等教育创新实践，适用范围广泛，多元混合驱动。

本书由高月林、于学武担任主编。全书共分为 9 个项目，绪论和项目一由高月林编写，项目二由于学武编写，项目三由邬立刚编写，项目四由禹海杰编写，项目五由曹娟、郭子君、范辉编写，项目六由段龙川、王箭编写，项目七由李蕊、郝春晖编写，项目八由姚志兰编写，项目九由陆玉良、鲁兆宁编写。本书大纲的编写，内容总体设计及最后的统稿与定稿由高月林完成。

本书在编写过程中，荣幸地获得了国家级教学成果一等奖获得者、黑龙江农业职业技术学院于波教授高屋建瓴的指导，也得到了东北农业大学动物医学学院李睿、佳木斯大学药学院刘立新的鼎力支持，以及中国农业大学出版社康昊婷老师的帮助。此外，本书在编写过程中还参考了大量的书籍、文献等相关资料，通过互联网收集了相关资源，引用了多位专家学者的著作和研究成果。在此，谨对他们表示衷心的感谢。

由于行业发展十分迅速，涉及的内容具有较强的前瞻性与时效性，加之编写时间与作者水平有限，本书的疏漏与不成熟之处在所难免，恳请各位读者批评指正，不吝赐教。

欢迎与我们联系！作者信箱：64418182@qq.com（高月林）。

编 者

2024 年 1 月

目　录

微课视频索引

绪　论

学习目标

知识目标

(1)掌握微生物的概念;了解微生物的分类。

(2)理解微生物的特点。

(3)明确微生物学的发展历程。

能力目标

(1)根据微生物的结构特点,能够说出微生物的分类。

(2)能够正确地向同学们介绍微生物的特点。

(3)可以绘制微生物学发展史的年代大事记。

素质目标

(1)培养热爱科学、精益求精的工匠精神。

(2)培养分析思考、自主学习的能力,建立科学思维和系统思维。

二维码 0-1　动物微生物与免疫绪论

任务分析

表 0-1　动物微生物与免疫绪论任务单

任务名称	动物微生物与免疫绪论	
任务描述	能够说出微生物的概念;了解微生物的分类;掌握真核细胞型微生物、原核细胞型微生物、非细胞型微生物的分类标准;能够说出微生物的特点;简单介绍微生物学的发展历程。	
完成条件	智能手机,多媒体教学设备。	
任务资讯	资讯问题	参考资料
	1. 微生物是什么? 2. 微生物可以分为哪些类型? 3. 微生物的特点有哪些? 4. 列举微生物学发展过程中的著名科学家及其主要贡献。	[1]中国农业科学院哈尔滨兽医研究所. 兽医微生物学[M]. 2 版. 北京:中国农业出版社,2013. [2]胡桂学. 兽医微生物学[M]. 北京:中国农业大学出版社,2018. [3]杜念兴. 兽医免疫学[M]. 2 版. 北京:中国农业出版社,1997.

续表 0-1

	知识考核	能力考核	素质考核
考核标准	1. 查阅相关资料，完成资讯问题。 2. 准确回答任务测试题。 3. 规范书写任务总结。	1. 能准确说出微生物的概念。 2. 能准确说出微生物的分类。 3. 能准确讲述微生物的特点。 4. 能大致描述微生物学发展史。	1. 热爱专业，知道科学家精神内涵。 2. 建立岗位责任感和荣誉感。 3. 训练表达能力和文字综合能力。 4. 建立科学思维和系统思维。
	注：在实际考核过程中，教师可根据具体的考核标准确定优秀、良好、及格和不及格。 90～100 分为优秀；80～89 分为良好；60～79 分为及格；60 分以下为不及格。		

任务实施

一、微生物与动物微生物学

微生物是自然界中肉眼不能直接看到，必须借助于光学显微镜或电子显微镜放大几百倍、几千倍甚至几万倍后才能观察到的低等微小生物。一个细菌肉眼不能看到，大量细菌聚集成群体（菌落或菌苔）时肉眼可见。为了观察微生物的结构，需要借助光学显微镜的油镜或电子显微镜放大几百倍、几千倍甚至几万倍才可以看到。根据各种微生物的生物学特点，可以把微生物分为八大类：细菌、真菌、放线菌、螺旋体、支原体、衣原体、立克次体和病毒，即“三菌四体一病毒”。根据各种微生物的结构组成可以分为三大类。

1. 真核细胞型微生物

此类微生物细胞的分化程度高，有核膜、核仁、核孔和染色体，胞浆内有完整的细胞器，主要是真菌。

2. 原核细胞型微生物

此类微生物细胞的分化程度低，没有成形的细胞核，无核膜、核仁，仅有遗传物质相对集中的区域，也称拟核，缺乏细胞器，包括细菌、放线菌、螺旋体、立克次体、衣原体和支原体。

3. 非细胞型微生物

此类微生物体积小，能通过细菌滤器，无细胞结构，也没有细胞器，必须在活细胞内生长繁殖，主要是病毒。

二、微生物的特点

微生物种类繁多，特性各异，但它们主要有以下 8 个共同特点。即个体小、结构简单、种类多、数量大、分布广、代谢旺盛、繁殖快和易变异。

1. 在形态与结构方面

(1)个体小。微生物单个个体肉眼不能直接看到。

(2)结构简单。微生物多为单细胞生物。真菌虽具真核但细胞结构较动物细胞、植物细胞简单；细菌为原核细胞，结构更简单；病毒不具细胞结构，仅由蛋白质和核酸（只含 DNA 或

RNA)构成。

2. 在种类、数量和分布方面

(1)种类多。已研究记载的微生物仅占其总数的10%。现已记载的细菌有1 000多种,放线菌有500多种,真菌近10万种,病毒2 000多种。

(2)数量大。有人做过统计,在1亩(1亩≈667 m^2)土壤中含200 kg的微生物,1 mL水中少者几百个,多者可达到几十万到几千万个微生物,全世界微生物重量约为动物、植物总重量的2倍。

(3)分布广。在自然界的土壤、水、空气及动物体(体表、体内)、植物体、各种器物、粪便、垃圾以及高山、海底都有微生物的存在,真所谓微生物无处不在。

3. 在生理与遗传方面

(1)代谢旺盛。微生物因相对表面积大,一昼夜可合成相当于个体重30～40倍的蛋白质,所消耗的营养物质相当于个体重的几百倍。

(2)繁殖快。繁殖快的细菌大约20 min一代,一昼夜可繁殖72代,一个菌体经10 h后可繁殖10万亿个菌体。

(3)易变异。微生物为单细胞生物或不具有细胞结构,缺乏适应复杂环境的完整器官和系统,因而对环境敏感、易变异,以增强对环境的适应性。

三、 微生物的发现

我国古代劳动人民已经能够应用微生物的知识进行农业生产和疫病防治,4 000多年前的大禹时代就会酿酒,周朝时会做酱,1 400多年前会制醋,民间用盐腌、糖渍、烟熏等方法保存食品,牧民还会做酸奶。疾病防治过程中,周代已知人畜的传染病,公元前5世纪襄公时已知驱疯狗以防狂犬病,公元前11世纪已应用痘痂喷鼻法和浆苗接种以预防天花,100多年前甘肃夏河等地牧民应用"灌花"预防牛瘟。在国外也有类似的发展,但古代科学技术不发达,未能发现微生物的存在,因而对微生物的认识,常有一些揣测和迷信,微生物学进展缓慢。微生物学成为一门学科,17世纪末对微生物形态观察、描述起了关键作用。它的发展可概括为3个阶段。

1. 形态学时期

1676年,荷兰人安东·吕文虎克自制放大160～200倍的显微镜,首次对牙垢、污水、井水、雨水以及人和动物的粪便进行了观察,看到了球形、杆状、螺旋状的运动小体,并绘图和描述,公之于众,但仅限于形态学方面的认识。形态学时期持续时间较长,到了1861年,经过近200年的时间,微生物的发展进入生理学时期。

2. 生理学时期

1857年,法国化学家、微生物学家巴斯德利用曲颈瓶试验证明有机物质的发酵及腐败与微生物有关,推翻了"自然发生论",并且为防止酒类的变质使用了加温处理的方法,即沿用至今的巴氏消毒法。巴斯德还证实了传染病的流行也是由病原微生物引起的:研究并发现了禽霍乱病原;发现了炭疽杆菌并深入研究,发现了人的狂犬病病原,并针对以上疾病提出了可行的防治措施，用接种弱毒苗来预防禽霍乱和牛羊炭疽病，用狂犬兔化疫苗来防治人类的狂犬病等，也为免疫学的发展奠定了基础。英国外科医生李斯德采用苯酚喷洒消毒手术室和煮沸手术器械，防止外科手术的污染和继发感染。德国学者科赫发明了固体培养基，采用分离微生物的方法，把细菌做成纯种，因此科赫被誉为"杆菌之父"。随后又发明了细菌染色法和动物实验法，还发现了结核分枝杆菌、霍乱弧菌等，后来其他学者相继发现了许多人兽共患病的病原体，如猪丹毒杆菌、伤寒杆菌、羊布鲁氏菌、牛肺疫病原体等。英国医生琴纳创建了用牛痘苗来预防天花的免疫方法。病毒的发现是在1892年，俄罗斯科学家伊万诺夫斯基在研究烟草花叶病时，发现一种比细菌更小、光学显微镜下看不见、能通过细菌滤器的微生物，即烟草花叶病毒，以后他又发现了口蹄疫病毒。随着微生物学的发展，免疫学在这个时期也逐渐建立起来。随着疫苗的不断发现和应用，学者们对免疫机理的研究形成两大对立派系，俄罗斯生物学家梅奥尼可夫提出了细胞免疫学说，德国学者欧立希提出了体液免疫学说，后来人们发现这两种免疫是相辅相成的，他们各自研究了免疫的一个方面。

3. 近代微生物进展时期

1920年以来，近代物理学、近代化学、近代生物学的发展，使微生物学有了突飞猛进的发展。1929年，英国医生亚历山大·弗莱明发现了青霉素能抑制葡萄球菌的生长。随后，微生物学家们寻找和研究抗生素的工作全面展开，相继发现了链霉素、氯霉素、土霉素、四环素、红霉素、卡那霉素等，这些抗生素的应用大大减轻了人兽传染病的危害。从1940年起，近代微生物向着分子生物技术方面发展，应用了电子显微镜、分析测试自动化各种色谱仪等先进设备，在微生物的理论和研究技术上取得了许多成就。

(1)微生物遗传理论研究发展快速。1944年，艾弗里证明遗传信息的物质是脱氧核糖核酸(DNA)。1953年，沃森和克里克在前人试验的基础上，提出DNA分子的双螺旋结构模型，遗传物质基础DNA或RNA的揭秘，使微生物进入分子水平的遗传工程时代。

(2)组织移植排斥及免疫耐受的研究，使人们对免疫的认识又前进了一步，控制体内抗原抗体反应的条件，使心脏移植、肾脏移植等手术获得成功，对抗原抗体反应的认识已不限于传染病的范围，而扩展到了整个生物学领域。

(3)研究了抗生素和化学治疗药剂，为传染病的治疗开辟了新的途径。

(4)对抗体中各种球蛋白类型的研究，对细胞免疫和体液免疫的认识，推进了免疫球蛋白(包括单克隆抗体)在诊断及防治疫病上的应用，开创了疫病防治的新篇章。

(5)电子显微镜的发明使人们观察到了细菌、病毒的超微结构和分子结构。

(6)抗体标记技术的应用，为传染病的诊断提供了便利的工具。

(7)细胞培养技术，蛋白质及核酸的提纯技术，为研究细菌和病毒提供了条件。

1949年以来，我国动物微生物学的发展也取得了很多成就。方定一教授发现了小鹅瘟病毒，杜念兴教授发现了兔病毒性出血症病毒，方时杰等研制出了世界领先水平的猪瘟兔化弱毒疫苗，创建了饮水免疫法、饲喂免疫法和气雾免疫法。各种联苗的研制，诊断用抗体的研制，为传染病的控制和消灭创造了条件。

四、动物微生物的性质、地位与学习方法

动物微生物是整个畜牧兽医专业及相关专业的一门重要专业基础课，与其他基础课、专业课等有着密切的联系。它以生物化学、生理学、遗传学、分子生物学和免疫学等为基础，为动物传染病学、食品卫生检验学、病理学等课程的基础，起着承前启后的作用。学习好动物微生物可以诊断、防治畜禽传染性疾病和人兽共患疾病等，保障畜牧业生产，避免畜产品危害人类健康。动物微生物是一门理论知识和实验技能较强的学科，只掌握理论知识缺乏实验技能那将无法从事与微生物学相关的工作，而实验技能又建立在扎实的理论基础之上，所以学好动物微生物学，理论和实验技能两者均不可忽视。

任务总结

表 0-2 动物微生物与免疫绪论任务总结

类别	内容	要点
任务实施	微生物的概念	什么是微生物？
	微生物的分类	1. 按照生物学进行分类，微生物可以分为哪些种类？并举例说明。 2. 按照结构组成进行分类，微生物可以分为哪些种类？并举例说明。
	微生物的特点	1. 微生物在形态结构方面具有哪些特点？ 2. 微生物在种类和数量方面具有哪些特点？ 3. 微生物在生理遗传方面具有哪些特点？
	微生物学发展史	1. 古代劳动人民是如何应用微生物进行生产生活的？ 2. 安东·吕文虎克对微生物学的贡献及局限性有哪些？ 3. 法国化学家巴斯德对微生物学的贡献有哪些？目前依然在影响你生活的是哪个贡献？ 4. 我国科学家在 1949 年之后做出了哪些成就？介绍一下他们的主要事迹。

任务测试

1. 扫描二维码，完成任务测试题。
2. 根据测试结果，指导教师对每位同学做出评价。

二维码 0-2 动物微生物与免疫绪论测试题

思政淬炼

世界上第一个分离出沙眼衣原体的人

沙眼是由沙眼衣原体引起的一种慢性传染性结膜角膜炎，可严重影响视力甚至造成失明。对于该病的病原，最初科学界一直没有定论，直到我国科学家汤飞凡分离并鉴定出沙眼衣原体，为沙眼病的防控指明了方向。汤飞凡，男，我国第一代医学病毒学家、医学微生物学家，曾任北京生物制品研究所所长，中国科学院菌种保藏委员会研究员兼主任、中国科学院生物学部委员、中华医学会理事、中国微生物学会理事长、全国生物制品委员会主任委员。毕生从事病毒的研究。20 世纪 30 年代他和魏曦共同对支原体进行研究，否定了沙眼细菌病因说；组织研制出我国第一批 5 万 U 青霉素，创建青霉素生产车间，为预防天花、黄热病、鼠疫等疫病做了大量工作；20 世纪 50 年代他和张晓楼等成功地分离出沙眼衣原体，被称为世界上第一个分离出沙眼衣原体的人，沙眼衣原体又被称为“汤氏病毒”，1981 年获国际沙眼防治组织追赠颁发的“沙眼金质奖章”。“沙眼衣原体分离培养”获 1982 年国家科技进步奖二等奖。汤飞凡先生的一生胸怀祖国、服务人民，勇攀高峰、敢为人先，追求真理、严谨治学，淡泊名利、潜心研究，集智攻关、团结协作，甘为人梯、奖掖后进。

项目一

细　　菌

任务一　细菌的形态与结构

学习目标

知识目标

(1)了解细菌的大小、形态和排列。

(2)掌握细菌基本结构的位置、成分和特点。

(3)掌握细菌特殊结构的位置、成分和特点。

能力目标

(1)根据细菌的大小、形态和排列对细菌进行简单分类。

(2)能够正确地向同学们介绍细菌基本结构的相关内容。

(3)能够正确地向同学们介绍细菌特殊结构的相关内容。

素质目标

(1)培养善于观察、勤于思考的科学精神。

(2)培养分析总结和语言表达能力。

任务分析

表 1-1　细菌的形态与结构任务单

任务名称	细菌的形态与结构
任务描述	1. 了解细菌的大小、形态和排列。 2. 掌握细菌基本结构的基本内容和特点。 3. 掌握细菌特殊结构的基本内容和特点。
完成条件	智能手机,多媒体教学设备。

续表 1-1

<table>
<tr><td rowspan="2">任务资讯</td><td colspan="2">资讯问题</td><td>参考资料</td></tr>
<tr><td colspan="2">1. 细菌大小的测量方法和单位是什么？
2. 细菌的形态和排列方式有哪些？
3. 细菌的基本结构和作用有哪些？
4. 细菌的特殊结构和作用有哪些？</td><td>1. 刘荣臻，曹元应. 病原微生物与免疫学[M]. 3 版. 北京：人民卫生出版社，2014.
2. D. 斯科特·麦克维，梅利莎·肯尼迪，M. M. 陈嘎帕. 兽医微生物学[M]. 3 版. 王笑梅，冯力，主译. 北京：中国农业出版社，2020.
3. 胡桂学. 兽医微生物学[M]. 北京：中国农业大学出版社，2018.</td></tr>
<tr><td rowspan="3">考核标准</td><td>知识考核</td><td>能力考核</td><td>素质考核</td></tr>
<tr><td>1. 查阅相关资料，完成资讯问题。
2. 准确回答任务测试题。
3. 规范书写任务总结。</td><td>1. 能准确说出细菌大小的测量方法和单位。
2. 能准确说出细菌的形态和排列方式。
3. 能准确说出细菌的基本结构和作用。
4. 能准确说出细菌的特殊结构和作用。</td><td>1. 善于观察思考。
2. 做事精益求精。
3. 善于总结归纳。
4. 胸怀祖国，服务人民的爱国主义精神。</td></tr>
<tr><td colspan="3">注：在实际考核过程中，教师可根据具体的考核标准确定优秀、良好、及格和不及格。
90～100 分为优秀；80～89 分为良好；60～79 分为及格；60 分以下为不及格。</td></tr>
</table>

任务实施

细菌是原核生物界中的一大类单细胞微生物，广义的细菌除细菌外，还包括立克次体、衣原体、支原体、螺旋体及放线菌等。它们的个体微小，形态与结构简单，无典型的细胞核，只有核质，无核膜和核仁，不进行有丝分裂，除核糖体外，无其他细胞器。在一定条件下，就某种细菌都有其相对恒定的大小、形态与结构，因此，研究和了解其形态与结构特点，除有助于进行细菌分类鉴定外，还与其生理功能、致病性及免疫性等有关，对检测和控制动物病原微生物有重要的理论及实际意义。

二维码 1-1 细菌的大小、形态、排列

一、细菌的大小、形态

（一）细菌的大小

细菌个体微小，测定细菌大小的单位是微米（μm，1 μm＝1/1 000 mm）和纳米（nm，1 nm＝1/1 000 μm）。各种细菌的大小和表示有一定的差别，球菌用直径表示，其直径常为 0.5～2 μm。杆菌用长和宽表示，较大的杆菌长 3～8 μm，宽 1～1.25 μm；中等大的杆菌长 2～3 μm，宽 0.5～1.0 μm；小杆菌长 0.7～1.5 μm，宽 0.2～0.4 μm。螺旋状菌常以其两端的直线距离作为长，一般为 2～20 μm，宽 0.2～1.2 μm。

细菌的大小以生长在适宜条件下的幼龄培养物（对数期）为标准。虽然同一个菌落中的菌体大小不完全相同，但在一定范围内各种细菌的大小相对稳定，故可以作为鉴定依据之一。同种细菌在不同的生长环境和培养条件下其大小也会略有变化，并且在实际测量时由于制片方法、染色方法和使用显微镜的不同等都会有一定的影响。所以，测定和比较细菌大小的各种条件和技术操作等均应保持一致。

（二）细菌的形态与排列

虽然细菌种类繁多，但是细菌的形态比较简单，有球状、杆状和螺旋状 3 种基本形态，还有介于球状和杆状之间的球杆状和只含有一个弯曲的弧状。据此将其分为球菌、杆菌、螺旋菌、球杆菌和弧菌。细菌的排列与繁殖方式关系密切。细菌的繁殖方式是简单二分裂生殖，分裂后的细胞有的单个存在，有的彼此之间仍有原浆带相连，从而形成一定的排列方式。各种细菌的外形和排列方式在正常情况下相对稳定，可以作为分类鉴定的依据。

1. 球菌

（1）微球菌：分裂后单个散在，菌体多为正圆形。如藤黄微球菌。

（2）双球菌：沿一个平面分裂，分裂后两两相连，其接触面有时呈扁平或凹入，菌体可呈肾状、扁豆状、矛头状或半月状。如萘氏脑膜炎球菌。

（3）链球菌：沿一个平面连续分裂，分裂后 3 个以上菌体连成短链或长链。如猪链球菌、无乳链球菌。

（4）葡萄球菌：沿多个不规则的平面分裂，分裂后多个菌体堆积在一起，似葡萄串状。如金黄色葡萄球菌。

（5）四联球菌：先后沿 2 个互相垂直的平面分裂，分裂后 4 个菌体联在一起呈“田”字形。如丁酸四联球菌。

（6）八叠球菌：先后沿 3 个互相垂直的平面分裂，分裂后 8 个菌体叠在一起呈捆扎的包裹状。如胃八叠球菌。

2. 杆菌

杆菌一般呈正圆柱形，部分近似卵圆形。菌体多数平直，也有稍弯曲者；两端多为钝圆，少数是平直或尖锐。有些菌体短小，两端钝圆近似球状称为球杆菌；有的杆菌形成侧支或分枝，称为分枝杆菌；有的杆菌呈棒状，称为棒状杆菌；有的杆菌呈长丝状，如慢性猪丹毒杆菌。杆菌只有一个分裂方向，其分裂面与菌体长轴相垂直。多数杆菌分裂后分散存在，称为单杆菌，如大肠埃希菌。有的杆菌分裂后成对存在或者两个以上连成链状排列，前者称为双杆菌，如乳酸杆菌；后者称为链杆菌，如炭疽杆菌。

3. 螺旋菌

菌体呈弯曲或螺旋状的圆柱形，两端圆或尖突，又可分为 2 种。弧菌：菌体只有一个弯曲，呈弧形或逗点状。螺旋菌：菌体有 2 个以上的弯曲，捻转呈螺旋状。

（三）细菌的衰老型和多形性

细菌在适宜条件下形状和排列都比较稳定。在不良环境或老龄培养物中会出现与正常形状不同的个体，称为衰老型或退化型。当这些衰老型的培养物重新处于正常的培养环境中时可恢复正常的形状。但也有些细菌即使在适宜的环境中生长其形状也很不一致，这种现象称为多形性。

(四)细菌的群体形态

某个细菌在适宜生长的固体培养基表面或内部,在适宜的条件下经过一定时间(多数为18～24 h)的培养,生长繁殖形成肉眼可见的有一定形态的细菌集落,称为菌落,又称克隆。若长出的菌落相连成片,称为菌苔。各种细菌的菌落在大小、色泽、质地、表面性状及边缘结构等方面均有各自的特征。菌落的特征与细菌个体形态结构的特征密切相关,因此,在细菌学工作中常利用固体培养基上的菌落进行细菌的分离、纯化、计数及鉴定。

二、细菌细胞的结构与功能

二维码 1-2 细菌的基本结构

细菌属于原核生物,其细胞均具有细胞壁、细胞膜、细胞质、核体及核糖体等基本结构。有些细菌还具有荚膜、鞭毛、菌毛、芽孢等特殊结构。

(一)细菌的基本结构

1. 细胞壁

细胞壁在细菌细胞的外围,是一层无色透明、坚韧而具有一定弹性的膜。将细菌经高渗溶液处理后染色,使其发生质壁分离或用特殊方法染色,在光学显微镜下观察,可见细胞壁。用革兰染色法染色,由于不同细菌细胞壁成分不同,可以把细菌染成蓝色或红色,将染成蓝色的细菌称为革兰阳性菌,将染成红色的细菌称为革兰阴性菌,它们的细胞壁结构和组成成分有区别。

(1)革兰阳性菌的细胞壁无分化结构,壁较厚,15～80 nm,其化学组成主要是肽聚糖,占细胞壁物质的 40%～95%,形成 15～50 层的聚合体。此外,还含有大量磷壁酸、多糖、蛋白(如金黄色葡萄球菌的 A 蛋白)等。分枝杆菌有近 1/3 的细胞壁成分是脂类(蜡质)。

(2)革兰阴性菌的细胞壁较薄,由外胞壁和内胞壁组成。外胞壁有 3 层结构,外胞壁与细胞膜之间是一层坚韧的内胞壁。革兰阴性菌的细胞壁结构复杂,但不含磷壁酸,内胞壁是一层较薄的肽聚糖,仅占细胞干重的 10%～20%;外胞壁则是由脂多糖、磷脂、蛋白质和脂蛋白等复合构成,最外侧是脂多糖,即为内毒素,其中的脂类 A 是细菌内毒素的主要成分;其多糖部分则具有抗原性,为菌体抗原的主要成分;磷脂构成双分子层处于中间部位,蛋白质穿插其间,两者组成外膜,而脂蛋白则在下面交连外膜及内胞壁肽聚糖层。

(3)细菌细胞壁的主要功能是保持细菌一定的形状和保护细菌免受外界的损害。球菌、杆菌、螺旋状菌之所以呈特定形状,是由其相应的细胞壁形状决定的。细胞壁是具有相对通透性的膜,可阻止某些较大外物的进入和阻留菌体内某些物质的逸出,起着选择透过性的作用。

细菌细胞壁的化学组成和结构与细菌的某些染色反应及对药物的敏感性有关。此外细菌对某些药物抵抗力的增加或降低,与细胞壁中脂类含量的增加或减少有关,脂类能阻碍非脂溶性药物的穿透。

(4)原生质体与 L 型细菌。除去细菌的细胞壁并不会损伤细菌原生质的构造和生命特性,但细菌却因此失去固定外形的坚韧外壁,变成橡皮球样、外膜柔软脆弱的球形体。完全除去细胞壁剩下细胞膜包围原生质的球状或近球状个体,称为原生质体。原生质体内细胞质渗透压高达 200 万~250 万 Pa,在等渗的普通培养基中极易胀裂死亡,必须在高渗培养基中才能维持和再生,革兰阳性菌细胞壁的主要成分为肽聚糖,很容易被溶菌酶或青霉素处理,完全除去细胞壁变成原生质体,当除去细胞壁的硬质肽聚糖成分,保留细胞壁的其他成分,形成一个仍有外膜层包裹的菌体,称为原生质球。革兰阴性菌细胞内渗透压较低,仅 50 万~60 万 Pa,形成原生质球后对低渗仍有耐受力。将两个不同的原生质体或原生质球融合并再生成一个细菌的技术称为原生质融合技术,可使细菌的基因重新组合,常用于微生物的遗传和育种。L 型细菌是指细菌自发或经诱导剂诱导形成遗传基因缺陷的菌株。L 型细菌的菌体呈多形性,在适当的情况下,能长久或短暂地进行分裂增殖。原生质体和原生质球是细菌由人工处理形成的不能分裂的细胞。有些细菌能自然形成 L 型细菌,但大多数细菌常需要诱导剂处理才能形成。青霉素可以使多种细菌变为 L 型细菌。原生质体与原生质球也属于 L 型细菌,两者都是细胞壁缺陷细菌。L 型细菌能在固体培养基上形成菌落,呈中间较厚四周较薄的荷包蛋样。培养时培养基中应补充 3%~5% NaCl,10%~20%蔗糖或 7%聚乙烯吡咯烷酮(PVP)等以提高渗透压,并需加 10%~20%的马血清。当除去培养基中的诱导剂,L 型细菌常能恢复原来的形态。在液体培养基中生长后呈较疏松的絮状颗粒,沉于管底,培养液上部澄清。

2. 细胞膜

细胞膜又称为细胞质膜,位于细胞壁内侧,包围在细胞质的外面,是一层具有弹性的半透性生物膜。将细菌用高渗溶液处理,细胞质即与细胞壁分离,可以在光学显微镜下观察到它的存在。细胞膜的主要化学成分是磷脂、蛋白质、少数碳水化合物和其他物质。磷脂占细胞膜干重的 20%~30%,蛋白质占 55%~75%,碳水化合物占 2%左右,其结构与真核细胞膜的脂质双分子层液态镶嵌结构相似。细菌的细胞膜上分布许多酶,如细胞色素合成酶,合成细胞壁复杂成分的酶,β-半乳糖苷酶和 ATP 酶等,可以进行细菌的氧化磷酸化,进行细胞内外的物质转运和交换;维持细胞内正常渗透压;合成细胞壁、荚膜的各组分;着生鞭毛并供应细菌运动所需能量。细胞膜受到损伤,细菌将死亡。

3. 细胞质

细胞质又称为原生质,为无色透明黏稠的胶状物,基本成分为水、糖类、蛋白质、脂类、核酸及少量无机盐。细胞质是细菌生活的内环境,含丰富的酶系统,是细菌合成和分解代谢的主要场所。细胞质中还存在多种重要结构。

(1)质粒。质粒是细菌染色体以外的遗传物质,游离于细胞质中,为闭合环状双链 DNA 分子,分子量比染色体小,一般介于 1×10^3~200×10^3 bp。质粒携带某些特殊的遗传信息,编码细菌的耐药性(R 质粒)、毒力(Vi 质粒)、性菌毛(F 质粒)等性状。质粒能进行独立复制,非细菌生存所必需,失去质粒的细菌仍能正常存活。

(2)核糖体。核糖体又称为核蛋白体,是细菌合成蛋白质的场所,其化学组成为 RNA 和蛋白质,由 50S 和 30S 两个亚基构成,沉降系数为 70S。细菌核糖体与真核生物核糖体不同,核糖体也是许多抗菌药物选择作用的靶位,如链霉素能与细菌核糖体 30S 亚基结合,红霉素能与细菌核糖体 50S 亚基结合,从而干扰细菌蛋白质的合成,导致细菌死亡,但对真核生物不起作用。

(3)胞质颗粒。胞质颗粒又称为异染颗粒,大多数为营养贮存物,包括多糖、脂类、多聚磷酸盐等。较为常见的是贮存高能磷酸盐的异染颗粒,嗜碱性较强,用特殊染色法可将其染成与菌体其他部位不同的颜色。根据异染颗粒的形态及位置,可以鉴别细菌。

(4)间体。细菌细胞膜凹入细胞质内形成的一种囊状、管状或层状的结构称为间体。革兰阳性菌较为常见,有的位于细菌横隔处,有的位于菌体侧边,其功能与真核细胞的线粒体相似,与呼吸作用有关,并有促进细胞分裂的作用。

4. 核体

细菌为原核生物,其遗传物质处于细胞质内,无核膜包围,称为核体或拟核。在电子显微镜下呈明显的区域性分布。核体的大小、形状与排列形式不但因不同菌种有很大差异,即使同种细菌在不同的生长阶段也有较大差异,而且受环境变化和制片观察过程的影响。细菌核体主要成分是脱氧核糖核酸(简称 DNA),形成共价闭合环状的双链 DNA 分子,如大肠埃希菌的核体 DNA 分子,分子量约为 3×10^9,约有 5×10^6 个碱基对,含 3 000～5 000 个基因。细菌的核分裂方式是简单的直接分裂,分裂时核质一分为二。有的细菌还有染色体外的 DNA,称为质粒。质粒可游离存在,也可插入染色体中成为细菌染色体的一部分,此时可称为附加体,它们都可以复制、遗传和控制细菌的变异。质粒可通过细菌接合转移到另一个菌体。质粒具有与外来 DNA 重组的功能,所以在基因工程中被广泛应用作为目的基因的载体。

二维码 1-3 细菌的特殊结构

(二)细菌的特殊结构

1. 荚膜

某些细菌在其生命活动过程中可以在细胞壁的外侧产生一种黏液样的物质包围整个菌体,称为荚膜。当多个细菌的荚膜融合成一团胶状物,内含多个细菌细胞时,称为菌胶团。荚膜的折光性低,不宜用普通染色法染色。因此,在显微镜下观察时见到菌体周围存在一层无色或浅色的透明圈,即为荚膜。如用特殊的染色方法(负染色法)可以清楚地看到荚膜。荚膜的厚度在 200 nm 以上,如果厚度在 200 nm 以下只能在电子显微镜下看到,称为微荚膜。荚膜紧附于细胞壁外,有一定的形状和轮廓,能与周围环境明显区分,是细菌结构的一部分。有的细菌分泌一层很疏松、与周围边界不明显、易与菌体脱离的黏液样物质,称为黏液层。

多数细菌的荚膜主要成分为糖类,如肺炎球菌;少数则为多肽,如炭疽杆菌;也有少数细菌两者都含,如巨大芽孢杆菌。荚膜、微荚膜的成分具有抗原性,其组成成分是多糖,组成也因细菌不同而有差异。每种细菌的荚膜都是不同的,因而具有种和型的特异性,可用于细菌的鉴定。黏液层的主要成分是多糖,组成也因细菌种类不同而不同。细菌产生荚膜或黏液层可使液体培养基具有黏性,在固体培养基上则形成表面湿润有光泽的光滑(S)型或黏液(M)型菌落。失去荚膜后的菌落变为粗糙(R)型。

荚膜的产生是种的特征,但也与环境条件有关。能产生荚膜的病原菌,如炭疽杆菌,常需在动物组织中才能形成明显的荚膜,在人工培养基中往往不形成荚膜或不明显;一些腐生性的荚膜细菌只有在含有一定糖类的环境中,才能产生荚膜。

荚膜不是细菌的主要结构,除去荚膜对菌体的生长代谢没有影响,很多有荚膜的细菌都有无荚膜的变种,但荚膜具有保护细菌的功能。荚膜与病原菌的毒力有关,荚膜有利于细菌抵抗动物细胞的吞噬和消除抗体的作用,使细菌能充分发挥其致病性。腐生性细菌在外界产生荚膜,保护细菌免受干燥和其他有害环境因素的影响。此外,荚膜也常是营养物质贮存和废物排出的地方。

2. 鞭毛

多数弧菌、螺旋菌、大多数杆菌和个别球菌的菌体表面突出有一至数十根弯曲的丝状物，称为鞭毛。鞭毛起源于细胞膜内侧的鞭毛基体，穿过细胞壁突出于细菌体外，其长度因细菌种类不同而不同，一般都长于菌体本身若干倍，有的鞭毛有鞘，其直径为5～20 nm，使用电子显微镜能直接观察到细菌的鞭毛。细菌经特殊的染色法使染料沉积在鞭毛表面，增大其直径，才能在光学显微镜下看见。鞭毛具有运动功能，将细菌穿刺接种于含0.3%～0.4%琼脂的半固体营养琼脂柱中培养后观察。若在穿刺线周围浑浊扩散，表明该菌有鞭毛，具有运动力；不浑浊，表明该菌无鞭毛，不具有运动力。鞭毛的主要成分是一种单纯的蛋白质，称为鞭毛蛋白，与动物肌动蛋白相似，具有收缩性。此外也含有少量的碳水化合物。鞭毛具有抗原性，称为鞭毛抗原或H抗原。不同细菌的H抗原具有特异性，常作为血清学鉴定的依据之一。根据鞭毛的数量和在菌体上的排列可将细菌分为以下几类：①单鞭毛菌。菌体端只有一条鞭毛，如霍乱弧菌。②对生鞭毛菌。菌体两端各有一条鞭毛，如幽门螺杆菌。③丛生鞭毛菌。菌体一端或两端各有一丛鞭毛，如铜绿假单胞菌。④周生鞭毛菌。菌体周身都有鞭毛，如大肠埃希菌、诺维氏梭菌。

鞭毛是细菌的运动器官，鞭毛有规律地收缩引起细菌的运动，其运动方向与鞭毛的排列方式有关。单鞭毛菌和丛生鞭毛菌一般呈直线迅速运动，周生鞭毛菌则无规律地缓慢运动或滚动。细菌运动的速度也有种的特征，最快的是单鞭毛菌，最快可达80 nm/s。衰老或不适应的外界环境可以使细菌运动缓滞或不能运动，甚至抑制细菌鞭毛的形成。

3. 菌毛

大多数革兰阴性菌和部分革兰阳性菌在菌体上还长有比鞭毛数量多、形状直、直径细、长度短的毛发状细丝，称为菌毛。菌毛的直径为5～10 nm，长度为0.2～5 μm，少数达4 μm，需要在电子显微镜下才能看见。菌毛是空心的蛋白质管，由菌毛素亚单位构成，具有良好的抗原性。菌毛具有不同类型，经典分类即将菌毛分为普通菌毛和性菌毛2类。普通菌毛较纤细，较短，数量较多，每个细菌有50～400条，周身排列；性菌毛较粗，较长，每个细菌一般不超过4条。菌毛的功能还不完全清楚，一般认为普通菌毛能够帮助细菌附着于动物、植物或真菌的细胞上，利于取得营养，与细菌的致病性有关，也易于彼此黏着形成菌膜，可能有利于表面生长，特别是在通气不良、停滞不动的液体环境中。性菌毛在雄性和雌性细菌的结合中十分重要，是供体细菌向受体细菌传递质粒或附加体的通道，也可能在配对细菌之间形成一个固定的链接，使细菌融合而进行遗传物质的转移。此外，菌毛既可以是噬菌体吸附的部位，还能够使某些动物的红细胞发生凝集。

4. 芽孢

某些革兰阳性菌在一定的环境条件下生长发育到某一阶段，细胞质浓缩脱水，在菌体内形成一个折光性强、通透性低的圆形或卵圆形休眠体，称为芽孢。带有芽孢的菌体称为芽孢体，未形成芽孢的菌体称为繁殖体或营养体，老龄芽孢脱离原菌体面独立存在，称为游离芽孢。芽孢一般呈圆形或椭圆形，其大小可等于、小于或大于菌体横径。根据芽孢形成的位置，芽孢可以分为几种类型：位于菌体中央的称为中央芽孢，位于菌体一侧的称偏端芽孢，位于菌体顶端的称为顶端芽孢。由于芽孢的形状、大小和位置各有不同，各种芽孢细菌在形成芽孢时会出现多种特殊的形态。如破伤风梭菌形成芽孢后菌体呈鼓槌状；大于菌体的芽孢在中央把菌体撑成梭形，如魏氏梭菌；芽孢位于菌体偏端，使菌体呈汤匙状，如肉毒梭菌。芽孢结构坚实，含水量少,代谢极低,折光性强,对外界不良理化环境条件的抵抗力较繁殖体强,是细菌抵抗不利环境的休眠体。芽孢内含有特殊的吡啶二羧酸(DPA),与钙结合形成复合物,提高了芽孢的耐热性和抗氧化能力。一般的细菌繁殖体经 100 ℃煮沸 30 min 可杀死,但形成芽孢后可耐受 100 ℃数小时。杀死芽孢的可靠方法是干热灭菌 160 ℃ 2 h 或高压蒸汽灭菌 121.3 ℃ 15～30 min。由于芽孢的抵抗力很强,评价消毒剂的作用一般以能否杀灭芽孢为标准。

芽孢的形成受基因控制,细菌一般在营养不足时形成芽孢,芽孢在不利环境条件下不表现明显的生命特征,一旦遇到适宜的生长发育条件,芽孢便会开始萌发,如炭疽杆菌的芽孢在污染的土壤中可存活数十年,一旦条件适宜仍能萌发。芽孢萌发可分为活化、出芽和营养体生长 3 个连续的阶段。适当加温,降低 pH,加入 L-丙氨酸、葡萄糖、Mn^{2+} 等萌发剂,有促进芽孢活化的作用。活化后的芽孢芯髓内迅速合成 RNA、蛋白质和 DNA,体积增大,芽孢壁破裂,营养体生长。

通常一个细菌繁殖体只能产生一个芽孢,在芽孢阶段不能进行生长繁殖。一个芽孢出芽后通常只能产生一个新的繁殖体,所以芽孢不是细菌的繁殖器官,而是抵抗外界不良环境条件、保存生命的一种休眠体。细菌能否产生芽孢以及芽孢的形状、大小、位置等,都具有种的特征,可用于细菌鉴定。

任务总结

表 1-2　细菌的形态与结构任务总结

类别	内容	要点
任务实施	细菌的大小、形态与排列	1. 细菌有多大？测量细菌大小的单位是什么？ 2. 细菌细胞的基本形态有哪几种？并举例说明。 3. 细菌的排列方式有哪几种？并举例说明。 4. 怎样理解细菌的多形性？ 5. 细菌的群体形态是什么样的？
	细菌的基本结构	1. 细菌的基本结构有哪些？并举例说明。 2. 细菌的基本结构各有哪些特点和作用？ 3. 缺壁细菌有哪些？并举例说明。
	细菌的特殊结构	1. 细菌的特殊结构有哪些？并举例说明。 2. 细菌的特殊结构各有哪些特点和作用？

任务测试

1. 扫描二维码，完成任务测试题。
2. 根据测试结果，指导教师对每位同学做出评价。

二维码 1-4　细菌的形态与结构测试题

任务二　细菌的营养代谢及产物

学习目标

知识目标

(1)了解细菌的营养需要及代谢产物。

(2)掌握细菌的营养需要及代谢产物的一般内容。

能力目标

(1)能够说出细菌的营养需要。

(2)能够产生利用细菌代谢产物不同对细菌进行鉴定的想法。

素质目标

(1)培养善于观察、总结分析的科学精神。

(2)培养独立思考、沟通交流和表达能力。

二维码 1-5　细菌的营养需要和代谢产物

任务分析

表 1-3　细菌的营养代谢及产物任务单

<table>
<tr><td>任务名称</td><td colspan="3">细菌的营养代谢及产物</td></tr>
<tr><td>任务描述</td><td colspan="3">了解细菌的营养需要;掌握细菌的代谢产物;产生利用满足或切断细菌的营养需要而培养细菌或杀灭细菌的思路;产生利用细菌代谢产物不同而进行细菌鉴定的思路。</td></tr>
<tr><td>完成条件</td><td colspan="3">智能手机,多媒体教学设备。</td></tr>
<tr><td rowspan="2">任务资讯</td><td>资讯问题</td><td colspan="2">参考资料</td></tr>
<tr><td>1. 细菌的营养需要有哪些?
2. 细菌的代谢产物有哪些?
3. 如何利用细菌的营养需要和代谢产物进行细菌的鉴定?</td><td colspan="2">1. 胡建和,王丽荣,杭柏林. 动物微生物学[M]. 北京:中国农业科学技术出版社,2006.
2. 郝民忠. 动物微生物[M]. 重庆:重庆大学出版社,2007.
3. 杨文. 王振华. 邓灶福. 动物微生物[M]. 武汉:华中科技大学出版社,2015.</td></tr>
<tr><td rowspan="3">考核标准</td><td>知识考核</td><td>能力考核</td><td>素质考核</td></tr>
<tr><td>1. 查阅相关资料,完成资讯问题。
2. 准确回答任务测试题。
3. 规范书写任务总结。</td><td>1. 能准确说出细菌的营养需要。
2. 能准确说出细菌的代谢产物。
3. 能准确说出如何利用细菌的代谢产物进行细菌的鉴定。</td><td>1. 见微知著,精益求精的工匠精神。
2. 集智攻关,团结协作的协同精神。
3. 追求真理,严谨治学的求实精神。</td></tr>
<tr><td colspan="3">注:在实际考核过程中,教师可根据具体的考核标准确定优秀、良好、及格和不及格。
90～100 分为优秀;80～89 分为良好;60～79 分为及格;60 分以下为不及格。</td></tr>
</table>

任务实施

细菌与其他生物相同，也需要进行新陈代谢、生长发育等生理活动，细菌的生理活动涉及细菌的组分、营养要求、能量代谢、生物合成、繁殖及基因调控等。下面将以细菌群体的生长繁殖为主线，介绍细菌个体的代谢过程、群体的生长繁殖、细菌自身的调节机制以及人工培养条件下细菌对营养的需求。

一、细菌的营养需要

细菌种类繁多，营养需要也千差万别，但总的来说，其基本要求为水、无机盐、含碳化合物及含氮化合物等。个别营养要求比较高的细菌，还需要供给生长因子等特殊物质。

1. 水

细菌生长繁殖过程中需要大量的水。缺水细菌便不能进行正常的新陈代谢，水既是代谢过程中不可缺少的成分，又是体内各种反应进行的溶剂。

2. 无机盐

细菌需要多种无机盐来提供常量元素（如磷、硫、钾、钙）和微量元素（如铁、铜、锌、钼、锰）。磷是三磷酸腺苷、核苷酸及某些辅酶的重要组成成分。硫是含硫氨基酸的组成成分，同时，巯基也是许多酶的必要基团。人工培养时，培养基内已含有足够的无机盐类，除加入少量的氯化钠以调节渗透压外，其他无机盐类在一般情况下可不必特别添加。

3. 含碳化合物

含碳化合物作为细菌的碳源为其新陈代谢提供能量，细菌的种类、发育阶段和培养温度不同，对含碳化合物的要求也不一致。不同种类的细菌因所含酶的不同，糖类的利用情况也不同。大部分细菌都能利用单糖中的葡萄糖和果糖，甘露醇和半乳糖则只有部分细菌可以利用；双糖中的蔗糖、乳糖、麦芽糖也是细菌较常利用的糖类；病原菌多能利用多糖中的淀粉；部分腐生菌能利用纤维素或果胶质等；醇类中的甘露醇和甘油常为多种细菌利用。不同细菌可利用不同的含碳化合物，因此常用糖代谢的特性来鉴定细菌的种属。

4. 含氮化合物

细菌可利用含氮化合物合成菌体自身的成分。绝大部分病原菌只能利用氨基酸来合成蛋白质。细菌的菌种不同，对氮源的要求不同，有些细菌（如根瘤菌）直接利用空气中的氮气合成氨基酸；细菌不能直接利用蛋白质等高分子化合物，必须经由细菌水解酶的作用，将其分解为肽或氨基酸后才能利用，而一些腐败芽孢杆菌能向细胞外分泌强大的蛋白分解酶，可以较好地利用蛋白质作为氮源。由于不同种类细菌利用含氮化合物的能力不同，故可作为鉴定细菌的依据。

5. 生长因子

大部分细菌在含有上述营养物质配制的培养基中，都能生长繁殖，但某些营养要求比较高的细菌还必须加入一些其他物质才能生长，如嗜血杆菌生长需要血液中的 X 因子和 V 因子，结核分枝杆菌生长需要甘油和马铃薯等。这些能促进细菌生长的有机物质，称为生长因子。

细菌对生长因子要求的量很少，它既不是碳源和氮源，也不能作为能源来使用，它主要起辅酶或辅基的作用。目前已经发现的生长因子很多，主要有B族维生素化合物，还有对氨基苯甲酸和谷氨酰胺等，血液、酵母浸出液、腹水也是常用于提供生长因子的物质。

二、细菌的营养类型

不同种类的细菌对能源的要求不一样，据此可将细菌分为不同的营养类型。

1. 根据碳素营养来源区分

(1)自养菌。只能从无机物中取得碳源的细菌称为自养菌。它能利用无机碳，如 CO_2、HCO_3^- 等合成所需要的含碳有机物。

(2)异养菌。凡能从有机物中取得碳源的细菌称为异养菌。它们不能利用无机碳，只能利用有机碳来合成所需要的含碳有机物。异养菌有专性的，多数为兼性的，对无机碳的利用率较低。

2. 根据可利用能源区分

(1)光能营养菌。能将光能转变为化学能的细菌称为光能营养菌。这类细菌都是属于土壤和水中的细菌，病原菌不属于此类。

(2)化能营养菌。能从无机化合物和有机化合物中取得能量的细菌称为化能营养菌。前者称为无机化能营养菌，后者称为有机化能营养菌。大部分细菌属于此类。

3. 细菌的营养类型

综合以上的区分细菌具有4种营养类型。

(1)光能自养菌。凡以光能作为能源，分解无机物进行生物合成的细菌都属于光能自养菌，如着色菌属的奥氏着色菌。光能自养菌必须具备以下3种条件。

①细胞须具有作为光受体的色素，如菌紫素、黄绿素和菌红素等。

②周围环境中必须有电子供体及供氢体。

③周围环境中必须有合适的电子受体。

自养菌和植物等真核生物利用光能不同，电子供体不是水而是无机物、不产生氧气而产生无机物，如硫。

$$CO_2 + 2H_2S \longrightarrow (CH_2O) + 2S + H_2O$$

此外，植物都是在有氧条件下进行光合作用，而光能自养菌是专性厌氧菌，其催化光合反应的酶系统在有氧的条件下无活性。

(2)化能自养菌。凡能利用某些无机化合物(如 NH_3、氧化亚铁)取得能量，以 CO_2 作为碳源，合成所需要的有机物的细菌都属于化能自养菌，如硝化细菌科的细菌。

化能自养菌按所利用能源无机物的不同，可以区分为许多类属：铁细菌利用铁化物；硫细菌利用硫化物；氢细菌利用分子氢；硝化细菌利用氨和亚硝酸盐等。化能自养菌是严格的需养菌。

(3)光能异养菌。凡能利用光能同化有机碳的细菌都属于光能异养菌。光能异养菌在有机培养基中与厌氧条件下经人工光源照射便可生长,说明它能利用光能进行代谢。光能异养菌是一种兼性菌,在有氧条件下与黑暗环境中可以从有机物中取得能源和碳源;而在厌氧条件下与有光的环境中,它能呈现光合作用,但又要求有机碳源。

(4)化能异养菌。要求有机物作为碳源和能源者均属于化能异养菌。此种营养类型是生物界中最常见的一种,许多细菌、真菌、原生动物和高等动物包括人类均属化能异养生物。在化能异养菌中,不同种类的细菌取得能源和碳源的方式不同。从无生命的有机物中取得能量和碳源的细菌称为腐生菌,此菌一般不致病,但可引起食品变质腐败。从活体取得能量和碳源的细菌称为寄生菌,病原菌基本上属于此类。

三、 细菌摄取营养的方式

细菌的细胞膜是一种选择透过性膜,在细菌生长繁殖过程中,必需营养物质必须通过细胞膜才能进入细胞内部,同时细胞内代谢产生的废物也必须通过细胞膜排出细胞外,还必须防止细胞内有用的物质扩散出细菌细胞。细菌细胞膜流动性较差,不能进行胞饮作用,所以营养物质必须以溶液的形式进入细菌细胞内部。细胞膜对物质的吸收和排出具有选择性和调节作用,这是生物膜的一种复杂功能。细菌摄取营养和排出废物的交换方式有自由扩散、协助扩散、主动运输和基团转位。

1. 自由扩散

自由扩散也称为单纯扩散,是最简单的物质交换方式,细菌所吸收的营养物质是溶液中的溶质,它只靠简单的分子运动,不需要消耗能量,顺着浓度差扩散。这种方式的物质交换不具有特异性,速度较慢,细胞内外溶质浓度一旦达到平衡,扩散便停止。因此,此种方式不是细菌摄取营养物质的主要方式。如某些气体(O_2、CO_2)、水、乙醇及甘油等水溶性小分子以此方式运输。

2. 协助扩散

在细菌细胞膜内分布着种类繁多的特异性载体蛋白,细菌细胞外的溶质可与载体蛋白暂时结合通过细胞膜进入细胞内,这种扩散需要载体、不需要能量,顺浓度差进行,此种方式称为协助扩散。如甘油进入大肠埃希菌的细胞内,厌氧菌吸收营养物质及排出代谢产物,均是通过此种方式。

3. 主动运输

细胞膜中的特异性载体蛋白在细胞膜外侧与某种营养物质暂时结合,逆浓度差进入细胞的方式称为主动运输,主动运输需要消耗能量。如乳糖的运输即为此种方式。

在载体介导的输送中常可出现特殊的现象,如饱和效应和吸收竞争等。在单纯扩散中溶质吸收的速度与膜内外两侧溶质的浓度差成正比,即膜外溶质的浓度越高,吸收速度越快,膜内溶质的浓度也越高。主动运输与此不同,膜外溶质浓度可低于膜内浓度,但运输仍可进行。如果膜外浓度过高,促使载体饱和,运输的速度达到一定速度后无法进一步提高,此现象称为饱和效应。在主动运输中,对某些性质极为相似的化合物的吸收,若一种化合物过量,常可抑制另一种化合物的吸收,此现象称为吸收竞争。

4. 基团转位

在物质运输过程中，输送到细菌细胞内的物质发生某些特定的化学反应，在载体蛋白的参与下，消耗能量进行的运输方式称为基团转位。如磷酸转移酶系统对糖的转移。

细菌摄取营养主要通过上述几种方式进行，但不同种类的细菌对同一物质可用不同的运输方式。如大肠埃希菌主要利用协助扩散运输乳糖，金黄色葡萄球菌则主要利用基团转位方式输送乳糖。

四、细菌的酶

酶是活细胞产生的具有催化功能的生物大分子。细菌细胞内含有许多种酶系统，如大肠埃希菌，已发现有30多种酶。在细菌学上，根据酶在细菌细胞存在的部位和产生条件可分为胞内酶、胞外酶、固有酶和诱导酶等。胞内酶仅在细胞内部起作用，如各种呼吸酶与细菌分解各种物质、进行氧化还原获得能量有关。有些酶则能透过细胞膜分泌到细菌细胞体外，称为胞外酶，主要是水解酶类，具有催化水解作用，可将大分子的营养物质分解为小分子的物质，便于菌体吸收。

在正常情况下稳定存在并发挥作用的酶称为固有酶，如某些脱氢酶。在诱导物存在下细菌因适应环境而产生的酶类称为诱导酶。如大肠埃希菌的半乳糖酶，只有乳糖存在时才产生，当诱导物消除，诱导酶不再产生。细菌的营养作用、呼吸作用和其他新陈代谢作用都是在酶的催化作用下进行的。除上述各种酶类外，自20世纪50年代初期发现对DNA的限制和修饰现象以来，限制酶和修饰酶已成为研究DNA排列上不可缺少的酶类，到目前已发现大量的限制酶。细菌特别是病原菌在新陈代谢中合成的酶，有些还与细菌的毒力有关，如透明质酸酶和血浆凝固酶等。

五、细菌的呼吸类型

细菌对无机物或有机物进行氧化，产生能量，供应本身生命活动，为此而进行的一系列氧化还原反应称为呼吸。广义的呼吸泛指细菌的产能过程。呼吸按其进行时的环境条件和过程可分为有氧呼吸和厌氧呼吸2个基本类型。不同种属的细菌具有一定的呼吸类型，以此可作为细菌分离鉴定的一项重要指征。

1. 有氧呼吸

呼吸在有氧环境下进行，受氢体是分子氧的呼吸类型称为有氧呼吸。有氧呼吸由于参与的酶类和辅助因子不同，产物也不同，有的是H_2O，有的是H_2O_2。

2. 厌氧呼吸

呼吸在无氧环境下进行，受氢体不是分子氧而是氧以外的无机物（如硝酸盐、硫酸盐）或有机物，称为厌氧呼吸或发酵。在发酵过程中，有机物仅发生部分氧化，释放的能量较少，其余能量还保留在代谢产物中。

根据以上细菌的呼吸类型，可以将细菌分为以下几类。

①需氧菌：必须在有氧的环境中才能生长。如结核分枝杆菌。

②厌氧菌：必须在无氧的环境中才能生长。如破伤风杆菌。

③兼性厌氧菌：细菌在有氧或无氧的情况下均能生长，但以在有氧的环境中生长为佳，如大肠埃希菌。

六、细菌的代谢产物

二维码 1-6　细菌的代谢产物

细菌在营养、呼吸及其他生命活动过程中，通过分解和合成作用，可以产生多种代谢产物，包括分泌物、排泄物及中间产物。这些产物对细菌有的有利，有的有害，有的无利无害。细菌代谢产物主要包括以下几类。

1. 无机酸和有机酸

有些细菌能产生无机酸，如硫酸和硝酸；有些细菌能产生有机酸，如乳酸、乙酸、丙酸和丁酸等。一定种类的细菌，能否利用某种营养物质，特别是糖类产生酸的特性，常被用作细菌鉴定。

2. 醇类、酯类和其他芳香物质

这些物质如乙醇、丁醇等作为工业原料，酯类和芳香物质是乳品加工工业中影响产品质量的物质，可以使食物具有芳香的味道。

3. 气体

气体是细菌新陈代谢的产物，最常见的有 CO_2、H_2、CH_4、NH_3 和 H_2S 等。不同种类的细菌利用同一种营养物质并非都能产生气体，并且产气的性质与数量也不尽相同。可以此用于细菌的鉴定。

4. 维生素及其他生长刺激素

有些细菌能产生大量的维生素和一些复杂的生长刺激素，如反刍动物瘤胃内的细菌可以合成 B 族维生素和维生素 K。

5. 抗生素

抗生素是一种微生物用来拮抗其他微生物的物质，它能抑制一定种类微生物的生长发育，可以防治某些动植物传染病。

6. 毒素

病原菌能产生对动物有毒的物质，使动物发生一定症状的疾病，这类有毒的物质称为毒素。毒素分为内毒素和外毒素，前者与细菌细胞紧密结合存在于细胞内，当细胞溶解破坏时游离出来，后者由细菌产生并在细菌活着的时候分泌到细胞外。

7. 热量

细菌在呼吸作用中所产生的能量，只有 5%～10%的能量被用于生命活动，大部分的能量常以热能的形式释放，可用于堆肥或生物热消毒等。

8. 热原质

许多细菌，特别是革兰阴性菌，能产生一种多糖复合物，如脂多糖中的类脂，将它注入人和动物体内，可以引起发热，这种物质称为热原质。

9. 色素

多种微生物能产生色素，不同种类细菌产生的色素可能不同，可以用作鉴定细菌的依据。微生物的色素有些易溶于水，如绿脓杆菌色素，使培养基也染上颜色；有些只溶于有机溶剂如酒精、丙酮、氯仿等，如葡萄球菌的黄色素；还有一些色素，则既不溶于水，也不溶于有机溶剂，如霉菌的褐色素。

任务总结

表 1-4　细菌的营养代谢及产物任务总结

类别	内容	要点
任务实施	细菌的营养需要	1. 细菌的营养需要有哪些？并举例说明。 2. 如何利用细菌的营养需要进行细菌的培养？并举例说明。
	细菌的代谢产物	1. 细菌的代谢产物有哪些？并举例说明。 2. 如何利用细菌的代谢产物进行细菌的鉴定？并举例说明。

二维码 1-7　细菌的营养代谢及产物测试题

任务测试

1. 扫描二维码，完成任务测试题。
2. 根据测试结果，指导教师对每位同学做出评价。

任务三　细菌的繁殖与培养

学习目标

知识目标

(1)了解细菌个体生长繁殖的方式。

(2)掌握细菌群体生长繁殖的特点和规律。

(3)掌握细菌人工培养的概念和原理。

能力目标

(1)根据细菌群体生长繁殖的特点,描绘细菌生长曲线,并向同学们介绍各阶段细菌的特点。

(2)能够正确地向同学们介绍常用各种培养基的分类。

(3)经小组讨论后,能写出配制培养基所需用品和操作流程。

素质目标

(1)培养认识自然、利用自然、改造自然的辩证观念。

(2)培养分析思考、交流表达、自主学习的能力。

任务分析

表 1-5　细菌的繁殖与培养任务单

<table>
<tr><td>任务名称</td><td colspan="3">细菌的繁殖与培养</td></tr>
<tr><td>任务描述</td><td colspan="3">了解细菌个体生长繁殖的特点和规律,掌握细菌群体生长繁殖的特点和规律,掌握细菌生长繁殖的条件,认识各种培养基,学会人工培养细菌的方法。</td></tr>
<tr><td>完成条件</td><td colspan="3">智能手机,多媒体教学设备。</td></tr>
<tr><td rowspan="2">任务资讯</td><td>资讯问题</td><td colspan="2">参考资料</td></tr>
<tr><td>1. 细菌个体生长繁殖的特点和规律有哪些?
2. 细菌群体生长繁殖的特点和规律有哪些?
3. 细菌生长繁殖的条件是什么?
4. 如何进行细菌的人工培养?</td><td colspan="2">1. 甘肃农业大学. 兽医微生物学[M]. 2 版. 北京:中国农业出版社,1991.
2. 黄青云,黄青云. 畜牧微生物学[M]. 6 版. 北京:中国农业出版社,2017.
3. 胡桂学. 兽医微生物学[M]. 北京:中国农业大学出版社,2018.</td></tr>
<tr><td rowspan="3">考核标准</td><td>知识考核</td><td>能力考核</td><td>素质考核</td></tr>
<tr><td>1. 查阅相关资料,完成资讯问题。
2. 准确回答任务测试题。
3. 规范书写任务总结。</td><td>1. 能准确说出细菌个体的生长繁殖。
2. 能准确说出细菌群体的生长繁殖。
3. 能准确讲述细菌生长繁殖的条件。
4. 能大致描述细菌的人工培养。</td><td>1. 善于观察思考。
2. 做事精益求精。
3. 善于总结归纳。
4. 胸怀祖国,服务人民的爱国主义精神。</td></tr>
<tr><td colspan="3">注:在实际考核过程中,教师可根据具体的考核标准确定优秀、良好、及格和不及格。
90～100 分为优秀;80～89 分为良好;60～79 分为及格;60 分以下为不及格。</td></tr>
</table>

任务实施

一、细菌个体的生长繁殖

二维码 1-8 细菌的生长繁殖及条件

细菌以均等二分裂方式进行无性繁殖。已知大肠埃希菌菌体的分裂过程涉及 30 多个基因的调控。一个菌体分裂为两个菌体所需的时间称为世代时间。细菌种类不同其分裂的世代时间有所差异，大肠埃希菌及许多其他病原菌在适宜的条件下，分裂一次仅需 20 min，而结核分枝杆菌繁殖较慢，需 18～24 h 才分裂一次。某些抗生素可抑制细菌的聚合作用及组装，如使用非致死浓度的这些抗生素，可影响细胞的分裂，导致菌体形态异常，如加入抗生素的样本中的大肠埃希菌，往往呈长丝状。

二、细菌群体的生长繁殖

将细菌接种在液体培养基并置于适宜的温度下，定时取样检查活菌数，可以发现其生长过程具有规律性。以时间为横坐标，以活菌数的对数为纵坐标，可得出一条生长曲线。人为地将细菌群体的生长繁殖分为 4 个时期。

1. 适应期

适应期是细菌进入新环境后的适应阶段。此期菌体增大，代谢活跃，合成并积累所需酶系统。RNA 含量明显增多，但 DNA 含量无变化，此期细菌数并不增加。这一过程一般需 1～4 h。

2. 对数期

对数期细菌生长迅速，以恒定速度进行分裂繁殖，活菌数以几何级数增长，达到顶峰，生长曲线接近一条斜的直线。一般而言，该期的病原菌致病力最强，其形态、染色特性及生理生化特性较典型，对外界环境变化、抗菌药物的作用较为敏感。大肠埃希菌的对数期可持续 6～10 h。

3. 稳定期

稳定期因营养物质的消耗、代谢产物的蓄积等，细菌繁殖速度下降，死亡数逐步上升，新繁殖的活菌数与死菌数大致持平。该期细菌的形态及生理性状常有改变，染色特性可能发生改变，毒素、芽孢大多在此时产生。大肠埃希菌的稳定期持续约 8 h。

4. 衰亡期

衰亡期由于营养物质消耗殆尽，有毒产物不断蓄积，细菌开始大量死亡，死菌数超过活菌数。如不移植到新的培养基，最终可全部死亡。此期细菌的菌体变形或自溶，染色不典型，难以进行鉴定。

细菌的生长曲线是在体外人工培养条件下观察得到的，在动物体内因受诸多因素的制约，未必能出现此种典型的曲线，但对细菌的生长规律的研究及实践有重要的参考价值。

三、细菌生长繁殖的条件

要使细菌正常生长繁殖，必须提供满足其生理需要的环境条件。

1. 充足的营养

根据细菌的营养需要，要满足其生长所必需的水、无机盐、含碳化合物、含氮化合物及生长因子等。所提供的营养物质应不含有对细菌生长有害、有毒的成分。

2. 适宜的温度

不同细菌对温度有不同适应范围，各种细菌又有不同的可生长温度范围及最适温度。根据细菌对温度的适应范围，可将细菌分为 3 类：嗜冷菌，生长温度范围 −5～30 ℃，最适生长温度 10～20 ℃；嗜温菌，生长温度范围 10～45 ℃，最适生长温度 20～40 ℃；嗜热菌，生长温度范围 25～95 ℃，最适生长温度 50～60 ℃。病原菌已适应动物的体温，因此均为嗜温菌。某些嗜冷菌对蛇等变温动物有致病性。

3. 合适的 pH

pH 影响微生物的生长，每种细菌均有可适应的 pH 范围及最适生长 pH。大多数细菌在 pH 6～8 可以生长，而多数病原菌的最适 pH 为 7.2～7.6。个别病原菌偏酸性，如鼻疽假单胞菌为 pH 6.4～6.6；或偏碱性，如肠球菌为 pH 9.6。在细菌生长过程中，能使培养基变酸性或变碱性而影响其生长，因此往往需要在培养基中加入一定的缓冲剂。

4. 适合的渗透压

细菌生长有一定的可生长渗透压范围和最适渗透压，大多数细菌生长最适渗透压为等渗环境，也有些细菌（如嗜盐菌）适宜高渗环境。细菌一般较其他生物细胞对渗透压的改变有较强的适应能力。

5. 气体环境

根据细菌对氧的要求，可将其分为需氧菌、厌氧菌及兼性厌氧菌。①需氧菌进行需氧呼吸，必须在有一定浓度的游离氧的条件下才能生长繁殖，其中只需低浓度氧（2%～10%）的细菌称为微需氧菌。②厌氧菌进行厌氧呼吸，必须在无游离氧或氧浓度极低的条件下才能存活。其原因是，细菌在代谢过程中产生对菌体有毒性的过氧化氢（H_2O_2）、超氧阴离子（O_2^-）和羟基自由基（OH·）等，厌氧菌部分或全部缺乏降解这些产物的酶，如过氧化氢酶、过氧化物酶、超氧化物歧化酶等，细菌因 O_2^- 或 H_2O_2 的毒性作用死亡。③兼性厌氧菌既可行需氧呼吸，又可行厌氧呼吸，通常有氧条件比无氧环境生长更好。

四、细菌的人工培养

细菌的人工培养是指用人工方法提供细菌在动物体外生长繁殖需要的基本条件，达到培养细菌，进行鉴定及进一步利用的目的。细菌人工培养需要配制培养基。培养基是人工配制的适合细菌生长繁殖的营养基质。培养基制成后，通常都要经灭菌处理。

二维码 1-9 细菌的人工培养

培养基按物理形态可分为固体培养基、半固体培养基及液体培养基3类。液体培养基即不加凝固剂的基础培养基或营养培养基，用于扩增纯培养的菌体、确定细菌生长曲线等。在液体培养基中加入1%～2%的琼脂，即成为遇热融化、冷却后凝固的固体培养基，用于细菌的菌落形态观察、细菌分离纯化、生物活性检测、纸片法药敏试验等。如将加入液体培养基的琼脂减半，用0.3%～0.7%，即成为半固体培养基，可做穿刺试验，观察细菌的运动性及短期保藏菌种等。

培养基按用途可分为基础培养基、营养培养基、鉴别培养基、选择培养基及厌氧培养基。基础培养基含多数细菌生长繁殖所需的基本营养成分，常用新鲜牛肉浸膏，加入适量的蛋白胨、NaCl、磷酸盐、水等调节pH为7.2～7.6即成，常用的基础培养基包括蛋白胨水、营养肉汤、营养琼脂等。在基础培养基中，添加葡萄糖、血液或血清等，即为营养培养基，最常用的营养培养基是血液琼脂、马丁肉汤等。鉴别培养基是在基础培养基中加入特定作用底物及产生显色反应的指示剂，即可凭肉眼根据颜色鉴别不同细菌的培养基，常用的有麦康凯培养基、SS琼脂、远藤氏琼脂等。选择培养基是在基础培养基中加入某种化学物质，对不同细菌分别产生抑制或促进作用，从而可从混杂多种细菌的样本分离出所需细菌的培养基，常用的有四磺酸钠胆盐培养基。厌氧培养基是在基础培养基中加入还原剂如巯基乙酸钠等，或用石蜡或凡士林封住培养基表面，隔绝空气，有的还需放入无氧培养箱维持无氧环境，常用的有庖肉培养基、肝片培养基。

五、细菌的工业化生产

随着生物工程技术的发展，微生物尤其是细菌在工业生产中的应用更加广泛，利用人工诱变细胞融合技术、基因工程技术改变细菌的新陈代谢途径，从而获得更多的代谢产物，不仅制造出多种营养丰富、美味可口的食品，而且扩大了资源范围，使细菌的利用变得更加多样化。

1. 食品工业生产

我们日常生活必不可少的醋、味精、乳制品等的生产加工过程都离不开细菌。味精发酵法生产在1946年被发现，在此过程中需要棒状杆菌发酵产酸。目前使用较多的是T6-13菌株，该菌株耐高温，生长快，产酸量高，可以大批量生产。现在乳制品越来越多地被人们食用，如酸奶、乳饮料、干酪和乳酪等。发酵乳制品中主要的细菌是嗜热保加利亚乳酸杆菌，并且发酵乳品中的细菌对治疗肠道疾病有一定作用。

2. 食品中其他微生物的利用

许多微生物都和我们的生活息息相关。人们利用酵母菌发酵面粉制作面包，可以改善面包的风味和营养价值；酒文化在我国历史悠久，利用酵母菌可以酿制白酒和黄酒等。另外，利用霉菌还可以生产腐乳、酱油和柠檬酸。

3. 饲料工业中的细菌

饲料中有一种为青贮饲料，就是把新鲜的青饲料贮藏于密闭的青贮容器内，经乳酸菌发酵产生乳酸，使pH降为3.8～4.2，微生物处于抑制状态而获得这种气味特殊、营养丰富、耐贮藏的多汁饲料。

任务总结

表 1-6　细菌的繁殖与培养任务总结

类别	内容	要点
任务实施	细菌的生长繁殖	1. 简述细菌个体的生长繁殖。 2. 简述细菌群体的生长繁殖。
	细菌生长繁殖的条件	简述细菌生长繁殖的条件。
	细菌的人工培养	1. 简述培养基的概念。 2. 培养基按物理形态可分为哪些类型？ 3. 培养基按用途可分为哪些类型？

二维码 1-10　细菌的繁殖与培养测试题

任务测试

1. 扫描二维码，完成任务测试题。
2. 根据测试结果，指导教师对每位同学做出评价。

任务四 细菌的一般检验方法

学习目标

知识目标

(1)了解细菌一般检验的意义。

(2)掌握用于细菌学检验采集病料的原则。

(3)能说出几种常用细菌学检验的方法。

能力目标

(1)能够归纳出细菌学检查病料采集的几点要求。

(2)能够正确地向同学们介绍细菌检验常用的几种方法。

(3)能为老师提出的几种细菌选择合适的检验方法。

素质目标

(1)培养自主学习、独立思考、分析总结的能力。

(2)培养见微知著的科学分析能力和爱护环境、保护公共卫生安全的意识。

二维码 1-11 细菌的一般检验方法

任务分析

表 1-7 细菌的一般检验方法任务单

<table>
<tr><td>任务名称</td><td colspan="3">细菌的一般检验方法</td></tr>
<tr><td>任务描述</td><td colspan="3">能够说出细菌的一般检验方法,了解细菌的形态学观察、细菌的分离培养和细菌的生化试验方法,掌握细菌的一般检验的操作方法。</td></tr>
<tr><td>完成条件</td><td colspan="3">智能手机,多媒体教学设备。</td></tr>
<tr><td rowspan="2">任务资讯</td><td>资讯问题</td><td colspan="2">参考资料</td></tr>
<tr><td>1. 如何采集、保存与送检细菌性病料?
2. 常用的细菌学检查方法有哪些?</td><td colspan="2">1. 刘志恒. 现代微生物学[M]. 北京:科学出版社,2002.
2. 许信刚,邢福珊. 兽医微生物学实验实习指导[M]. 2 版. 杨凌:西北农林科技大学出版社,2020.
3. 周德庆. 微生物学教程[M]. 4 版. 北京:高等教育出版社,2020.</td></tr>
<tr><td rowspan="3">考核标准</td><td>知识考核</td><td>能力考核</td><td>素质考核</td></tr>
<tr><td>1. 查阅相关资料,完成资讯问题。
2. 准确回答任务测试题。
3. 规范书写任务总结。</td><td>1. 能准确说出采集、保存与送检细菌性病料的注意事项。
2. 能准确说出细菌学检查方法。</td><td>1. 遵守学习纪律,服从教师指导。
2. 团结同学,互帮互助。
3. 思路清晰,描述准确。
4. 关爱动物生命。</td></tr>
<tr><td colspan="3">注:在实际考核过程中,教师可根据具体的考核标准确定优秀、良好、及格和不及格。
90～100 分为优秀;80～89 分为良好;60～79 分为及格;60 分以下为不及格。</td></tr>
</table>

任务实施

动物致病菌感染的诊断除根据临床症状、体征和一般检验外，还需进行动物微生物学的检测。通过病原体的分离鉴定及检测患病畜禽的免疫应答等，对感染性疾病做出病原学诊断，同时为临床进行合理的用药与预防提供依据。

致病菌感染的微生物学检查基本程序包括标本的采集、标本的检查、病原菌的分离培养与鉴定和血清学试验等。在实际工作中，可根据具体情况选用相应的检验技术和方法。

一、细菌性病料的采集、保存与送检

标本采集与送检质量会直接影响致病菌检出的成败，因此应遵循以下几个原则。

(1)采取标本时应注意无菌操作，尽量避免其他菌群的污染。

(2)根据患病畜禽病程不同，致病菌在体内分布不同，采取相应标本。原则上采取含病菌最多的组织或器官。生前有神经症状的疾病，可采取脑、脊髓或脑脊液。局部性疾病，可采取病变部位的组织如坏死组织、脓肿病灶、局部淋巴结及渗出液等材料；败血症感染的采取血液及肝脏、脾脏、肾、淋巴结等组织。

(3)尽可能在使用抗菌药物之前采集标本。否则在分离培养时，要在标本中加入药物拮抗剂，如使用青霉素的加青霉素酶、使用磺胺类药物的加对氨基苯甲酸。

(4)标本必须新鲜，采集后尽快送检。厌氧菌对氧敏感，暴露在空气中容易死亡，采集后应立即排出空气，转移至特制的厌氧标本瓶中尽快送检。

(5)送检过程中，多数菌可冷藏运送。粪便标本含杂菌多，常置于甘油缓冲盐水保存液中。

采取病料应于动物死后立即进行，或于动物临死前扑杀后采取，并存放在预先消毒好的容器内。在对与外界接触过的脏器采取病料时，可先用烧红的热金属片在器官表面烧烙，然后除去烧烙过的组织，从深部采取病料，迅速放在消毒好的容器内封好。采集体腔液时可用注射器吸取。脓汁可用消毒棉球收集，放入消毒试管内。胃肠内容物可收集放入消毒广口瓶内或剪一段肠管两端扎好，直接送检。血液涂片固定后，两张涂片涂面向内，用火柴或硬纸板隔开，扎好送检。小动物整个尸体可在冷却后装入塑料袋送检。

采取病料用的刀、剪、镊子等器械设备，使用前和使用后均应严格消毒。送检致病菌检验材料要有编号、检验说明书和送检报告单。同时，应在冷藏条件下派专人送检。

二、细菌病的实验室诊断方法

1. 涂片镜检

来自正确部位且形态染色性上具有特征的病原菌，进行直接涂片镜检后均有初步诊断价值。例如，脓汁中若发现葡萄串状的革兰阳性球菌则为葡萄球菌。直接涂片镜检一般只提供初步诊断或参考，要确诊致病菌需要做进一步鉴定。但有些不易进行人工培养或培养时间较长的细菌，只能通过染色镜检并结合临床症状进行诊断。

2. 分离培养

用固体琼脂平板进行分区划线，分离出单个菌落后再进行纯培养。获得纯培养后才能检出细菌的生物学特性、致病性与免疫性等。无菌部位的标本（如血液和脑脊液）可直接移种到液体或固体培养基。有菌部位的标本则要接种在选择培养基或鉴别培养基上。大多数细菌经37 ℃ 16～20 h 后可长出肉眼可见的菌落。少数细菌如布鲁氏菌和结核分枝杆菌生长较慢。分别需要培养 3～4 周和 4～8 周才见菌落。分离培养阳性率较高，但需时较长。因此，遇到急性传染病时可根据临床症状和直接涂片镜检结果做出初步诊断并给予治疗，以后再根据分离培养及药敏试验结果进行调整。

3. 生化试验

不同的致病菌具有不同酶系统进行分解代谢，故其代谢产物不尽相同。因此，借助相应的生化反应将有助于鉴别细菌。例如，肠道菌种类繁多，形态、染色性和菌落等较为相似，但肠道菌生化反应活泼，可根据其分解糖和蛋白质的差异进行区别。肠道致病菌大多不分解乳糖，而大肠埃希菌则分解乳糖，借此可进行初步鉴定。目前，市场上有多种微量、快速、半自动或全自动的细菌自动鉴定系统（程序控制自动分析仪）销售。在 24 h 内能准确鉴定一般常见的病原菌。

4. 血清学试验

应用已知的特异性抗体的免疫血清检查未知纯种细菌，确定致病菌的种或型的方法，称为血清学试验。常用的方法是玻片凝集试验，数分钟内便可获得结果。此外，免疫荧光、协同凝集、对流免疫电泳、酶联免疫吸附（ELISA）、间接血凝和乳胶凝集等试验可快速、灵敏地检出标本中微量致病菌抗原，有助于病原菌的确定。

5. 动物实验

主要用于某些疑难的、新的病原菌的分离鉴定、测定菌株的产毒性和科学研究。常用的实验动物有小鼠、豚鼠和家兔等。接种途径有皮内、皮下、腹腔、肌内、静脉、脑内和灌胃等。接种后的观察指标包括进食量、精神状态、局部变化、体重、体温和血液变化等，同时检查病变及死亡情况。动物实验不仅可以观察细菌的致病性，而且还可以通过接种易感动物获得纯培养，分离致病菌。动物实验可用于测定细菌的半数致死量（LD_{50}），以确定细菌的毒力，而细菌的内毒素或热原则可用鲎试剂进行测定。

6. 分子生物学技术

近年来，应用核酸杂交和 PCR 等分子生物学技术检测致病菌，是临床诊断学的重大发展。

任务总结

表 1-8　细菌的一般检验方法任务总结

类别	内容	要点
任务实施	病料采集、保存与运输	简述采集细菌性病料的注意事项。
	形态学观察	如何进行细菌的形态学检查？
	分离培养	细菌分离培养使用哪种培养基？选择哪种培养物进行检查？
	生化试验	细菌生化试验的基本原理是什么？
	血清学试验	简述血清学试验的基本原理。

任务测试

1. 扫描二维码，完成任务测试题。
2. 根据测试结果，指导教师对每位同学做出评价。

二维码 1-12　细菌的一般检验方法测试题

任务五　动物主要致病菌

学习目标

知识目标

(1)了解动物主要致病菌的生物学特性。

(2)掌握动物主要致病菌的致病性和诊断方法。

(3)熟悉动物主要致病菌的预防和治疗。

能力目标

(1)能够归纳动物主要致病菌的生物学特性异同。

(2)能够归纳动物主要致病菌的致病性和诊断方法异同。

(3)能够归纳动物主要致病菌的预防和治疗异同。

素质目标

(1)培养自主学习、独立思考、归纳总结的能力。

(2)培养高尚的职业道德和公共卫生安全意识。

在动物养殖过程中经常会感染某些致病菌而引起动物发生疾病,可能感染的细菌主要有葡萄球菌、链球菌、大肠埃希菌、沙门菌、巴氏杆菌、炭疽杆菌、布鲁氏菌等,它们可能分属于不同的种属,具有各自的生物学特性、培养特性、致病性、微生物学诊断与防治措施,了解这些内容对今后诊断和防治动物传染病具有十分重要的意义。

子任务一　结核分枝杆菌

任务概要

结核分枝杆菌是人兽共患传染病结核病的病原,通过对结核分枝杆菌的学习,掌握结核分枝杆菌的形态与染色特点、培养特性、抵抗力、抗原性、致病性、微生物学诊断方法、免疫与治疗方法等,充分全面地认识和了解结核分枝杆菌,更有效地防控结核病。

任务分析

表 1-9　结核分枝杆菌任务单

任务名称	结核分枝杆菌
任务描述	掌握结核分枝杆菌的形态与染色特点、培养特性、抵抗力、抗原性、致病性、微生物学诊断方法、免疫与治疗方法等。

续表 1-9

完成条件	智能手机，多媒体教学设备。		
任务资讯	资讯问题	参考资料	
	1. 结核分枝杆菌的形态与染色特点是什么？ 2. 结核分枝杆菌的培养特性是什么？ 3. 结核分枝杆菌的抵抗力情况如何？ 4. 结核分枝杆菌的抗原性特点是什么？ 5. 结核分枝杆菌的致病性特点是什么？ 6. 结核分枝杆菌的微生物学诊断方法有哪些？ 7. 结核分枝杆菌的免疫与治疗方法有哪些？	1. 中国农业科学院哈尔滨兽医研究所. 兽医微生物学[M]. 2 版. 北京：中国农业出版社，2013. 2. 葛兆宏. 动物微生物[M]. 北京：中国农业出版社，2001. 3. 杨玉平. 动物微生物[M]. 北京：中国轻工业出版社，2012. 4. 蔡宝祥. 家畜传染病学[M]. 4 版. 北京：中国农业出版社，2001. 5. 吴清民. 兽医传染病学[M]. 北京：中国农业大学出版社，2002.	
考核标准	知识考核	能力考核	素质考核
	1. 查阅相关资料，完成资讯问题。 2. 准确回答任务测试题。 3. 规范书写任务总结。	1. 能准确讲述结核分枝杆菌的形态与染色特点。 2. 能准确讲述结核分枝杆菌的培养特性。 3. 能准确讲述结核分枝杆菌的抵抗力。 4. 能准确讲述结核分枝杆菌的致病性。 5. 能准确讲述结核分枝杆菌的微生物学诊断方法。 6. 能准确讲述结核分枝杆菌的免疫与治疗方法。	1. 遵守学习纪律，服从教师指导。 2. 团结同学，互帮互助。 3. 思路清晰，描述准确。 4. 关爱动物生命。
	注：在实际考核过程中，教师可根据具体的考核标准确定优秀、良好、及格和不及格。 90～100 分为优秀；80～89 分为良好；60～79 分为及格；60 分以下为不及格。		

二维码 1-13　结核分枝杆菌

任务实施

结核分枝杆菌是人兽共患传染病结核病的病原，分人型、牛型、禽型和鼠型。其中，以牛型危害最大，引起的结核病分布广泛，世界各地均有此病发生；鼠型结核分枝杆菌对人、畜无致病力。

一、形态与染色

结核分枝杆菌为细长平直或微弯的杆菌，长 1.5～4.0 μm，宽 0.2～0.6 μm，两端钝圆，菌体内有 2～3 个或更多的浓染的小圆颗粒。其中，人型细长、牛型短粗、禽型多形性。细菌常单在，少数成对或成丛，在陈旧培养基或干酪样病灶中可见分枝现象。无荚膜、不形成芽孢、无运动性。革兰染色呈阳性,但较难着色,经加温或用媒染剂使之染色后,则具有抵抗酸或酒精的脱色作用。用齐-尼二氏抗酸染色法着染时,结核分枝杆菌被染成红色,其他细菌和组织被染成蓝色。

二、培养特性

结核分枝杆菌为严格需氧菌,营养要求极为严格,需要在基础培养基中加入血清、鸡蛋、牛乳、甘油和马铃薯等才能生长,培养的最适温度为37～37.5 ℃,最适pH为6.5～6.8。在培养基中生长缓慢,尤其是初代分离培养更慢。繁殖一代需18 h左右,一般经3～4周或更长时间始见菌落生长。在改良罗氏蛋黄固体培养基上生长形成干燥、粗糙、乳白色不透明的颗粒状菌落,形似菜花,又称为菜花状菌落。在液体培养基中易形成菌膜。

三、抵抗力

结核分枝杆菌抵抗力较强,在干燥的痰液中可以存活10个月,腐败的痰中可以存活6个月,对常用的化学消毒药物抵抗力强,对5%来苏儿或石炭酸抵抗力达48 h,但不耐热,60 ℃ 30 min、60～70 ℃ 10～15 min、85 ℃ 2～5 min、煮沸1 min即可被杀死,对漂白粉敏感。由于耐酸,故分离培养可用酸处理以杀死其他杂菌,以利该菌的分离,抗菌药物可选择链霉素、异烟肼、利福平、环丝氨酸、对氨基水杨酸钠。

四、抗原性

结核分枝杆菌是细胞内寄生的细菌,抗结核菌的免疫基础主要是细胞免疫,机体依靠致敏的淋巴细胞和激活的单核细胞共同作用抵抗感染。抗结核免疫的特点是传染性免疫和传染性变态反应同时存在。传染性免疫,即结核菌的抗原在体内存在时,抗原不断刺激机体,使机体获得抗结核特异性免疫力,这种免疫也称为带菌免疫,若细菌及其抗原消失后,免疫力也随之消失。传染性变态反应,即机体初次感染结核分枝杆菌后,被其抗原致敏,当再次接触(感染)相同抗原后,机体免疫的反应性大大提高,炎症反应也较强烈。由于机体对结核分枝杆菌的免疫反应和变态反应同时产生,伴随存在,故应用结核菌素试验来检查机体对结核菌素有无变态反应,从而确定机体对结核分枝杆菌有无免疫力,或有无感染与带菌。

五、致病性

结核分枝杆菌是人兽共患病的病原菌,人型结核分枝杆菌主要侵害人,对动物毒力较弱,类人猿、猴、猪、犬偶尔被传染,牛对其有较强的抵抗力;牛型结核分枝杆菌在动物中较为重要,主要感染牛,对人类的毒力较强,也能使猪、羊、马、犬致病,尤其是儿童,常因喝生牛奶被感染,患肠结核;禽型结核分枝杆菌可使禽类患结核病,其中鸡、鸽最易感,鹅、鸭次之,偶尔感染马、猪和牛,人很少被感染。实验动物中豚鼠最为易感。

六、微生物学诊断

(1)显微镜检查:取痰液、脓汁、乳汁、尿液等,用酸或碱处理杂菌后,涂片,抗酸染色,镜检。于蓝色视野内发现有红色的杆菌时,可做出初步诊断。

(2)变态反应诊断法:对牛做结核检疫时,主要用结核菌素或其纯蛋白衍化物进行诊断。方法有皮内法、点眼法和皮下法,目前我国用皮内法和点眼法。此法检出的准确率可达95%~98%。

血清学诊断可采用酶联免疫吸附试验(ELISA),该方法检测抗体的效果较好。

七、免疫与治疗

结核病的免疫机制是带菌免疫,人类广泛采用卡介苗免疫接种。人接种卡介苗后,免疫期达 4~5 年。犊牛在 1 月龄时也可皮下接种卡介苗 100 mg,20 d 产生免疫,可维持 12~18 个月。接种卡介苗的牛 1 年后仍维持变态反应阳性,在用结核菌素检疫时无法与自然感染的牛区别,因而不宜推广应用。鉴于抗体产生与结核病的正相关性,在检疫时如能将变态反应诊断与 ELISA 结合进行,可提高检出率。对检出的患结核病动物一律淘汰,尸体无害化处理。

任务总结

表 1-10 结核分枝杆菌任务总结

类别	内容	要点
任务实施	结核分枝杆菌	结核分枝杆菌是否能引起人类感染?
	形态与染色	1. 结核分枝杆菌的形态特点是什么? 2. 结核分枝杆菌的染色特性是什么?
	培养特性	1. 结核分枝杆菌的培养过程中对氧的要求有哪些? 2. 结核分枝杆菌的培养过程中对培养基的要求有哪些? 3. 结核分枝杆菌的培养过程中对温度和 pH 的要求有哪些? 4. 试述结核分枝杆菌在培养基上形成菌落的时间和菌落形态。
	抵抗力	1. 结核分枝杆菌对物理因素的抵抗力怎么样? 2. 结核分枝杆菌对化学因素的抵抗力怎么样? 3. 针对结核分枝杆菌如何选择抗菌药物?

续表 1-10

类别	内容	要点
任务实施	抗原性	抗结核免疫的特点是什么？
	致病性	结核分枝杆菌的致病性特点是什么？
	微生物学诊断方法	结核分枝杆菌的微生物学诊断方法有哪些？
	免疫与治疗方法	如何进行结核病的免疫与治疗？

二维码 1-14 结核分枝杆菌测试题

任务测试

1. 扫描二维码，完成任务测试题。
2. 根据测试结果，指导教师对每位同学做出评价。

子任务二 炭疽杆菌

二维码 1-15 炭疽杆菌

任务概要

了解炭疽杆菌，能够说出炭疽杆菌的流行情况，可以自己组织语言向同学们介绍炭疽杆菌的形态与染色特点、培养特性、抵抗力、抗原性、致病性、微生物学诊断方法、免疫与治疗方法等，建立热爱和平、维护公共卫生安全意识。

任务分析

表 1-11 炭疽杆菌任务单

任务名称	炭疽杆菌
任务描述	掌握炭疽杆菌的形态与染色特点、培养特性、抵抗力、抗原性、致病性、微生物学诊断方法、免疫与治疗方法等。
完成条件	智能手机，多媒体教学设备。

续表 1-11

	资讯问题	参考资料
任务资讯	1. 炭疽杆菌的形态与染色特点是什么？ 2. 炭疽杆菌的培养特性是什么？ 3. 炭疽杆菌的抵抗力情况如何？ 4. 炭疽杆菌的抗原性特点是什么？ 5. 炭疽杆菌的致病性特点是什么？ 6. 炭疽杆菌的微生物学诊断方法有哪些？ 7. 炭疽杆菌的免疫与治疗方法有哪些？	1. 中国农业科学院哈尔滨兽医研究所. 兽医微生物学[M]. 2 版. 北京：中国农业出版社，2013. 2. 杨玉平. 动物微生物[M]. 北京：中国轻工业出版社，2012. 3. 蔡宝祥. 家畜传染病学[M]. 4 版. 北京：中国农业出版社，2001. 4. 吴清民. 兽医传染病学[M]. 北京：中国农业大学出版社，2002.

	知识考核	能力考核	素质考核
考核标准	1. 查阅相关资料，完成资讯问题。 2. 准确回答任务测试题。 3. 规范书写任务总结。	1. 能准确讲述炭疽杆菌的形态与染色特点、培养特性、抵抗力。 2. 能准确讲述炭疽杆菌的抗原性、致病性。 3. 能准确讲述炭疽杆菌的微生物学诊断方法。 4. 能准确讲述炭疽杆菌的免疫与治疗方法。	1. 见微知著，精益求精的工匠精神。 2. 集智攻关，团结协作的协同精神。 3. 追求真理，严谨治学的求实精神。 4. 关爱动物健康，护佑人畜安全。
	注：在实际考核过程中，教师可根据具体的考核标准确定优秀、良好、及格和不及格。 90～100 分为优秀；80～89 分为良好；60～79 分为及格；60 分以下为不及格。		

任务实施

炭疽杆菌又称炭疽芽孢杆菌，是引起多种动物和人炭疽病的病原。炭疽病分布于世界各地，给人畜健康带来极大风险，多发生于草食动物，也能侵害人类，严重威胁人类健康。

一、形态与染色

炭疽杆菌为革兰染色阳性粗大杆菌，长 4～8 μm，宽 1～1.5 μm。无鞭毛，不运动，可形成荚膜。有芽孢，芽孢椭圆形，位于菌体中央，比菌体略窄。在动物组织和血液中，炭疽杆菌呈单个存在或 2～5 个菌体相连的竹节状短链，不形成芽孢。菌体两端平直，形似砖块，周围形成黏液样肥厚的荚膜。荚膜比菌体对腐败作用的抵抗力大，腐败材料制成的涂片中，往往可以看到无菌体的菌影(即荚膜)。

人工培养基内或自然环境中的炭疽杆菌，菌体粗而长，菌端平直如刀切，几十个或几百个菌体连接成长链状，可形成芽孢。一般认为炭疽杆菌必须在氧气充足，温度适宜(25～30 ℃)的条件下才能形成芽孢，所以在未解剖的尸体和活的机体内不形成芽孢。一般在普通培养基上不产生荚膜，而在含血清或碳酸氢钠等的培养基及一定 CO_2 条件下可形成荚膜。

二、培养特性

炭疽杆菌是专性需氧菌，氧气不足时生长较差。强毒菌株形成大而扁平、表面干燥、粗糙、灰白色不透明、边缘不整齐、呈火焰状的粗糙型菌落，用低倍镜观察菌落边缘呈卷发状；无毒或弱毒菌株形成稍小而隆起、表面光滑湿润、边缘较整齐的光滑型菌落。在普通肉汤中，无菌膜和菌环，肉汤澄清，管底有白色絮状沉淀，轻摇试管，则沉淀物徐徐上升，卷绕成团而不散。

在血平板上通常不溶血或轻度溶血。在明胶穿刺培养中呈倒立松树状生长，继续培养2～3 d，明胶上部逐渐液化呈喇叭状。接种在血液、血清或碳酸氢钠的琼脂平板上，置10%～20% CO_2 条件下培养，容易形成荚膜，强毒菌株可形成圆形突起、光滑湿润、有光泽的黏液(M)型菌落，无毒菌株或类炭疽菌仍保持原有的特性。在含青霉素0.5 IU/mL的培养基中，因幼龄菌细胞壁肽聚糖合成受到抑制，形成的原生质体相互连接成串，称为“串珠反应”；若青霉素含量加至10 IU/mL，则完全不能生长或轻微生长。以上培养特性均具有一定的鉴定意义。

三、抵抗力

炭疽杆菌繁殖体抵抗力与一般非芽孢菌大致相同，经60 ℃ 30～60 min，75 ℃ 5～10 min即可杀死，一般常用的消毒药也容易杀死繁殖体。炭疽芽孢抵抗力极强，土壤中的芽孢，其传染性可保持20～30年。皮毛上附着的芽孢，若处于干燥环境中可存活10年以上。实验室干燥保存40年以上的芽孢，仍有活力。160 ℃干热1 h，121 ℃高压蒸汽灭菌5～10 min，流通蒸汽30～60 min均可杀死芽孢。常用芽孢消毒药有0.25%碘酊、0.1%升汞液、20%漂白粉、3%过氧化氢、4%高锰酸钾，芽孢对碘尤其敏感。炭疽杆菌的繁殖体对青霉素、头孢菌素、庆大霉素、金霉素、强力霉素及磺胺类药物高度敏感，可用于临床治疗。

四、抗原性

炭疽杆菌已知有3种抗原成分，即保护性抗原、荚膜抗原、菌体抗原。保护性抗原具有免疫原性，动物实验证实，注射于机体内有保护机体抵抗本菌感染的作用。荚膜抗原为一种半抗原多糖物质，与毒力有关，能抵抗机体吞噬细胞的吞噬作用，失去荚膜之后其毒力显著降低。菌体抗原是细胞壁内存在的一种半抗原，与毒力无关，耐热。尸体组织或皮毛浸液经煮沸后半小时过滤，其滤液中的菌体抗原不破坏，能与特异性抗体结合，可用于此菌的鉴定和诊断。

五、致病性

炭疽杆菌可引起多种动物和人类的炭疽，主要发生于草食动物，其中牛、绵羊、鹿等易感性最强，马、骆驼、猪、山羊等次之，犬、猫等食肉动物具有一定的抵抗力，禽类一般不感染。感染途径为消化道，但也可经呼吸道、皮肤创伤或吸血昆虫感染。草食动物炭疽常表现为急性败血症，菌体通常要在死前数小时才出现于血液中。猪炭疽多表现为慢性的咽部局限感染，犬、猫和食肉动物则多表现为肠炭疽。人一般通过接触病畜尸体材料或污染的畜产品，经消化道、呼吸道或皮肤创伤感染而发生皮肤炭疽、肠炭疽、肺炭疽。还可引发人类脑膜炎、咽炭疽和毒血症等。主要流行于牧区，感染人群中多数为牧民、毛皮加工厂工人和皮革厂工人。实验动物中小鼠、豚鼠、家兔和仓鼠均极易感，大鼠则有抵抗力。

六、微生物学诊断

疑为炭疽死亡动物尸体严禁解剖或剥皮。

1. 显微镜检查

采集样本可在末梢血管部位，如耳部采血供涂片、染色、镜检，切口用烧红烙铁止血灭菌封口，以防扩散。确有必要解剖时须在严格消毒、防止病原扩散，并做好操作人员自身防护的条件下，谨慎地将尸体做局部切开，草食动物取小块脾脏送检；若为疑似炭疽的猪采集咽淋巴结，切口用浸有0.2%升汞或5%石炭酸纱布堵塞，病料装入试管或玻璃瓶内并严密封口，用浸有0.2%升汞纱布包好，并装入塑料袋内，再置广口瓶中，由专人送检。将病料制片，用亚甲蓝、瑞氏或吉姆萨染色法染色镜检，如见有短链呈竹节状或散在呈砖块状，外有荚膜；培养基做革兰染色，见到带芽孢长链的阳性大杆菌，则可做出初步判定。

2. 分离培养

将病料画线接种于营养琼脂平板，37 ℃培养24 h，如见到小米至豌豆大小、低平、乳白色、表面干燥粗糙、边缘不整齐的卷发状菌落时，可初步判定为炭疽杆菌。为抑制杂菌生长，可选用喷他脒琼脂等炭疽杆菌选择性培养基。为进一步对分离的细菌做鉴定，还可做串珠试验、噬菌体裂解试验、青霉素抑菌试验等。

3. 动物实验

取被检材料用生理盐水做成1∶5的乳剂给小鼠皮下注射0.1 mL，豚鼠或家兔皮下注射0.2～0.3 mL；小鼠于注射后24～39 h，豚鼠2～3 d，家兔2～4 d死于败血症。剖检时注射部位呈胶样水肿，脾脏极度肿大，内脏和血液中有大量带荚膜的杆菌，可证实为炭疽杆菌。

4. 串珠试验

将可疑菌落接种于普通肉汤培养基，于37 ℃培养6～12 h，取肉汤培养液1～2滴，用涂布法均匀接种于含有0.5 IU/mL青霉素的琼脂培养基上，37 ℃培养3～5 h后，挑出生长的培养物加上盖玻片，置低倍镜或高倍镜下观察，如果细菌个体膨大呈球状、均匀排列、形似珍珠串状，即为炭疽杆菌。

5. 血清学试验

常用的血清学试验是Ascoli沉淀试验，即将炭疽沉淀素血清与被检材料浸出液加在沉淀反应管内，使两液面接触，如有白色环出现，是阳性反应。此外，还可应用反向间接凝集试验、荧光抗体试验和琼脂扩散试验等检查炭疽杆菌。

七、免疫与治疗

我国预防炭疽主要使用两种菌苗进行免疫，分别是无毒炭疽芽孢苗和Ⅱ号炭疽芽孢苗。无毒炭疽芽孢苗是用强毒炭疽芽孢杆菌，经培育形成没有荚膜的无毒炭疽杆菌的芽孢，加入一定量的甘油蒸馏水制成。该苗山羊接种反应强烈，不宜使用，其他家畜可用。一般注射后14 d产生免疫力，免疫期1年。Ⅱ号炭疽芽孢苗是用炭疽第二号弱毒菌种的芽孢加入甘油蒸馏水制成，各种家畜均可应用。注射后的家畜1～2 d有体温反应，14 d产生坚强的免疫力，免疫期1年。对死于本病的动物尸体应焚烧或深埋2 m以下，治疗或紧急预防可大剂量使用青霉素，效果较好，四环素也有效。

任务总结

表 1-12　炭疽杆菌任务总结

类别	内容	要点
任务实施	炭疽杆菌	炭疽杆菌是否可以引起人类感染？
	形态与染色	1.炭疽杆菌的形态特点是什么？ 2.炭疽杆菌的染色特性是什么？
	培养特性	1.炭疽杆菌的培养过程中对氧的要求有哪些？ 2.炭疽杆菌的培养过程中对培养基的要求有哪些？ 3.炭疽杆菌的培养过程中对温度和 pH 的要求有哪些？ 4.试述炭疽杆菌在培养基上形成菌落的时间和菌落形态。
	抵抗力	1.炭疽杆菌对物理因素的抵抗力怎么样？ 2.炭疽杆菌对化学因素的抵抗力怎么样？ 3.针对炭疽杆菌如何选择抗菌药物？
	抗原性	炭疽杆菌的抗原特性是什么？
	致病性	炭疽杆菌的致病性特点是什么？
	微生物学诊断方法	炭疽杆菌的微生物学诊断方法有哪些？
	免疫与治疗方法	如何进行炭疽的免疫与治疗？

任务测试

1.扫描二维码，完成任务测试题。

2.根据测试结果，指导教师对每位同学做出评价。

二维码 1-16　炭疽杆菌测试题

子任务三　破伤风梭菌

任务概要

了解破伤风梭菌，能够说出破伤风梭菌对人和动物的危害情况，可以自己组织语言向同学们介绍破伤风梭菌的形态与染色特点、培养特性、抵抗力、抗原性、致病性、微生物学诊断方法、免疫与治疗方法等，建立科学思维、系统思维和创造性思维。

二维码 1-17　破伤风梭菌

任务分析

表 1-13　破伤风梭菌任务单

<table>
<tr><td>任务名称</td><td colspan="6">破伤风梭菌</td></tr>
<tr><td>任务描述</td><td colspan="6">掌握破伤风梭菌的形态与染色特点、培养特性、抵抗力、抗原性、致病性、微生物学诊断方法、免疫与治疗方法等。</td></tr>
<tr><td>完成条件</td><td colspan="6">智能手机，多媒体教学设备。</td></tr>
<tr><td rowspan="2">任务资讯</td><td colspan="3">资讯问题</td><td colspan="3">参考资料</td></tr>
<tr><td colspan="3">1. 破伤风梭菌的形态与染色特点是什么？
2. 破伤风梭菌的培养特性是什么？
3. 破伤风梭菌的抵抗力情况如何？
4. 破伤风梭菌的抗原性特点是什么？
5. 破伤风梭菌的致病性特点是什么？
6. 破伤风梭菌的微生物学诊断方法有哪些？
7. 破伤风梭菌的免疫与治疗方法有哪些？</td><td colspan="3">1. 中国农业科学院哈尔滨兽医研究所. 兽医微生物学[M]. 2 版. 北京：中国农业出版社，2013.
2. 蔡宝祥. 家畜传染病学[M]. 4 版. 北京：中国农业出版社，2001.
3. 吴清民. 兽医传染病学[M]. 北京：中国农业大学出版社，2002.</td></tr>
<tr><td rowspan="3">考核标准</td><td colspan="2">知识考核</td><td colspan="2">能力考核</td><td colspan="2">素质考核</td></tr>
<tr><td colspan="2">1. 查阅相关资料，完成资讯问题。
2. 准确回答任务测试题。
3. 规范书写任务总结。</td><td colspan="2">1. 能准确讲述破伤风梭菌形态与染色特点、培养特性、抵抗力、抗原性。
2. 能准确讲述破伤风梭菌的致病性。
3. 能准确讲述破伤风梭菌的微生物学诊断方法。
4. 能准确讲述破伤风梭菌的免疫与治疗方法。</td><td colspan="2">1. 见微知著，精益求精的工匠精神。
2. 集智攻关，团结协作的协同精神。
3. 追求真理，严谨治学的求实精神。
4. 关爱动物健康，护佑人畜安全。</td></tr>
<tr><td colspan="6">注：在实际考核过程中，教师可根据具体的考核标准确定优秀、良好、及格和不及格。
90～100 分为优秀；80～89 分为良好；60～79 分为及格；60 分以下为不及格。</td></tr>
</table>

任务实施

破伤风梭菌广泛存在于土壤、健康动物和人的粪便中，通过创伤的皮肤或黏膜进入机体，可致人畜发生破伤风，临床表现以骨骼肌发生强直痉挛为特征，故又称为强直症，此菌又称强直梭菌。

一、形态与染色

破伤风梭菌是较大的杆菌，多单在，偶有短链，在体内外都可形成芽孢，芽孢在菌体一端，圆形、使菌体呈鼓槌状特殊形态，有鞭毛能运动，无荚膜，幼龄为革兰阳性，老龄呈革兰阴性。

二、培养特性

破伤风梭菌为专性厌氧菌，培养温度 36～38 ℃，最适 pH 7.2～7.4，营养要求不高，普通培养基即可生长，菌落扁平，呈交织的丝状、分叶状或小蜘蛛网状。血平板上可形成轻度溶血环，庖肉培养基中轻度浑浊，肉渣微变黑，产生咸臭气体。

三、抵抗力

破伤风梭菌的繁殖体对理化因素的抵抗力与其他细菌相近，但其芽孢抵抗力强，日光下可存活 1 年，5%石炭酸 10～12 h 才能破坏芽孢，80 ℃的干热可抵抗 1 h。青霉素、磺胺类药物对该菌有较强的抑制作用。

四、抗原性

破伤风梭菌具有不耐热的鞭毛抗原，用凝集试验可分为 10 个血清型，其中第Ⅵ型为无鞭毛不运动的菌株，我国最常见的是第Ⅴ型。各型细菌都具有一个共同的耐热性菌体抗原，而第Ⅱ、Ⅳ、Ⅴ和Ⅸ型还有共同的第二菌体抗原。各型细菌均能产生抗原性相同的外毒素，能被任何一个型的抗毒素所中和。

五、致病性

破伤风梭菌在机体和培养基内均可产生毒性很强的外毒素。强直性痉挛毒素：主要作用于神经系统，可使动物发生强直症状；不耐热，具有蛋白质特性，经 0.3%～0.4%甲醛处理后可变成具有很好抗原性的类毒素，可免疫动物预防破伤风。溶血毒素：对马、兔红细胞有溶血作用，溶血作用可被抗血清中和。破伤风梭菌可引起各种动物破伤风，马对破伤风毒素的感受性最强，猪、牛、羊和犬次之，人很敏感，但禽类抵抗力强。

六、微生物学诊断

破伤风因其具有特征性的临床症状，一般不需做微生物学检查。

七、免疫与治疗

免疫预防，可注射明矾沉淀破伤风类毒素，免疫期为1年。被动预防和治疗可注射破伤风抗毒素。明矾沉淀破伤风类毒素是用破伤风外毒素加甲醛脱毒，再加入明矾和防腐剂制成的；破伤风抗毒素则是用破伤风类毒素高度免疫马匹，然后采其血清制成的。

任务总结

表 1-14 破伤风梭菌任务总结

类别	内容	要点
任务实施	破伤风梭菌	破伤风梭菌引起人畜发病的特征是什么？
	形态与染色	1.破伤风梭菌的形态特点是什么？ 2.破伤风梭菌的染色特性是什么？
	培养特性	1.破伤风梭菌的培养过程中对氧的要求有哪些？ 2.破伤风梭菌的培养过程中对培养基的要求有哪些？ 3.破伤风梭菌的培养过程中对温度和 pH 的要求有哪些？ 4.试述破伤风梭菌在培养基上形成菌落的时间和菌落形态。
	抵抗力	1.破伤风梭菌对物理因素的抵抗力怎么样？ 2.破伤风梭菌对化学因素的抵抗力怎么样？ 3.针对破伤风梭菌如何选择抗菌药物？
	抗原性	破伤风梭菌的抗原特性是什么？
	致病性	破伤风梭菌的致病性特点是什么？
	微生物学诊断方法	破伤风梭菌的微生物学诊断方法有哪些？
	免疫与治疗方法	如何进行破伤风的免疫与治疗？

任务测试

1. 扫描二维码，完成任务测试题。
2. 根据测试结果，指导教师对每位同学做出评价。

二维码 1-18 破伤风梭菌测试题

子任务四 产气荚膜梭菌

任务概要

了解产气荚膜梭菌，能够说出产气荚膜梭菌对人和动物的危害情况，可以自己组织语言向同学们介绍产气荚膜梭菌的形态与染色特点、培养特性、抵抗力、抗原性、致病性、微生物学诊断方法、免疫与治疗方法等，建立科学思维、系统思维和创造性思维。

二维码 1-19 产气荚膜梭菌

任务分析

表 1-15 产气荚膜梭菌任务单

<table>
<tr><td>任务名称</td><td colspan="6">产气荚膜梭菌</td></tr>
<tr><td>任务描述</td><td colspan="6">掌握产气荚膜梭菌的形态与染色特点、培养特性、抵抗力、抗原性、致病性、微生物学诊断方法、免疫与治疗方法等。</td></tr>
<tr><td>完成条件</td><td colspan="6">智能手机，多媒体教学设备。</td></tr>
<tr><td rowspan="2">任务资讯</td><td colspan="3">资讯问题</td><td colspan="3">参考资料</td></tr>
<tr><td colspan="3">1. 产气荚膜梭菌的形态与染色特点是什么？
2. 产气荚膜梭菌的培养特性是什么？
3. 产气荚膜梭菌的抵抗力情况如何？
4. 产气荚膜梭菌的抗原性特点是什么？
5. 产气荚膜梭菌的致病性特点是什么？
6. 产气荚膜梭菌的微生物学诊断方法有哪些？
7. 产气荚膜梭菌的免疫与治疗方法有哪些？</td><td colspan="3">1. 中国农业科学院哈尔滨兽医研究所. 兽医微生物学[M]. 2 版. 北京：中国农业出版社，2013.
2. 蔡宝祥. 家畜传染病学[M]. 4 版. 北京：中国农业出版社，2001.
3. 吴清民. 兽医传染病学[M]. 北京：中国农业大学出版社，2002.</td></tr>
<tr><td rowspan="3">考核标准</td><td colspan="2">知识考核</td><td colspan="2">能力考核</td><td colspan="2">素质考核</td></tr>
<tr><td colspan="2">1. 查阅相关资料，完成资讯问题。
2. 准确回答任务测试题。
3. 规范书写任务总结。</td><td colspan="2">1. 能准确讲述产气荚膜梭菌形态与染色特点、培养特性、抵抗力、抗原性。
2. 能准确讲述产气荚膜梭菌的致病性。
3. 能准确讲述产气荚膜梭菌的微生物学诊断方法。
4. 能准确讲述产气荚膜梭菌的免疫与治疗方法。</td><td colspan="2">1. 见微知著，精益求精的工匠精神。
2. 集智攻关，团结协作的协同精神。
3. 追求真理，严谨治学的求实精神。
4. 关爱动物健康，护佑人畜安全。</td></tr>
<tr><td colspan="6">注：在实际考核过程中，教师可根据具体的考核标准确定优秀、良好、及格和不及格。
90～100 分为优秀；80～89 分为良好；60～79 分为及格；60 分以下为不及格。</td></tr>
</table>

任务实施

产气荚膜梭菌又称为魏氏梭菌，广泛存在于自然界和动物肠道中。对人主要引起食物中毒、气性坏疽和坏死性肠炎；在家畜中主要危害绵羊和兔，引起羔羊痢疾、羊猝疽、羊肠毒血症和兔魏氏梭菌性下痢。

一、 形态与染色

产气荚膜梭菌为革兰阳性大杆菌，大小(3～8) μm×(1～1.5) μm，魏氏梭菌芽孢的形状与位置较为特殊，其直径一般小于菌体的宽度，这可鉴别于其他梭菌。但魏氏梭菌在一般条件下不易形成芽孢，必须在无糖培养基中才能形成，在机体内可形成荚膜，无鞭毛。

二、 培养特性

产气荚膜梭菌对营养要求不高，生长最低温度为 15 ℃，在 37 ℃则生长迅速。在普通平板上形成灰白色、不透明、表面光滑、边缘整齐的菌落。有些菌落中间有突起，外周有辐射状条纹，形似勋章。在血液琼脂平板上，多数菌株有双层溶血环，内环透明，外环淡绿；在厌氧肝片肉汤中培养 5～6 h 即呈均匀浑浊；在牛乳培养基中，能分解乳糖产酸，只需培养 8～10 h 便会使酪蛋白凝固，且产生大量气体，冲开凝固的酪蛋白，使凝固块变成多孔的海绵状，并被冲成数段，气势凶猛，称为“牛乳暴烈发酵”。

三、 抵抗力

产气荚膜梭菌繁殖体抵抗力与一般细菌相同，芽孢则抵抗力极强，可以在 114 ℃的高温下存活 1～4 h。

四、 抗原性

产气荚膜梭菌存在荚膜抗原和菌体抗原，前者有 6 个型，后者至少有 16 个型。1984 年，Carter 提出本菌血清型的标准定名：以阿拉伯数字表示菌体抗原型，大写英文字母表示荚膜抗原型。我国分离的禽巴氏杆菌以 5∶A 为多，其次为 8∶A；猪的以 5∶A 和6∶B 为主，8∶A 和2∶D 其次；羊的以 6∶B 为多；家兔的以 7∶A 为主，其次是 5∶A。C 型是犬、猫的正常栖居菌，E 型仅见于非洲的牛和水牛，F 型见于火鸡。

五、 致病性

产气荚膜梭菌由消化道或伤口侵入机体，产生致死毒素、坏死毒素和溶血毒素等多种外毒素和酶，引起局部组织分解、坏死、产气、水肿和全身中毒。根据产生外毒素不同，将本菌分成 A～E 型。A 型菌主要产生 α 毒素，B 型、E 型主要产生 β 毒素。α 毒素最为重要，具有致坏死、溶血和致死作用，β 毒素有致坏死和致死作用。产气荚膜梭菌能引起动物多种疾病，如气性坏疽羔羊痢疾（B 型）、坏死性肠炎及多种家畜肠毒血症（D 型、B 型、C 型，C 型也可致绵羊猝疽）等。实验动物以豚鼠、小鼠、鸽、幼猪敏感，还可引起人的气性坏疽、致死性肠炎和食物中毒。

六、微生物学诊断

1. 显微镜检查

取新鲜病料（肝、肾）涂片，染色，镜检，如发现革兰染色阳性、粗大、钝圆、单在、不易见芽孢、有时可见荚膜的细菌，可初步诊断为本菌。

2. 细菌学培养

利用本菌生长迅速的特点，可用快速移植法，即将新鲜病料接种于牛乳培养基或肝片肉汤或血液琼脂平板，厌氧培养，每 2～4 h 传代 1 次，从而分离纯化。取培养物菌液 1～2 mL 静脉注射小鼠，10 min 后将其杀死，装入塑料袋并扎紧袋口，置于 37 ℃培养 5～8 h，如尸体出现膨胀，则取出解剖，常可见脏器及肌肉内有大量气泡，其中尤以肝脏明显，称为“泡沫肝”。

七、免疫与防治

可用“三联灭活苗”或“五联灭活苗”预防由本菌引起的羊快疫、羊猝狙、羊肠毒血症、羔羊痢疾、羊黑疫。注射后 14 d 产生免疫力，免疫期 6 个月以上。本病主要经土壤传播，对患本病死亡的动物尸体、污染物应做好无害化处理。治疗本病，早期可用多价抗毒素血清，并结合抗生素和磺胺类药物，有较好的疗效。

任务总结

表 1-16 产气荚膜梭菌任务总结

类别	内容	要点
任务实施	产气荚膜梭菌	产气荚膜梭菌引起人畜发病的特征是什么？
	形态与染色	1. 产气荚膜梭菌的形态特点是什么？ 2. 产气荚膜梭菌的染色特性是什么？
	培养特性	1. 产气荚膜梭菌的培养过程中对氧的要求有哪些？ 2. 产气荚膜梭菌的培养过程中对培养基的要求有哪些？ 3. 产气荚膜梭菌的培养过程中对温度和 pH 的要求有哪些？ 4. 试述产气荚膜梭菌在培养基上形成菌落的时间和菌落形态。

续表 1-16

类别	内容	要点
任务实施	抵抗力	1. 产气荚膜梭菌对物理因素的抵抗力怎么样？ 2. 产气荚膜梭菌对化学因素的抵抗力怎么样？ 3. 针对产气荚膜梭菌如何选择抗菌药物？
	抗原性	产气荚膜梭菌的抗原特性是什么？
	致病性	产气荚膜梭菌的致病性特点是什么？
	微生物学诊断方法	产气荚膜梭菌的微生物学诊断方法有哪些？
	免疫与治疗方法	如何进行产气荚膜梭菌所致疾病的免疫与治疗？

任务测试

1. 扫描二维码，完成任务测试题。
2. 根据测试结果，指导教师对每位同学做出评价。

二维码 1-20 产气荚膜梭菌测试题

子任务五 肉毒梭菌

任务概要

了解肉毒梭菌，能够说出肉毒梭菌对人和动物的危害情况，可以自己组织语言向同学们介绍肉毒梭菌的形态与染色特点、培养特性、抵抗力、抗原性、致病性、微生物学诊断方法、免疫与治疗方法等，建立科学思维、系统思维和创造性思维。

二维码 1-21 肉毒梭菌

任务分析

表 1-17 肉毒梭菌任务单

<table>
<tr><td>任务名称</td><td colspan="3">肉毒梭菌</td></tr>
<tr><td>任务描述</td><td colspan="3">掌握肉毒梭菌的形态与染色特点、培养特性、抵抗力、抗原性、致病性、微生物学诊断方法、免疫与治疗方法等。</td></tr>
<tr><td>完成条件</td><td colspan="3">智能手机,多媒体教学设备。</td></tr>
<tr><td rowspan="2">任务资讯</td><td colspan="2">资讯问题</td><td>参考资料</td></tr>
<tr><td colspan="2">1. 肉毒梭菌的形态与染色特点是什么?
2. 肉毒梭菌的培养特性是什么?
3. 肉毒梭菌的抵抗力情况如何?
4. 肉毒梭菌的抗原性特点是什么?
5. 肉毒梭菌的致病性特点是什么?
6. 肉毒梭菌的微生物学诊断方法有哪些?
7. 肉毒梭菌的免疫与治疗方法有哪些?</td><td>1. 中国农业科学院哈尔滨兽医研究所. 兽医微生物学[M]. 2 版. 北京:中国农业出版社,2013.
2. 葛兆宏. 动物微生物[M]. 北京:中国农业出版社,2001.
3. 吴清民. 兽医传染病学[M]. 北京:中国农业大学出版社,2002.</td></tr>
<tr><td rowspan="3">考核标准</td><td>知识考核</td><td>能力考核</td><td>素质考核</td></tr>
<tr><td>1. 查阅相关资料,完成资讯问题。
2. 准确回答任务测试题。
3. 规范书写任务总结。</td><td>1. 能准确讲述肉毒梭菌形态与染色特点、培养特性、抵抗力、抗原性。
2. 能准确讲述肉毒梭菌的致病性。
3. 能准确讲述肉毒梭菌的微生物学诊断方法。
4. 能准确讲述肉毒梭菌的免疫与治疗方法。</td><td>1. 见微知著,精益求精的工匠精神。
2. 集智攻关,团结协作的协同精神。
3. 追求真理,严谨治学的求实精神。
4. 关爱动物健康,护佑人畜安全。</td></tr>
<tr><td colspan="3">注:在实际考核过程中,教师可根据具体的考核标准确定优秀、良好、及格和不及格。
90~100 分为优秀;80~89 分为良好;60~79 分为及格;60 分以下为不及格。</td></tr>
</table>

任务实施

肉毒梭菌属于厌氧性芽孢杆菌属,它是一种腐败寄生菌,在自然界分布很广,如土壤、霉干草和畜禽粪便中均有存在。肉毒梭菌在生长繁殖过程中,能产生引起人和动物死亡的毒素即肉毒梭菌毒素。这种毒素与神经亲和力强,可引起神经系统中毒症状。

一、形态与染色

肉毒梭菌为革兰阳性较粗大杆菌,其大小为(4~6) μm×(0.9~1.2) μm。两端钝圆,多数单在,偶尔有成对或短链状排列。本菌有周生鞭毛,运动活泼,无荚膜,有芽孢,芽孢呈椭圆形,其大小与菌型有关,A 型菌株、B 型菌株的芽孢直径大于菌体横径,并位于菌体近端,故使菌形呈汤匙状或网球拍状,其余菌型的芽孢一般不超过菌体的横径。

二、培养特性

肉毒梭菌为严格厌氧菌，对营养要求不高，在一般培养基上生长良好，普通琼脂培养基生长形成灰白色、半透明、边缘不整齐的呈绒毛状并向外扩散的菌落，其直径为 3～5 mm。在血清琼脂培养基上生长可形成中央隆起、边缘不整齐、灰白色、表面较粗糙的绒球状菌落，其直径为 5～10 mm。

三、抵抗力

肉毒梭菌的繁殖体抵抗力不强，但其芽孢抵抗力强，煮沸 1～6 h 不死亡，180 ℃干热 5～15 min，121.3 ℃高压蒸汽灭菌 10～20 min 才能死亡。

四、抗原性

根据毒素抗原性差异，可将肉毒梭菌分为 7 个菌型，即 A、B、C、D、E、F、G 菌型。其中 C 型又有 C_α 及 C_β 两个亚型毒素，由 C_α 亚型毒素制备的相应抗类毒素能中和 C_α 和 C_β 两个亚型毒素，而由 C_β 亚型毒素制备的抗类毒素只能中和 C_β 亚型毒素。

五、致病性

肉毒梭菌的致病作用主要由人和畜禽食入含肉毒梭菌产生的毒素所引起。据报道引起人类致病的为 A、B、E 型，引起畜禽致病的为 C、D 型，F 型也使人致病。肉毒毒素主要在肉毒梭菌的细胞质中产生，释放在培养基中，经滤过就可得到该毒素液。该毒素是目前所知最强烈的细菌外毒素。对人的最小致死量为 0.1 μg。1 mg 能杀死 24 万只小鼠，其毒素作用于神经系统，动物中毒后，出现特征性临诊症状，引起运动肌麻痹，从眼部开始，表现为斜视，继而咽部肌肉麻痹、咀嚼吞咽困难、膈肌麻痹、呼吸困难，最终因心力衰竭而死亡。如禽的软颈病、马饲料中毒、鸡的中毒性麻痹等。

六、微生物学诊断

肉毒梭菌本身无病原意义，因此检出细菌只是肉毒中毒的辅助诊断手段，其目的还是通过培养检出毒素。

1. 分离培养

将待检病料煮沸 1 h 以杀灭非芽孢杂菌后，接种于血液琼脂平板，厌氧培养或接种疱肉培养基，加热煮沸，然后 37 ℃培养 24～48 h，涂片检查细菌的形态，并将培养液进行毒素检查。

2. 毒素的检验

如采取的标本为食物。按 1∶(10～20)倍的明胶磷酸盐缓冲液，研碎，浸泡数小时，然后离心沉淀，取上清液 0.5 mL 腹腔注射 2 只小鼠，观察 4 d，注射液中如有毒素，一般多在 24 h 内发病，然后死亡。主要症状为竖毛、四肢瘫痪、呼吸困难，两侧腹肌凹陷如“蜂腰”状。若毒素量大，呈急性死亡。小鼠表现呼吸困难，挣扎跳动死亡，死后眼球突出，角膜白浊。目前，国内还采用眼睑接种法及反向间接血凝反应检测肉毒梭菌毒素，方法简便，敏感而且特异。

七、免疫与治疗

在牛、羊等肉毒症常发地区，可用明矾沉淀类毒素做预防注射，有效免疫可持续半年或一年。人、畜一旦出现肉毒症状，可立即用多价抗毒素血清治疗。若毒素类型已确定，则用同型抗毒素血清。

任务总结

表 1-18 肉毒梭菌任务总结

类别	内容	要点
任务实施	肉毒梭菌	肉毒梭菌毒素中毒的特征是什么？
	形态与染色	1. 肉毒梭菌的形态特点是什么？ 2. 肉毒梭菌的染色特性是什么？
	培养特性	1. 肉毒梭菌的培养过程中对氧的要求有哪些？ 2. 肉毒梭菌的培养过程中对培养基的要求有哪些？
	抵抗力	1. 肉毒梭菌对物理因素的抵抗力怎么样？ 2. 肉毒梭菌对化学因素的抵抗力怎么样？ 3. 针对肉毒梭菌如何选择抗菌药物？
	抗原性	肉毒梭菌的抗原特性是什么？
	致病性	肉毒梭菌的致病性特点是什么？
	微生物学诊断方法	肉毒梭菌的微生物学诊断方法有哪些？
	免疫与治疗方法	如何进行肉毒梭菌毒素中毒的免疫与治疗？

任务测试

1. 扫描二维码，完成任务测试题。
2. 根据测试结果，指导教师对每位同学做出评价。

二维码 1-22 肉毒梭菌测试题

子任务六 链球菌

任务概要

了解链球菌，能够说出链球菌所导致疾病的发生情况，可以自己组织语言向同学们介绍链球菌的形态与染色特点、培养特性、抵抗力、抗原性、致病性、微生物学诊断方法、免疫与治疗方法等，建立科学思维、系统思维和创造性思维。

二维码 1-23 链球菌

任务分析

表 1-19 链球菌任务单

<table>
<tr><td>任务名称</td><td colspan="6">链球菌</td></tr>
<tr><td>任务描述</td><td colspan="6">掌握链球菌的形态与染色特点、培养特性、抵抗力、抗原性、致病性、微生物学诊断方法、免疫与治疗方法等。</td></tr>
<tr><td>完成条件</td><td colspan="6">智能手机，多媒体教学设备。</td></tr>
<tr><td rowspan="2">任务资讯</td><td colspan="3">资讯问题</td><td colspan="3">参考资料</td></tr>
<tr><td colspan="3">1. 链球菌的形态与染色特点是什么？
2. 链球菌的培养特性是什么？
3. 链球菌的抵抗力情况如何？
4. 链球菌的抗原性特点是什么？
5. 链球菌的致病性特点是什么？
6. 链球菌的微生物学诊断方法有哪些？
7. 链球菌的免疫与治疗方法有哪些？</td><td colspan="3">1. 中国农业科学院哈尔滨兽医研究所. 兽医微生物学[M]. 2 版. 北京：中国农业出版社，2013.
2. 葛兆宏. 动物微生物[M]. 北京：中国农业出版社，2001.
3. 吴清民. 兽医传染病学[M]. 北京：中国农业大学出版社，2002.</td></tr>
<tr><td rowspan="3">考核标准</td><td colspan="2">知识考核</td><td colspan="2">能力考核</td><td colspan="2">素质考核</td></tr>
<tr><td colspan="2">1. 查阅相关资料，完成资讯问题。
2. 准确回答任务测试题。
3. 规范书写任务总结。</td><td colspan="2">1. 能准确讲述链球菌的形态与染色特点、培养特性、抵抗力、抗原性。
2. 能准确讲述链球菌的致病性。
3. 能准确讲述链球菌的微生物学诊断方法。
4. 能准确讲述链球菌的免疫与治疗方法。</td><td colspan="2">1. 见微知著，精益求精的工匠精神。
2. 集智攻关，团结协作的协同精神。
3. 追求真理，严谨治学的求实精神。
4. 关爱动物健康，护佑人畜安全。</td></tr>
<tr><td colspan="6">注：在实际考核过程中，教师可根据具体的考核标准确定优秀、良好、及格和不及格。
90～100 分为优秀；80～89 分为良好；60～79 分为及格；60 分以下为不及格。</td></tr>
</table>

任务实施

链球菌是一类广泛分布在自然界及动物机体，呈链状排列的革兰阳性球菌，是常见的化脓球菌，可引起人的猩红热、马的马腺疫、猪的链球菌病及食物中毒。

一、形态与染色

链球菌为球形或椭球形，直径 0.5～1.5 μm，无鞭毛，不形成芽孢，链状排列或成对排列，链的长短不一，短者由 4～8 个细菌组成，长者由 20～30 个细菌组成。链的长短常与细菌的种类及生长环境有关，致病性的链长，非致病性的链短。

链球菌用普通苯胺染料易于着色，自病灶分离的链球菌革兰染色为阳性，但培养时间较长的老龄细菌，革兰染色常可呈阴性。

二、培养特性

链球菌为需氧或兼性厌氧菌。多数菌株生长繁殖温度为 20～42 ℃，最适温度为 37 ℃，最适 pH 为 7.4～7.6。多数致病性链球菌的营养要求较高，在普通培养基上生长不良，在加有血液、血清的培养基中生长较好，形成灰白色、光滑、透明或半透明、边缘整齐、直径为 0.5～0.75 mm 的菌落，在血液琼脂上可形成透明的溶血环。链球菌有以下几种类型。

(1)α 溶血链球菌。菌落周围有 1～2 mm 宽的草绿色溶血环，致病力弱。

(2)β 溶血链球菌。菌落周围形成 2～4 mm 的透明溶血环，致病力强，能引起动物多种疾病。

(3)γ 溶血链球菌。菌落周围不形成溶血环，无致病性，多见于乳汁和粪便中。

三、抵抗力

链球菌对外界环境的抵抗力不强，加热 60 ℃ 30 min 死亡，煮沸可立即致死。对一般消毒药均敏感，抗菌药物可选择青霉素、红霉素、金霉素、四环素、磺胺类药物等。

四、抗原性

链球菌的抗原结构比较复杂，包括属特异、群特异及型特异 3 种抗原。

1. 属特异抗原

属特异性抗原又称为 P 抗原，为链球菌的核蛋白抗原。该抗原与葡萄球菌属细菌抗原有交叉。

2. 群特异性抗原

群特异性抗原又称为“C 物质”，是存在于链球菌细胞壁中的多糖成分，有群特异性，根据群特异性抗原不同，可将链球菌分为 20 个血清群。

3. 型特异性抗原

型特异性抗原又称为表面抗原，是位于多糖抗原之外的蛋白质抗原。可分 M、T、R、S 等 4 种不同性质的抗原成分，与致病性有关的是 M 抗原，M 抗原主要见于 A 群。根据 M 抗原不同，可将本菌在各自群内分型，如 A 群分为 60 多个血清型。

五、致病性

链球菌可产生多种毒素和侵袭性酶，如溶血素、致热外毒素、红疹毒素、透明质酸酶、蛋白酶、链激酶、DNA 酶等。较重要的血清群的致病情况如下。

A 群：主要对人类致病，如猩红热、扁桃体炎及各种炎症和败血症等。对动物的致病性不强，但在公共卫生上有重要意义。

B 群：主要致牛乳腺炎，如无乳链球菌、停乳链球菌、乳房链球菌等，对人无致病性。

C 群：主要对各种动物致病，能引起猪、牛、羊、马等各种动物的急性或亚急性败血症、脑膜炎、关节炎、心内膜炎、心包炎、肺炎及其他化脓性炎症。其中一部分对人有致病性，但比 A 群轻。

D 群：寄生于人、畜、禽肠道中，属肠链球菌的一部分，一般不致病，但进入组织、血流后可引起小猪的心内膜炎、脑膜炎、关节炎、肺炎和羔羊心内膜炎、肺炎等。并与食物中毒有关。

E 群：主要使牛、猪致病，引起猪颈部淋巴结脓肿、化脓性支气管炎、脑膜炎、关节炎及部分牛乳腺炎。

六、微生物学诊断

一般采取脓汁、关节液、乳汁、血液等作为病料或被污染的食物进行细菌学检验。

1. 涂片镜检

病料直接涂片，革兰染色后镜检。

2. 分离培养

将病料或被污染的食品接种于血琼脂平板上，经 37 ℃ 24 h 培养，观察菌落形态及染色镜检菌体形态。如菌落呈 β 型溶血，则进一步做生化反应鉴定等，有条件时可做血清学及分型鉴定。

3. 动物实验

将病料或细菌培养物等接种家兔、小鼠及鸽子，观察分离物的致病性，并可从死亡动物中回收、鉴定细菌。

若要做病原的定群或定型，则要用群、型特异性血清做血清学试验。近年来，已将分子生物学手段用于致病性链球菌的检测。

七、免疫与治疗

目前，国内已有猪、羊链球菌弱毒苗和灭活苗，也有用当地分离菌株制备疫苗的，对猪、羊链球菌病进行预防，有较好的免疫效果。链球菌对青霉素、红霉素、金霉素、四环素及磺胺类药物均敏感。

任务总结

表 1-20 链球菌任务总结

类别	内容	要点
任务实施	形态与染色	1. 链球菌的形态特点是什么？ 2. 链球菌的染色特性是什么？
	培养特性	1. 链球菌的培养过程中对氧的要求有哪些？ 2. 链球菌的培养过程中对培养基的要求有哪些？ 3. 链球菌的培养过程中对温度和 pH 的要求有哪些？ 4. 试述链球菌在培养基上形成菌落的时间和菌落形态。
	抵抗力	1. 链球菌对物理因素的抵抗力怎么样？ 2. 链球菌对化学因素的抵抗力怎么样？ 3. 针对链球菌如何选择抗菌药物？
	抗原性	链球菌的抗原特性是什么？
	致病性	链球菌的致病性特点是什么？
	微生物学诊断方法	链球菌的微生物学诊断方法有哪些？
	免疫与治疗方法	如何进行链球菌所致疾病的免疫与治疗？

二维码 1-24 链球菌测试题

任务测试

1. 扫描二维码，完成任务测试题。
2. 根据测试结果，指导教师对每位同学做出评价。

子任务七　葡萄球菌

任务概要

了解葡萄球菌,能够说出葡萄球菌对人和动物的危害情况,可以自己组织语言向同学们介绍葡萄球菌的形态与染色特点、培养特性、抵抗力、抗原性、致病性、微生物学诊断方法、免疫与治疗方法等,建立科学思维、系统思维和创造性思维。

二维码 1-25　葡萄球菌

任务分析

表 1-21　葡萄球菌任务单

<table>
<tr><td>任务名称</td><td colspan="3">葡萄球菌</td></tr>
<tr><td>任务描述</td><td colspan="3">掌握葡萄球菌的形态与染色特点、培养特性、抵抗力、抗原性、致病性、微生物学诊断方法、免疫与治疗方法等。</td></tr>
<tr><td>完成条件</td><td colspan="3">智能手机,多媒体教学设备。</td></tr>
<tr><td rowspan="2">任务资讯</td><td colspan="2">资讯问题</td><td>参考资料</td></tr>
<tr><td colspan="2">1. 葡萄球菌的形态与染色特点是什么?
2. 葡萄球菌的培养特性是什么?
3. 葡萄球菌的抵抗力情况如何?
4. 葡萄球菌的抗原性特点是什么?
5. 葡萄球菌的致病性特点是什么?
6. 葡萄球菌的微生物学诊断方法有哪些?
7. 葡萄球菌的免疫与治疗方法有哪些?</td><td>1. 中国农业科学院哈尔滨兽医研究所. 兽医微生物学[M]. 2 版. 北京:中国农业出版社,2013.
2. 杨玉平. 动物微生物[M]. 北京:中国轻工业出版社,2012.
3. 吴清民. 兽医传染病学[M]. 北京:中国农业大学出版社,2002.</td></tr>
<tr><td rowspan="3">考核标准</td><td>知识考核</td><td>能力考核</td><td>素质考核</td></tr>
<tr><td>1. 查阅相关资料,完成资讯问题。
2. 准确回答任务测试题。
3. 规范书写任务总结。</td><td>1. 能准确讲述葡萄球菌形态与染色特点、培养特性、抵抗力、抗原性。
2. 能准确讲述葡萄球菌的致病性。
3. 能准确讲述葡萄球菌的微生物学诊断方法。
4. 能准确讲述葡萄球菌的免疫与治疗方法。</td><td>1. 见微知著,精益求精的工匠精神。
2. 集智攻关,团结协作的协同精神。
3. 追求真理,严谨治学的求实精神。
4. 关爱动物健康,护佑人畜安全。</td></tr>
<tr><td colspan="3">注:在实际考核过程中,教师可根据具体的考核标准确定优秀、良好、及格和不及格。
90~100 分为优秀;80~89 分为良好;60~79 分为及格;60 分以下为不及格。</td></tr>
</table>

任务实施

葡萄球菌在自然界分布广泛,空气、水、土壤、食品、饲料、动物体表以及与动物体表相通的腔道、黏膜都易发现本菌。该菌主要引起化脓性疾病以及人的食物中毒。常见于动物组织器官创伤引起的感染或化脓,严重的引起败血症或脓毒血症。

一、形态与染色

葡萄球菌为革兰染色阳性菌,呈圆球形或略呈椭圆形,直径 0.5～1.5 μm,典型菌常成堆排列成葡萄串状。在脓汁或液体培养基中,常排列成双球或短链状,易被误认为链球菌。不形成芽孢,无鞭毛,幼龄菌可见荚膜。

二、培养特性

葡萄球菌为好氧及兼性厌氧菌,生长温度为 25～46 ℃,最适为 35～40 ℃;pH 为 4.2～9.3,最适 pH 为 7.4,在普通培养基上生长良好,若加入血液或葡萄糖,生长更为茂盛。在血液琼脂上生长成湿润、边缘整齐、表面光滑、有光泽、不透明的菌落,不同型的菌株能产生不同脂溶性色素,使菌落呈现不同的颜色,据此可将本菌分为金黄色葡萄球菌、白色葡萄球菌和柠檬色葡萄球菌。其中致病菌主要为金黄色葡萄球菌。

多数致病性葡萄球菌产生溶血素,在血液琼脂平板上使菌落周围形成透明的溶血环,非致病性葡萄球菌则无此现象。致病性葡萄球菌在厌氧条件下能分解甘露醇而产酸,非致病性菌株则无此反应。培养环境中增加 20%～30%二氧化碳可产生大量毒素。葡萄球菌抗原构成复杂,已发现有 30 种以上,主要为蛋白质抗原和多糖类抗原两种。

三、抵抗力

葡萄球菌对外界抵抗力较强,耐干燥、耐盐腌,在干燥的脓汁或血液中可生存数月,能在含 10%～15%食盐的培养基中正常生长,高于 15%食盐中仅可能抑制其生长。80 ℃ 30 min、5%石炭酸或 0.1%升汞 10～15 min 能有效杀死本菌;对碱性染料较敏感,即使稀释至 10 万～20 万倍的龙胆紫都可抑制其生长;对青霉素、红霉素、庆大霉素高度敏感,对土霉素、新生霉素、链霉素、磺胺类药物也敏感。

四、抗原性

金黄色葡萄球菌细胞壁表面有一种单链多肽的特异表面抗原,称为葡萄球菌 A 蛋白(SPA),具有与人和多种动物血清 IgG 分子的 Fc 段牢固结合的特性。此种结合是特异性的,这一性质已广泛应用于免疫实验诊断。多糖类抗原可用于葡萄球菌的定型。根据产生的色素和生化反应,本菌可分为金黄色葡萄球菌、表皮葡萄球菌和腐生葡萄球菌 3 种。金黄色葡萄球菌多为致病菌,表皮葡萄球菌偶尔致病,而腐生葡萄球菌一般不致病。

五、致病性

葡萄球菌致病因素主要为毒素和侵袭性酶，即溶血素、杀白细胞素、肠毒素，甘露醇分解酶、血浆凝固酶等。引起动物多种化脓性疾患，如牛羊急性与慢性乳腺炎、鸡的关节炎、猪的渗出性皮炎和羔羊败血症，实验动物以家兔最易感。30％～50％的金黄色葡萄球菌能产生一种非常耐热的肠毒素，可引起人的食物中毒，表现为剧烈呕吐。

六、微生物学诊断

针对不同病型采取不同的病料，如脓汁、血液、渗出物、乳汁、可疑食物、呕吐物及粪便等。取检样直接涂片，用碱性亚甲蓝或革兰染色，镜检，根据细菌的形态、大小、排列即可初步诊断。取病料接种于血液琼脂平板，检查菌落生长特征、产生色素、溶血情况，并再涂片染色，必要时可分离培养，用生化试验鉴定。

七、免疫与治疗

动物被葡萄球菌感染后不产生明显持久的免疫力，可多次感染，我国第三军医大学研制的重组金黄色葡萄球菌疫苗已经进入临床试验阶段，但目前尚无有效疫苗投入动物临床。局部外伤感染葡萄球菌可涂擦龙胆紫、吖啶橙等消毒药水，严重感染可使用抗生素与磺胺类药物，但应注意葡萄球菌易产生耐药性。

任务总结

表 1-22　葡萄球菌任务总结

类别	内容	要点
任务实施	葡萄球菌	葡萄球菌引起人畜发病的特征是什么？
	形态与染色	1. 葡萄球菌的形态特点是什么？ 2. 葡萄球菌的染色特性是什么？
	培养特性	1. 葡萄球菌的培养过程中对氧的要求有哪些？ 2. 葡萄球菌的培养过程中对培养基的要求有哪些？ 3. 葡萄球菌的培养过程中对温度和 pH 的要求有哪些？ 4. 试述葡萄球菌在培养基上形成菌落的时间和菌落形态。

续表 1-22

类别	内容	要点
任务实施	抵抗力	1. 葡萄球菌对物理因素的抵抗力怎么样？ 2. 葡萄球菌对化学因素的抵抗力怎么样？ 3. 针对葡萄球菌如何选择抗菌药物？
	抗原性	葡萄球菌的抗原特性是什么？
	致病性	葡萄球菌的致病性特点是什么？
	微生物学诊断方法	葡萄球菌的微生物学诊断方法有哪些？
	免疫与治疗方法	如何进行葡萄球菌所致疾病的免疫与治疗？

二维码 1-26 葡萄球菌测试题

任务测试

1. 扫描二维码，完成任务测试题。
2. 根据测试结果，指导教师对每位同学做出评价。

子任务八 多杀性巴氏杆菌

二维码 1-27 多杀性巴氏杆菌

任务概要

了解多杀性巴氏杆菌，能够说出多杀性巴氏杆菌对人和动物的危害情况，可以自己组织语言向同学们介绍多杀性巴氏杆菌的形态与染色特点、培养特性、抵抗力、抗原性、致病性、微生物学诊断方法、免疫与治疗方法等，建立科学思维、系统思维和创造性思维。

任务分析

表 1-23　多杀性巴氏杆菌任务单

<table>
<tr><td>任务名称</td><td colspan="3">多杀性巴氏杆菌</td></tr>
<tr><td>任务描述</td><td colspan="3">掌握多杀性巴氏杆菌的形态与染色特点、培养特性、抵抗力、抗原性、致病性、微生物学诊断方法、免疫与治疗方法等。</td></tr>
<tr><td>完成条件</td><td colspan="3">智能手机,多媒体教学设备。</td></tr>
<tr><td rowspan="2">任务资讯</td><td colspan="2">资讯问题</td><td>参考资料</td></tr>
<tr><td colspan="2">1.多杀性巴氏杆菌的形态与染色特点是什么?
2.多杀性巴氏杆菌的培养特性是什么?
3.多杀性巴氏杆菌的抵抗力情况如何?
4.多杀性巴氏杆菌的抗原性特点是什么?
5.多杀性巴氏杆菌的致病性特点是什么?
6.多杀性巴氏杆菌的微生物学诊断方法有哪些?
7.多杀性巴氏杆菌的免疫与治疗方法有哪些?</td><td>1.中国农业科学院哈尔滨兽医研究所.兽医微生物学[M].2 版.北京:中国农业出版社,2013.
2.葛兆宏.动物微生物[M].北京:中国农业出版社,2001.
3.蔡宝祥.家畜传染病学[M].4 版.北京:中国农业出版社,2001.</td></tr>
<tr><td rowspan="3">考核标准</td><td>知识考核</td><td>能力考核</td><td>素质考核</td></tr>
<tr><td>1.查阅相关资料,完成资讯问题。
2.准确回答任务测试题。
3.规范书写任务总结。</td><td>1.能准确讲述多杀性巴氏杆菌形态与染色特点、培养特性、抵抗力、抗原性。
2.能准确讲述多杀性巴氏杆菌的致病性。
3.能准确讲述多杀性巴氏杆菌的微生物学诊断方法。
4.能准确讲述多杀性巴氏杆菌的免疫与治疗方法。</td><td>1.见微知著,精益求精的工匠精神。
2.集智攻关,团结协作的协同精神。
3.追求真理,严谨治学的求实精神。
4.关爱动物健康,护佑人畜安全。</td></tr>
<tr><td colspan="3">注:在实际考核过程中,教师可根据具体的考核标准确定优秀、良好、及格和不及格。
90～100 分为优秀;80～89 分为良好;60～79 分为及格;60 分以下为不及格。</td></tr>
</table>

任务实施

多杀性巴氏杆菌是多种动物巴氏杆菌病的病原菌,主要使动物发生出血性败血症或传染性肺炎,如禽霍乱、猪肺疫、牛出血性败血症、兔巴氏杆菌病。

一、形态与染色

多杀性巴氏杆菌为革兰阴性细小的球杆状或短杆状,两端钝圆,大小为(0.5～2.5) μm×(0.2～0.4) μm,在培养物中呈圆形、卵圆形或杆状,多单在,有时成双排列,病料涂片用瑞氏染色或亚甲蓝染色时，可见明显的两极着色。新分离的强毒菌株具有黏液性荚膜，但经培养后迅速消失。本菌无芽孢，无鞭毛。

二、培养特性

多杀性巴氏杆菌为需氧或兼性厌氧菌。对营养要求较严格，在普通培养基上发育不良；在麦康凯培养基上不生长；在加有血液、血清或微量血红蛋白的培养基中生长良好。最适宜的生长温度为 37 ℃，最适宜的 pH 为 7.2～7.4。在血清琼脂上生长形成淡灰白色，边缘整齐，表面光滑，闪光的露珠样小菌落。在血液琼脂上生长可形成湿润的露珠样小菌落，菌落周围无溶血现象。

三、抵抗力

多杀性巴氏杆菌对外界不利因素抵抗力不强，容易死亡。在阳光下曝晒 10 min、在 56 ℃ 15 min 或 60 ℃ 10 min 可被杀死。在干燥的空气中 2～3 d 可死亡。3%石炭酸、3%福尔马林、10%石灰乳、2%来苏儿、1%氢氧化钠等 5 min 可杀死本菌。对青霉素、链霉素、四环素、土霉素、磺胺类药物等敏感。

四、抗原性

多杀性巴氏杆菌主要以其荚膜抗原(6 个型)和菌体抗原(16 个型)区分血清型，血清型命名方式：以阿拉伯数字表示菌体抗原型，大写英文字母表示荚膜抗原型。我国分离的禽多杀性巴氏杆菌以 5∶A 为多，其次为 8∶A；猪的以 5∶A 和6∶B 为主，其次为 8∶A 与2∶D；羊的以 6∶B 为多；家兔的以 7∶A 为主，其次为 5∶A。C 型菌为猫、犬的正常栖居菌，E 型不常见，F 型主要发现于火鸡，致病作用均不清楚。其中 A、B 两型毒力最强，常造成流行性疾病，D 型的毒力较弱，常为散发性。

五、致病性

多杀性巴氏杆菌为条件性致病菌，正常动物的上呼吸道多有本菌，一般不致病，当多种因素导致动物抵抗力减弱时才引起发病。家畜中以猪最易感，引起猪肺疫；禽类中易感强弱依次是鸭、鸡、鹅，所致疾病统称为禽霍乱；大家畜中以牦牛、黄牛、水牛敏感，患病时表现为出血性败血症，简称牛出败；长途运输的牛只更易发生本病，故又称为“运输热”。人偶有感染，表现为脓肿或局部炎症多为伤口感染造成；非经伤口感染者表现呼吸道症状。实验动物中，以小鼠和家兔最易感，鸽子对多杀性巴氏杆菌易感性强，豚鼠有较大的抵抗力。

六、微生物学诊断

采取可疑动物的心血、脾、肝、肺、肾、淋巴结等作为病料。

1. 显微镜检查

取检样涂片，经甲醇固定后，用碱性亚甲蓝染色或瑞氏染色后，再进行镜检，可见到有明显的两极着色，单个存在的小杆菌。

2. 分离培养

用病料接种到血液琼脂平板上，在 37 ℃培养，观察其菌落形态特征。

3. 动物实验

用检样制成混悬液或肉汤培养物，注射到兔、小鼠、鸽子皮下，动物多于 24～48 h 死亡，死后取其肺进行涂片，用亚甲蓝染色或瑞氏染色后，镜检；或接种血液琼脂平板后再证实。

若要鉴定荚膜抗原和菌体抗原型，则要用抗血清或单克隆抗体进行血清学试验。检测动物血清中的抗体，可用试管凝集、间接凝集、琼脂扩散试验或 ELISA。

通过检验证实为多杀性巴氏杆菌病的肉品、内脏，分别做工业用、烧毁或高温处理。

七、免疫与治疗

带菌健康动物具有一定程度的免疫力。动物患病痊愈后，可获得较强的免疫力。国内外已研制出多种灭活、弱毒菌苗以及荚膜亚单位疫苗。该菌的高免多价血清具有良好的紧急预防和治疗作用。本菌对青霉素、链霉素、四环素、土霉素、磺胺类药物、喹诺酮类药物等敏感。

任务总结

表 1-24 多杀性巴氏杆菌任务总结

类别	内容	要点
任务实施	多杀性巴氏杆菌	多杀性巴氏杆菌引起人畜发病的特征是什么？
	形态与染色	1. 多杀性巴氏杆菌的形态特点是什么？ 2. 多杀性巴氏杆菌的染色特性是什么？
	培养特性	1. 多杀性巴氏杆菌的培养过程中对氧的要求有哪些？ 2. 多杀性巴氏杆菌的培养过程中对培养基的要求有哪些？ 3. 多杀性巴氏杆菌的培养过程中对温度和 pH 的要求有哪些？ 4. 试述多杀性巴氏杆菌在培养基上形成菌落的时间和菌落形态。
	抵抗力	1. 多杀性巴氏杆菌对物理因素的抵抗力怎么样？ 2. 多杀性巴氏杆菌对化学因素的抵抗力怎么样？ 3. 针对多杀性巴氏杆菌如何选择抗菌药物？

续表 1-24

类别	内容	要点
任务实施	抗原性	多杀性巴氏杆菌的抗原特性是什么？
	致病性	多杀性巴氏杆菌的致病性特点是什么？
	微生物学诊断方法	多杀性巴氏杆菌的微生物学诊断方法有哪些？
	免疫与治疗方法	如何进行多杀性巴氏杆菌所致疾病的免疫与治疗？

任务测试

1. 扫描二维码，完成任务测试题。
2. 根据测试结果，指导教师对每位同学做出评价。

二维码 1-28　多杀性巴氏杆菌测试题

子任务九　大肠埃希菌

任务概要

了解大肠埃希菌，能够说出大肠埃希菌对人和动物的危害情况，可以自己组织语言向同学们介绍大肠埃希菌的形态与染色特点、培养特性、抵抗力、生化特性、抗原性、致病性、微生物学诊断方法、免疫与治疗方法等，建立科学思维、系统思维和创造性思维。

二维码 1-29　大肠埃希菌

任务分析

表 1-25　大肠埃希菌任务单

任务名称	大肠埃希菌	
任务描述	掌握大肠埃希菌的形态与染色特点、培养特性、抵抗力、抗原性、致病性、微生物学诊断方法、免疫与治疗方法等。	
完成条件	智能手机，多媒体教学设备。	
任务资讯	资讯问题	参考资料
	1. 大肠埃希菌的形态与染色特点是什么？ 2. 大肠埃希菌的培养特性是什么？ 3. 大肠埃希菌的抵抗力情况如何？	1. 中国农业科学院哈尔滨兽医研究所. 兽医微生物学[M]. 2 版. 北京：中国农业出版社，2013.

续表 1-25

<table>
<tr><td rowspan="2">任务资讯</td><td colspan="2">资讯问题</td><td>参考资料</td></tr>
<tr><td colspan="2">4. 大肠埃希菌的抗原性特点是什么？
5. 大肠埃希菌的致病性特点是什么？
6. 大肠埃希菌的微生物学诊断方法有哪些？
7. 大肠埃希菌的免疫与治疗方法有哪些？</td><td>2. 葛兆宏. 动物微生物[M]. 北京：中国农业出版社，2001.
3. 吴清民. 兽医传染病学[M]. 北京：中国农业大学出版社，2002.</td></tr>
<tr><td rowspan="3">考核标准</td><td>知识考核</td><td>能力考核</td><td>素质考核</td></tr>
<tr><td>1. 查阅相关资料，完成资讯问题。
2. 准确回答任务测试题。
3. 规范书写任务总结。</td><td>1. 能准确讲述大肠埃希菌形态与染色特点、培养特性、抵抗力、抗原性。
2. 能准确讲述大肠埃希菌的致病性。
3. 能准确讲述大肠埃希菌的微生物学诊断方法。
4. 能准确讲述大肠埃希菌的免疫与治疗方法。</td><td>1. 见微知著，精益求精的工匠精神。
2. 集智攻关，团结协作的协同精神。
3. 追求真理，严谨治学的求实精神。
4. 关爱动物健康，护佑人畜安全。</td></tr>
<tr><td colspan="3">注：在实际考核过程中，教师可根据具体的考核标准确定优秀、良好、及格和不及格。
90～100 分为优秀；80～89 分为良好；60～79 分为及格；60 分以下为不及格。</td></tr>
</table>

任务实施

埃希菌属有 5 个种，其中与人和动物密切相关的是大肠埃希菌，俗称大肠杆菌。它是人和动物肠道内正常菌群成员之一，在人和动物出生后数小时即可经口进入消化道后段，大量繁殖而定居，终身伴随，并随粪便排出，污染土壤、水源等，在自然界分布极广。大肠埃希菌的存在说明直接或间接有粪便污染的可能，故食物、食品、饮水等含大肠埃希菌的多少是其卫生检验指标之一。某些致病菌株，可引起人的婴幼儿腹泻和动物的大肠埃希菌病。

一、形态与染色

大肠埃希菌为革兰阴性，卵圆形或短杆菌，大小为(1～3) μm×(0.4～0.7) μm，散在或成对，无芽孢。大多数菌株有周身鞭毛，能运动，但也有无鞭毛，不运动的变异株。一般均有柔毛(又称菌毛)，对某些动物的红细胞呈现血凝反应。除少数菌株外通常无可见的荚膜，但常有微荚膜。

二、培养特性

大肠埃希菌为需氧或兼性厌氧菌，最适生长温度为 37 ℃，最适 pH 为 7.2～7.4。在普通营养琼脂上生长良好，但初次分离时最好使用鉴别培养基。在普通琼脂平板 37 ℃培养 24 h 后，形成直径 2～3 mm 的、圆形凸起、灰白色 S 型菌落。有些菌株在血琼脂平板上呈 β 溶血。

在液体培养基中呈均匀浑浊生长。管底有黏性沉淀物，液面出现菌环；在麦康凯培养基上培养18～24 h形成边缘整齐、稍凸起、表面光滑、湿润的红色菌落；在伊红亚甲蓝琼脂培养基上形成黑色带金属光泽的圆形菌落；在远藤培养基上形成红色带金属光泽的菌落。

三、抵抗力

大肠埃希菌抵抗力中等，但各菌株间可能有差异。一般均可用巴氏消毒法杀死。常用的消毒药液在数分钟内即可杀死本菌。在潮湿、阴暗而温暖的外界环境中，本菌的存活不超过1个月，在寒冷而干燥的环境中存活较久。

四、生化特性

大肠埃希菌生化特点是能发酵多种糖类，产酸产气。大多数菌株均发酵乳糖，约半数菌株能发酵蔗糖，不产生硫化氢，不分解尿素，吲哚试验和甲基红试验均为阳性，V-P试验和柠檬酸盐利用试验均为阴性，这4个试验也是鉴别与大肠埃希菌相似的产气肠杆菌的主要生化试验。

五、抗原构造

大肠埃希菌有O、K、H 3种抗原成分，根据3种抗原组合不同，可将本菌分成不同的血清型。对人类致病性较强的为大肠埃希菌O157。

六、致病性

不同血清型的大肠埃希菌常使不同人群和不同动物发病。引起腹泻的大肠埃希菌有三组，即肠毒素型大肠埃希菌(ETEC)、肠致病型大肠埃希菌(EPEC)和肠侵袭型大肠埃希菌(EIEC)。

ETEC能产生耐热和不耐热肠毒素，它们刺激小肠黏膜上皮细胞，使肠液分泌量大增，出现霍乱样的腹泻症状；ETEC菌株另一类致病因子就是黏着素抗原，即K88、K99、987P和F41，它们可黏附于小肠绒毛上皮细胞上，不易脱落，增强了细菌的致病性。致幼龄动物腹泻的大肠埃希菌几乎都是ETEC。EPEC菌株不产肠毒素，致病因子不详，可引起婴儿腹泻，成人为带菌者。EIEC菌株可引起人类痢疾样症状，有些血清型可致婴儿中毒性消化不良。

多数致病性大肠埃希菌可产生溶血素。使猪发生水肿病的大肠埃希菌不产生肠毒素，但能产生神经毒素，使猪出现水肿和神经症状。

此外，大肠埃希菌对成年动物一般不致病，但当它们侵入肠道外组织器官时，即可引起化脓性炎症，如人的肾盂肾炎、膀胱炎、胆囊炎等和鸡的败血症、气囊炎、卵黄性腹膜炎。

七、微生物学诊断

对致病性大肠埃希菌引起的动物疾病，败血症时可从病变组织取材料，下痢时可从下痢粪便或小肠黏膜取材料,画线接种麦康凯或伊红亚甲蓝平板分离培养,挑取典型菌落做溶血和生化试验检查。必要时做肠毒素试验、接种小鼠和血清学检查。

对食品卫生检查致病性大肠埃希菌,基本步骤是预增菌、选择性增菌、分离培养和生化试验。若要做 ETEC 菌株鉴定时,必须做家兔或乳鼠的肠毒素试验;若要做 EPEC 菌株鉴定时,必须做 EPEC 的 3 种多价血清玻片凝集试验;若要做 EIEC 菌株鉴定时,除做 EIEC 的 3 种多价血清学检查外,还要做豚鼠角膜试验来确定。此外,检查食品被大肠埃希菌污染的程度,可做大肠菌群最近似数的测定试验。

八、免疫与治疗

因为致病性大肠埃希菌血清型复杂,很难以一种菌株的菌苗取得普遍免疫的效果,所以目前没有预防大肠埃希菌病较为理想的可广泛使用的菌苗。

任务总结

表 1-26 大肠埃希菌任务总结

类别	内容	要点
任务实施	大肠埃希菌	大肠埃希菌引起人畜共患病的特征是什么?
	形态与染色	1. 大肠埃希菌的形态特点是什么? 2. 大肠埃希菌的染色特性是什么?
	培养特性	1. 大肠埃希菌的培养过程中对氧的要求有哪些? 2. 大肠埃希菌的培养过程中对培养基的要求有哪些? 3. 大肠埃希菌的培养过程中对温度和 pH 的要求有哪些? 4. 试述大肠埃希菌在培养基上形成菌落的时间和菌落形态。
	抵抗力	1. 大肠埃希菌对物理因素的抵抗力怎么样? 2. 大肠埃希菌对化学因素的抵抗力怎么样? 3. 针对大肠埃希菌如何选择抗菌药物?

续表 1-26

类别	内容	要点
任务实施	抗原性	大肠埃希菌的抗原特性是什么？
	致病性	大肠埃希菌的致病性特点是什么？
	微生物学诊断方法	大肠埃希菌的微生物学诊断方法有哪些？
	免疫与治疗方法	如何进行大肠埃希菌所致疾病的免疫与治疗？

二维码 1-30 大肠埃希菌测试题

任务测试

1. 扫描二维码，完成任务测试题。
2. 根据测试结果，指导教师对每位同学做出评价。

子任务十 沙门菌

二维码 1-31 沙门菌

任务概要

了解沙门菌，能够说出沙门菌对人和动物的危害情况，可以自己组织语言向同学们介绍沙门菌的形态与染色特点、培养特性、抵抗力、抗原性、致病性、微生物学诊断方法、免疫与治疗方法等，建立科学思维、系统思维和创造性思维。

任务分析

表 1-27 沙门菌任务单

任务名称	沙门菌
任务描述	掌握沙门菌的形态与染色特点、培养特性、抵抗力、抗原性、致病性、微生物学诊断方法、免疫与治疗方法等。
完成条件	智能手机，多媒体教学设备。

续表 1-27

<table>
<tr><td rowspan="2">任务资讯</td><td colspan="2">资讯问题</td><td colspan="2">参考资料</td></tr>
<tr><td colspan="2">1. 沙门菌的形态与染色特点是什么？
2. 沙门菌的培养特性是什么？
3. 沙门菌的抵抗力情况如何？
4. 沙门菌的抗原性特点是什么？
5. 沙门菌的致病性特点是什么？
6. 沙门菌的微生物学诊断方法有哪些？
7. 沙门菌的免疫与治疗方法有哪些？</td><td colspan="2">1. 胡桂学. 兽医微生物学[M]. 北京：中国农业大学出版社，2018.
2. 吴清民. 兽医传染病学[M]. 北京：中国农业大学出版社，2002.
3. 蔡宝祥. 家畜传染病学[M]. 4 版. 北京：中国农业出版社，2001.</td></tr>
<tr><td rowspan="3">考核标准</td><td>知识考核</td><td colspan="2">能力考核</td><td>素质考核</td></tr>
<tr><td>1. 查阅相关资料，完成资讯问题。
2. 准确回答任务测试题。
3. 规范书写任务总结。</td><td colspan="2">1. 能准确讲述沙门菌形态与染色特点、培养特性、抵抗力、抗原性。
2. 能准确讲述沙门菌的致病性。
3. 能准确讲述沙门菌的微生物学诊断方法。
4. 能准确讲述沙门菌的免疫与治疗方法。</td><td>1. 见微知著，精益求精的工匠精神。
2. 集智攻关，团结协作的协同精神。
3. 追求真理，严谨治学的求实精神。
4. 关爱动物健康，护佑人畜安全。</td></tr>
<tr><td colspan="4">注：在实际考核过程中，教师可根据具体的考核标准确定优秀、良好、及格和不及格。
90～100 分为优秀；80～89 分为良好；60～79 分为及格；60 分以下为不及格。</td></tr>
</table>

任务实施

沙门菌是肠道杆菌科的成员，包括 2 500 多种血清型，它们主要在人及动物的肠道内寄生，绝大多数沙门菌对人和动物有致病性，能引起人和动物的沙门菌病，也能引起人类食物中毒。

一、形态与染色

沙门菌为革兰阴性短小杆菌，大小为(0.7～1.5) μm×(2.0～5.0) μm，多单在或成对排列；不形成荚膜和芽孢；除鸡白痢沙门菌、鸡伤寒沙门菌外，其他沙门菌都具周身鞭毛，能运动；大多数具有菌毛，能吸附于宿主细胞表面或凝集豚鼠红细胞。

二、培养特性

沙门菌为需氧或兼性厌氧菌，在 10～42 ℃的范围内均能生长，最适温度为 37 ℃，最适 pH 为 6.8～7.8。在普通琼脂平板上培养 24 h 后，形成中等大小、圆形、湿润、表面光滑的 S 型菌落，其中鸡白痢沙门菌、鸡伤寒沙门菌、羊流产沙门菌和甲型副伤寒沙门菌在普通琼脂上生长贫瘠，菌落小而透明。培养基中加入硫代硫酸钠、胱氨酸、血清、葡萄糖和甘油有助于本菌生长。

由于该菌不发酵乳糖，有的能产生 H_2S，故在 SS 琼脂上为无色半透明菌落或黑色菌落，在 HE 琼脂上为蓝绿色或黑色菌落。在普通肉汤中，经 37 ℃ 24 h 培养，呈均匀浑浊，某些菌株可形成菌膜。

三、抵抗力

沙门菌对热和消毒药的抵抗力一般。60 ℃ 30 min 可被杀死,70%乙醇或 5%石炭酸经 5 min 可被杀死;亚硒酸盐、煌绿等染料对本菌的抑制作用小于大肠埃希菌,故常用其制备选择培养基,有利于分离粪便中的沙门菌。在水中能生存 2~3 周,粪便中可存活 1~2 个月,冰冻土壤中可过冬;对氯霉素敏感。近年来发现对磺胺类药物、抗生素有抗药性的菌株有所增加。

四、抗原性

沙门菌具有菌体(O)抗原、鞭毛(H)抗原和表面(Vi)抗原(包膜抗原)3 种抗原。菌体抗原(O 抗原):由数个成分组成;不同型别之间常有交叉,特异性较差。鞭毛抗原(H 抗原):有第Ⅰ相和第Ⅱ相,第Ⅰ相特异性强。Vi 抗原:少数菌中的一种表面包膜抗原,与毒力有关。抗原性弱,刺激机体产生短暂低效价抗体伴随活菌一起存在,故可用于检出带菌者;Vi 抗原是菌体表面荚膜多糖抗原,可阻止 O 抗原与 O 抗体的特异性凝集反应,Vi 抗原不耐热,加热煮沸 100 ℃ 5 min 或 60 ℃ 30 min 即可破坏。

五、致病性

沙门菌主要寄居于人和其他温血动物的肠道中,可引起多种性质的疾病。根据沙门菌的致病范围,可将其分为三大类群。第一类群:专门对人致病,如伤寒沙门菌、甲型副伤寒沙门菌、乙型副伤寒沙门菌、丙型副伤寒沙门菌。第二类群:对人和动物均能致病,如从患病动物体内分离的鼠伤寒沙门菌、肠炎沙门菌、猪霍乱沙门菌、都柏林沙门菌、纽波特沙门菌等均能引起人类食物中毒,称为食物中毒沙门菌。第三类群:专门对动物致病,很少感染人,如马流产沙门菌、鸡白痢沙门菌、鸡伤寒沙门菌等。

沙门菌不产生外毒素,但菌体裂解时,可产生毒性很强的内毒素,此毒素为致病的主要因素,可引起机体发热及白细胞减少等病症。

人类沙门菌病主要通过消化道感染,引起人类的肠热症、胃肠炎(食物中毒)和败血症。动物沙门菌病的易感对象主要是幼龄动物,除引起肠道病变外,还可发生肠道以外其他脏器病变或全身感染;而在成年动物中,则往往是散发的或局限的,在一定条件下也可能有急性流行的疾病。

实验动物中以小鼠最易感,用沙门菌接种刚断奶的小鼠,发生败血症死亡,并可从其心血和肝、脾获得较纯的沙门菌。

六、微生物学诊断

沙门菌在食品卫生方面的检验,包括 5 个基本步骤:①预增菌,用无选择性的培养基使处于濒死状态的沙门菌恢复活力;②选择性增菌,使沙门菌得以增殖,而其他大多数细菌受到抑制;③选择性平板分离沙门菌;④生化试验鉴定到属;⑤血清学分型鉴定。

近年来,也有用荧光抗体进行快速检验,将被检材料增菌培养 13 h,即可取出培养物做成涂片,用多价 O、H 荧光抗体染色或用羊抗兔荧光抗体间接染色,其检出率与常规检验方法大致相同。

七、免疫与治疗

目前,应用的兽用疫苗多限于预防各种动物的沙门菌病,如猪副伤寒、马流产以及牛羊的都柏林沙门菌的灭活菌苗。据报道,用减毒或无毒活菌注射或口服免疫动物,效果优于灭活菌苗,但有些国家禁用。抗生素对该菌有抑制作用,发病时可选用敏感抗生素进行治疗。

任务总结

表 1-28　沙门菌任务总结

类别	内容	要点
任务实施	沙门菌	沙门菌引起人畜发病的特征是什么?
	形态与染色	1.沙门菌的形态特点是什么? 2.沙门菌的染色特性是什么?
	培养特性	1.沙门菌的培养过程中对氧的要求有哪些? 2.沙门菌的培养过程中对培养基的要求有哪些? 3.沙门菌的培养过程中对温度和 pH 的要求有哪些? 4.试述沙门菌在培养基上形成菌落的时间和菌落形态。
	抵抗力	1.沙门菌对物理因素的抵抗力怎么样? 2.沙门菌对化学因素的抵抗力怎么样? 3.针对沙门菌如何选择抗菌药物?
	抗原性	沙门菌的抗原特性是什么?
	致病性	沙门菌的致病性特点是什么?
	微生物学诊断方法	沙门菌的微生物学诊断方法有哪些?
	免疫与治疗方法	如何进行沙门菌所致疾病的免疫与治疗?

任务测试

1. 扫描二维码,完成任务测试题。
2. 根据测试结果,指导教师对每位同学做出评价。

二维码 1-32 沙门菌测试题

思政淬炼

鼠疫斗士——伍连德

伍连德(1879—1960),字星联,广东台山人,中国卫生防疫检疫事业的创始人,中华医学会首任会长,北京协和医学院及北京协和医院的主要筹办者,1935 年诺贝尔生理学或医学奖候选人,是华人首位诺贝尔奖候选人。

伍连德最大的功绩,当首推指挥扑灭了 1910 年的东北鼠疫。这是中国有史以来第一例以科学防疫为指导,有效控制的大型瘟疫。1910 年 11 月,傅家甸,即现在的哈尔滨市道外区中华巴洛克风景区,突然暴发神秘瘟疫,许多家庭举家而亡。转瞬之间,这种瘟疫迅速在东北地区蔓延开来。从 11 月开始,疫情传染到当时的东北中心哈尔滨,然后几乎横扫东北,总计死亡 6 万余人。这场被称为东北"黑死病"的大瘟疫,就是鼠疫。伍连德受命与危难,带着唯一的助手,冒着凛冽的寒风急赴东北,出任东三省防鼠疫全权总医官。伍连德通过细致研究,制订了依靠科学的防疫方针,创立了分类隔离观察、佩戴"伍氏口罩"、采用"公筷"制、焚化"疫毙尸体"等方法,只用了短短 67 d,就控制住了这场后来被称为"20 世纪世界上最严重的一次流行性鼠疫"。

1911 年 4 月,伍连德主持在奉天(沈阳)举行的世界鼠疫研究大会,这是中国第一次举办国际学术研讨会,11 个国家的专家公推伍连德为大会主席。就是在这次会议上,伍连德获得了"鼠疫斗士"的称号。此后,伍连德又分别在 1919 年、1920 年、1926 年、1932 年扑灭了东北、上海等地暴发的肺鼠疫和霍乱疫情,1935 年伍连德被提名为诺贝尔生理学或医学奖候选人。

项目二

病　　毒

任务一　病毒概述

学习目标

知识目标

(1)知道病毒的概念。

(2)了解病毒的基本特征。

(3)掌握病毒的结构特点。

二维码 2-1　病毒概述

能力目标

(1)能够自己组织语言,向同学们介绍病毒的概念,并列举几种病毒。

(2)能够组织语言,说出病毒的基本特征,并列表与细菌的基本特征进行比较。

(3)查阅资料,分小组形式绘制冠状病毒、流感病毒等重要动物病毒形态结构模式图。

素质目标

(1)培养语言表达、沟通交流的综合素质。

(2)培养分析思考、自主学习的能力和精益求精的工匠精神。

任务分析

表 2-1　病毒任务单

任务名称	病毒概述
任务描述	能够说出病毒的概念,掌握病毒的基本特征,简单介绍病毒的形态结构和理化特性。
完成条件	智能手机,多媒体教学设备,彩笔。

续表 2-1

<table>
<tr><td rowspan="2">任务资讯</td><td colspan="2">资讯问题</td><td colspan="2">参考资料</td></tr>
<tr><td colspan="2">1. 病毒是什么？
2. 病毒的基本特征是什么？
3. 病毒的形态结构和理化特性是什么？</td><td colspan="2">1. 刘志恒. 现代微生物学[M]. 北京：科学出版社，2002.
2. 周德庆. 微生物学教程[M]. 4 版. 北京：高等教育出版社，2020.
3. 河南农业大学. 动物微生物学[M]. 3 版. 北京：中国农业出版社，2005.</td></tr>
<tr><td rowspan="3">考核标准</td><td>知识考核</td><td colspan="2">能力考核</td><td>素质考核</td></tr>
<tr><td>1. 查阅相关资料，完成资讯问题。
2. 准确回答任务测试题。
3. 规范书写任务总结。</td><td colspan="2">1. 能准确说出病毒的概念。
2. 能准确说出病毒的基本特征。
3. 能讲述病毒的形态结构和理化特性。</td><td>1. 善于观察思考。
2. 做事精益求精。
3. 善于总结归纳。
4. 胸怀祖国，服务人民的爱国主义精神。</td></tr>
<tr><td colspan="4">注：在实际考核过程中，教师可根据具体的考核标准确定优秀、良好、及格和不及格。
90～100 分为优秀；80～89 分为良好；60～79 分为及格；60 分以下为不及格。</td></tr>
</table>

任务实施

一、病毒的概念

病毒是一类形体极其微小，只含有一种核酸（DNA/RNA），必须在活细胞内才能增殖的非细胞型微生物。

二、病毒的基本特征

病毒属于微生物，但其以独特的性质而又区别于其他微生物。

（1）病毒是一类极微小的非细胞型结构的生物，用纳米来衡量其大小，基本结构是由蛋白质衣壳包裹着核酸形成核芯，某些病毒最外层具有由脂蛋白组成的囊膜，可通过细菌滤器。除痘病毒外，绝大多数在光学显微镜下无法看到，需要电子显微镜才能观察。

（2）病毒只含有一种核酸，DNA 或 RNA。病毒的基因组可以是 DNA，也可以是 RNA，可以是双股也可以是单股，可以是一分子也可以是几个片段。

（3）病毒是严格细胞内寄生的微生物。由于缺乏完整的酶系统和没有核糖体（rRNA）、转运 RNA（tRNA）、线粒体等细胞器，必须利用宿主细胞的酶类，并借助于宿主细胞的合成机构和成分来复制其核酸和合成由其核酸编码的蛋白质，然后装配成新的子代病毒。

（4）病毒没有细胞壁，也不进行代谢活动，对于因干扰微生物代谢过程而影响微生物结构和功能的抗生素不敏感。大多数病毒对干扰素敏感。

（5）有些病毒的核酸可以整合到宿主细胞的 DNA 内，并随细胞 DNA 的复制而增殖，引起潜伏感染。

三、病毒的形态结构和理化特性

(一)病毒的大小和形态

1. 病毒的大小

度量病毒大小的单位纳米(nm,10^{-9} m)。病毒的大小差异很大,最大的为痘病毒,大小为(170～260) nm×(300～450) nm,在光学显微镜下可见;最小的为细小病毒,直径为15～17 nm,绝大多数病毒直径小于150 nm,超出了光镜的分辨范围。

2. 病毒的形态

病毒形态多样。①无囊膜的病毒,核衣壳的形态就是病毒的形态,立体对称的呈圆形,螺旋对称的呈圆柱形或杆状;②有囊膜的病毒,囊膜的形态就是病毒的形态,大多近乎圆形,有的似弹状,有的似杆状,有的似砖形;③噬菌体,噬菌体呈蝌蚪状。病毒颗粒的形态大体可分为球形或近球形、杆状或长丝状、弹状、砖状和蝌蚪状5种类型。

(二)病毒的结构

病毒的单个体称为病毒子或病毒颗粒,病毒子是指形态、结构和功能完整的病毒个体,而形态、结构和功能不完整的称为不完全病毒子。

1. 结构

病毒主要由中心的核酸(DNA或RNA)和外包的蛋白质衣壳组成,两者合称为核衣壳。衣壳由一定数量的壳粒组成,每个壳粒又由一个或多个多肽分子构成,不同种类的病毒衣壳所含的壳粒数目不同。对于结构简单的病毒,核衣壳就是完整的病毒颗粒,但一些比较复杂的病毒,在核衣壳外面还有一层(或几层)富含脂质的外膜,称为囊膜。在囊膜内含有特异的病毒蛋白质单位,在电镜下呈穗状突起,称为纤突或囊膜粒。某些病毒,如流感病毒,在囊膜和核衣壳之间还有一层病毒特异的内膜蛋白。也有一些病毒的衣壳内面还有一层内衣壳(呼肠孤病毒有两层衣壳),或在核酸外面有一层完整或不完整的蛋白质膜,这种内部结构称为芯髓或类核体。近年来,还发现微RNA病毒表面的沟槽或环突。

2. 对称型

根据壳粒数目和排列不同,病毒衣壳主要有螺旋状与二十面体两种对称型,少数为复合对称。

(1)螺旋状对称:螺旋状对称的衣壳,核衣壳呈中空的圆筒状,核酸分子由蛋白单体(不聚集成壳粒)盘绕成对称的螺旋状或弹簧样,如弹状病毒、正黏病毒、副黏病毒以及多数杆状病毒。

(2)二十面体对称:核衣壳呈正二十面体,壳粒排列成二十面体对称型,有20个相同的等边三角形构成12个顶、20个面和30个棱的立体结构,分别以顶、面、棱为对称轴呈5、3、2次对称。衣壳的顶角壳粒由5个相同的蛋白单体构成,称为五邻体;面和棱上的壳粒由6个相同的壳粒组成,称为六邻体。大多数球状病毒呈这种对称型,包括大多数DNA病毒、反转录病毒及微RNA病毒等。有个别病毒(如腺病毒)的顶角五邻体壳粒上伸出1个或2个末端膨大的丝状突出物，称为纤丝或纤维。

(3)复合对称：有些病毒结构复杂，看不到二十面体对称和螺旋状对称的核衣壳，或既有螺旋状对称又有立体对称，称为复合对称。如痘病毒外膜由不规则排列的管状脂蛋白亚单位组成，外膜内包含一个芯髓和两个“侧体”，其中的传染性脓疱性皮炎病毒的表面具有许多十字形交叉的带状结构，对称性不明显；大肠埃希菌的T噬菌体是由立体对称的头部和螺旋状对称的尾部组成。

(三)病毒的化学组成

病毒的化学组成包括核酸、蛋白质、脂质与糖，前两种是最主要的成分。

1. 核酸

核酸构成病毒的基因组，为病毒的复制、遗传和变异等功能提供遗传信息。病毒的核酸只为DNA或RNA中的一种，两者不能同时存在。核酸可分单股或双股、线状或环状、分节段或不分节段，分节段可称为多分子，不分节段则称为单分子。DNA病毒多数为双股、线状，少数为双股环状或单股线状；RNA病毒多数为单股线状、不分节段，少数分节段，少数RNA病毒为双股线状、分节段。所以根据病毒核酸的类型和股数可将病毒分为双股DNA病毒、单股DNA病毒、双股RNA病毒和单股RNA病毒4类。

(1)病毒的基因组。病毒核的分子大小随病毒种类不同而有很大差异，最小的DNA病毒圆环病毒的基因组仅1.7 kb，而最大的DNA病毒疱疹病毒及痘病毒大于200 kb。与DNA病毒相比，一般RNA病毒的基因组较小，双股RNA病毒为16～27 kb；单股RNA病毒中，冠状病毒最大为20～32 kb，丁型肝炎病毒最小为1.7 kb。病毒基因组，大的可含几百个基因，小的仅可编码几个基因。

(2)传染性核酸。把噬菌体或某些植物病毒的核酸注入易感细胞内即能引起感染，并产生完整的病毒颗粒。部分动物病毒也有此现象，去除其囊膜和衣壳，裸露的DNA或RNA也能感染细胞，这样的核酸称为传染性核酸。传染性核酸不分节段，其本身能作为mRNA，或者利用宿主细胞的RNA聚合酶转录病毒的mRNA。

2. 蛋白质

组成病毒的蛋白质可分为结构蛋白和非结构蛋白。

(1)结构蛋白是构成全部衣壳的成分和囊膜的主要成分，约占病毒总重的70%，少数低至30%～40%，具有保护病毒核酸的功能。衣壳蛋白、囊膜蛋白或纤突蛋白可特异地吸附至易感细胞受体并促使病毒传入细胞，是决定病毒对宿主细胞嗜性的重要因素。病毒蛋白质是良好的抗原，可激发机体发生免疫应答。

(2)非结构蛋白是指病毒结构成分之外的蛋白，为病毒复制过程中的某些中间产物，具有酶的活性或其他功能。

3. 脂质与糖

脂质与糖存在于囊膜，均来自宿主细胞。脂质主要是磷脂(50%～60%)，其次是胆固醇(20%～30%)。用脂溶剂可去除囊膜中的脂质，使病毒失活。因此常用乙醚或氯仿处理病毒，再检测其活性，以确定该病毒是否具有囊膜结构。

糖类一般以糖蛋白的形式存在，是某些病毒的纤突成分，如流感病毒的血凝素(HA)和神经氨酸酶(NA)等，与病毒吸附受体有关。

(四)病毒的物理性状

1. 滤过性

由于病毒体积小，可以通过细菌不能通过的滤器，利用该性状可将病毒与细菌分开，并测定其大小。

2. 沉降系数

病毒颗粒的分子量大，其沉降系数较大，单位为 S。不同病毒其沉降系数不同，其沉降系数也是该病毒主要性状之一。

3. 浮密度

由于病毒颗粒太小，不能直接按常规测定其密度，而将提纯的病毒进行密度梯度离心，病毒悬浮处的溶液密度即相当于病毒密度，用 g/cm^3 表示。

四、亚病毒

亚病毒是不具典型病毒结构、比病毒更为简单的致病因子，是一小分子量的 RNA 或 DNA 或一种蛋白质，是迄今发现的最小生命单位，可分为类病毒、卫星因子和朊病毒 3 类。

1. 类病毒

类病毒是使植物发病的裸露的侵染性短链 RNA 感染因子。是单股共价闭合的环状 RNA 分子，没有蛋白质，分子质量为 120 kDa，比小 RNA 病毒的 1/10 还要小，感染性极高，10 分子的马铃薯纺锤形块茎类病毒就足以使马铃薯感染。

2. 卫星因子

在 RNA 植物病毒中，有些病毒包含两种相关的但在抗原上又完全不同的病毒颗粒，一种是它本身的较大的颗粒，另一种是较小的病毒颗粒；有些病毒的病毒粒子中，除包含它的基因组 RNA 外，还含有一种与病毒基因组一起包壳的小分子 RNA。这些小病毒颗粒的 RNA 或与病毒基因组一起包壳的小分子 RNA 与各自有关的病毒基因组或寄主基因组核苷酸序列没有同源性，也不能单独侵染和复制，必须依赖它们有关的病毒复制。前者称为卫星病毒，后者称为卫星 RNA，统称为卫星因子或病毒卫星，其复制有关的病毒则称为辅助病毒。迄今发现的卫星因子包括：卫星双股 DNA 病毒、卫星双股 RNA 病毒、卫星单股 DNA 病毒和卫星单股 RNA 病毒。这些卫星因子大多以植物病毒为辅助病毒，也有动物病毒的一些卫星因子。

3. 朊病毒

朊病毒为不具核酸的传染性蛋白侵染子。可以自我复制，分子质量为 27～30 kDa，在感染动物的脑组织内常聚集成杆状结构，即痒病相关纤维。朊病毒是引起人和动物传染性海绵状脑病的病原，如绵羊和山羊的痒病、牛海绵状脑病(疯牛病)及人的克-雅氏病等。

任务总结

表 2-2 病毒概述任务总结

类别	内容	要点
任务实施	病毒的概念	什么是病毒？
	病毒的基本特征	病毒的基本特征是什么？
	病毒的形态结构和理化特性	1.病毒的大小与形态是什么？ 2.病毒的结构是什么？ 3.病毒的化学组成是什么？ 4.病毒的物理性状是什么？ 5.什么是亚病毒的结构？

二维码 2-2 病毒概述测试题

任务测试

1.扫描二维码，完成任务测试题。

2.根据测试结果，指导教师对每位同学做出评价。

任务二　病毒的增殖与人工培养

学习目标

知识目标

(1)了解病毒的增殖过程。

(2)知道病毒人工培养的常用方法。

能力目标

(1)能够自己设计模块、组织语言,向同学们展示病毒的增殖过程。

(2)能够说出常用培养病毒的几种方法,并列表比较几种方法的优缺点。

素质目标

(1)培养语言表达、沟通交流的综合素质。

(2)培养分析思考、自主学习的能力和精益求精的工匠精神。

任务分析

表 2-3　病毒的增殖与人工培养任务单

<table>
<tr><td>任务名称</td><td colspan="3">病毒的增殖与人工培养</td></tr>
<tr><td>任务描述</td><td colspan="3">能够说出病毒增殖周期的过程,了解病毒的遗传机制的 6 个基本类型,掌握病毒人工培养中细胞培养的特点、类型、方法。</td></tr>
<tr><td>完成条件</td><td colspan="3">智能手机,多媒体教学设备。</td></tr>
<tr><td rowspan="2">任务资讯</td><td>资讯问题</td><td colspan="2">参考资料</td></tr>
<tr><td>1. 病毒增殖的过程是什么?
2. 人工培养病毒采用的方式是什么?
3. 病毒人工培养中细胞培养的特点、类型、方法是什么?</td><td colspan="2">1. 中国农业科学院哈尔滨兽医研究所. 兽医微生物学[M]. 2 版. 北京:中国农业出版社,2013.
2. 周德庆. 微生物学教程[M]. 4 版. 北京:高等教育出版社,2020.
3. 河南农业大学. 动物微生物学[M]. 3 版. 北京:中国农业出版社,2005.</td></tr>
<tr><td rowspan="3">考核标准</td><td>知识考核</td><td>能力考核</td><td>素质考核</td></tr>
<tr><td>1. 查阅相关资料,完成资讯问题。
2. 准确回答任务测试题。
3. 规范书写任务总结。</td><td>1. 能准确说出病毒增殖的过程。
2. 能准确说出人工培养病毒采用的方式。
3. 能准确讲述病毒人工培养中细胞培养的特点、类型、方法。</td><td>1. 热爱专业,知道科学家精神内涵。
2. 建立岗位责任感和荣誉感。
3. 训练表达能力和文字综合能力。
4. 建立科学思维和系统思维。</td></tr>
<tr><td colspan="3">注:在实际考核过程中,教师可根据具体的考核标准确定优秀、良好、及格和不及格。
90～100 分为优秀;80～89 分为良好;60～79 分为及格;60 分以下为不及格。</td></tr>
</table>

二维码 2-3　病毒的增殖

任务实施

病毒与其他微生物不同，只在活细胞内寄生，且只在易感的活细胞中以病毒基因为模板，利用宿主细胞的原料、酶和场所，分别合成病毒核酸和蛋白质，组成完整的病毒粒子并以出芽或破胞的形式释放出细胞，即以自我复制的方式进行增殖。当病毒进入细胞后的感染初期无法检测出传染性病毒，把这段时期称为隐蔽期，一般为 2～12 h。这一阶段病毒已解体，核酸已游离。当隐蔽期结束后，开始出现新的子代病毒粒子，并逐渐增多，称为增殖期。病毒粒子进入细胞内增殖发育成熟的过程，大体上分为吸附、侵入与脱壳、生物合成、组装与释放等阶段。

一、病毒的增殖周期

（一）吸附

病毒颗粒与易感细胞表面特异性受体牢固结合而附着在细胞表面的过程称为吸附。吸附过程可分为静电吸附和特异性吸附两个阶段，尤其特异性吸附对病毒感染细胞至关重要。

1. 静电吸附

细胞及病毒颗粒表面都带负电荷，Ca^{2+}、Mg^{2+} 等阳离子能降低负电荷，促进静电吸附。这种结合可以发生在 0～37 ℃的温度范围内，而且没有严格的特异性，呈可逆性结合状态。

2. 特异性吸附

特异性吸附是病毒表面的分子（如囊膜纤突等）吸附结构与敏感细胞膜上的特异病毒受体呈互补性的结合，吸附牢固，不可逆。特异性结合的程度与温度高低成正比。

细胞表面的病毒特异性受体，从进化论的观点看，是病毒长期适应于细胞内寄生的结果。受体属于细胞成分，病毒在适应细胞内寄生时逐渐具备了对细胞膜上某些成分相应结合的结构。因此，病毒与受体的特异性结合形成了病毒对细胞的嗜性。

病毒受体因病毒种类不同而异，多为糖蛋白受体，某些为脂蛋白受体。有些病毒颗粒吸附还需要辅助受体，如腺病毒除纤丝受体外，还需要整合素作为辅助受体。

某些病毒能凝集红细胞，称为病毒的血凝作用，其本质是病毒与受体的结合。如流感病毒表面的血凝素纤突，能与红细胞表面的唾液酸受体结合。病毒的血凝作用可被其特异性抗体所抑制，称为血凝抑制作用。故 HA 与 HI 两者结合可用于病毒的快速诊断。血吸附是一种特殊的血凝作用，是将红细胞吸附于病毒感染的宿主细胞表面，也可用于病毒的检测，如非洲猪瘟病毒。

（二）侵入与脱壳

病毒侵入和增殖的本质是病毒核酸进入宿主细胞内，脱去囊膜和蛋白质衣壳。侵入是有病毒颗粒或病毒核酸进入宿主细胞内的过程，脱壳是指病毒颗粒脱去囊膜、衣壳，裸露核酸的过程。不同病毒具有不同的侵入、脱壳过程，有些病毒先侵入再脱壳，有些病毒侵入的同时脱囊膜再脱衣壳，有些病毒则在侵入的同时完成脱壳。所以侵入与脱壳可能是前后连续的分步过程，也可能是同时进行的过程。噬菌体依靠尾端的溶菌酶在细菌细胞壁开一小孔，尾鞘收缩，尾髓刺入，注入头部的核酸，衣壳则留在细胞外。

1. 侵入

目前，发现动物病毒侵入细胞有3种方式：病毒直接转入胞浆、细胞吞饮病毒、病毒囊膜与细胞膜融合。无囊膜病毒以前两种方式侵入，有囊膜病毒常以第三种方式侵入。

(1)病毒直接转入胞浆：如微RNA病毒科病毒吸附宿主细胞后，由于结合力的影响，病毒衣壳发生细微的空间变化，失去衣壳蛋白，并进入细胞质。

(2)细胞吞饮病毒：吸附病毒的部分细胞膜与邻近细胞膜部分之间出现电位差，ATP酶活化，致使细胞膜内褶，形成吞饮泡而将病毒向细胞质内转移。

(3)病毒囊膜与细胞膜融合：当病毒的囊膜与细胞膜结合后，囊膜与细胞膜发生融合，裸露出核衣壳而直接进入细胞质。

2. 脱壳

病毒脱壳包括脱囊膜和脱衣壳两个过程。有囊膜的病毒主要在侵入的过程脱囊膜，没有囊膜的病毒则只有脱衣壳的过程。

(1)脱囊膜：①细胞表面脱囊膜。病毒吸附宿主细胞后，使其表面的融合蛋白(F)裂解为具有高度疏水性N-端的亚单位，可插入宿主细胞膜，导致病毒囊膜与细胞膜融合，核衣壳逸出，进入细胞质；②在吞饮泡内脱囊膜。如流感病毒或痘病毒被宿主细胞吞饮，形成内吞小体，外层囊膜蛋白发生构象变化，暴露融合多肽，使其与内吞小体膜融合，将病毒核衣壳或芯髓释入胞浆。

(2)脱衣壳：脱衣壳是在脱衣壳酶的作用下，使病毒核衣壳进一步裂解并逸出核酸，此过程主要发生在细胞质内，也有的在细胞核内。吞饮泡和溶酶体可能起着将完整核衣壳送入这些部位的作用。

(三)生物合成

病毒的生物合成发生在隐蔽期，包括mRNA的转录、蛋白质及DNA或RNA的合成等。此期是病毒增殖的最主要阶段，病毒的遗传信息向细胞传达，细胞在病毒遗传信息的控制下，合成病毒各种组成成分及其所需的酶类，包括病毒核酸转录或复制时所需的聚合酶。

1. 病毒基因组的转录和复制方式

病毒基因组的转录和复制是增殖过程的关键步骤。DNA病毒特别是双股DNA病毒的增殖机制与真核细胞有相似之处，但RNA病毒则差别较大。正单股RNA病毒，其基因组本身即可作为mRNA，负单股或双股RNA病毒则必须携带依赖于RNA的RNA聚合酶，以供转录mRNA。

病毒的增殖过程虽千差万别，但其基因组的转录和复制途径有一定的相似性。1978年贝特姆建议以mRNA(正股)为中心，将病毒的遗传机制分为6个基本类型，此后发展为7种。

(1)双股DNA病毒。除痘病毒外，其他双股DNA病毒转录是在细胞核内进行，利用宿主细胞的转录酶(依赖于DNA的RNA聚合酶)；痘病毒由于本身携带转录酶，可在细胞浆内进行mRNA的转录。其DNA的复制呈半保留型，每条单链各以碱基互补方式形成一条新链，成为子代双链DNA，其中一条为母代的原链。

(2)单股DNA病毒。细小病毒、圆环病毒等单股DNA病毒，以单链DNA为模板合成一条相应的新链，双链DNA中间体再按半保留方式复制出又一对双链DNA，以不含母代DNA链的双链DNA为模板转录mRNA，以含母代DNA链的双链DNA的负链为模板半保留型复制新的单链子代核酸。

(3)双股RNA病毒。双链RNA病毒的RNA是多片段。双链RNA在依赖RNA的RNA聚合酶作用下，不对称地转录出单链RNA。新合成的单链RNA，可直接作为mRNA，也可作为模板合成子代双链RNA。

(4)正单股RNA病毒。母代RNA可直接呈现mRNA作用，同时又是合成互补负链的模板，负链又反过来复制子代RNA。某些负链RNA产生既有单链RNA又有双链RNA的中间体，由中间体复制子代单链RNA，子代单链RNA又呈现mRNA的作用。

(5)负单股RNA病毒。母代RNA不能直接呈现mRNA的作用，在病毒携带的依赖RNA的RNA聚合酶作用下先产生正链RNA，正链RNA可呈现mRNA的作用，或作为模板复制负链子代RNA，其间也可能形成双链中间体。

(6)反转录病毒。基因组为正链RNA，以其为模板在依赖RNA的DNA聚合酶(反转录酶)作用下，反转录生成双链DNA中间体，双链DNA中间体整合于细胞基因组DNA中，再由整合的病毒DNA转录子代RNA。母代和子代RNA都可起mRNA的作用。

(7)嗜肝病毒。其基因组部分为双链，部分为单链，短链为正链。复制时，首先经补链作用形成一个完整的共价闭环的双链DNA。在胞内RNA聚合酶Ⅱ催化下，转录全长正链RNA并翻译病毒转录酶，以此为模板转录负链DNA再合成双链DNA，以双链DNA转录mRNA。

2. 病毒基因组的转录与翻译

病毒的mRNA是多顺反子mRNA，通过各种方式翻译产生各种蛋白质。DNA病毒将其多顺反子mRNA转录产物裂解或剪接为单顺反子mRNA分子。RNA病毒大多在胞浆内复制，没有RNA加工通道及剪接酶，因此只能通过其他途径，或者是基因组分节段，一般每个节段分子即为一个基因；或者是其多顺反子基因组通过转录的终止及再起始，产生单顺反子RNA转录物；或者采用重叠的套式系列RNA，每个转录分子再翻译成单个蛋白分子；或者是多顺反子病毒RNA翻译为多聚蛋白，然后裂解为所需要的多个蛋白分子。

(1)转录。大多数正股RNA病毒的RNA分子直接与核糖体结合，进行全长或部分翻译，无须任何事先的转录步骤。但其他病毒基因组均需转录为mRNA，然后进行蛋白表达。在细胞核内增殖的DNA病毒通过细胞依赖于DNA的RNA聚合酶Ⅱ执行转录功能，其他病毒则需由病毒编码的独特转录酶，作为病毒的中间产物。在胞浆内增殖的双股DNA病毒(如痘病毒)携带依赖于DNA的RNA聚合酶，而双股RNA病毒具有依赖于双股RNA的RNA聚合酶，负单股RNA病毒则有依赖于单股RNA的RNA聚合酶。

(2)翻译。经加工的病毒单顺反子mRNA与细胞核糖体结合，然后采用与细胞mRNA同样的方式翻译蛋白质。如呼肠孤病毒，首先是每个单顺反子mRNA分子通过加帽(5′端连接7-甲基鸟苷)的5′端与40S核糖体亚单位结合，后者沿mRNA分子读码直至起始码，再与60S核糖体亚单位结合完成翻译过程。

多数哺乳动物病毒的mRNA分子是单顺反子，仅能编码一种蛋白，并且在5′端起始码开始翻译。但某些病毒(如反转录病毒)多顺反子能翻译多种蛋白，在中间的AUG密码能够起始或再起始。

一般而言，病毒早期转录翻译病毒增殖需要的蛋白，包括聚合酶等。晚期转录翻译的病毒蛋白为子代病毒的结构蛋白。除此以外，还有某些病毒蛋白作为调控蛋白，调控细胞基因或早期病毒基因的转录和翻译，如痘病毒编码的一种名为病毒因子的大蛋白可抑制宿主细胞对感染的应答。

(3)翻译后加工。大多数病毒蛋白需要各种翻译后加工，如磷酸化(与核酸结合)、脂肪酸酰化(膜插入)、糖基化、十四烷基化或溶蛋白裂解。新合成的病毒蛋白必须转运到细胞相应的部位，转运信号是一些有多肽链的蛋白(分子伴侣)，它们调控蛋白的折叠、转运以及组装。

①囊膜蛋白的糖基化。蛋白从粗面内质网向高尔基体复合物及空泡转运，最后运出细胞膜，在此过程中发生糖基化。

②蛋白的翻译后裂解。微 RNA 病毒等的多顺反子 RNA 可直接翻译获得一个多聚蛋白，首先将其从核糖体转运出来，然后通过蛋白酶识别特定的位点，将其裂解为若干小蛋白分子。某些病毒本身可编码若干种类的蛋白酶。

在高尔基体或转运泡等细胞器中的细胞蛋白酶，对某些病毒的成熟与组装至关重要。像正黏病毒血凝素糖蛋白及副黏病毒的融合蛋白，只有经细胞蛋白酶加工，病毒才具有传染性。

(四)组装与释放

1. 组装

新合成的病毒核酸和病毒蛋白质在感染细胞内组合成病毒颗粒的过程称为组装。组装是一个逐步完成的过程，首先是核酸进一步分化，病毒蛋白亚单位组成前衣壳，随核酸进入前衣壳而形成核衣壳。接着，对于无囊膜的病毒，组装成核衣壳即形成完整病毒颗粒；而对有囊膜的病毒，则需从核膜、胞质内膜或细胞膜上出芽而获得囊膜，才组装成完整病毒颗粒。囊膜是细胞膜或核膜接受病毒改造，混入病毒特有的蛋白亚单位而形成的。

病毒颗粒的组装率很低，一般为 50%，经常形成无核酸缺乏感染性、有免疫反应性的空病毒颗粒(空衣壳)，或形成有核酸但不完整的病毒颗粒；有时还错误组装，衣壳里装入宿主的 DNA，缺乏病毒核酸及功能。这些结构和功能不完整的病毒颗粒称为假病毒子。

大多数 DNA 病毒组装是在细胞核内进行的，合成的结构蛋白迁移到胞核内，与核内已复制病毒 DNA 组装成核衣壳。而痘病毒和虹彩病毒则在细胞浆内组装。RNA 病毒都在细胞浆内组装。

2. 释放

病毒颗粒逸到宿主细胞外的过程称为释放。病毒不同其释放形式各异，可归纳为以下 4 种释放方式。

(1)爆破式。细胞在感染病毒后，病毒在胞浆或核内蓄积，由于代谢障碍，细胞发生变性及死亡，细胞部分或全部破裂，释出病毒颗粒。无囊膜的 DNA 病毒和 RNA 病毒用这种方式释放。

(2)出芽式。某些有囊膜的病毒在胞浆膜上获得囊膜，其以出芽方式释放，其过程与吞饮作用相反，当病毒颗粒脱离细胞膜则完成出芽过程，使宿主细胞膜无明显损害。

(3)排泄式。黄病毒、冠状病毒等穿越高尔基体复合物或粗面内质网的膜出芽，病毒颗粒进入空泡，再移入胞浆膜，与之融合，以胞吐方式释放。疱疹病毒在核膜的内薄层出芽，经内质网的储泡排出细胞外。

(4)转移式。某些病毒(如疱疹病毒)很少释放于细胞外,而是通过细胞间桥或融合细胞而传播,使病毒子在细胞间转移。

痘病毒的组装是在胞浆内进行,首先在病毒核酸外形成多层膜构成未成熟病毒子,再进一步分化,DNA 与蛋白质结合形成哑铃状的芯髓,由内膜衍化形成侧体,再由管形的脂蛋白亚单位构成排列不规则的外膜,而形成成熟的病毒颗粒,通过细胞表面微绒毛的释放转移到其他细胞。

二、病毒的人工培养

二维码 2-4 病毒的人工培养

病毒的严格细胞内寄生性决定培养病毒必须使用活细胞,实验动物、鸡胚和细胞培养可提供病毒增殖所需的大量活细胞,尤其是细胞培养。

(一)细胞培养的特点

在体外将组织细胞分散成单个细胞再培养成长的细胞为细胞培养,得以用于病毒学研究、诊断及疫苗制备等方面。由于细胞培养源自组织培养,组织培养和细胞培养基本看作是同义词,前者是包括后者在内的更广义的动物细胞、组织、器官的离体培养。利用细胞培养来增殖病毒具有以下特点。

(1)细胞培养中的每个细胞具有基本一致的生理特性,对病毒的易感性相同,没有实验动物的个体差异。

(2)可用于试验的数量远远超过动物或鸡胚,并且易于人工控制,可在无菌条件下进行标准化的试验,重复性好。

(3)病毒增殖可通过观察细胞产生的变化如细胞病变等来判定结果,也可结合免疫学技术检测细胞内有无增殖的病毒。

(4)用细胞培养可从感染动物组织内分离病毒并进行病毒克隆,以分离获得纯化的单一毒株。

(二)细胞培养的类型

1. 原代细胞

动物组织经胰蛋白酶等消化、分散,获得单个细胞,再于培养器皿中生长的细胞。最好用 SPF 动物组织,以避免携带潜伏的病毒。

2. 二倍体细胞株

将长成的原代细胞消化分散成单个细胞,继续培养传代,而获得其染色体数目与原代细胞一样的细胞株,即为二倍体细胞株。这种细胞株不能无限传代,并且有些细胞难以获得二倍体细胞株。

3. 传代细胞系

由肿瘤组织或转化细胞培育而成的染色体数目异常、可无限传代和性状稳定的细胞株。传代细胞系具有传代及培育简便、应用广泛等优点,但也具有对分离野毒不敏感、易于污染支原体或隐性感染病毒以及致肿瘤的潜在危险等缺点，因此传代细胞系一般不能用于制备疫苗，尤其是人用疫苗。

(三)细胞培养的方法

1. 静置培养

将消化分散的细胞悬液分装于培养瓶或培养板，封闭，静置于恒温箱内培养数天，可生成贴壁的单层细胞。

2. 旋转培养

除细胞培养瓶不断缓慢旋转(5～10 r/min)外，基本方法同静置培养，经恒温培养数天后，可在细胞培养瓶的四壁长满单层细胞。此法的细胞产量高，适用于疫苗生产。

3. 悬浮培养

通过搅拌使细胞处于悬浮状态，并补充营养和校正 pH，使生长细胞不贴壁而处于悬浮状态。

4. 微载体培养

在悬浮培养的基础上，让细胞在对细胞无毒性、直径 35～100 μm 微小颗粒上长成单层细胞。此法由于细胞数大为增加，对规模化的细胞或疫苗生产很有吸引力。

任务总结

表 2-4 病毒的增殖与人工培养任务总结

类别	内容	要点
任务实施	病毒的增殖周期	简述病毒增殖的过程。
	病毒的人工培养	1. 细胞培养的特点是什么？ 2. 细胞培养的类型是什么？ 3. 细胞培养的方法是什么？

任务测试

1. 扫描二维码，完成任务测试题。
2. 根据测试结果，指导教师对每位同学做出评价。

二维码 2-5 病毒的增殖与人工培养测试题

任务三 病毒与细胞的相互作用

学习目标

知识目标

(1)了解病毒与细胞相互作用的方式。

(2)知道病毒寄生对细胞的影响。

能力目标

(1)能够说出病毒寄生对细胞作用的大概过程。

(2)能够说清根据病毒与细胞的相互作用,从而间接验证病毒的存在。

素质目标

(1)培养语言表达、沟通交流的综合素质。

(2)培养分析思考、自主学习的能力和精益求精的工匠精神。

二维码 2-6 病毒与细胞的相互作用

任务分析

表 2-5 病毒与细胞的相互作用任务单

<table>
<tr><td>任务名称</td><td colspan="3">病毒与细胞的相互作用</td></tr>
<tr><td>任务描述</td><td colspan="3">能够说出病毒与细胞的相互作用、病毒对细胞造成的影响、病毒的血凝条件、病毒与细胞相互作用的类型,简单介绍病毒血凝现象在实际生活中的应用。</td></tr>
<tr><td>完成条件</td><td colspan="3">智能手机,多媒体教学设备。</td></tr>
<tr><td rowspan="2">任务资讯</td><td>资讯问题</td><td colspan="2">参考资料</td></tr>
<tr><td>1. 病毒与细胞的相互作用是什么?
2. 病毒对细胞造成的影响有哪些?
3. 病毒与细胞相互作用的类型有哪些?
4. 病毒的血凝条件是什么?
5. 简单介绍病毒血凝现象在实际生活中的应用。</td><td colspan="2">1. 刘志恒. 现代微生物学[M]. 北京:科学出版社,2002.
2. 周德庆. 微生物学教程[M]. 4 版. 北京:高等教育出版社,2020.
3. 河南农业大学. 动物微生物学[M]. 3 版. 北京:中国农业出版社,2005.</td></tr>
<tr><td rowspan="3">考核标准</td><td>知识考核</td><td>能力考核</td><td>素质考核</td></tr>
<tr><td>1. 查阅相关资料,完成资讯问题。
2. 准确回答任务测试题。
3. 规范书写任务总结。</td><td>1. 能准确讲述病毒与细胞的相互作用。
2. 能准确讲述病毒对细胞造成的影响。
3. 能准确讲述病毒的血凝条件。
4. 能准确讲述病毒与细胞相互作用的类型。
5. 简单介绍病毒血凝现象在实际生活中的应用。</td><td>1. 善于观察思考。
2. 做事精益求精。
3. 善于总结归纳。
4. 追求真理,严谨治学的求实精神。
5. 胸怀祖国,服务人民的爱国主义精神。</td></tr>
<tr><td colspan="3">注:在实际考核过程中,教师可根据具体的考核标准确定优秀、良好、及格和不及格。
90～100 分为优秀;80～89 分为良好;60～79 分为及格;60 分以下为不及格。</td></tr>
</table>

任务实施

病毒的种类千差万别，其宿主细胞种类也多达200多种，病毒与宿主细胞之间作用的表现形式各异。目前，对病毒与细胞的相互作用研究，还是以细胞培养为基础的病毒所致的细胞、亚细胞及分子水平的变化为主。

一、病毒与细胞相互作用的类型

1. 杀细胞和非杀细胞感染

病毒感染细胞后按细胞是否死亡分为杀细胞感染和非杀细胞感染两大类。前者在病毒感染后可致细胞死亡，可产生感染性病毒颗粒；后者在病毒感染后不致细胞死亡，细胞形态改变(转化)或不改变，产生或不产生感染性病毒颗粒。

2. 生产性和非生产性感染

病毒感染细胞后按能否产生和释放子代病毒颗粒分为生产性和非生产性感染，后者又称为顿挫感染。

3. 允许性和非允许性感染

病毒感染细胞后，按细胞是否让病毒完成复制过程分为允许性和非允许性感染。前者是细胞可让病毒完成复制过程，后者则阻断了病毒复制过程的某个环节，两者均可产生细胞的病理变化。

4. 持续感染

持续感染是指持续长时间的感染。最重要的非生产性的病毒与细胞的相互作用是持续性感染或隐性感染，广义的持续感染还包括潜伏感染。持续感染过程中不形成传染性病毒颗粒，也可能是病毒基因组被整合到宿主细胞DNA内，或以附体形式存在。潜伏感染的细胞在某些情况下并不释放病毒颗粒，但在被激活后则可变为生产性的。隐性或持续性感染也可能表现为转化。

二、病毒引致的杀细胞变化

某些病毒感染单层细胞后，可导致细胞损伤，称为细胞病变(CPE)。病毒产生细胞病变的能力与其对动物的致病力呈正相关，因此常以半数细胞感染量来判定病毒的毒力。

细胞病变的表现因病毒与细胞的种类而异，有多种形式，如细胞圆缩、肿大、形成合胞体或空泡等，也可表现为细胞膜的变化或细胞骨架的变化。

(1)涉及细胞膜的细胞病变：许多病毒能改变宿主细胞膜的通透性，以完成其复制。最突出的是，有囊膜的病毒出芽过程中，能将其融合蛋白直接插入宿主细胞膜，结果导致膜融合以及合胞体形成。合胞体是病毒感染后导致感染细胞及相邻细胞的细胞膜融合，形成多核的巨细胞。融合形成的融合桥可允许病毒亚单位如核衣壳、核酸等通过，以逃避宿主的防御系统。细胞膜融合由病毒融合蛋白或其他表面蛋白介导，如流感病毒的血凝素、新城疫病毒的F蛋白等。

(2)涉及细胞骨架的细胞病变:细胞骨架由微丝、中介丝及微管组成,与细胞结构的完整性、物质运输及运动性等有关。有些病毒感染可致微丝解聚,有些病毒感染则能破坏微管,均可造成严重的细胞损伤,导致细胞崩解。

(3)病毒引致的细胞凋亡与坏死:病毒感染引致的细胞死亡可分为凋亡和坏死,更多的细胞死亡是因病毒感染引起了细胞的程序性死亡机制所致。凋亡和坏死的细胞有不同的形态变化,凋亡细胞的染色质浓缩、边缘化,内源性核酸内切酶被激活,将细胞 DNA 降解成 180～200 bp 的片段,在琼脂糖凝胶电泳时可见称为"梯带"的特征性电泳条带;坏死的细胞没有内切酶激活所致的变化。凋亡是宿主细胞的重要防御机制,可在子代病毒产出前,通过细胞凋亡及早清除感染病毒的细胞,至少可延缓病毒在体内的蔓延。坏死总是发生在病毒复制完成后,通过坏死使细胞崩解以释放其子代病毒。

三、空斑形成

经空斑试验,致细胞死亡的病毒可使原先病毒感染的细胞及病毒扩散的周围细胞崩解死亡,而形成一个近似圆形的斑点,称为空斑或蚀斑。空斑是细胞病变的一种特殊表现形式,不同病毒或同一种病毒的不同毒株可形成形态、大小和染色性不同的空斑,可作为病毒鉴定的依据。空斑可能由一个以上的病毒颗粒感染所致,因此可将获得的单个空斑制成悬液,高度稀释后再做空斑,最终可获得只含一个病毒颗粒及其子代的空斑,即为斑点克隆,可进行病毒纯化。利用空斑技术可对病毒定量,定量单位称为空斑形成单位。

四、包涵体形成

某些病毒感染细胞的胞浆内和(或)胞核内产生单个或多个、圆形或不规则、嗜酸性或嗜碱性的特殊小体,称为包涵体。包涵体的形态、染色特性和存在部位以及在哪些宿主细胞形成,具有病毒种属(型)的特性,常作为病毒性疾病诊断的一个依据。

包涵体的性质并不相同。有的是病毒集团,由大量病毒颗粒晶格样排列而成,如腺病毒、呼肠孤病毒的包涵体;有的是病毒成分的蓄积,如狂犬病病毒产生的内基氏小体,是堆积的核衣壳;有的则是病毒合成的场所,称病毒工厂,如痘病病毒的病毒胞浆;还有的是细胞退行性变化的产物,如疱疹病毒感染细胞的染色质浓缩形成一个清晰可辨的圈,称"猫头鹰眼"。

五、病毒引致的非杀细胞变化

非杀细胞病毒的感染通常引致持续感染,对细胞的新陈代谢无大碍,细胞大多能继续生长并分裂,同时还可产生并释放子代病毒颗粒。这多见于某些 RNA 病毒的感染,尤其是某些副黏病毒。除少数病例外,大多数持续感染的细胞发生慢性渐进性变化直至死亡。一般持续感染不影响宿主器官的功能,而对不能迅速替补修复的细胞(如神经元),持续性感染损伤将会影响正常功能。

六、干扰素

病毒感染的细胞能抵抗相同或不同病毒的再次感染,即为病毒的干扰。已证实干扰具有两种主要的机制,一种是由缺陷型突变株所致,通常干扰同源病毒,另一种是由干扰素介导。

干扰素是一类在同种细胞上具有广谱抗病毒活性的蛋白质,其活性的发挥又受细胞基因组的调节和控制,涉及 RNA 和蛋白质的合成。

1. 干扰素的产生

很多类型的细胞在被病毒感染后几小时内就能产生干扰素,几天内达到高浓度,能在初次免疫反应尚未形成之前,发挥免疫作用。干扰素由宿主细胞基因编码,病毒感染细胞后,病毒遗传物质与宿主细胞核糖体作用,使细胞产生干扰素的编码基因去抑制,从而产生干扰素。除感染细胞外,致敏 T 淋巴细胞、B 细胞和 NK 细胞也同样能产生干扰素。

2. 干扰素的性质

目前,已发现人类约有 24 种干扰素,动物的干扰素稍少。干扰素属于正常细胞调节蛋白即细胞因子家族,按化学性质可分为 α、β 及 γ 三个型,其中人的 γ 型至少有 22 个亚型。

干扰素是一类具诱生性、宿主特异性和广谱抗病毒活性的细胞因子。干扰素是细胞对强烈刺激如病毒感染应答时的一过性分泌物;干扰素特别是 α 和 β 干扰素具有一定程度的宿主特异性,如鼠干扰素对人无效,反之亦然;干扰素无病毒特异性,由一种病毒诱生的干扰素可对抗他种病毒感染完全有效。

3. 干扰素的抗病毒活性

干扰素从细胞内释放出来后,可停留在分泌部位或经循环至全身,与其他细胞胞浆膜上的特异受体结合,可保护其免受病毒感染。α、β 干扰素与受体结合后,通过信号转导激活复杂的转录过程,又导致许多细胞蛋白的合成。γ 干扰素与受体结合后,可激活另一套基因及蛋白的代谢,直接或间接抑制病毒的复制。

七、病毒的血凝现象

1. 病毒的血凝原理

许多病毒能凝集鸡、豚鼠及人的红细胞,即病毒的红细胞凝集现象,简称为病毒的血凝。因某些病毒表面有血凝素,红细胞表面存在相应的受体,两者结合形成若干红细胞-病毒-红细胞-病毒的复合体,表现为血细胞凝集。血凝素多数为糖蛋白,是病毒粒子或其囊膜的组成成分。

正黏病毒(如流感病毒)和副黏病毒(如新城疫病毒)不仅具有血凝素,而且具有神经氨酸酶,它可分解和破坏红细胞的黏蛋白受体。因为此酶的作用使病毒粒子又可由红细胞表面脱落下来;而没有神经氨酸酶的病毒,结合红细胞比较牢固。

当加入特异性的抗病毒血清时,病毒血凝素与抗体结合后,其凝集红细胞的作用被抑制,而不出现红细胞凝集现象,称为红细胞凝集抑制试验。血清中结合血凝素、阻止病毒凝集红细胞的抗体称为血凝抑制抗体,具有很高的特异性。

2. 病毒的血凝条件

pH、温度等不同电解质条件会影响血凝现象的发生，如不同的病毒凝集现象发生的温度有 4 ℃、室温和 37 ℃不等。病毒可凝集红细胞的种类不同，有的可凝集人和禽的红细胞，有的可凝集豚鼠或大鼠的红细胞等。

3. 病毒血凝现象的应用

病毒的血凝现象和血凝抑制现象，在病毒的实验室检测中具有重要意义。可用于鉴定病毒和测定抗体，血凝性是某些病毒的特性，常作为鉴定新分离病毒的依据。由于血凝抑制抗体具有高度特异性，而血凝试验和血凝抑制试验易操作，结果可靠，在兽医实验室诊断中，常用于新城疫病毒抗体的检测，对制订合理免疫程序和检测免疫效果具有重要的指导意义。

任务总结

表 2-6 病毒与细胞的相互作用任务总结

类别	内容	要点
任务实施	病毒与细胞的相互作用	病毒对细胞造成的影响有哪些？
	病毒与细胞相互作用的类型	1. 按病毒感染后细胞是否死亡及相互作用可分为哪些类型？ 2. 按照能否产生和释放子代病毒颗粒及相互作用可分为哪些类型？ 3. 按照细胞是否让病毒完成复制过程及相互作用可分为哪些类型？ 4. 简述持续长时间的感染。
	病毒的血凝现象	1. 病毒的血凝条件是什么？ 2. 病毒血凝现象的应用有哪些？

二维码 2-7 病毒与细胞的相互作用测试题

任务测试

1. 扫描二维码，完成任务测试题。
2. 根据测试结果，指导教师对每位同学做出评价。

任务四　病毒的微生物学诊断

学习目标

知识目标

(1)了解病毒微生物学诊断的意义。

(2)掌握病毒微生物学诊断的病料采取方法。

(3)知道病毒微生物学诊断常用的方法和原理。

二维码 2-8　病毒的微生物学诊断

能力目标

(1)能完成对教室、寝室、食堂等场所模拟进行病毒检测的采样操作。

(2)可以自己组织语言向同学们介绍病毒微生物学鉴定常用的方法和原理。

(3)可以根据老师描述的病毒特点,选择合适的鉴定方法。

素质目标

(1)培养热爱专业、热爱行业的职业荣誉感。

(2)培养分析思考、自主学习的能力和务实求真的工匠精神。

任务分析

表 2-7　病毒的微生物学诊断任务单

任务名称	病毒的微生物学诊断		
任务描述	掌握病料采取的内容;能够说出病毒分离培养的方式;说出已接种病毒材料除菌处理的方法。掌握检测病毒的方法。		
完成条件	智能手机,多媒体教学设备。		
任务资讯	资讯问题	参考资料	
	1. 病料采取的内容包括哪些? 2. 病毒分离培养的方式有哪些? 3. 已接种病毒材料除菌处理的方法有哪些? 4. 如何检测出病毒?	1. 中国农业科学院哈尔滨兽医研究所. 兽医微生物学[M]. 2版. 北京:中国农业出版社,2013. 2. 葛兆宏. 动物微生物[M]. 北京:中国农业出版社,2001. 3. 杨玉平. 动物微生物[M]. 北京:中国轻工业出版社,2012.	
考核标准	知识考核	能力考核	素质考核
	1. 查阅相关资料,完成资讯问题。 2. 准确回答任务测试题。 3. 规范书写任务总结。	1. 掌握病料采取的内容。 2. 能够说出病毒分离培养的方式。 3. 说出已接种病毒材料除菌处理的方法。 4. 掌握检测病毒的方法。	1. 见微知著,精益求精的工匠精神。 2. 集智攻关,团结协作的协同精神。 3. 追求真理,严谨治学的求实精神。 4. 关爱动物健康,护佑人畜安全。
	注:在实际考核过程中,教师可根据具体的考核标准确定优秀、良好、及格和不及格。 90～100 分为优秀;80～89 分为良好;60～79 分为及格;60 分以下为不及格。		

任务实施

少数病毒性疾病可通过临床症状流行病学、病理变化等做出诊断，而大多数病毒性疾病的确诊必须依靠实验室诊断才能完成。实验室诊断病毒性疾病可以从两个方面进行：一是确定病毒粒子或病毒抗原的存在；二是取动物血清测定特异性抗体的滴度。

一、病料的采取

1. 病料采取的时间

病毒性疾病在发病初期和急性阶段较易分离到病毒，即症状刚出现时最佳。若要检测抗体滴度的消长情况，可采取患病动物的发病初期和恢复期的双份血清。

2. 病料采取的部位

根据不同病毒在患病动物体内的寄生部位不同采取适当的病料。一般原则是采集病毒含量最多的器官或组织。如禽流感应用棉拭子采集气管分泌物或泄殖腔分泌物；口蹄疫应采取未破溃的水疱皮或水疱液；狂犬病常采取动物脑组织及唾液腺。

3. 病料的处理与保存

采取的病料应在适当条件下保存，特别要注意温度的影响，一般将固体组织块放在灭菌容器中的灭菌保存液（常用 50% 甘油生理盐水）中，液体病料（如鼻咽分泌物）和粪便等应加入适量抗生素，如青霉素、链霉素、庆大霉素等 100～200 IU/mL。对不能马上送检的组织、粪便等标本，应置于含有抗生素的 50% 甘油生理盐水中低温保存。供抗体检测的血清可加入防腐剂。取病料时尽可能无菌操作，如有污染，通过滤器加抗生素或高速离心法等除去细菌，方可使用。

4. 标本的运送

标本采集后应立即送实验室检查，如距离实验室较远，则应将标本置于装有冰块或维持低温材料（如低温凝胶、干冰）的保温瓶中尽快送检。如暂时不能进行检查或做病毒分离培养时，则应将标本存放在 −70 ℃ 低温冰箱中保存。

二、病毒的分离培养

病毒分离培养的方式有接种易感动物、鸡胚培养或组织细胞培养等。分离培养的目的是增加病毒的数量，同时观察被接种对象的病变或死亡等现象，从而鉴定病毒。也可应用血清学试验进一步鉴定。

对接种的病毒材料应做除菌处理。常用方法包括过滤除菌、高速离心除菌和用抗生素处理 3 种。如口蹄疫的水疱皮病料进行病毒的分离培养时，将送检材料置于平皿内，以灭菌的 pH 为 7.6 磷酸盐缓冲液冲洗数次，再用灭菌滤纸吸干、称重，制成 1 ∶ 5 悬液，为防止细菌污染，加青霉素 1 000 IU/mL、链霉素 1 mg/mL，置于 2～4 ℃冰箱内 4～6 h，然后用 3 000 r/min 离心沉淀 10～15 min，吸取上清液备用。

三、病毒的鉴定

1. 确定病毒的存在

(1)包涵体检查。包涵体是某些病毒感染细胞后,在细胞胞浆或胞核内繁殖出现的圆形或椭圆形斑块。如鸡痘、狂犬病、伪狂犬病、鸡传染性喉气管炎等病毒,都可检查出包涵体。将被检病料直接制成涂片或组织切片,经染色后在光学显微镜下即可看到。病毒种属不同,包涵体的大小、数量、在细胞中的位置、染色性(嗜酸性或嗜碱性)均有差别。狂犬病病毒包涵体,在病犬大脑海马角、小脑和延脑等组织的神经细胞浆液中形成嗜酸性的内基氏小体。

(2)电子显微镜观察。取病料感染培养物制成电镜标本后染色,可以在电子显微镜下看到病毒粒子存在,可根据其形态和在细胞内的位置,初步判定病毒所属的科属,还有免疫电子显微镜检查法,其检出率高,特异性和敏感性强。

(3)细胞培养后病变观察。病毒感染细胞后,可引起特殊的细胞病变(CPE)。其病变现象是病毒在细胞内增殖及其对细胞损害的明显表现。细胞病变经常具有病毒种的特性。同种细胞在感染不同的病毒时,常呈现完全不同的细胞病变。细胞病变通常在低倍显微镜下观察,可见细胞发生皱缩、脱落、胞浆颗粒变性及形成合胞体等病变特征。

2. 检测某病毒抗原或确证特异性抗体的存在

病毒抗原的检测可采用免疫荧光技术、免疫酶技术、放射免疫技术等方法。特异性抗体的检测可用中和试验、补体结合、免疫扩散试验、血凝抑制试验等血清学试验技术。其中免疫荧光试验和酶联免疫吸附试验已广泛用于各类临床标本病毒抗原或特异性抗体的检测。

3. 检测病毒的核酸

不同病原微生物具有特异性核酸序列和结构,因此检测核酸具有灵敏度高、特异性强、检出率高等特点,是目前最准确的诊断技术之一。主要包括病毒核酸杂交技术、PCR(聚合酶链反应)技术、核酸分析技术、核酸探针、基因芯片等。PCR就是利用DNA聚合酶对特定基因做试管内或体外的大量合成的技术,灵敏度极高,特异性强。PCR及其相关技术适用于病毒、细菌及寄生虫等所有病原体的检测。

任务总结

表 2-8　病毒的微生物学诊断任务总结

类别	内容	要点
任务实施	病料的采取	1. 病料采取的最佳时间是何时? 2. 病料采取的部位有哪些? 3. 病料应如何处理与保存? 4. 标本如何运送?

续表 2-8

类别	内容	要点
任务实施	病毒的分离培养	1.病毒分离培养的方式有哪些？ 2.病毒分离培养的目的是什么？ 3.如何对分离培养病毒的材料进行除菌处理。
	病毒的鉴定	1.采取何种方法确定病毒的存在？ 2.对病毒抗原的检测采取何种方法？ 3.根据不同病原微生物具有特异性核酸序列和结构，可以采取哪种方法检测出病毒？

二维码 2-9　病毒的微生物学诊断测试题

任务测试

1.扫描二维码，完成任务测试题。

2.根据测试结果，指导教师对每位同学做出评价。

任务五　重要动物病毒

学习目标

知识目标

(1)了解重要动物病毒的生物学特性。

(2)掌握重要动物病毒的抵抗力。

(3)掌握动物病毒的致病性、微生物学诊断和防治措施。

能力目标

(1)能说出重要动物病毒的生物学特点。

(2)能根据重要动物病毒的抵抗力选择合适的消毒方法。

(3)能为重要动物病毒选择合适的诊断方法与防治措施。

素质目标

(1)培养认识自然、保护自然的观念,提升公共卫生安全意识。

(2)培养科学分析、归纳总结的科学精神和精益求精的工匠精神。

在动物养殖过程中经常会感染某些病毒而引起动物发生疾病,畜禽生产中可能感染的病毒主要有口蹄疫病毒、狂犬病病毒、伪狂犬病病毒、猪瘟病毒、非洲猪瘟病毒、尼帕病毒等,它们可能分属于不同的种属,具有各自的生物学特性、培养特性、致病性、微生物学诊断与防治措施,了解这些内容对今后诊断和防治动物传染病具有十分重要的意义。

子任务一　口蹄疫病毒

任务概要

掌握口蹄疫的相关知识,能够说出口蹄疫病毒的生物学特性、抵抗力,可以自己组织语言向同学们介绍口蹄疫病毒的致病性,并能自我总结出如何检验或鉴定口蹄疫病毒。

二维码 2-10　口蹄疫病毒

任务分析

表 2-9　口蹄疫病毒任务单

任务名称	口蹄疫病毒
任务描述	能够说出口蹄疫病毒的生物学特性;掌握口蹄疫病毒抵抗力;掌握口蹄疫病毒的致病性;知道采取何种方法能检测出口蹄疫病毒,知道口蹄疫病毒的免疫与治疗措施。

续表 2-9

<table>
<tr><td>完成条件</td><td colspan="3">智能手机，多媒体教学设备。</td></tr>
<tr><td rowspan="2">任务资讯</td><td>资讯问题</td><td colspan="2">参考资料</td></tr>
<tr><td>1. 口蹄疫病毒有哪些生物学特性？
2. 口蹄疫病毒的抵抗力情况如何？
3. 口蹄疫病毒的培养特性是什么？
4. 口蹄疫病毒的致病性特点是什么？
5. 口蹄疫病毒的检测方法有哪些？
6. 口蹄疫病毒的免疫与治疗措施有哪些？</td><td colspan="2">1. 胡桂学. 兽医微生物学[M]. 北京：中国农业大学出版社，2018.
2. 吴清民. 兽医传染病学[M]. 北京：中国农业大学出版社，2002.
3. 河南农业大学. 动物微生物学[M]. 3 版. 北京：中国农业出版社，2005.</td></tr>
<tr><td rowspan="3">考核标准</td><td>知识考核</td><td>能力考核</td><td>素质考核</td></tr>
<tr><td>1. 查阅相关资料，完成资讯问题。
2. 准确回答任务测试题。
3. 规范书写任务总结。</td><td>1. 能准确说出口蹄疫病毒的生物学特性。
2. 能准确讲述口蹄疫病毒的抵抗力。
3. 能准确讲述口蹄疫病毒的培养特性。
4. 掌握口蹄疫病毒的致病性。
5. 能准确描述口蹄疫病毒的检测方法。
6. 能准确描述口蹄疫病毒免疫与治疗措施。</td><td>1. 见微知著，精益求精的工匠精神。
2. 集智攻关，团结协作的协同精神。
3. 追求真理，严谨治学的求实精神。
4. 关爱动物健康，护佑人畜安全。</td></tr>
<tr><td colspan="3">注：在实际考核过程中，教师可根据具体的考核标准确定优秀、良好、及格和不及格。
90～100 分为优秀；80～89 分为良好；60～79 分为及格；60 分以下为不及格。</td></tr>
</table>

任务实施

口蹄疫病毒是牛、猪、羊等偶蹄动物口蹄疫的病原。口蹄疫流行极广，在许多国家时有发生，对畜牧业发展影响很大，是当前各国极为重视的家畜传染病之一。《病原微生物实验室生物安全管理条例》将口蹄疫病毒列为一类动物病原微生物。

一、生物学特性

口蹄疫病毒属于微 RNA 病毒科口蹄疫病毒属，属内只有口蹄疫病毒一个种。本病毒是动物病毒中发现最早的一个种。衣壳为二十面体立体对称，直径 20～25 nm，无囊膜，病毒基因组为单股正链 RNA。

二、培养特性

1. 组织培养

利用犊牛、幼猪的肾脏或豚鼠、牛胚胎上皮组织制成细胞单层来培养病毒，病毒繁殖后，可使细胞发生病变。

2. 鸡胚培养

本病毒不易在鸡胚上生长，必须反复交替通过牛与鸡胚或在加有牛舌上皮的鸡胚组织培养继代后，才可能适应于鸡胚或鸡胚组织培养。

三、抵抗力

口蹄疫病毒对脂溶剂不敏感，在 1 mol/L 氯化镁溶液中对热不稳定，对酸敏感。由于口蹄疫病毒对酸特别敏感，故肉中的口蹄疫病毒可进行酸化处理，利用肌肉成熟时所产生的微量酸以杀死病毒。但腺体器官和骨髓中产酸甚少，往往有病毒残留。同样，口蹄疫病毒对碱也很敏感，1% NaOH 1 min 即可杀死。对消毒剂的抵抗力较强，0.1%升汞或 3%来苏儿 6 h 不能杀死病毒。

病毒在低温下能长期保存，含病毒的乳汁经巴氏消毒法处理即失去感染力。病毒的灭活温度为 85 ℃ 1 min，70 ℃ 10 min，60 ℃ 15 min，但裸露的 RNA 对热较稳定。在冰冻的情况下，骨髓中的病毒可生存 70 d，血中病毒能保持毒力 4～5 个月，肉中病毒能保持毒力 30～40 d；水疱皮保存于 5%的甘油中，在 5 ℃可保持毒力 360～470 d。

四、抗原性

根据病毒的血清学特征，目前已知口蹄疫病毒有 7 个主型：A、O、C、南非Ⅰ、南非Ⅱ、南非Ⅲ和亚洲Ⅰ型。各型之间没有交叉免疫作用。本病毒有较大的变异性，病毒在保存和流行中，常发生血清型的变异，有时流行初期与末期毒型不一致，几乎每年都有新的亚型出现，本病毒已发现 65 个以上的亚型，某些野毒的亚型在免疫学上与其原型有显著区别。

病毒具有良好的免疫原性，能刺激产生中和抗体，并使动物获得免疫力。

五、致病性

在自然条件下，主要发生于偶蹄动物，其中以奶牛和黄牛最易感，其次是水牛、牦牛、猪，再次为羊和骆驼等。野生偶蹄动物也能发生，如野牛、野猪、鹿等。人也能感染。此外，当发生恶性口蹄疫时，犬、猫也偶尔感染。通常是幼畜较成畜易感，可感染 30 多种动物。该病的特点是体温升高，口腔黏膜、趾部及乳房等处发生水疱，有时甚至死亡。

实验动物中豚鼠最易感，但大部分可耐过，因此常用其做病毒的定型试验。乳鼠对本病也很易感，可以检出组织中的微量病毒。皮下注射 9～10 日龄乳鼠，数日后出现后肢痉挛性麻痹，最后死亡，其敏感性比豚鼠后肢足掌注射高 10～100 倍，甚至比牛舌下接种更敏感。

六、微生物学诊断

1. 豚鼠接种试验

选择 500 g 以上的健康豚鼠 4～6 只，剪去后肢足掌部被毛，用湿棉球洗净，再用 70%酒精棉消毒。将足掌部皮肤或口腔黏膜划破，把感染性病料涂擦于划破处。第 2 天如局部有水疱，即可确诊。

2. 乳鼠接种试验

选择 3～7 日龄乳鼠 5 只，其中 4 只接种检样，1 只作对照，每只于颈背部皮下接种 0.1 mL，观察 1 周。如有死鼠应及时拣取，解剖后将检样制成 1∶3悬液，继续传代接种。如无死鼠，则于接种后第 4 天取活鼠 2 只冻死，无菌取样制成 1∶3悬液，继续传代接种，传 2～3 代死亡即为阳性。

3. 免疫学诊断法

目前，对口蹄疫病毒的免疫学检测方法很多，如反向间接血细胞凝集试验、琼脂扩散试验、对流免疫电泳和病毒保护试验定型法等。此外，各种分子生物学方法已用于该病毒的检测。

七、 免疫与治疗

本病康复后可获得坚强的免疫力，免疫期 1～3 年，能抗同型强毒攻击，但可被异型病毒感染，并出现典型症状。猪的免疫期较短，仅有几个月。免疫和康复动物所产生的抗体有两种类型：早期抗体和晚期抗体。早期抗体于接种后 7 d 出现，仅保持 30 d，主要是 IgM，对二乙胺基乙基纤维素的吸附力强，对 2-巯基乙醇敏感，该抗体能中和或沉淀同型口蹄疫病毒。晚期抗体在 10～14 d 出现，可保持数月，主要为 IgG，对二乙胺基乙基纤维素的吸附力弱，对 2-巯基乙醇有抵抗力，IgG 抗体具有中和、沉淀和补体结合活性，有型特异性。在康复牛血清中还存在 2～3 种其他出现较晚的抗体，其特性尚未完全研究清楚。

人工主动免疫可用灭活苗、弱毒苗以及基因工程苗。人工被动免疫可用口蹄疫高免血清，高免血清也可用于早期治疗。

任务总结

表 2-10 口蹄疫病毒任务总结

类别	内容	要点
任务实施	口蹄疫病毒的生物学特性	口蹄疫病毒属于哪个病毒科？哪个病毒属？
	口蹄疫病毒的抵抗力	温度的变化对口蹄疫病毒有何影响？
	口蹄疫病毒的培养特性	口蹄疫病毒对不同动物的组织有何影响？
	口蹄疫病毒的致病性	1. 口蹄疫病毒通过哪些途径感染动物？ 2. 患病动物的临诊特点有哪些？
	口蹄疫病毒的检测方法	口蹄疫病毒的特异性诊断方法有哪些？
	口蹄疫病毒的免疫与治疗	口蹄疫如何进行免疫？采取何种治疗措施？

任务测试

1. 扫描二维码,完成任务测试题。
2. 根据测试结果,指导教师对每位同学做出评价。

二维码 2-11 口蹄疫病毒测试题

子任务二 狂犬病病毒

任务概要

掌握狂犬病病毒的相关知识,能够说出狂犬病病毒的生物学特性、抵抗力,可以自己组织语言向同学们介绍狂犬病的致病性,并能自我总结检测或鉴别狂犬病病毒的方法。

二维码 2-12 狂犬病病毒

任务分析

表 2-11 狂犬病病毒任务单

<table>
<tr><td>任务名称</td><td colspan="6">狂犬病病毒</td></tr>
<tr><td>任务描述</td><td colspan="6">能够说出狂犬病病毒的生物学特性;掌握狂犬病病毒的抵抗力;掌握狂犬病病毒致病性;知道采取何种方法能检测出狂犬病病毒,知道狂犬病病毒的免疫与治疗。</td></tr>
<tr><td>完成条件</td><td colspan="6">智能手机,多媒体教学设备。</td></tr>
<tr><td rowspan="2">任务资讯</td><td colspan="3">资讯问题</td><td colspan="3">参考资料</td></tr>
<tr><td colspan="3">1. 狂犬病病毒有哪些生物学特性?
2. 狂犬病病毒的抵抗力情况如何?
3. 狂犬病病毒的培养特性是什么?
4. 狂犬病病毒的致病性特点是什么?
5. 狂犬病病毒的检测方法有哪些?
6. 狂犬病病毒的免疫与治疗措施有哪些?</td><td colspan="3">1. 胡桂学. 兽医微生物学[M]. 北京:中国农业大学出版社,2018.
2. 吴清民. 兽医传染病学[M]. 北京:中国农业大学出版社,2002.
3. 河南农业大学. 动物微生物学[M]. 3 版. 北京:中国农业出版社,2005.
4. 刘荣臻,曹元应. 病原微生物与免疫学[M]. 3 版. 北京:人民卫生出版社,2014.</td></tr>
<tr><td rowspan="3">考核标准</td><td colspan="2">知识考核</td><td colspan="2">能力考核</td><td colspan="2">素质考核</td></tr>
<tr><td colspan="2">1. 查阅相关资料,完成资讯问题。
2. 准确回答任务测试题。
3. 规范书写任务总结。</td><td colspan="2">1. 能准确说出狂犬病病毒的生物学特性。
2. 能准确讲述狂犬病病毒的抵抗力。
3. 能准确讲述狂犬病病毒的培养特性。
4. 掌握狂犬病病毒的致病性。
5. 能准确描述狂犬病病毒的检测方法。
6. 能准确描述狂犬病病毒的免疫与治疗。</td><td colspan="2">1. 见微知著,精益求精的工匠精神。
2. 集智攻关,团结协作的协同精神。
3. 追求真理,严谨治学的求实精神。
4. 关爱动物健康,护佑人畜安全。</td></tr>
<tr><td colspan="6">注:在实际考核过程中,教师可根据具体的考核标准确定优秀、良好、及格和不及格。
90~100 分为优秀;80~89 分为良好;60~79 分为及格;60 分以下为不及格。</td></tr>
</table>

任务实施

狂犬病病毒是引起人和多种温血动物狂犬病的病原，该病在世界各地均有发生。

一、生物学特性

狂犬病病毒属于弹状病毒科狂犬病病毒属，病毒长 140～180 nm，宽 75～80 nm，一端钝圆，另一端平凹，呈子弹头形或试管形。在螺旋对称的衣壳中，含有单股负链 RNA。具有脂蛋白的囊膜，在膜上有血凝素的穗状突起。该病毒只有一个血清型。

在自然条件下，能使犬等感染的病毒，称为街毒。街毒对人、家畜及某些野生动物的毒力很强，而对家兔的毒力较弱。把街毒接种于家兔脑内，连续传代后，对家兔的毒力逐渐增强，且毒力稳定，称为固定毒。自然感染街毒的动物，脑组织神经细胞质内可见到嗜酸性包涵体，称为内基氏小体。接种了固定毒的动物，常不见这种小体。

二、抵抗力

病毒抵抗力不强，在 pH 为 7～9 的范围内比较稳定，在 56 ℃经 30 min 可使病毒灭活。病毒易为日光、紫外线、甲醛、升汞、季铵类化合物（如新洁尔灭）、脂溶剂、50%～70%酒精等灭活，其悬液经 56 ℃ 30～60 min 或 100 ℃ 2 min 即灭活。病毒于 −70 ℃ 或冻干后置于 0～4 ℃中可保持活力数年。

三、抗原性

狂犬病病毒与其他弹状病毒没有抗原关系。实验证实，即使流行的时间和地域不同，分离的毒株在抗原性上十分接近。用补体结合试验和琼脂扩散试验等可测出具有共同的核蛋白抗原，但应用“肽链图谱法”却发现不同地区分离的街毒之间存在抗原差异。

四、培养特性

通常将死亡动物的大脑、小脑，特别是海马角部分，在无菌条件下取出，研磨，用生理盐水或肉汤制成 1∶(5～10)的悬液（如怀疑材料污染时，可在每毫升悬液中加入青霉素 500 IU、链霉素 500 μg)，低速离心后，取上清液接种于实验动物（小鼠、豚鼠、家兔等）脑内。幼龄小鼠于接种后 7～10 d 发病死亡，可在脑组织中发现内基氏小体。豚鼠及家兔潜伏期较长，接种后经 2～3 周发病死亡。

应用 10～15 日龄鸡胚，将病毒接种于卵黄囊、绒毛尿囊膜及脑内，经 3～4 d 后鸡胚死亡，在脑组织及绒毛尿囊膜上出现嗜酸性颗粒及内基氏小体。

近年来，多用组织培养法，狂犬病病毒可在多种哺乳动物（幼龄小鼠、大鼠、田鼠、乳兔、羔羊等）肾原代细胞、鸡胚成纤维细胞、羊胚肾及人胚皮肤肌肉传代细胞上生长。这些细胞在接种病毒后可出现颗粒变性。

五、致病性

狂犬病病毒几乎可以感染所有的温血脊椎动物，同样也能感染人。本病主要由患病动物咬伤后而感染。当健康动物皮肤黏膜有损伤时，接触病畜的唾液也可以感染。病犬的唾液于症状出现前 1～2 周便可能会有病毒。存在于病畜唾液中的病毒，通过咬伤而进入易感动物的皮下组织，然后沿着神经纤维由外周进入神经中枢。也有人认为病毒是由外周经血液侵入脑组织。病毒在脊髓和脑组织中增殖，并可按离心方向由中枢神经向外扩散，而脑脊髓液在病毒扩散中，也起着重要作用，使所有器官都能感染病毒。抵达唾液腺的病毒，在其上皮细胞内又大量增殖，并进入唾液中。病毒在中枢神经系统中的继续繁殖，损害神经细胞和血管壁，引起血管周围的细胞浸润。神经细胞受刺激后，引起兴奋症状，如神经紊乱和反射性增高，后期神经细胞变性，逐渐引起麻痹，当呼吸中枢麻痹后即可造成死亡。

六、微生物学诊断

常用的特异性检查方法有包涵体检查、动物实验、荧光抗体检查等。

(一)包涵体检查

取大脑、小脑，特别是海马角部分，用刀片切开印片，趁印片未完全干燥时，以塞勒氏液染 1～5 s，水洗、干燥、镜检。内基氏小体呈鲜红色、间质呈粉红色、红细胞则为橘红色。内基氏小体为圆形、卵形、核形、阿米巴形，大小为 24～27 μm，位于细胞浆内。用吉姆萨染色，小体为红色。

由于有些犬、猪、草食动物的病例及病初死亡或早期剖杀动物中可能不见包涵体，所以并不是所有的病例都能检查出包涵体。

(二)动物实验

实验动物如小鼠、豚鼠、家兔等都可用于诊断，其中以小鼠最为敏感，并可提高阳性检出率。按照病毒的培养方法，给小鼠脑内接种，每只 0.03 mL。接种后观察 21 d，5 d 内死亡者淘汰；5 d 后发病者，当出现松毛、颤抖、后肢失去平衡、麻痹、虚脱等症状时，可剖杀取脑，做印片，检查包涵体，如为阳性，即可诊断为狂犬病。动物实验虽然准确，但需要较多的动物和较长时间。为了确诊，在病毒鉴定时，可使用标准免疫血清做中和试验。

(三)荧光抗体检查

近年来多用此法。该法特异性强，简单而迅速，并且在包涵体尚未形成时，就可检查出抗原，因此是诊断狂犬病较好的方法。

此外，中和试验、补体结合试验、交叉保护试验、血凝抑制试验、间接免疫酶试验、单克隆抗体检测、RT-PCR 检测(比标准化荧光抗体法敏感 100～1 000 倍)等均可用于狂犬病的检查。

七、免疫与治疗

狂犬病的预防和治疗常用疫苗(弱毒苗和灭活苗)及免疫血清，能得到良好的效果。对患狂犬病的病犬和可疑犬，应立即捕杀，以免伤害人畜。

任务总结

表 2-12 狂犬病病毒任务总结

类别	内容	要点
任务实施	狂犬病病毒的生物学特性	狂犬病病毒属于哪个病毒科？哪个病毒属？
	狂犬病病毒的抵抗力	温度的变化对狂犬病病毒有何影响？
	狂犬病病毒的培养特性	狂犬病病毒对不同动物的组织有何影响？
	狂犬病病毒的致病性	1. 狂犬病病毒通过哪些途径感染动物？ 2. 患病动物的临诊特点有哪些？
	狂犬病病毒的检测方法	狂犬病病毒的特异性诊断方法有哪些？
	狂犬病病毒的免疫与治疗	狂犬病如何进行免疫？采取何种治疗措施？

二维码 2-13 狂犬病病毒测试题

任务测试

1. 扫描二维码，完成任务测试题。
2. 根据测试结果，指导教师对每位同学做出评价。

子任务三 伪狂犬病病毒

二维码 2-14 伪狂犬病病毒

任务概要

掌握伪狂犬病病毒的相关知识，能够说出伪狂犬病病毒的生物学特性、抵抗力，可以自己组织语言向同学们介绍伪狂犬病病毒的致病性，并能自我总结诊断伪狂犬病病毒的方法。

任务分析

表 2-13　伪狂犬病病毒任务单

<table>
<tr><td>任务名称</td><td colspan="6">伪狂犬病病毒</td></tr>
<tr><td>任务描述</td><td colspan="6">能够说出伪狂犬病病毒的生物学特性；掌握伪狂犬病病毒的抵抗力；掌握伪狂犬病病毒的致病性；知道检测伪狂犬病病毒的方法；了解伪狂犬病病毒的免疫与治疗措施。</td></tr>
<tr><td>完成条件</td><td colspan="6">智能手机，多媒体教学设备。</td></tr>
<tr><td rowspan="2">任务资讯</td><td colspan="3">资讯问题</td><td colspan="3">参考资料</td></tr>
<tr><td colspan="3">1. 伪狂犬病病毒有哪些生物学特性？
2. 伪狂犬病病毒的抵抗力情况如何？
3. 伪狂犬病病毒的致病性特点是什么？
4. 伪狂犬病病毒的检测方法有哪些？
5. 伪狂犬病病毒的免疫与治疗措施有哪些？</td><td colspan="3">1. 胡桂学. 兽医微生物学[M]. 北京：中国农业大学出版社，2018.
2. 吴清民. 兽医传染病学[M]. 北京：中国农业大学出版社，2002.
3. 河南农业大学. 动物微生物学[M]. 3 版. 北京：中国农业出版社，2005.
4. 刘荣臻，曹元应. 病原微生物与免疫学[M]. 3 版. 北京：人民卫生出版社，2014.</td></tr>
<tr><td rowspan="3">考核标准</td><td colspan="2">知识考核</td><td colspan="2">能力考核</td><td colspan="2">素质考核</td></tr>
<tr><td colspan="2">1. 查阅相关资料，完成资讯问题。
2. 准确回答任务测试题。
3. 规范书写任务总结。</td><td colspan="2">1. 能准确说出伪狂犬病病毒的生物学特性。
2. 能准确讲述伪狂犬病病毒的抵抗力。
3. 能准确讲述伪狂犬病病毒的致病性。
4. 能准确描述伪狂犬病病毒的检测方法。
5. 能准确描述伪狂犬病病毒免疫与治疗措施。</td><td colspan="2">1. 见微知著，精益求精的工匠精神。
2. 集智攻关，团结协作的协同精神。
3. 追求真理，严谨治学的求实精神。
4. 关爱动物健康，护佑人畜安全。</td></tr>
<tr><td colspan="6">注：在实际考核过程中，教师可根据具体的考核标准确定优秀、良好、及格和不及格。
90～100 分为优秀；80～89 分为良好；60～79 分为及格；60 分以下为不及格。</td></tr>
</table>

任务实施

伪狂犬病病毒又称为猪疱疹病毒Ⅰ型，属于疱疹病毒科疱疹病毒甲亚科，是引起多种家畜和野生动物以发热、奇痒及脑脊髓炎为主要症状的一种疱疹病毒。本病的临床症状与狂犬病有类似之处，曾被误认为是狂犬病，因此冠名“伪狂犬病”。本病广泛分布于世界各地。

一、生物学特性

伪狂犬病病毒呈圆形或椭圆形，核酸为双股 DNA，二十面体立体对称，位于核心无囊膜的病毒粒子直径 110～150 nm，位于胞浆内带囊膜的成熟病毒粒子的直径约 180 nm。衣壳壳粒的长约 12 nm，宽约 9 nm，其空心部分的直径约 4 nm。

二、抵抗力

伪狂犬病病毒是疱疹病毒中抵抗力比较强的一种，在畜舍干草上的病毒，夏季可存活 30 d，冬季可达 46 d。病毒在 pH 为 4～9 保持稳定。在 50%甘油盐水中保存的病料 0～6 ℃下 154 d 感染力仅轻度下降，保存 3 年仍具感染力。

三、抗原性

伪狂犬病病毒只有 1 个血清型，但毒株之间的毒力有强弱之分。本病毒与人的单纯疱疹病毒、马立克病病毒有微弱的交叉反应。病毒颗粒表面没有血凝素抗原。

四、培养特性

1. 鸡胚培养

伪狂犬病病毒可通过多种途径感染鸡胚，适应后很容易连续传代。鸡胚感染后约 4 d，绒毛尿囊膜上产生灰白色痘样病变，迅速侵入中枢神经系统的所有部分，导致胚胎的头盖部突起。

2. 细胞培养

伪狂犬病病毒可在鸡胚成纤维细胞，猪、绵羊、牛、兔、犬、猫、猴和马的肾原代细胞，猪和牛的睾丸原代细胞，以及 Hela、Hep-2、PK-15、BHK-21 等传代细胞中增殖。以猪、兔、犬的肾原代细胞和鸡胚成纤维细胞最为敏感。感染细胞变圆，形成合胞体，毒株的毒力越强，合胞体形成越多。

五、致病性

伪狂犬病病毒可感染多种家畜、禽类及野生动物，引起发热、奇痒、急性脑脊髓炎和繁殖障碍等症状。本病毒对小猪危害最严重，成年猪症状轻微，死亡很少，感染的成年猪常成为隐性带毒者。猪不发生瘙痒，但母猪流产，产仔减少。不足 15 日龄的仔猪，通常在出现症状后 12～24 h 死亡。本病造成的损失与年龄成负相关性，成年猪很少死亡，而仔猪的死亡率可达 100%。

牛感染后在皮肤的某些部位出现奇痒是其典型症状。犬和猫的症状与牛相似，但不攻击人和其他动物，常在出现症状 24～36 h 死亡。山羊无瘙痒症状，主要表现不安、大量出汗、后期出现痉挛和麻痹，多在 24～48 h 内死亡。人可能具有某种程度的易感性。

六、微生物学诊断

（一）病毒分离

在病的急性期，用棉拭子在口咽部取样。病死动物取扁桃体、颈淋巴结和鼻黏膜，收集局部水肿液和该区域的神经干，部分采集脊髓和脑（最好是中脑、脑桥和延脑）。

1. 鸡胚接种

本病毒可适应鸡胚，接种 4 d 后，在绒毛尿囊膜上可见白色痘斑性病变，并迅速侵袭整个神经系统，导致胚胎头盖骨突起。

2. 动物接种

病料皮下接种家兔，能产生典型的瘙痒症状，2 d 后兔开始舔舐接种部位，后期更狂躁，啃咬皮肤。症状持续 4～6 h，兔卧地不起，阵发性痉挛和呼吸困难死亡。经兔接种后的材料可感染豚鼠和小鼠，引起瘙痒症状。

3. 细胞培养

猪肾传代细胞系（如 PK-15）以及猪、兔和牛的原代肾细胞培养最适于病毒的分离培养。将待检的脑组织或扁桃体研磨成浆，用 Hank's 液或 PBS 液稀释成 10%悬液，经 2 000 r/min 离心 10 min，取上清液，接种长成单层的细胞培养液内，37 ℃吸附 1 h，加维持液继续培养。病变出现时间与样品中病毒含量有关，最早可在接种后 18 h 出现细胞病变。此时，将细胞培养物做苏木素-伊红染色，镜检可见嗜酸性核内包涵体。据报道，兔肾细胞培养对本病毒特别易感，高于鸡胚和实验动物。

（二）血清学检查

1. 血清中和试验

一般用乳兔肾细胞或 PK-15 细胞。病毒滴度不低于 10^5 $TCID_{50}$/0.1 mL，使用滴度在 100～500 $TCID_{50}$ 范围内。被检血清做倍比稀释。血清中和效价在 1∶2时可疑，1∶4时为阳性。

2. ELISA

某些国家已把 ELISA（间接法）作为诊断该病的标准方法。但该病毒的抗体与牛疱疹病毒Ⅰ型抗体有交叉反应。在同等条件下，用已接种病毒和空白细胞培养物分别制备病毒抗原和对照细胞抗原。如被检血清在病毒抗原孔的吸光度值（OD）较对照孔高 0.15 以上者判为阳性。

3. 荧光抗体试验

采取新鲜病料，做冰冻切片进行荧光抗体染色（间接法）检查，该法比病毒分离更快速。

4. 琼脂扩散试验

抗原用 PK-15 细胞系生产制备，待检猪血清不稀释，25 ℃左右 14～18 h 即可判定。但该方法尚需在实践中进一步验证。

七、免疫与治疗

本病尚无有效药物治疗，紧急情况下使用高免血清，可降低死亡率。目前，针对该病的弱毒苗、弱毒灭活苗、野毒灭活苗及基因缺失苗已在许多流行地区应用，能有效减缓猪感染后的临床症状，降低本病的发生，减少经济损失。但仅靠疫苗接种不能消灭本病，一般无本病猪场禁用疫苗。还有研究证明，当猪同时接种两种不同的基因缺失苗后，病毒会发生基因重组现象，因此在同一个动物体中应仅使用一种基因缺失苗，以避免疫苗毒株间的重组。

任务总结

表 2-14 伪狂犬病病毒任务总结

类别	内容	要点
任务实施	伪狂犬病病毒的生物学特性	伪狂犬病病毒属于哪个病毒科？哪个病毒属？
	伪狂犬病病毒的抵抗力	温度的变化对伪狂犬病病毒有何影响？
	伪狂犬病病毒的致病性	1. 伪狂犬病病毒通过哪些途径感染动物？ 2. 患病动物的临诊特点有哪些？
	伪狂犬病病毒的检测方法	伪狂犬病病毒微生物学诊断方法有哪些？
	伪狂犬病病毒的免疫与治疗	伪狂犬病如何进行免疫？患病动物采取何种治疗措施？

二维码 2-15 伪狂犬病病毒测试题

任务测试

1. 扫描二维码，完成任务测试题。
2. 根据测试结果，指导教师对每位同学做出评价。

子任务四 猪瘟病毒

二维码 2-16 猪瘟病毒

任务概要

掌握猪瘟病毒的相关知识，能够说出猪瘟病毒的生物学特性、抵抗力，可以自己组织语言向同学们介绍猪瘟病毒的致病性，并能自我总结诊断猪瘟病毒的方法及猪瘟病毒的免疫与治疗的措施。

任务分析

表 2-15　猪瘟病毒任务单

<table>
<tr><td>任务名称</td><td colspan="3">猪瘟病毒</td></tr>
<tr><td>任务描述</td><td colspan="3">能够说出猪瘟病毒生物学特性；掌握猪瘟病毒的抵抗力；掌握猪瘟病毒的致病性；知道采取何种方法能检测出猪瘟病毒；知道猪瘟病毒的免疫与治疗措施。</td></tr>
<tr><td>完成条件</td><td colspan="3">智能手机，多媒体教学设备。</td></tr>
<tr><td rowspan="2">任务资讯</td><td colspan="2">资讯问题</td><td>参考资料</td></tr>
<tr><td colspan="2">1. 猪瘟病毒有哪些生物学特性？
2. 猪瘟病毒的抵抗力情况如何？
3. 猪瘟病毒的致病性特点是什么？
4. 猪瘟病毒的检测方法有哪些？
5. 猪瘟病毒的免疫与治疗措施有哪些？</td><td>1. 胡桂学. 兽医微生物学[M]. 北京：中国农业大学出版社，2018.
2. 吴清民. 兽医传染病学[M]. 北京：中国农业大学出版社，2002.
3. 蔡宝祥. 家畜传染病学[M]. 4 版. 北京：中国农业出版社，2001.</td></tr>
<tr><td rowspan="3">考核标准</td><td>知识考核</td><td>能力考核</td><td>素质考核</td></tr>
<tr><td>1. 查阅相关资料，完成资讯问题。
2. 准确回答任务测试题。
3. 规范书写任务总结。</td><td>1. 能准确说出猪瘟病毒的生物学特性。
2. 能准确讲述猪瘟病毒的抵抗力。
3. 能准确讲述猪瘟病毒的致病性。
4. 能准确描述猪瘟病毒的检测方法。
5. 能准确描述猪瘟病毒免疫与治疗措施。</td><td>1. 见微知著，精益求精的工匠精神。
2. 集智攻关，团结协作的协同精神。
3. 追求真理，严谨治学的求实精神。
4. 关爱动物健康，护佑人畜安全。</td></tr>
<tr><td colspan="3">注：在实际考核过程中，教师可根据具体的考核标准确定优秀、良好、及格和不及格。
90～100 分为优秀；80～89 分为良好；60～79 分为及格；60 分以下为不及格。</td></tr>
</table>

任务实施

猪瘟病毒属于黄病毒科瘟病毒属，是猪瘟的病原体，可以引起各种年龄的猪只发病。病的特征为急性、热性、高度接触性的传染病。该病毒感染后发病率极高，死亡率也很高，有时高达 80%～100%，对养猪业造成极为严重的危害。

一、生物学特性

猪瘟病毒是单股 RNA 病毒，分子量为 4×10^6。本病毒呈圆形颗粒状，其直径为 38～44 nm，核衣壳为对称的二十面体立体结构，有囊膜，在胞浆内繁殖，以出芽方式释放。

二、抵抗力

猪瘟病毒对外界环境抵抗力较强。血液中的病毒在 37 ℃存活 7 d，50 ℃存活 3 d，60 ℃加热 16～24 h、72～76 ℃加热 1 h 可杀死该病毒。存在于尿中的病毒，用 2%氢氧化钠作用 15 min 死亡；存在于血液中的病毒，用 2%氢氧化钠需作用 1 h 死亡，2.5%的甲醛作用 1 h 可杀死病毒，0.5%石炭酸杀死血中的病毒需用 60 d 以上。低温有利于保存病毒，－12～－5 ℃可存活 3 个月，在冷冻猪肉内可存活 6 个月，－70 ℃ 条件下可存活数年。病毒在腐败的尸体中可存活 3～4 d，在骨髓内可存活 15 d。在熏火腿中存活 1～2 周，熏肉中存活 4 周，腌渍猪肉中存活 5 周，盐渍猪肉中存活 12 周。

三、抗原性

猪瘟病毒只有 1 个血清型，近来分离出很多致病力低的毒株，经鉴定为猪瘟病毒的变种，可引起非典型猪瘟，又称为温和型猪瘟。猪瘟病毒和牛病毒性腹泻黏膜病病毒具有共同的糖蛋白抗原，两种病毒在核酸类型、形态和理化特性等方面均较相似，但可用单克隆抗体予以鉴别。

四、培养特性

猪瘟病毒可在猪胚或乳猪脾、肾、骨髓、淋巴结、白细胞、结缔组织或肺组织细胞上培养。在这些细胞上均不产生细胞病变。猪瘟病毒接种在猪睾丸细胞上不产生细胞病变，但在接种猪瘟病毒 3 d 后，再接种鸡新城疫病毒，即产生明显的细胞病变，并提高了鸡新城疫病毒的滴度，因此常根据细胞病变的有无，间接测定猪瘟病毒，这种方法称为鸡新城疫病毒强化试验(END 试验)。这种强化试验，又可以被猪瘟免疫血清抑制，所以常用作猪瘟病毒的中和试验。猪瘟病毒在猪肾细胞上不产生细胞病变，再接种鸡新城疫病毒也不出现细胞病变，但细胞培养液中的红细胞凝集效价滴度增高，用这种方法来检查猪瘟病毒，作为猪瘟的诊断手段，称为血凝增加病变抑制试验(HEIC 试验)。

五、致病性

猪瘟病毒只感染猪，各种年龄、性别及品种的猪均易感染，野猪也可以感染。猪瘟病毒人工接种于家兔、豚鼠、小鼠、绵羊、山羊、牛、马、猫均不发生明显的感染症状。但当静脉接种家兔后，再通过猪体，反复数代后，病毒可适应于兔体；再通过兔体多次传代后，可引起兔的体温升高，失去对猪的致病力，而得到 1 个毒力变异的毒株，即猪瘟兔化弱毒株。我国科学家方时杰教授应用猪瘟兔化弱毒株制成兔化弱毒疫苗，在全国大范围推广应用，在预防猪瘟上收到了极显著的效果，有力地控制了本病的流行。这个弱毒株也可以在绵羊、牛、马等动物体内繁殖，同时也可在猪肾单层细胞上生长繁殖，用来生产疫苗。

六、微生物学诊断

猪瘟的诊断根据临床症状及病理剖检变化就可以确诊，但是对非典型的猪瘟需要应用微生物学检验方法。常用的有以下几种试验。

1. 兔体交叉免疫试验

取 6 只健康、体温正常的家兔，分成两组，每组 3 只。一组为对照组，一组为试验组。试验组接种 1∶10 倍稀释的被检材料乳剂，经 7～14 d 后，试验组和对照组均接种猪瘟兔化弱毒疫苗，测温 2 次/d，连续观察 3 d，如试验组不出现体温反应，即可确诊被检材料有猪瘟病毒。

2. 病毒分离

采取发病早期病毒血症而高热病猪的扁桃体、淋巴结、脾，在组织研磨器内研碎，加入 10%水解乳蛋白 Hank's 液，制成 1∶10 倍稀释组织悬液。以 2 000～3 000 r/min 离心 20 min，吸取上清液，加入青霉素 1 000 IU/mL、链霉素 500 μg/mL，置 4 ℃冰箱内过夜。第 2 天取出接种于猪睾丸单层细胞，37 ℃培养 2～4 d，然后接种 100 空斑形成单位(PFU)的鸡新城疫病毒，再培养 2～3 d，根据细胞病变的出现与否来判断猪瘟病毒的增殖。用这个方法可分离出自然感染病毒。但对兔化毒株感染动物，病毒则不产生鸡新城疫病毒滴度。病毒分离后，应用此病毒为抗原，与已知猪瘟病毒免疫血清做补体结合试验、中和试验或用分离病毒制备抗原与标准猪瘟病毒免疫血清做间接酶标记免疫试验，均可对病毒进行鉴定。

除此以外，还可以应用免疫荧光抗体试验、酶标免疫试验、直接蚀斑形成试验等方法进行诊断。

七、免疫与治疗

我国研制的猪瘟兔化弱毒疫苗是国际公认的有效疫苗，得到广泛应用，接种 4～6 d 产生较强的免疫力，维持时间可达 18 个月，免疫力为 100%，但母猪产生的免疫力较弱，可维持 6 个月。紧急情况下可应用高免血清进行被动免疫和治疗，但价格昂贵，有效期短。

任务总结

表 2-16 猪瘟病毒任务总结

类别	内容	要点
任务实施	猪瘟病毒的生物学特性	猪瘟病毒属于哪个病毒科？哪个病毒属？
	猪瘟病毒的抵抗力	1. 外界温度的变化对猪瘟病毒有何影响？ 2. 消毒剂对猪瘟病毒有何影响？
	猪瘟病毒的致病性	猪瘟病毒对哪些动物易感染？
	猪瘟病毒的检测方法	猪瘟病毒微生物学诊断方法有哪些？
	猪瘟病毒病的免疫与治疗	猪瘟病毒病如何进行免疫？患病动物采取何种治疗措施？

任务测试

1. 扫描二维码,完成任务测试题。
2. 根据测试结果,指导教师对每位同学做出评价。

二维码 2-17 猪瘟病毒测试题

子任务五 非洲猪瘟病毒

任务概要

掌握非洲猪瘟病毒的相关知识,能够说出非洲猪瘟病毒的生物学特性、抵抗力,可以自己组织语言向同学们介绍非洲猪瘟病毒的致病性,并总结诊断非洲猪瘟的方法及非洲猪瘟病毒的免疫与治疗的措施。

二维码 2-18 非洲猪瘟病毒

任务分析

表 2-17 非洲猪瘟病毒任务单

<table>
<tr><td>任务名称</td><td colspan="3">非洲猪瘟病毒</td></tr>
<tr><td>任务描述</td><td colspan="3">能够说出非洲猪瘟病毒的生物学特性;掌握非洲猪瘟病毒的抵抗力;掌握非洲猪瘟病毒的致病性;知道检测非洲猪瘟病毒的方法;知道非洲猪瘟病毒的免疫与治疗措施。</td></tr>
<tr><td>完成条件</td><td colspan="3">智能手机,多媒体教学设备。</td></tr>
<tr><td rowspan="2">任务资讯</td><td>资讯问题</td><td colspan="2">参考资料</td></tr>
<tr><td>1. 非洲猪瘟病毒有哪些生物学特性?
2. 非洲猪瘟病毒的抵抗力情况如何?
3. 非洲猪瘟病毒的致病性特点是什么?
4. 非洲猪瘟病毒的检测方法有哪些?
5. 非洲猪瘟病毒的免疫与治疗措施有哪些?</td><td colspan="2">1. 胡桂学. 兽医微生物学[M]. 北京:中国农业大学出版社,2018.
2. 吴清民. 兽医传染病学[M]. 北京:中国农业大学出版社,2002.
3. 河南农业大学. 动物微生物学[M]. 3 版. 北京:中国农业出版社,2005.
4. 刘荣臻,曹元应. 病原微生物与免疫学[M]. 3 版. 北京:人民卫生出版社,2014.</td></tr>
<tr><td rowspan="3">考核标准</td><td>知识考核</td><td>能力考核</td><td>素质考核</td></tr>
<tr><td>1. 查阅相关资料,完成资讯问题。
2. 准确回答任务测试题。
3. 规范书写任务总结。</td><td>1. 能准确说出非洲猪瘟病毒的生物学特性。
2. 能准确讲述非洲猪瘟病毒的抵抗力。
3. 能准确讲述非洲猪瘟病毒的致病性。
4. 能准确描述非洲猪瘟病毒的检测方法。
5. 能准确描述非洲猪瘟病毒的免疫与治疗措施。</td><td>1. 见微知著,精益求精的工匠精神。
2. 集智攻关,团结协作的协同精神。
3. 追求真理,严谨治学的求实精神。
4. 关爱动物健康,护佑人畜安全。</td></tr>
<tr><td colspan="3">注:在实际考核过程中,教师可根据具体的考核标准确定优秀、良好、及格和不及格。
90～100 分为优秀;80～89 分为良好;60～79 分为及格;60 分以下为不及格。</td></tr>
</table>

任务实施

非洲猪瘟病毒属于非洲猪瘟病毒科，该科只有它一种病毒。具有传染性和极高的致病性。急性病例临床症状以高热、病程短、死亡率高、内脏器官广泛性出血以及呼吸系统和神经系统功能紊乱为主要特征。非洲猪瘟病毒的3D精细结构已经被破译，但直至2023年末仍未有针对非洲猪瘟病毒的特效疫苗或抗病毒药物可以有效地在疫情暴发时及时控制病毒的传播。

一、生物学特性

非洲猪瘟病毒是非洲猪瘟病毒科的唯一成员。病毒粒子的直径为175～215 nm，呈二十面体对称，具有囊膜，衣壳内部呈几个同心圆结构。基因组为双股的线状DNA，大小为170～190 kb，末端有颠倒重复。本病毒的结构很复杂，结构蛋白有28种。在感染细胞内可检测到100种以上病毒诱导的蛋白质。在猪体内，非洲猪瘟病毒可在几种类型的细胞浆中，尤其是网状内皮细胞和单核巨噬细胞中复制。该病毒可在钝缘软蜱中增殖，并使其成为主要的传播媒介。

二、培养特性

病毒主要感染猪的单核细胞和巨细胞，也能在内皮细胞、肝细胞、肾小管上皮细胞和中性粒细胞中增殖，并能在PK15、Vero、BHK21传代细胞内生长。病毒在鸡胚卵黄囊、猪骨髓细胞和白细胞内培养能引起细胞病变，并能吸附红细胞。

三、抵抗力

非洲猪瘟病毒对外界环境抵抗力很强，低温下稳定。在室温中保存18个月的血清或血液仍可分离到病毒。在60 ℃经20 min可灭活病毒，55 ℃ 30 min可灭活，对乙醚、氯仿敏感。8%的氢氧化钠30 min，含2.3%有效氯的次氯酸盐30 min，3%福尔马林30 min，3%正苯基苯酚，以及碘化合物能灭活。感染猪制作的火腿中能存活5～6个月，在土壤中可存活3个月，在血液、粪便、组织、鲜肉和腌制干肉制品中存活很长时间。可在媒介昆虫中复制。

四、致病性

非洲猪瘟病毒最主要的是通过消化道感染，被污染的饲料、饮水、饲养用具、猪舍等是传播的重要因素。现已查明，吸血昆虫、鸟软壁虱和隐嘴蜱是传播媒介，并且其各种分泌物、排泄物、器官均含有病毒，是危险的传染源。初次暴发感染的猪群，传播速度极快，有很高的发病率和死亡率，以后有所下降。在非洲，家猪暴发非洲猪瘟感染通常是与隐性带毒的野猪接触而引起的；而在欧洲发生非洲猪瘟感染往往是接触了感染家猪的污染物、胎儿、粪便、尿、病猪组织，饲喂了污染的饲料，食用了飞机、船舶上剩余的污染泔水及未煮熟的碎肉导致。

非洲猪瘟感染的潜伏期为 5～15 d，人工感染潜伏期为 2～5 d。病猪体温突然升高达 40.5 ℃，4～6 h 不呈现其他症状，高热持续 4 d，饮食活动不见异常，随后体温下降，精神沉郁、厌食、不愿活动、全身衰弱，后躯极度衰弱并步行艰难，腹泻，便血，鼻孔出血，耳、背部皮肤发绀是较早出现的特征性症状。有时出现咳嗽、呼吸困难等症状。当体温低于常温时，病猪出于濒死期。在体温升高时，白细胞总数减少，发热 5 d 后，白细胞总数比正常减少 50%，淋巴细胞绝对数减少。在流行时，病死率高达 100%。

五、微生物学诊断

非洲猪瘟病毒的诊断可根据临诊症状、流行病学及病理变化做出初步诊断。确诊还需进行实验室诊断。实验室诊断方法主要有以下几种。

1. 病原分离鉴定

取病死猪的淋巴结、骨髓、肝、脾、肺等器官组织、血液、体液、各种分泌物和排泄物，经处理后接种于鸡胚卵黄囊或接种于猪白细胞或骨髓原代细胞分离病毒。用红细胞吸附和红细胞吸附抑制试验鉴定病毒，并与猪瘟病毒区别。也可将病毒接种猪瘟免疫猪和易感猪，两种猪均发病，为非洲猪瘟；仅猪瘟易感猪发病为猪瘟。

2. 血清学试验

病毒抗原的测定可用红细胞吸附（HAD）和红细胞吸附抑制试验、直接免疫荧光试验（DIF），抗体的测定可用间接免疫荧光试验（IIF）、酶联免疫吸附试验（ELISA）、免疫电泳试验（IEOP）、补体结合试验、琼脂扩散试验等。

3. 分子生物学方法

实时荧光定量 PCR 技术检测抗原具有快速灵敏，特异性强，结果准确的特点。

六、免疫与治疗

由于在世界范围内没有研发出可以有效预防非洲猪瘟的疫苗，但高温、消毒剂可以有效杀灭病毒，所以做好养殖场生物安全防护是防控非洲猪瘟的关键。具体措施包括：严格控制人员、车辆和易感动物进入养殖场；进出养殖场及其生产区的人员、车辆、物品要严格落实消毒等措施；尽可能封闭饲养生猪，采取隔离防护措施；尽量避免与野猪、钝缘软蜱接触；严禁使用泔水或餐余垃圾饲喂生猪；积极配合当地动物疫病预防控制机构开展疫病监测排查，特别是发生猪瘟疫苗免疫失败、不明原因死亡等现象，应及时上报当地兽医部门。

任务总结

表 2-18 非洲猪瘟病毒任务总结

类别	内容	要点
任务实施	非洲猪瘟病毒的生物学特性	非洲猪瘟病毒属于哪个病毒科？哪个病毒属？
	非洲猪瘟病毒的抵抗力	1. 外界温度的变化对非洲猪瘟病毒有何影响？ 2. 消毒剂对非洲猪瘟病毒有何影响？
	非洲猪瘟病毒的致病性	非洲猪瘟病毒易感染哪些动物？
	非洲猪瘟病毒的检测方法	非洲猪瘟病毒微生物学诊断方法有哪些？
	非洲猪瘟病毒的免疫与治疗	非洲猪瘟病毒感染是否可以免疫接种？患病动物采取何种治疗措施？

任务测试

1. 扫描二维码，完成任务测试题。
2. 根据测试结果，指导教师对每位同学做出评价。

二维码 2-19 非洲猪瘟病毒测试题

子任务六 尼帕病毒

任务概要

掌握尼帕病毒的相关知识，能够说出尼帕病毒的生物学特性、抵抗力，可以自己组织语言向同学们介绍尼帕病毒的致病性，并能自我总结诊断尼帕病毒感染的方法及尼帕病毒的免疫与治疗措施。

二维码 2-20 尼帕病毒

任务分析

表 2-19 尼帕病毒任务单

<table>
<tr><td>任务名称</td><td colspan="6">尼帕病毒</td></tr>
<tr><td>任务描述</td><td colspan="6">能够说出尼帕病毒的生物学特性；掌握尼帕病毒的抵抗力；掌握尼帕病毒的致病性；知道检测尼帕病毒的方法，知道尼帕病毒的免疫与治疗措施。</td></tr>
<tr><td>完成条件</td><td colspan="6">智能手机，多媒体教学设备。</td></tr>
<tr><td rowspan="2">任务资讯</td><td colspan="3">资讯问题</td><td colspan="3">参考资料</td></tr>
<tr><td colspan="3">1. 尼帕病毒有哪些生物学特性？
2. 尼帕病毒的抵抗力情况如何？
3. 尼帕病毒的致病性特点是什么？
4. 尼帕病毒的检测方法有哪些？
5. 尼帕病毒的免疫与治疗措施有哪些？</td><td colspan="3">1. 胡桂学. 兽医微生物学[M]. 北京：中国农业大学出版社，2018.
2. 吴清民. 兽医传染病学[M]. 北京：中国农业大学出版社，2002.
3. 河南农业大学. 动物微生物学[M]. 3 版. 北京：中国农业出版社，2005.</td></tr>
<tr><td rowspan="3">考核标准</td><td colspan="2">知识考核</td><td colspan="2">能力考核</td><td colspan="2">素质考核</td></tr>
<tr><td colspan="2">1. 查阅相关资料，完成资讯问题。
2. 准确回答任务测试题。
3. 规范书写任务总结。</td><td colspan="2">1. 能准确说出尼帕病毒的生物学特性。
2. 能准确讲述尼帕病毒的抵抗力。
3. 能准确讲述尼帕病毒的致病性。
4. 能准确描述尼帕病毒的检测方法。
5. 能准确描述尼帕病毒的免疫与治疗措施。</td><td colspan="2">1. 见微知著，精益求精的工匠精神。
2. 集智攻关，团结协作的协同精神。
3. 追求真理，严谨治学的求实精神。
4. 关爱动物健康，护佑人畜安全。</td></tr>
<tr><td colspan="6">注：在实际考核过程中，教师可根据具体的考核标准确定优秀、良好、及格和不及格。
90～100 分为优秀；80～89 分为良好；60～79 分为及格；60 分以下为不及格。</td></tr>
</table>

任务实施

尼帕病毒是一种新型人兽共患病病毒，它是 RNA 病毒，属于副黏病毒科，能引起广泛的血管炎，感染者有发热、严重头痛、脑膜炎等症状，给人及动物带来严重危害。1997 年在马来西亚森美兰州双溪尼帕新城首次发现，1998 年 10 月至 1999 年 5 月期间，尼帕病毒在马来西亚猪群和人群中大规模暴发感染，致使 265 名养猪工人发病，105 人死亡，116 万头猪被捕杀，随后又殃及新加坡。2000 年 2 月再度在马来西亚流行，引起该国和周边国家的恐慌和广泛关注。

一、生物学特性

尼帕病毒属于副黏病毒科亨德拉尼帕病毒属，核酸为单股负链 RNA，病毒粒子呈多形性，大小为 120～500 nm，由囊膜及丝状的核衣壳组成，核衣壳直径 17～22 nm，螺距 4.6～

5.4 nm，纤突长度16～18 nm。囊膜含有两个转膜蛋白，分别是细胞受体结合蛋白和融合蛋白。

二、抵抗力

尼帕病毒抵抗力不强，在体外不稳定，对热和消毒药物敏感，加热56 ℃ 30 min即被破坏，用肥皂等清洁剂和一般消毒剂很容易灭活。

三、培养特性

尼帕病毒在Vero细胞、BHK细胞、PS细胞系中生长良好。病毒感染细胞后的第3天出现细胞病变，如果没有出现细胞病变，应该再盲传2次，每次培养5 d。在低感染率情况下，尼帕病毒特征性细胞病变出现细胞融合现象，经过24～48 h，有些融合的细胞可含有60个以上的细胞核。后期，尼帕病毒感染Vero细胞形成的融合细胞的细胞核分布在融合细胞的周围。

四、致病性

尼帕病毒可以感染人或其他动物，会引起致命的呼吸和神经系统性疾病。病毒的自然宿主是果蝠，可以通过果蝠-猪-人传播，还可以直接通过蝙蝠传人及人与人之间传播。主要表现为发热、严重头痛、肌肉痛、脑脊膜炎。猪感染的潜伏期为7～14 d。不同年龄猪的临床症状有所不同。一般表现为神经症状和呼吸道症状，发病率高，死亡率低。断奶仔猪和肉猪表现为高烧，呼吸困难伴有轻度或严重的咳嗽，呼吸音粗粝，严重的病例可见咳血。妊娠母猪症状更明显，表现肺炎，流出脓性分泌物，甚至流产，同时由于严重呼吸困难，局部肌肉痉挛，麻痹而死亡。

五、微生物学诊断

尼帕病毒病诊断很困难，病毒分离鉴定是最重要、最基本的诊断方法，病毒分离株的进一步鉴定，还需做电镜或免疫组织化学试验、特异性抗血清中和试验、RT-PCR等。

六、免疫与治疗

目前，尼帕病毒无有效疫苗或药物进行预防和治疗，一般采用对症治疗。生产中广泛灭蚊，清除积水，以消灭蚊子滋生地，是防止病原传播的重要措施。注意日常管理，定期对猪进行检疫监测，防重于治，减少对于人和动物的危害。猪场一旦有猪只确诊，立即封锁，捕杀病猪和疑似感染猪及同群猪，做深埋处理，猪舍烧毁，并对感染猪场进行全面彻底的消毒，消灭或减少传染源。同时禁止疫区猪只向外转运，防止疫情的蔓延；对猪、马等易感动物以及养猪从业人员和与猪密切接触的人员，进行紧急免疫接种。除按常规脑炎治疗外，也可使用利巴韦林。

任务总结

表 2-20 尼帕病毒任务总结

类别	内容	要点
任务实施	尼帕病毒的生物学特性	尼帕病毒属于哪个病毒科？哪个病毒属？
	尼帕病毒的抵抗力	1. 外界温度的变化对尼帕病毒有何影响？ 2. 消毒剂对尼帕病毒有何影响？
	尼帕病毒的致病性	哪些动物对尼帕病毒易感染？
	尼帕病毒的检测方法	尼帕病毒微生物学诊断方法有哪些？
	尼帕病毒的免疫与治疗	尼帕病毒感染是否可以免疫接种？患病动物采取何种治疗措施？

二维码 2-21 尼帕病毒测试题

任务测试

1. 扫描二维码，完成任务测试题。
2. 根据测试结果，指导教师对每位同学做出评价。

子任务七 猪繁殖与呼吸综合征病毒

二维码 2-22 猪繁殖与呼吸障碍综合征病毒

任务概要

掌握猪繁殖与呼吸综合征病毒的相关知识，能够说出猪繁殖与呼吸综合征病毒的生物学特性、抵抗力，可以自己组织语言向同学们介绍猪繁殖与呼吸综合征病毒的致病性，并能自我总结诊断猪繁殖与呼吸综合征病毒的方法及猪繁殖与呼吸综合征病毒的免疫与治疗措施。

任务分析

表 2-21 猪繁殖与呼吸综合征病毒任务单

<table>
<tr><td>任务名称</td><td colspan="6">猪繁殖与呼吸综合征病毒</td></tr>
<tr><td>任务描述</td><td colspan="6">能够说出猪繁殖与呼吸综合征病毒的生物学特性；掌握猪繁殖与呼吸综合征病毒的抵抗力；掌握猪繁殖与呼吸综合征病毒的致病性；知道采取何种方法能检测出猪繁殖与呼吸综合征病毒，知道猪繁殖与呼吸综合征病毒的免疫与治疗措施。</td></tr>
<tr><td>完成条件</td><td colspan="6">智能手机，多媒体教学设备。</td></tr>
<tr><td rowspan="2">任务资讯</td><td colspan="3">资讯问题</td><td colspan="3">参考资料</td></tr>
<tr><td colspan="3">1. 猪繁殖与呼吸综合征病毒有哪些生物学特性？
2. 猪繁殖与呼吸综合征病毒的抵抗力情况如何？
3. 猪繁殖与呼吸综合征病毒的致病性特点是什么？
4. 猪繁殖与呼吸综合征病毒的检测方法有哪些？
5. 猪繁殖与呼吸综合征病毒的免疫与治疗措施有哪些？</td><td colspan="3">1. 胡桂学. 兽医微生物学[M]. 北京：中国农业大学出版社，2018.
2. 吴清民. 兽医传染病学[M]. 北京：中国农业大学出版社，2002.
3. 河南农业大学. 动物微生物学[M]. 3 版. 北京：中国农业出版社，2005.
4. 刘荣臻，曹元应. 病原微生物与免疫学[M]. 3 版. 北京：人民卫生出版社，2014.</td></tr>
<tr><td rowspan="3">考核标准</td><td colspan="2">知识考核</td><td colspan="2">能力考核</td><td colspan="2">素质考核</td></tr>
<tr><td colspan="2">1. 查阅相关资料，完成资讯问题。
2. 准确回答任务测试题。
3. 规范书写任务总结。</td><td colspan="2">1. 能准确说出猪繁殖与呼吸综合征病毒的生物学特性。
2. 能准确讲述猪繁殖与呼吸综合征病毒的抵抗力。
3. 能准确讲述猪繁殖与呼吸综合征病毒的致病性。
4. 能准确描述猪繁殖与呼吸综合征病毒的检测方法。
5. 能准确描述猪繁殖与呼吸综合征病毒免疫与治疗措施。</td><td colspan="2">1. 见微知著，精益求精的工匠精神。
2. 集智攻关，团结协作的协同精神。
3. 追求真理，严谨治学的求实精神。
4. 关爱动物健康，护佑人畜安全。</td></tr>
<tr><td colspan="6">注：在实际考核过程中，教师可根据具体的考核标准确定优秀、良好、及格和不及格。
90～100 分为优秀；80～89 分为良好；60～79 分为及格；60 分以下为不及格。</td></tr>
</table>

任务实施

猪繁殖与呼吸综合征病毒是引起猪繁殖与呼吸综合征的病原。1987 年在美国西部首次被发现，后来在加拿大、德国、法国、荷兰、比利时、英国、西班牙、希腊、澳大利亚等地都有报道。病毒在未分离鉴定之前，曾称为猪神秘病，又因患病猪的耳朵等处发绀、变蓝，故又称为猪蓝耳病。

一、生物学特性

猪繁殖与呼吸综合征病毒属动脉炎病毒科动脉炎病毒属。病毒为圆形，直径为 50～60 nm，含有 20～35 nm 的核衣壳，在氯化铯中浮密度为 1.19 g/cm^3；有囊膜，对乙醚、氯仿敏感；病毒基因组类型为正单股 RNA 病毒，分子量约 1.5×10^6 Da。不凝集鸡、哺乳动物和人的 O 型红细胞。

二、培养特性

所有动脉炎病毒属病毒均能感染巨噬细胞，产生持续无症状感染，均有毒株变异性。猪繁殖与呼吸综合征病毒的欧洲分离株仅能适应于猪肺巨噬细胞，能出现细胞病变，在美国分离的 ATCC VR-2332 毒株，可在 CL-2621 传代细胞或 Marc-145 细胞上生长并致细胞病变。

三、抵抗力

猪繁殖与呼吸综合征病毒在外界环境中的抵抗力相对较弱，对高温敏感。在深低温冷冻组织中病毒可存活数年，但在 4 ℃存活 1 个月，37 ℃存活 18 h，56 ℃存活 15 min 以内。在 pH 6.0 时稳定，在 pH 5.0 以下或 pH 7.0 以上均易失活，将肉尸保存于 4 ℃ 18 h 仍能发现其中有活病毒。

四、抗原性

猪繁殖与呼吸综合征病毒的欧洲毒株和美洲毒株之间抗原性有差异，但也存在一些血清学交叉反应。根据其基因遗传性和病原性的差异，分为美洲型和欧洲型两个基因型。

五、致病性

猪繁殖与呼吸综合征病毒可侵害任何年龄的猪，对其他家畜和动物还未见发病报道，但已发现野鸭等禽类可携带本病毒。妊娠母猪和哺乳仔猪受害最严重，生长猪和育肥猪感染后症状较温和。母猪妊娠后期受病毒感染后，病毒可经胎盘感染胎儿。妊娠母猪可发生流产、早产，早产胎儿可比正常分娩提早 6 周；流产死胎数大量增加，可达 50%以上，还有不少木乃伊胎。有 1%～2%的感染猪耳尖、四肢末端、尾巴及乳头呈蓝紫色，多发生于症状出现后 5～7 d，以耳尖变蓝为最常见。母猪有的出现泌乳困难。耐过的母猪以后可重新怀孕，但窝产数和仔猪存活率下降。发病公猪主要表现为倦怠，嗜睡，精神状况下降。小猪发病后主要表现为呼吸困难、明显腹式呼吸和咳嗽等。断奶仔猪死亡率可达 40%～100%。

六、微生物学诊断

采取病死猪的病料进行检查，微生物学诊断病毒的方法有以下几种。

1. 病毒分离培养与鉴定

用猪的肺、脾、死胎儿的肠及腹水、胎儿血清、母猪血液、鼻拭子和粪便等组织或病料分离病毒。先将病料剪碎研磨制成1∶10乳剂，经1 500 r/min离心30 min，取上清液加双抗，然后再经0.22 μm滤膜过滤，取滤液接种猪肺泡巨噬细胞培养，培养5 d后，用免疫过氧化物酶法染色，检查鉴定肺泡巨噬细胞中的猪繁殖与呼吸综合征病毒。也可以将病料接种在CL-2621或Marc-145细胞单层上，观察细胞病变，并用间接荧光抗体染色法或中和试验法进行病毒鉴定。

2. 酶标抗体染色法

将采取的鼻黏膜、肺、气管、脾等组织进行冷冻切片，切片用丙酮固定10 min，然后用过氧化物酶标记抗体染色（直接法），显微镜观察可见在支气管及肺泡中有许多上皮细胞感染PRRSV；在脾脏的红髓中也有大量病毒。

3. 荧光抗体染色法

将病料（或接种病料后的CL-2621细胞单层）冷冻切片丙酮固定，用间接法进行荧光抗体染色，然后以荧光显微镜观察，可在细胞内发现病毒。

此外，PCR和ELISA等技术也用于本病的诊断。

七、免疫与治疗

目前，对本病尚无有效药物进行治疗。主要采取综合防制措施，加强管理，彻底消毒。严格检疫，切断传播途径。如果育成猪发生急性PRRS，可采用抗生素防止或减少继发性细菌感染，提高猪的成活率。目前，多采用基因缺失苗或灭活苗进行免疫接种。

任务总结

表2-22 猪繁殖与呼吸综合征病毒任务总结

类别	内容	要点
任务实施	猪繁殖与呼吸综合征病毒的生物学特性	猪繁殖与呼吸综合征病毒属于哪个病毒科？哪个病毒属？
	猪繁殖与呼吸综合征病毒的抵抗力	1. 温度的变化对猪繁殖与呼吸综合征病毒有何影响？ 2. 猪繁殖与呼吸综合征病毒对外界的酸碱度变化有何反应？
	猪繁殖与呼吸综合征病毒的致病性	1. 哪些动物易感染猪繁殖与呼吸综合征病毒？ 2. 患病动物临诊表现有哪些？
	猪繁殖与呼吸综合征病毒的检测方法	猪繁殖与呼吸综合征病毒的微生物学诊断方法有哪些？
	猪繁殖与呼吸综合征病毒病的免疫与治疗	猪繁殖与呼吸综合征病毒病如何进行免疫？患病动物采取何种治疗措施？

任务测试

1. 扫描二维码，完成任务测试题。
2. 根据测试结果，指导教师对每位同学做出评价。

二维码 2-23 猪繁殖与呼吸综合征病毒测试题

子任务八 猪细小病毒

任务概要

掌握猪细小病毒的相关知识，能够说出猪细小病毒的生物学特性、抵抗力，可以自己组织语言向同学们介绍猪细小病毒的致病性，并能自我总结诊断猪细小病毒的方法及猪细小病毒的免疫与治疗的措施。

二维码 2-24 猪细小病毒

任务分析

表 2-23 猪细小病毒任务单

<table>
<tr><td>任务名称</td><td colspan="6">猪细小病毒</td></tr>
<tr><td>任务描述</td><td colspan="6">能够说出猪细小病毒的生物学特性；掌握猪细小病毒的抵抗力；掌握猪细小病毒的致病性；知道采取何种方法能检测出猪细小病毒，知道猪细小病毒的免疫与治疗的措施。</td></tr>
<tr><td>完成条件</td><td colspan="6">智能手机，多媒体教学设备。</td></tr>
<tr><td rowspan="2">任务资讯</td><td colspan="3">资讯问题</td><td colspan="3">参考资料</td></tr>
<tr><td colspan="3">1. 猪细小病毒有哪些生物学特性？
2. 猪细小病毒的抵抗力情况如何？
3. 猪细小病毒的致病性特点是什么？
4. 猪细小病毒的检测方法有哪些？
5. 猪细小病毒的免疫与治疗措施有哪些？</td><td colspan="3">1. 中国农业科学院哈尔滨兽医研究所. 兽医微生物学[M]. 2 版. 北京：中国农业出版社，2013.
2. 葛兆宏. 动物微生物[M]. 北京：中国农业出版社，2001.
3. 蔡宝祥. 家畜传染病学[M]. 4 版. 北京：中国农业出版社，2001.</td></tr>
<tr><td rowspan="3">考核标准</td><td colspan="2">知识考核</td><td colspan="2">能力考核</td><td colspan="2">素质考核</td></tr>
<tr><td colspan="2">1. 查阅相关资料，完成资讯问题。
2. 准确回答任务测试题。
3. 规范书写任务总结。</td><td colspan="2">1. 能准确说出猪细小病毒的生物学特性。
2. 能准确讲述猪细小病毒的抵抗力。
3. 能准确讲述猪细小病毒的致病性。
4. 能准确描述猪细小病毒的检测方法。
5. 能准确描述猪细小病毒的免疫与治疗措施。</td><td colspan="2">1. 见微知著，精益求精的工匠精神。
2. 集智攻关，团结协作的协同精神。
3. 追求真理，严谨治学的求实精神。
4. 关爱动物健康，护佑人畜安全。</td></tr>
<tr><td colspan="6">注：在实际考核过程中，教师可根据具体的考核标准确定优秀、良好、及格和不及格。
90～100 分为优秀；80～89 分为良好；60～79 分为及格；60 分以下为不及格。</td></tr>
</table>

任务实施

猪细小病毒属于细小病毒科细小病毒属，是引起猪细小病毒病（又称猪繁殖障碍病）的病原体，主要侵害母猪。母猪（特别是初产母猪）受感染后产出死胎、畸形胎、木乃伊胎或病弱仔猪，偶有流产，但母猪本身无明显症状。

一、生物学特性

猪细小病毒呈圆形或六角形，无囊膜，直径 20～23 nm，核衣壳呈二十面体等轴立体对称，衣壳由 32 个壳粒组成，核酸为单股 DNA。本病毒能凝集人 O 型血、豚鼠、大鼠、小鼠、猴、猫、鸡和鹅的红细胞，其中以凝集豚鼠红细胞最好，鸡红细胞对本病毒的敏感性有很大的个体差异，不能凝集牛、绵羊、马、兔、仓鼠和猪的红细胞。

二、抵抗力

猪细小病毒耐热能力强，能耐 56 ℃ 48 h，或 70 ℃ 2 h，但 80 ℃ 5 min 加热则丧失感染性和血凝活性。10%～40%乙醇 30 min 至 2 h 或 pH 3～10 作用下，其感染性无明显变化。对乙醚、氯仿等脂溶剂不敏感。甲醛蒸汽和紫外线需要相当长的时间才能杀死本病毒，0.5%漂白粉或氢氧化钠 5 min 可杀死病毒。

三、抗原性

猪细小病毒只有 1 个血清型，与其他细小病毒无抗原关系，但不同分离毒株毒力有差异，包括弱毒株、强毒株、皮炎型强毒株和肠炎型毒株。

四、培养特性

猪细小病毒能在多种猪的原代细胞（如猪肾细胞、猪睾丸细胞）、传代细胞（如 PK-15 细胞、IBR-S2 细胞、ST 细胞）上生长繁殖。在单层细胞长至 1/2～3/4 时接种病毒，或在制备细胞悬液时加入病毒（同步接种），有利于病毒增殖。病毒生长后可出现细胞病变，即细胞变圆、脱落、裂解。病毒在细胞内可形成核内包涵体。

五、致病性

猪是本病毒的易感动物，不同月龄的猪均可感染，但最易感的是初产母猪。病毒可通过病猪的口鼻分泌物、粪便等排出体外，污染猪舍、用具等引起水平传播；感染母猪可通过胎盘垂直传播给胎儿；感染公猪的精液也含有病毒，可通过配种传染给母猪。引起流产、死胎、木乃伊胎、水肿胎、产弱仔等，母猪怀孕早期感染时，胚胎、胎猪死亡率可高达 80%～100%。本病呈地方性或散发性流行，发病猪群如不进行免疫预防，能持续多年甚至十几年不断地发生繁殖障碍。

六、微生物学诊断

1. 病毒分离

采取流产胎儿、死产仔猪、木乃伊胎的肝、肾、肺、睾丸、脑等病料，研磨制成 5～10 倍乳剂，离心取上清液，加抗生素处理后接种原代猪胚肾细胞培养或 PK-15 细胞系培养。病毒培养 16～36 h 后，细胞形成核内包涵体，培养 24～72 h 出现细胞病变(如细胞变圆、脱落、裂解)，一般在细胞开始脱落时收获病毒，再盲传几代，然后用分离到的病毒与特异血清进行中和试验和血凝抑制试验以鉴定。如果病毒接种猪肾细胞，培养后不出现细胞病变，则需盲传 2 代，若再不出现病变者可判为阴性。

2. 血清学检查

常用试管或微量反应法进行血凝抑制试验。

此外，PCR 技术也适用于持续感染的诊断。

七、免疫与治疗

母猪配种前 2 个月左右用灭活油乳剂苗或弱毒疫苗进行免疫，可预防本病发生。仔猪母源抗体的持续期为 14～24 周，其抗体效价大于 1∶80 时可抵抗猪细小病毒的感染。

对本病目前尚无有效药物进行治疗。在引进种猪时应加强检疫，严防病猪引进猪场。引进猪经隔离饲养 2 周，再进行一次血凝抑制试验，证实为阴性者，方可与本场猪混饲。

任务总结

表 2-24　猪细小病毒任务总结

类别	内容	要点
任务实施	猪细小病毒的生物学特性	猪细小病毒的具体形态是什么？
	猪细小病毒的抵抗力	1. 外界温度的变化对猪细小病毒有何影响？ 2. 消毒剂对猪细小病毒有何影响？
	猪细小病毒的致病性	1. 猪细小病毒易感染哪些动物？ 2. 猪细小病毒病传播途径是什么？ 3. 患病动物的临诊表现有哪些？
	猪细小病毒的检测方法	猪细小病毒微生物学诊断方法有哪些？
	猪细小病毒病的免疫与治疗	猪细小病毒病如何进行免疫？患病动物采取何种治疗措施？

任务测试

1. 扫描二维码,完成任务测试题。
2. 根据测试结果,指导教师对每位同学做出评价。

二维码 2-25 猪细小病毒测试题

子任务九 猪圆环病毒

任务概要

掌握猪圆环病毒的相关知识,能够说出猪圆环病毒的生物学特性、抵抗力,可以自己组织语言向同学们介绍猪圆环病毒的致病性,并能自我总结诊断猪圆环病毒的方法及猪圆环病毒的免疫与治疗措施。

二维码 2-26 猪圆环病毒

任务分析

表 2-25 猪圆环病毒任务单

任务名称	猪圆环病毒		
任务描述	能够说出猪圆环病毒的生物学特性;掌握猪圆环病毒的抵抗力;掌握猪圆环病毒的致病性;知道采取何种方法能检测出猪圆环病毒,知道猪圆环病毒的免疫与治疗的措施。		
完成条件	智能手机,多媒体教学设备。		
任务资讯	资讯问题	参考资料	
	1. 猪圆环病毒有哪些生物学特性? 2. 猪圆环病毒的抵抗力情况如何? 3. 猪圆环病毒的致病性特点是什么? 4. 猪圆环病毒的检测方法有哪些? 5. 猪圆环病毒的免疫与治疗措施有哪些?	1. 中国农业科学院哈尔滨兽医研究所. 兽医微生物学[M]. 2 版. 北京:中国农业出版社,2013. 2. 杨玉平. 动物微生物[M]. 北京:中国轻工业出版社,2012. 3. 蔡宝祥. 家畜传染病学[M]. 4 版. 北京:中国农业出版社,2001.	
考核标准	知识考核	能力考核	素质考核
	1. 查阅相关资料,完成资讯问题。 2. 准确回答任务测试题。 3. 规范书写任务总结。	1. 能准确说出猪圆环病毒的生物学特性。 2. 能准确讲述猪圆环病毒的抵抗力。 3. 能准确讲述猪圆环病毒的致病性。 4. 能准确描述猪圆环病毒的检测方法。 5. 能准确描述猪圆环病毒的免疫与治疗措施。	1. 见微知著,精益求精的工匠精神。 2. 集智攻关,团结协作的协同精神。 3. 追求真理,严谨治学的求实精神。 4. 关爱动物健康,护佑人畜安全。
	注:在实际考核过程中,教师可根据具体的考核标准确定优秀、良好、及格和不及格。 90~100 分为优秀;80~89 分为良好;60~79 分为及格;60 分以下为不及格。		

任务实施

猪圆环病毒是一种圆形小颗粒病毒,属圆环病毒科圆环病毒属。该病主要发生在仔猪,一般在断奶后2～3周开始发病,主要特征为进行性消瘦,皮肤苍白或黄疸,呼吸急促等。

一、生物学特性

猪圆环病毒呈球形二十面体对称结构,大小4～26 nm,直径平均为17 nm,无囊膜,单股环状DNA病毒,基因组大小约为1.76 kb,为已知的最小动物病毒之一。

二、抵抗力

猪圆环病毒对外界理化因素的抵抗力较强,在酸性环境中可存活较长时间。70 ℃可以存活15 min,56 ℃不能将其灭活。氯仿作用不失活。

三、抗原性

猪圆环病毒存在两种血清型,即PCV1和PCV2,而且两个血清型之间基本无交叉反应。PCV1无致病性,PCV2是断奶仔猪多系统衰竭综合征的主要病原。PCV2能够进入猪体巨噬细胞内而不被破坏,并能干扰猪巨噬细胞,改变或抑制猪免疫系统,使猪对感染十分敏感而直接引起仔猪的多系统衰竭综合征。

四、培养特性

猪圆环病毒能在猪源和Vero细胞中生长繁殖,但不产生细胞病变。PCV1和PCV2均可在PK15细胞上增殖,可以形成细胞质和细胞核中包涵体,并且细胞质中数量较多,包涵体呈圆形、大小不一、电子密度较高。

五、致病性

猪圆环病毒对猪具有较强的易感性,可经口腔、呼吸道感染不同年龄的猪,常见于6～8周龄的猪,哺乳猪很少发生。少数妊娠母猪感染猪圆环病毒后,可经胎盘垂直感染给仔猪。潜伏期一般为2周。病猪表现为被毛粗乱,精神沉郁,食欲减退,呼吸急促,衰竭无力,皮肤苍白,有时可见黄疸。患猪腹泻,进行性消瘦,体表淋巴结肿大。

猪圆环病毒常和猪繁殖与呼吸综合征、猪伪狂犬病、猪细小病毒病等疫病混合感染。

六、微生物学诊断

1. 病毒分离鉴定

断奶仔猪多系统衰竭综合征暴发流行时采集样品,制成悬液接种PK-15等细胞,但PCV-2

在细胞培养中生长不出现细胞病变，通常需要应用病毒特异性抗体才能证实病毒的复制。可检查病毒的特异性抗原或特异性核酸。

2. 血清学方法

可用间接荧光抗体技术或竞争 ELISA 方法检测。

3. 电子显微镜检查

可观察到病猪的脾、淋巴结等组织细胞核内堆积大量的无囊膜病毒粒子，结合病毒粒子的形态可进行确认。

此外，PCR 技术也适用于持续感染的诊断。

七、 免疫与治疗

目前，没有有效的药物治疗，预防可使用圆环病毒灭活疫苗。抗生素疗法和良好的饲养管理有助于控制并发感染。

任务总结

表 2-26 猪圆环病毒任务总结

类别	内容	要点
任务实施	猪圆环病毒的生物学特性	猪圆环病毒具体形态是什么？
	猪圆环病毒的抵抗力	1. 外界温度的变化对猪圆环病毒有何影响？ 2. 消毒剂对猪圆环病毒有何效果？
	猪圆环病毒的致病性	1. 猪圆环病毒易感染哪些动物？ 2. 猪圆环病毒病传播途径是什么？ 3. 患病动物的临诊症状有哪些？
	猪圆环病毒的检测方法	猪圆环病毒微生物学诊断方法有哪些？
	猪圆环病毒病的免疫与治疗	猪圆环病毒病如何进行免疫？患病动物采取何种治疗措施？

任务测试

1. 扫描二维码，完成任务测试题。
2. 根据测试结果，指导教师对每位同学做出评价。

二维码 2-27 猪圆环病毒测试题

子任务十 猪水疱病病毒

任务概要

掌握猪水疱病病毒的生物学特性、抵抗力、培养特性、致病性、微生物学诊断、免疫与治疗措施。

二维码 2-28 猪水疱病病毒

任务分析

表 2-27 猪水疱病病毒任务单

<table>
<tr><td>任务名称</td><td colspan="3">猪水疱病病毒</td></tr>
<tr><td>任务描述</td><td colspan="3">掌握猪水疱病病毒的生物学特性、抵抗力、培养特性、致病性、微生物学诊断、免疫与治疗措施。</td></tr>
<tr><td>完成条件</td><td colspan="3">智能手机，多媒体教学设备。</td></tr>
<tr><td rowspan="2">任务资讯</td><td colspan="2">资讯问题</td><td>参考资料</td></tr>
<tr><td colspan="2">1. 猪水疱病病毒的形态是什么？
2. 猪水疱病病毒引起的临床症状和病理变化是什么？
3. 猪水疱病病毒的培养特性是什么？
4. 微生物学诊断常用的血清学方法是什么？</td><td>1. 刘志恒. 现代微生物学[M]. 北京：科学出版社，2002.
2. 周德庆. 微生物学教程[M]. 4 版. 北京：高等教育出版社，2020.
3. 河南农业大学. 动物微生物学[M]. 3 版. 北京：中国农业出版社，2005.</td></tr>
<tr><td rowspan="3">考核标准</td><td>知识考核</td><td>能力考核</td><td>素质考核</td></tr>
<tr><td>1. 查阅相关资料，完成资讯问题。
2. 准确回答任务测试题。
3. 规范书写任务总结。</td><td>1. 能准确说出猪水疱病病毒的形态。
2. 能准确说出猪水疱病的临床症状和病理变化。
3. 能准确讲述猪水疱病病毒的培养细胞和特性。
4. 能描述检测猪水疱病病毒常用的血清学方法。</td><td>1. 见微知著，精益求精的工匠精神。
2. 集智攻关，团结协作的协同精神。
3. 追求真理，严谨治学的求实精神。
4. 关爱动物健康，护佑人畜安全。</td></tr>
<tr><td colspan="3">注：在实际考核过程中，教师可根据具体的考核标准确定优秀、良好、及格和不及格。
90～100 分为优秀；80～89 分为良好；60～79 分为及格；60 分以下为不及格。</td></tr>
</table>

任务实施

猪水疱病病毒是猪水疱病的病原，病毒的流行性强，传播迅速，临床上多以皮肤出现水疱为特征，偶尔在唇、舌、口部、鼻端和腹部及乳头周围皮肤也发生水疱。

一、生物学特性

猪水疱病病毒属微 RNA 病毒科肠病毒属。在电镜下呈球形，病毒直径为 30～32 mm，无囊膜，核衣壳为二十面体对称，单股 RNA 病毒。

二、抵抗力

猪水疱病病毒能抵抗乙醚和氯仿。在 pH 为 3～9 时均表现稳定，50 ℃经 30 min 仍不丧失感染力，60 ℃经 30 min 和 80 ℃经 1 min 即可灭活，但在低温下可长期保存。病毒对消毒药的抵抗力很强，常用消毒药物的常规浓度，均不能在短时间内将其灭活，2% NaOH 在 25 ℃作用 24 h，可使病毒灭活；5%氨水、3%福尔马林杀灭病毒效果较好；1%过氧乙酸和次氯酸钠能在短时间内杀灭病毒。

三、培养特性

猪水疱病病毒在细胞浆内复制，成熟的病毒粒子常呈晶格状排列，也有呈不规则排列的。病毒可在仔猪肾、睾丸、仓鼠肾、小鼠胚等原代细胞和猪肾传代细胞上适应。通常第一代病变不明显，数代后即出现明显的细胞病变，适应病毒的病变出现快，接种后 8 h 即可见到细胞病灶，24～48 h 完全崩解。细胞病变呈肠道病毒群特征，主要表现为细胞皱缩，48 h 后细胞脱落、崩解。细胞适应毒对猪的毒力显著降低，但仍保持其免疫原性，故可用于制造弱毒疫苗。

四、致病性

猪水疱病病毒在自然条件下仅感染猪，但也有人感染的报道。以接触传染为主，如粪便。人工感染马、牛、驴、羊、兔、豚鼠、雏鸡、雏鸭等均不出现症状，但能产生中和抗体（禽不明显）。症状与口蹄疫相似，仅见猪发病。

五、微生物学检查

1. 病毒的分离鉴定

将被检材料用 PBS 等缓冲液做成 1∶(5～10)悬液，经抗生素处理或滤膜滤过后接种适当的动物或细胞。最合适的动物为乳鼠。SVDV 接种 1～2 日龄的乳鼠，可引起乳鼠出现神经症状并死亡；接种 7～9 日龄的乳鼠不死者为本病；两者均死亡者为口蹄疫。分离 SVDV 的最合适的细胞仅为猪肾原代和 IBRS-2 等猪肾传代细胞，若出现细胞病变则可用 ELISA 或补体结合试验进病毒抗原的检测，或用其他鉴定方法。但 FMDV 不仅能在猪肾细胞上繁殖，也可在

BHK-21和牛肾细胞上复制，据此可鉴别诊断两者。

2. 血清学试验

乳鼠中和试验是推荐且为各国所接受的标准的检测本病毒的血清学试验方法，也是国际贸易指定检测方法。将已灭活的被检血清做2倍系列稀释后，加入已接种猪水疱病病毒的IBRS-2细胞中，37 ℃培养48 h后，用显微镜观察判定结果；或培养3 d后用10%福尔马林/盐水固定30 min，后加入1%福尔马林配制的0.05%乙烯蓝染色30 min冲洗后镜检，当对照接种病毒细胞蓝染，标准阳性血清中和对照及阴性对照细胞不着色为试验成立。计算被检血清中和滴度，当中和滴度小于等于1∶16时为阴性；1∶(16～32)时为可疑；大于等于1∶32时为阳性。此外，荧光抗体技术、反向间接血凝试验、补体结合试验等也可用于本病的检查。

六、免疫与治疗

对疫区和受威胁区的猪可采用接种疫苗的方法进行预防。目前，可用的疫苗有鼠化弱毒疫苗和细胞培养弱毒疫苗，对猪的保护率达80%以上，免疫期4～6个月。用水疱皮和仓鼠传代毒或细胞培养物制成的灭活疫苗也有良好的免疫效果，保护率为75%～100%。

任务总结

表2-28 猪水疱病病毒任务总结

类别	内容	要点
任务实施	生物学特性	猪水疱病病毒属于什么科？什么属？
	抵抗力	猪水疱病病毒如何分型？
	培养特性	培养猪水疱病病毒选用哪种细胞培养？
	致病性	猪水疱病病毒引起的临床症状和病理变化是什么？
	微生物学诊断	猪水疱病病毒如何做病原分离鉴定？常用的血清学检查是什么？
	免疫与治疗	猪水疱病常用的疫苗有哪些？如何防治？

二维码2-29 猪水疱病病毒测试题

任务测试

1. 扫描二维码，完成任务测试题。
2. 根据测试结果，指导教师对每位同学做出评价。

子任务十一　禽流感病毒

任务概要

掌握禽流感病毒的生物学特性、抗原性、抵抗力、培养特性、致病性、微生物学诊断、免疫与治疗措施。

二维码 2-30　禽流感病毒

任务分析

表 2-29　禽流感病毒任务单

<table>
<tr><td>任务名称</td><td colspan="3">禽流感病毒</td></tr>
<tr><td>任务描述</td><td colspan="3">掌握禽流感病毒的生物学特性、抗原性、抵抗力、培养特性、致病性、微生物学诊断、免疫与治疗措施。</td></tr>
<tr><td>完成条件</td><td colspan="3">智能手机，多媒体教学设备。</td></tr>
<tr><td rowspan="2">任务资讯</td><td>资讯问题</td><td colspan="2">参考资料</td></tr>
<tr><td>1. 禽流感病毒的形态是什么？
2. 禽流感的临床症状和病理变化是什么？
3. 禽流感病毒的培养特性是什么？
4. 禽流感微生物学诊断常用的血清学方法是什么？</td><td colspan="2">1. 刘志恒. 现代微生物学[M]. 北京：科学出版社，2002.
2. 周德庆. 微生物学教程[M]. 4 版. 北京：高等教育出版社，2020.
3. 河南农业大学. 动物微生物学[M]. 3 版. 北京：中国农业出版社，2005.</td></tr>
<tr><td rowspan="3">考核标准</td><td>知识考核</td><td>能力考核</td><td>素质考核</td></tr>
<tr><td>1. 查阅相关资料，完成资讯问题。
2. 准确回答任务测试题。
3. 规范书写任务总结。</td><td>1. 能准确说出禽流感病毒的形态。
2. 能准确说出禽流感的临床症状和病理变化。
3. 能准确讲述禽流感病毒的培养细胞和特性。
4. 能描述检测禽流感病毒常用的血清学方法。</td><td>1. 见微知著，精益求精的工匠精神。
2. 集智攻关，团结协作的协同精神。
3. 追求真理，严谨治学的求实精神。
4. 关爱动物健康，护佑人畜安全。</td></tr>
<tr><td colspan="3">注：在实际考核过程中，教师可根据具体的考核标准确定优秀、良好、及格和不及格。
90～100 分为优秀；80～89 分为良好；60～79 分为及格；60 分以下为不及格。</td></tr>
</table>

任务实施

禽流感病毒是禽流行性感冒、全身性败血症等多种病症的病原。1878 年首次发现于意大利，以后其他国家相继发生，直至 1955 年得以分离确认。1994 年我国广东省某些鸡场发生一种以产蛋下降、呼吸困难等为主要特征的传染病，经病毒分离鉴定为 H9N3 毒株，确定了该病毒在我国的存在。禽流感病毒的流行给养禽业造成很大的经济损失。禽流感已经被世界动物卫生组织(WOAH)确定为A类传染病,并被列入国际生物武器公约动物类传染病名单。

一、生物学特性

禽流感病毒属于正黏病毒科流感病毒属。典型病毒粒子呈球形,也有的呈杆状或丝状,直径80～120 nm。含单股RNA,核衣壳呈螺旋对称。外有囊膜,囊膜表面有许多放射状排列的纤突。纤突分两类:一类是棒状,由血凝素(HA)分子的三聚体构成;另一类是蘑菇状,由神经氨酸酶(NA)分子的四聚体构成,两种结构在囊膜上的比例约为HA:NA=75:20。

A型流感病毒的基因组是由分子量不同的8个片段所组成,每个片段分别转录和复制不同的蛋白质,8个片段编码的蛋白质分别为PB1、PB2、PA、HA、NP、NA、M1、M2、NS1和NS2 10种。亚型毒株混合感染时,易发生基因的交换和重组,这是禽流感病毒发生变异的基础。

禽流感病毒能凝集多种动物的红细胞,这种凝集现象可被特异性的血清抗体所抑制。根据禽流感病毒与新城疫病毒凝集红细胞种类的不同,可初步鉴别两种病毒。

二、抗原性

根据禽流感病毒HA和NA抗原性的差异,又可将其分为不同的亚型。迄今为止,A型流感病毒的HA抗原已经发现16种,分别以H1～H16命名;NA抗原已发现10种,分别以N1～N10命名。在自然界中,这两种抗原又可以自由组合,产生多种亚型毒株。

根据流感病毒的核蛋白(NP)和膜蛋白(MS)抗原性的不同,将其分为A、B、C 3个血清型,三型之间的差异可通过琼脂扩散试验或补体结合试验等进行测定。

三、抵抗力

禽流感病毒对外界环境的抵抗力较弱。加热56 ℃ 30 min、60 ℃ 10 min、65～70 ℃数分钟即可丧失活性。对紫外线、甲醛、乙醚等敏感。合成去污剂、肥皂和氧化剂可使病毒灭活。但对低温的抵抗力较强。受尿囊液中蛋白质保护的病毒,在4 ℃下可存活30～35 d,20 ℃存活7 d;在羽毛中的病毒可存活18 d,在骨头或组织中可存活数周,在冷冻禽肉和骨髓中可存活10个月。

四、培养特性

禽流感病毒可在鸡胚中生长,常用9～11日龄鸡胚尿囊腔接种,接种后35～37 ℃培养,6～72 h病毒生长达最高峰。第一代即达到较高的血凝滴度,有些毒株可使鸡胚死亡。多数毒株可在鸡胚肾、鸡胚成纤维细胞中生长,并形成空斑。鸭流感病毒还能在人和牛胚细胞中增殖,并出现细胞病变。病毒在适应鸡、鸭或人的细胞后对禽的毒力减弱。

五、致病性

禽流感病毒易感的动物包括鸡、火鸡、鹌鹑、鸽、鹅、野鸡、珍珠鸡、燕鸥等。高致病性禽流感病毒毒株可引起禽类的大批死亡，历史上引起禽流感大暴发的毒株都属于 H5 或 H7 亚型；低致病性禽流感病毒毒株呈致病性极低的呼吸道感染、产蛋下降或呈隐性感染，只引起少量死亡或不死亡。目前，我国部分地区流行以 H9 亚型为主的中低致病性禽流感，给我国养禽业造成很大的经济损失，引起国内各界的广泛关注。

禽流感病毒可经多种途径传播，水平传播效率极高，其致病力变异也极为复杂。感染禽可从呼吸道、结膜和粪便中排出病毒，经直接接触或空气间接接触传播给易感禽类。潜伏期一般 3～5 d，临床症状、病理变化因感染毒株毒力的强弱、病程长短和禽种的不同而变化不一。流行初期的急性病例，可表现急性死亡，此类病例，可见体温升高（43.3～44.6 ℃），精神沉郁，食欲下降，不愿走动，羽毛松乱，头翅下垂，鸡冠和肉髯发黑，母鸡产蛋停止，头部常出现水肿，眼睑、肉髯肿胀，眼结膜发炎、流泪，呼吸困难，常发出“咯咯”声，鼻分泌物增多，病鸡常摇头，企图甩出分泌物。有的鸡出现神经症状和下痢。最急性感染的发病率和死亡率可达到 100%。特征性的病理变化是口腔、腺胃、肌胃角质膜下层和十二指肠出血，胸骨内侧、胸部肌肉、腹部脂肪和心肌均有散在性的出血点，腹膜和心包充血或积液，卵囊和输卵管充血或出血。

六、微生物学诊断

1. 病毒分离

一般采集气管和泄殖腔拭子作为病料，若禽类死后，可采集气管、肺、脾、肝等病料，用生理盐水制成 1∶10 悬液，离心，上清液加双抗，于 4 ℃作用 30 min，过滤，取滤液接种 9～11 日龄的 SPF 鸡胚，0.1 mL/只，35～37 ℃培养 72 h 后采取尿囊液，做血凝试验，若无血凝性，可盲传 1～2 代再做血凝试验。

2. 血清学检查

结合病毒分离可进行血凝抑制试验、琼脂扩散试验、中和试验及 ELISA 等，对病毒进行诊断检测。

另外，直接荧光法和间接荧光法等均可有效地检测出禽流感病毒。反转录-聚合酶链反应（RT-PCR 方法）分子诊断技术，是依据血凝素（HA）的参考序列，设计一对引物建立的一种直接检测禽粪样和病毒尿囊液中禽流感病毒 RNA 的方法，可从基因水平检测禽流感病毒 RNA 基因，具有高度的敏感性，结合测序，可显示很高的特异性。

七、免疫与治疗

我国已研究成功禽流感油乳剂灭活苗，每羽皮下或肌内注射 0.5～1 mL，注射后 7 d 可产生保护力达 80%，14 d 后达 100%保护，免疫期为 6 个月，如第一次注射后再加强免疫一次，将会使抗体显著升高和延长保护期。一般认为疫苗接种是控制和扑灭禽流感的有效手段，但必须在严格限制和控制条件下实施，以防禽流感病毒扩散。同时，发生高致病性禽流感时，应禁止使用疫苗，因为预防接种会干扰血清学调查，不利于扑灭工作。一旦发生疫情，要早诊断，做好隔离、封锁、消毒、扑杀等措施。

任务总结

表 2-30 禽流感病毒任务总结

类别	内容	要点
任务实施	生物学特性	1. 禽流感病毒属于什么科，什么属？ 2. 禽流感病毒囊膜上的纤突是什么？
	抗原性	禽流感病毒如何分型？
	培养特性	培养禽流感病毒选用的鸡胚条件是什么？在哪种细胞上培养？
	致病性	禽流感病毒引起的临床症状和病理变化是什么？
	微生物学诊断	禽流感病毒如何做病原分离鉴定？常用的血清学检查是什么？
	免疫与治疗	禽流感病毒常用的疫苗有哪些？如何防治？

二维码 2-31 禽流感病毒测试题

任务测试

1. 扫描二维码，完成任务测试题。
2. 根据测试结果，指导教师对每位同学做出评价。

子任务十二 新城疫病毒

二维码 2-32 新城疫病毒

任务概要

学会新城疫病毒的生物学特性、抗原性、抵抗力、培养特性、致病性、微生物学诊断、免疫与治疗。

任务分析

表 2-31　新城疫病毒任务单

<table>
<tr><td>任务名称</td><td colspan="3">新城疫病毒</td></tr>
<tr><td>任务描述</td><td colspan="3">掌握新城疫病毒的生物学特性、抗原性、抵抗力、培养特性、致病性、微生物学诊断、免疫与治疗。</td></tr>
<tr><td>完成条件</td><td colspan="3">智能手机，多媒体教学设备。</td></tr>
<tr><td rowspan="2">任务资讯</td><td>资讯问题</td><td colspan="2">参考资料</td></tr>
<tr><td>1. 新城疫病毒的形态是什么？
2. 新城疫病毒引起的临床症状和病理变化是什么？
3. 新城疫病毒的培养特性是什么？
4. 微生物学诊断常用的血清学方法是什么？</td><td colspan="2">1. 郝民忠. 动物微生物[M]. 重庆：重庆大学出版社，2007.
2. 杨文. 王振华. 邓灶福. 动物微生物[M]. 武汉：华中科技大学出版社，2015.
3. 杨玉平. 动物微生物[M]. 北京：中国轻工业出版社，2012.</td></tr>
<tr><td rowspan="3">考核标准</td><td>知识考核</td><td>能力考核</td><td>素质考核</td></tr>
<tr><td>1. 查阅相关资料，完成资讯问题。
2. 准确回答任务测试题。
3. 规范书写任务总结。</td><td>1. 能准确说出新城疫病毒的形态。
2. 能准确说出新城疫的临床症状和病理变化。
3. 能准确讲述新城疫病毒的培养细胞和特性。
4. 能描述检测新城疫病毒常用的血清学方法。</td><td>1. 见微知著，精益求精的工匠精神。
2. 集智攻关，团结协作的协同精神。
3. 追求真理，严谨治学的求实精神。
4. 关爱动物健康，护佑人畜安全。</td></tr>
<tr><td colspan="3">注：在实际考核过程中，教师可根据具体的考核标准确定优秀、良好、及格和不及格。
90～100 分为优秀；80～89 分为良好；60～79 分为及格；60 分以下为不及格。</td></tr>
</table>

任务实施

新城疫病毒属副黏病毒科腮腺炎病毒属，引起一种急性发热性、高度接触性的传染病，常呈败血性经过，出现以呼吸困难、下痢、神经功能紊乱、黏膜和浆膜出血等症状和病变。该病毒主要危害鸡、珠鸡和火鸡，在被侵袭的鸡群中迅速传播，强毒株可使鸡群全群毁灭。弱毒株仅引起鸡群呼吸道感染和产蛋量下降，但可迅速康复。人类可因接触病禽和活毒疫苗而引起结膜炎或淋巴腺炎，但很快便康复。

一、生物学特性

病毒粒子呈多形性，有球形、椭球形和长杆状等，具有囊膜，病毒核酸为单链负股、不分节的 RNA。成熟的病毒粒子直径 100～400 nm。囊膜为双层结构膜，由宿主细胞外膜的脂类与病毒糖蛋白结合衍生而来。囊膜表面有长 12～15 nm 的纤突，具有血凝素、神经氨酸酶和溶血素。病毒的中心是单链 RNA 分子与附在其上的蛋白质衣壳粒,缠绕成螺旋对称的核衣壳,直径约 18 nm。成熟的病毒是以出芽方式释放至细胞外。新城疫病毒的所有毒株都能凝集多种禽类和哺乳类动物的红细胞,大多数毒株能凝集公牛和绵羊的红细胞。在病毒的血凝试验中,鸡的红细胞最为常用。

二、抵抗力

新城疫病毒对外界环境的抵抗力较强,55 ℃作用 45 min 和直射阳光下作用 30 min 才被灭活。在鸡舍内可生存 7 d,鸡粪内 50 ℃可存活 5 个月,鸡肉内的病毒在 15 ℃时可存活 98 d,鸡骨髓内的病毒可存活 134 d。病毒对低温的抵抗力强,4 ℃可存活数天。病毒对乙醚、氯仿敏感。大多数去污剂能将它迅速灭活。氢氧化钠等碱性物质对它的消毒效果不稳定。3%～5%来苏儿、酚和甲酚 5 min 内可将裸露的病毒粒子灭活。在 37 ℃的孵化器内,用 0.1%福尔马林熏蒸 6 h 便可把它灭活。

三、抗原性

鸡新城疫病毒只有一个血清型,但不同毒株的毒力有着较大的差异。

四、培养特性

新城疫病毒可在 9～12 日龄的鸡胚绒毛尿囊膜上和尿囊腔中培养,大多数毒株也可在兔、猪、犊牛和猴的肾细胞以及鸡组织细胞等继代或传代细胞中培养。鸡胚的成纤维细胞、鸡胚和仓鼠的肾细胞常用于新城疫病毒的培养,并且引起细胞的病变,使感染的细胞形成蚀斑。

五、致病性

鸡新城疫病毒对鸡有很强的致病力,使鸡发生新城疫。来航鸡及其他杂种鸡比本地鸡的易感性强,死亡率也高。各种年龄的鸡均易感,但幼雏易感性最高。对水禽致病力低,一般不能自然感染。观赏鸟类如孔雀、鸽、鹦鹉等都能自然感染发病。有的国家因进口观赏鸟类,引进了本病毒,致使疾病广泛传播,造成经济损失。

六、微生物学诊断

(一)病毒的分离

1. 鸡胚分离法

发病禽可采集气管拭子和泄殖腔拭子作为病料,处理后接种于 9～12 日龄的鸡胚尿囊腔中,37 ℃孵育 4～7 d,收集尿囊液做血凝试验测定效价,用特异抗血清(鸡抗血清)或血凝抑制试验判定病毒的存在。

2. 细胞培养分离法

将经过处理的检样材料接种于鸡肾单层细胞或鸡胚成纤维单层细胞上，经过 35～37 ℃孵育 2 d，观察单层细胞上出现的蚀斑。

(二)血清学试验

血凝抑制试验(HI)是应用已知鸡新城疫病毒来检测病鸡体内的抗体。病程 5～6 d 以上者，血液有抗体产生，病程 10 d 以上者，其抗体效价可达 1∶1 280 或更高。

七、免疫与治疗

严格按照免疫程序接种。雏鸡 10～12 日龄首免，用Ⅳ系苗点眼和滴鼻；25～30 日龄二免，用Ⅳ系苗饮水免疫；60～70 日龄三免，用Ⅰ系苗或油乳剂灭活苗 0.5 mL 皮下注射，以后每隔半年加强免疫 1 次。

任务总结

表 2-32　新城疫病毒任务总结

类别	内容	要点
任务实施	生物学特性	1. 新城疫病毒属于什么科？什么属？ 2. 新城疫病毒能否凝集红细胞？
	抗原性	新城疫病毒如何分型？
	培养特性	培养新城疫病毒选用的鸡胚条件是什么？在哪种细胞上培养？
	致病性	新城疫病毒引起的临床症状和病理变化是什么？与禽流感病毒如何鉴别？
	微生物学诊断	新城疫病毒如何做病原分离鉴定？常用的血清学检查是什么？
	免疫与治疗	新城疫病毒常用的疫苗有哪些？如何防治？

任务测试

1. 扫描二维码，完成任务测试题。
2. 根据测试结果，指导教师对每位同学做出评价。

二维码 2-33　新城疫病毒测试题

子任务十三　马立克病病毒

任务概要

掌握马立克病病毒的生物学特性、抗原性、抵抗力、培养特性、致病性、微生物学诊断、免疫与治疗措施。

二维码 2-34　马立克病病毒

任务分析

表 2-33　马立克病病毒任务单

<table>
<tr><td>任务名称</td><td colspan="3">马立克病病毒</td></tr>
<tr><td>任务描述</td><td colspan="3">掌握马立克病病毒的生物学特性、抗原性、抵抗力、培养特性、致病性、微生物学诊断、免疫与治疗措施。</td></tr>
<tr><td>完成条件</td><td colspan="3">智能手机，多媒体教学设备。</td></tr>
<tr><td rowspan="2">任务资讯</td><td colspan="2">资讯问题</td><td>参考资料</td></tr>
<tr><td colspan="2">1. 马立克病病毒的形态有何特点？
2. 马立克病的临床症状和病理变化是什么？
3. 马立克病病毒的培养特性是什么？
4. 马立克病的微生物学诊断常用的血清学方法是什么？</td><td>1. 胡桂学. 兽医微生物学[M]. 北京：中国农业大学出版社，2018.
2. 吴清民. 兽医传染病学[M]. 北京：中国农业大学出版社，2002.
3. 河南农业大学. 动物微生物学[M]. 3 版. 北京：中国农业出版社，2005.</td></tr>
<tr><td rowspan="3">考核标准</td><td>知识考核</td><td>能力考核</td><td>素质考核</td></tr>
<tr><td>1. 查阅相关资料，完成资讯问题。
2. 准确回答任务测试题。
3. 规范书写任务总结。</td><td>1. 能准确说出马立克病病毒的形态。
2. 能准确说出马立克病的临床症状和病理变化。
3. 能准确讲述马立克病病毒的培养细胞和特性。
4. 能描述检测马立克病病毒常用的血清学方法。</td><td>1. 见微知著，精益求精的工匠精神。
2. 集智攻关，团结协作的协同精神。
3. 追求真理，严谨治学的求实精神。
4. 关爱动物健康，护佑人畜安全。</td></tr>
<tr><td colspan="3">注：在实际考核过程中，教师可根据具体的考核标准确定优秀、良好、及格和不及格。
90～100 分为优秀；80～89 分为良好；60～79 分为及格；60 分以下为不及格。</td></tr>
</table>

任务实施

马立克病病毒属于疱疹病毒群的 B 亚群病毒，又称为禽疱疹病毒 2 型，是引起马立克病的病原体。主要感染禽类，表现为外周神经、内脏器官、性腺、眼球虹膜、肌肉及皮肤发生淋巴细胞浸润和形成肿瘤病灶，最终因受害器官功能障碍而死亡。

一、生物学特性

马立克病病毒外形近球形，病毒在鸡体内有两种存在形式。第一种是不完全病毒，它是无囊膜的裸病毒，在肿瘤细胞中与细胞严格地结合，当细胞破裂时，病毒也随之失去传染性，与细胞共存亡，直径为 85～100 nm，血液中病毒只存在于白细胞内。第二种是完全病毒，存在于羽毛的上皮细胞及脱落的皮屑中，为成熟型的病毒，病毒外有厚的囊膜，是非细胞结合性病毒，可脱离细胞而存活，直径可达 273～400 nm，可从羽囊上皮细胞分离出具有感染性的游离病毒。病毒基因组为双股 DNA。马立克病病毒可以在多种细胞内复制。

二、抵抗力

马立克病病毒中的不完全病毒与细胞相依存，脱离细胞后，即失去活力。一旦细胞死亡，病毒也死亡。完全病毒对外界环境有较强的抵抗力，存在于皮屑中或灰尘内的病毒，1 年后仍有感染力。马立克病病毒对低温的抵抗力较强，在－16 ℃时可存活 210 d。它对热的抵抗力较弱，22～25 ℃可保存 48 h，37 ℃时保存 18 h，60 ℃时 10 min 即全部死亡。常用消毒药对其有一定作用。

三、抗原性

马立克病病毒在血清学上可分为对鸡致病的血清Ⅰ型，以及从鸡和火鸡的自然病例分离到的非致病性疱疹病毒血清Ⅱ型（非致瘤毒株）和血清Ⅲ型（火鸡疱疹病毒，HVT）。马立克病病毒还容易发生基因突变而增强毒力。

四、培养特性

马立克病病毒能在刚孵出的幼雏、组织培养和发育的鸡胚中生长繁殖。用病鸡血液或肿瘤细胞悬液接种 1 日龄雏鸡，经 2～4 周，神经节、神经干和一些内脏器官中出现病变，3～6 周可见到肉眼病变。可用鸡肾细胞和鸭胚成纤维细胞培养马立克病病毒，细胞内常常形成圆形、折光性细胞团的灶状病变。损害的细胞上常可看到 A 型核内包涵体。鸡胚卵黄囊接种，经 12～14 d，绒毛尿囊膜上发生病毒痘斑。

五、致病性

马立克病病毒主要引起雏鸡、火鸡发病。在临床上有 3 种表现型，即神经型、内脏型和眼型。神经型：主要侵害外周神经，最常侵害坐骨神经，常见一侧较轻一侧较重，发病初期表现不完全麻痹，步态不稳，以后完全麻痹，不能行走，蹲伏在地，一只腿伸向前方，另一只腿伸向后方，成为一种特征性姿态；臂神经受侵害时，则患侧翅膀下垂；当支配颈部肌肉的神经受侵害时，病鸡发生头下垂或头颈歪斜现象。内脏型：常侵害雏鸡，死亡率高，主要表现为精神委顿，不吃食，病程较短，常突然死亡。眼型：发生于单侧或双侧，表现瞳孔缩小、虹膜褪色，甚至失明。

六、微生物学诊断

马立克病病毒感染可以根据鸡的特征性麻痹症状及病理变化综合诊断。必要时做微生物学诊断，主要做病毒的分离和血清学诊断。

1. 病原的分离

取病鸡的组织滤液或新鲜血液，接种于 7 日龄 SPF 雏鸡的腹腔，每只 0.3～0.5 mL，接种 4～6 只，接种后严格隔离，并用已知的特异性免疫血清处理病料做对照试验，接种后 2～10 周观察接种鸡和对照鸡的病理变化、组织学变化。若接种鸡有典型病变和组织学病变，而对照鸡未出现，则证明雏鸡发生了马立克病病毒感染。还可通过鸡胚分离培养法和组织培养分离法分离病毒。

2. 琼脂扩散试验

用已知的高免血清检查体内的抗原，被检抗原应是鸡羽囊上皮中的病毒抗原。将待检鸡的腋下拔下一根羽毛，剪下毛根尖的下端，插在琼脂扩散板的外周检验孔内，每只鸡 1 根羽毛用 1 个孔，中央孔内加入马立克病病毒高免血清。将琼脂板放入铺有湿纱布的搪瓷盘中，于 15～30 ℃下进行反应，2～3 d，抗原与抗体孔之间出现白色沉淀线为阳性。此外，可以做间接荧光抗体试验和间接血凝试验。

七、免疫与治疗

本病无特效药物治疗，雏鸡 1 日龄接种马立克病病毒疫苗是预防本病的有效措施。临床主要用减弱弱毒力株 CV1-988 疫苗或火鸡疱疹病毒 HVT-FC126 疫苗。

任务总结

表 2-34　马立克病病毒任务总结

类别	内容	要点
任务实施	生物学特性	1. 马立克病病毒属于什么科？ 2. 马立克病病毒能否凝集红细胞？
	抗原性	马立克病病毒如何分型？
	培养特性	培养马立克病病毒选用的鸡胚条件是什么？在哪种细胞上培养？
	致病性	马立克病病毒引起的临床症状和病理变化是什么？
	微生物学诊断	马立克病病毒如何做病原分离鉴定？常用的血清学检查是什么？
	免疫与治疗	马立克病常用的疫苗有哪些？如何防治？

任务测试

1. 扫描二维码，完成任务测试题。
2. 根据测试结果，指导教师对每位同学做出评价。

二维码 2-35　马立克病病毒测试题

子任务十四　鸡传染性法氏囊病病毒

任务概要

掌握鸡传染性法氏囊病病毒的生物学特性、抗原性、抵抗力、培养特性、致病性、微生物学诊断、免疫与治疗措施。

二维码 2-36　鸡传染性法氏囊病病毒

任务分析

表 2-35　鸡传染性法氏囊病病毒任务单

<table>
<tr><td>任务名称</td><td colspan="3">鸡传染性法氏囊病病毒</td></tr>
<tr><td>任务描述</td><td colspan="3">掌握鸡传染性法氏囊病病毒的生物学特性、抗原性、抵抗力、培养特性、致病性、微生物学诊断、免疫与治疗措施。</td></tr>
<tr><td>完成条件</td><td colspan="3">智能手机，多媒体教学设备。</td></tr>
<tr><td rowspan="2">任务资讯</td><td>资讯问题</td><td colspan="2">参考资料</td></tr>
<tr><td>1. 鸡传染性法氏囊病病毒的形态是什么？
2. 鸡传染性法氏囊病的临床症状和病理变化是什么？
3. 鸡传染性法氏囊病病毒的培养特性是什么？
4. 微生物学诊断常用的血清学方法是什么？</td><td colspan="2">1. 胡桂学. 兽医微生物学[M]. 北京：中国农业大学出版社，2018.
2. 吴清民. 兽医传染病学[M]. 北京：中国农业大学出版社，2002.
3. 蔡宝祥. 家畜传染病学[M]. 4 版. 北京：中国农业出版社，2001.
4. 刘荣臻，曹元应. 病原微生物与免疫学[M]. 3 版. 北京：人民卫生出版社，2014.</td></tr>
<tr><td rowspan="3">考核标准</td><td>知识考核</td><td>能力考核</td><td>素质考核</td></tr>
<tr><td>1. 查阅相关资料，完成资讯问题。
2. 准确回答任务测试题。
3. 规范书写任务总结。</td><td>1. 能准确说出鸡传染性法氏囊病病毒的形态。
2. 能准确说出鸡传染性法氏囊病的临床症状和病理变化。
3. 能准确讲述鸡传染性法氏囊病病毒的培养细胞和特性。
4. 能描述检测鸡传染性法氏囊病病毒常用血清学方法。</td><td>1. 见微知著，精益求精的工匠精神。
2. 集智攻关，团结协作的协同精神。
3. 追求真理，严谨治学的求实精神。
4. 关爱动物健康，护佑人畜安全。</td></tr>
<tr><td colspan="3">注：在实际考核过程中，教师可根据具体的考核标准确定优秀、良好、及格和不及格。
90～100 分为优秀；80～89 分为良好；60～79 分为及格；60 分以下为不及格。</td></tr>
</table>

任务实施

鸡传染性法氏囊病病毒是引起鸡传染性法氏囊病(IBD)的病原体。鸡传染性法氏囊病又称为甘布罗病,是一种急性、高度传染性疾病。由于该病发病突然、病程短、死亡率高,且可引起鸡体免疫抑制,仍然是当前养鸡业的主要传染病之一。

一、生物学特性

鸡传染性法氏囊病病毒属于双股RNA病毒科禽双股RNA病毒属。病毒粒子呈球形,无囊膜,直径约60 nm,有一层外衣壳,呈二十面体对称。基因组是含有A、B两个片段的线状双股RNA,大小6 kbp。A节段3.2 kb,编码VP2、VP3、VP4、VP5蛋白;B节段2.8 Kb,编码VP1蛋白,是RNA聚合酶。鸡传染性法氏囊病毒除完整病毒粒子外,还常见有空衣壳。

二、抵抗力

鸡传染性法氏囊病病毒对各种理化因素都有较强的抵抗力。具有很高的热稳定性,于56 ℃可存活5 h,于60 ℃可存活90 min,耐酸性强,对乙醚、氯仿和胰蛋白酶有抵抗力,对紫外线也有较强的抵抗力。

三、抗原性

鸡传染性法氏囊病病毒有两种血清型,Ⅰ型和Ⅱ型。两种血清型可用中和试验鉴别。血清Ⅰ型病毒主要感染鸡,在火鸡中能传染但无致病性。血清Ⅱ型病毒感染火鸡,鸡呈亚临床感染。

四、培养特性

鸡传染性法氏囊病病毒可在鸡胚中生长,一般在接种后3～7 d可引起鸡胚死亡。也可在鸡胚成纤维细胞内增殖,并形成蚀斑。鸡胚适应毒还可在兔肾细胞(RK-13)上生长,均产生细胞病变。

五、致病性

鸡传染性法氏囊病病毒主要侵害3～6周龄雏鸡,各品种的鸡均可感染,来航鸡更为易感。肉用雏鸡的饲养期一般不超过8周龄,故最为常见,受害也最重。发病雏鸡群突然大批发病,2～3 d内可波及60%～70%的鸡,发病后3～4 d死亡达到高峰,7～8 d后死亡停止。病初精神沉郁,采食量减少,饮水增多,有些自啄肛门,排白色水样稀粪,重者脱水,卧地不起,极度虚弱、最后死亡。耐过雏鸡贫血消瘦,生长缓慢。

六、微生物学诊断

采取病鸡的法氏囊、脾脏等组织进行诊断。其方法有以下几种。

1. 鸡胚接种

取病料悬液经无菌处理后，离心取上清液，经绒毛尿囊膜接种 9～10 日龄鸡胚(0.1 mL/胚)，鸡胚常于 4～6 d 死亡，观察尿囊膜和死胚病变：鸡胚发育停滞，水肿和全身出血，绒毛尿囊膜水肿出血。

2. 琼脂扩散沉淀试验

应用含 8% NaCl 的 pH 7.4 PBS 液配制 1%琼脂，在培养皿中制备琼脂板，用 IBDV 阳性、阴性抗原和相应的阳性、阴性血清作对照。检测病鸡病料悬液 1∶(5～10)中的抗原。37 ℃孵育 24 h 后，若在待检样品与标准阳性血清之间有一清晰沉淀线，并与标准阳性抗原和标准阳性血清之间形成的沉淀线吻合，为被检阳性。

另外，应用电镜检查、荧光抗体技术及 ELISA 等都可进行快速诊断。

七、免疫与治疗

一旦发生病毒流行，可用鸡传染性法氏囊病高免卵黄或高免血清进行紧急治疗，效果非常明显。预防接种常用的疫苗主要有两种：一是温和型疫苗，对法氏囊没有任何损害，但使用此类疫苗对鸡群的保护率较低，D78、PBG98、LKT、LZD228 等属此类疫苗。二是中毒力疫苗，此类疫苗接种雏鸡后，对法氏囊有轻度可逆性的损伤，但不影响法氏囊的正常发育，不会造成免疫干扰。雏鸡首免后中和抗体在 5 d 产生，7 d 达到较高水平。经 2 次免疫后，接种疫苗雏鸡对自然界Ⅰ型病毒的保护率在 85%～95%，免疫鸡中和抗体价在 1∶(640～2 560)，琼扩的阳性率在 70%～80%。目前最常用的中毒力苗是 BJ-836。

任务总结

表 2-36 鸡传染性法氏囊病病毒任务总结

类别	内容	要点
任务实施	生物学特性	1. 鸡传染性法氏囊病病毒属于什么科，什么属？ 2. 鸡传染性法氏囊病病毒的传播途径是什么？
	抗原性	传染性法氏囊病病毒如何分型？
	培养特性	培养传染性法氏囊病病毒选用的鸡胚条件是什么？在哪种细胞上培养？
	致病性	传染性法氏囊病病毒引起的临床症状和病理变化是什么？
	微生物学诊断	传染性法氏囊病病毒如何做病原分离鉴定？常用的血清学检查是什么？
	免疫与治疗	传染性法氏囊病常用的疫苗有哪些？如何防治？

二维码 2-37 鸡传染性法氏囊病病毒测试题

任务测试

1. 扫描二维码，完成任务测试题。
2. 根据测试结果，指导教师对每位同学做出评价。

子任务十五 鸡传染性支气管炎病毒

二维码 2-38 鸡传染性支气管炎病毒

任务概要

掌握鸡传染性支气管炎病毒的生物学特性、抗原性、抵抗力、培养特性、致病性、微生物学诊断、免疫与治疗措施。

任务分析

表 2-37 鸡传染性支气管炎病毒任务单

<table>
<tr><td>任务名称</td><td colspan="3">鸡传染性支气管炎病毒</td></tr>
<tr><td>任务描述</td><td colspan="3">掌握鸡传染性支气管炎病毒的生物学特性、抗原性、抵抗力、培养特性、致病性、微生物学诊断、免疫与治疗措施。</td></tr>
<tr><td>完成条件</td><td colspan="3">智能手机，多媒体教学设备</td></tr>
<tr><td rowspan="2">任务资讯</td><td colspan="2">资讯问题</td><td>参考资料</td></tr>
<tr><td colspan="2">1. 鸡传染性支气管炎病毒的形态是什么？
2. 鸡传染性支气管炎的临床症状和病理变化是什么？
3. 鸡传染性支气管炎病毒的培养特性是什么？
4. 微生物学诊断常用的血清学方法是什么？</td><td>1. 胡桂学. 兽医微生物学[M]. 北京：中国农业大学出版社，2018.
2. 吴清民. 兽医传染病学[M]. 北京：中国农业大学出版社，2002.
3. 蔡宝祥. 家畜传染病学[M]. 4 版. 北京：中国农业出版社，2001.
4. 刘荣臻，曹元应. 病原微生物与免疫学[M]. 3 版. 北京：人民卫生出版社，2014.</td></tr>
<tr><td rowspan="3">考核标准</td><td>知识考核</td><td>能力考核</td><td>素质考核</td></tr>
<tr><td>1. 查阅相关资料，完成资讯问题。
2. 准确回答任务测试题。
3. 规范书写任务总结。</td><td>1. 能准确说出鸡传染性支气管炎病毒的形态。
2. 能准确说出鸡传染性支气管炎的临床症状和病理变化。
3. 能准确讲述鸡传染性支气管炎病毒的培养细胞和特性。
4. 能描述检测鸡传染性支气管炎病毒常用的血清学方法。</td><td>1. 见微知著，精益求精的工匠精神。
2. 集智攻关，团结协作的协同精神。
3. 追求真理，严谨治学的求实精神。
4. 关爱动物健康，护佑人畜安全。</td></tr>
<tr><td colspan="3">注：在实际考核过程中，教师可根据具体的考核标准确定优秀、良好、及格和不及格。
90～100 分为优秀；80～89 分为良好；60～79 分为及格；60 分以下为不及格。</td></tr>
</table>

任务实施

鸡传染性支气管炎病毒可引起的鸡的急性、高度接触性呼吸道疾病，其特征为病鸡咳嗽、喷嚏，发出啰音；幼鸡流鼻液，蛋鸡产蛋数量和质量下降；肾型病鸡肾肿大、苍白，有大量尿酸盐沉积等。

一、生物学特性

鸡传染性支气管炎病毒属冠状病毒科冠状病毒属，病毒粒子略呈球形，有囊膜，病毒核酸为单股正链 RNA。病毒在胞浆内复制，未经处理的鸡传染性支气管炎病毒不能凝集红细胞，但是鸡胚尿囊液中的病毒用 1%胰蛋白酶 37 ℃处理 3 h 后，则能凝集鸡红细胞。

二、抵抗力

病毒的热稳定性随毒株的不同而异。在 37 ℃ 9～30 h 丧失感染性，在低温保存时稳定，鸡胚尿囊液和细胞培养物中的病毒，可在 −60～−30 ℃ 存活几个月。

三、抗原性

本病毒由于基因组大而易发生突变，产生许多抗原性及致病性的变异株。鸡传染性支气管炎病毒现在约有 20 多个血清型和为数更多的变异株。各血清型之间没有或仅有部分的交互免疫作用。

自然感染和人工感染都可获得自动免疫。感染后第 3 周，产生大量中和抗体。康复鸡可获得约 1 年的免疫力。自然感染或人工感染后恢复的母鸡，其蛋内存在母源抗体，能给新孵出的雏鸡提供天然获得性免疫。这种雏鸡的血清抗体可保持 14 d，以后逐渐降低、消失。被动免疫只能减轻疾病的症状，不能预防病毒的呼吸道感染。

四、培养特性

传染性支气管炎病毒能在鸡胚、鸡胚气管以及来自鸡和鸡胚的多种细胞培养物内生长。初代分离最好应用鸡胚。病毒在发育的鸡胚中生长良好。一般采用 9～11 日龄的鸡胚尿囊腔接种。最初几代鸡胚极少发生变化，随着传代次数的增加，鸡胚死亡率升高，鸡胚病变明显，至第 10 代时，可使 80%鸡胚死亡。鸡胚的主要变化是鸡胚发育不良，胚体小，蜷缩成球形，尿囊膜增厚，羊膜紧贴在胚体上，卵黄囊皱缩，肝脏可能出现坏死，也可能产生肺炎及肾炎病变，绒毛尿囊膜及羊膜水肿。也可用细胞培养：新分离的病毒难以在细胞单层中生长，但大多数毒株在鸡胚中继代 6～10 次后，即可在 15～18 日龄鸡胚肾细胞（CEK）中生长。培养此病毒最常用的是鸡胚肾细胞和肺细胞，肝细胞的敏感性较差，鸡胚成纤维细胞（CEF）的敏感性最差。

五、致病性

鸡传染性支气管炎病毒在自然条件下，可感染各年龄段的鸡，1～4 周龄的雏鸡和幼鸡最为严重。主要症状为精神不振，呼吸困难、气管啰音、咳嗽、喷嚏。幼鸡的病死率约为25%，雏鸡可达70%～90%，6周以上的鸡通常不死亡。产蛋鸡的产蛋量下降，并常产出软壳蛋和畸形蛋，蛋的质量降低。某些毒株，可引起鸡的肾病。

幼鸡的病理变化是鼻窦炎、卡他性气管炎、支气管炎、肺充血和水肿，偶尔气囊浑浊增厚。鼻道中常有卡他性渗出物，支气管内有干酪样堵塞物。侵害肾脏的毒株致病时，可见肾脏肿大、苍白、肾小管和输尿管内充满尿酸盐结晶。

六、微生物学诊断

(一)病毒的分离鉴定

传染性支气管炎病毒能在鸡胚、器官培养的鸡胚气管以及来自鸡和鸡胚的多种细胞培养物内生长。初代分离最好应用鸡胚。

1. 鸡胚培养

一般采用9～11日龄鸡胚的尿囊腔接种。最初几代鸡胚极少发生变化，随着传代次数的增加，鸡胚死亡率升高，鸡胚病变明显。至10代时，可使80%鸡胚死亡。主要病变为鸡胚停止生长，蜷曲呈球形，即所谓蜷曲胚。羊膜水肿增厚，紧贴鸡胚，尿囊液增量，卵黄囊皱缩，肾中尿酸盐沉着，鸡胚发生肝坏死、肺炎和肾炎。病毒也能在绒毛尿囊膜上增殖，但不产生痘斑。尿囊腔接种后36 h，病毒的最高滴度可达10^7个鸡胚致死量。将接种病毒后的鸡胚置34 ℃孵育时，至少需延长30 h，才能达到38 ℃孵育时的效价，而且仅有20%鸡胚死亡。

2. 器官培养

器官培养的气管在分离传染性支气管炎病毒上的用途，尚未获得充分肯定，但已有应用气管培养研究的报道，如用其作为中和试验的指示系统等。传染性支气管炎病毒感染的体外培养气管，其纤毛细胞变圆脱落，纤毛运动停止。

3. 细胞培养

鸡传染性支气管炎病毒能在15～18日龄鸡胚的肾细胞、肺细胞及肝细胞培养物内生长。其中以肾细胞最敏感，其次是肺细胞、肝细胞和鸡胚成纤维细胞。低代次的鸡胚分离株在细胞培养物上生长不良或不生长。6～10代的鸡胚传代毒株，在肾细胞培养物上能产生常见的细胞病变，但某些毒株即使在细胞培养物上连传10代，也只产生轻度病变。主要细胞病变为出现融合细胞和细胞坏死。一般于接毒6 h后，即可见到融合细胞，18～24 h，可能出现几十乃至100个以上核的巨大融合细胞，细胞最后死亡。在碱性条件下，细胞病变出现较早，而且较广泛。在肝细胞培养物中的融合细胞较小，肺细胞培养物中的融合细胞不明显。细胞培养物内的病毒浓度于24～36 h达最高峰。已经适应鸡胚的某些毒株还能在猴肾细胞培养物(如Vero细胞)上传代，并产生融合细胞和蚀斑，但不能在其他哺乳动物细胞系统中传代。

(二)血清学试验

1. 病毒中和试验

应用已知的病毒检查待检血清中的特异性抗体，分别采取病初和2～3周后的双份血清，同时测定两份血样对鸡传染性支气管炎病毒中和抗体效价，如第 2 次（康复期）血样的中和抗体滴度高于第 1 次血样的 4 倍以上，即可诊断为鸡传染性支气管炎。

2. 荧光抗体试验

可用于鸡传染性支气管炎病毒感染的快速诊断一检测急性病鸡气管涂片中的鸡传染性支气管炎病毒。取气管上皮涂片，在空气中干燥，丙酮固定后，用荧光抗体在 37 ℃湿盘中染色 15～30 min，将染色片在 pH 7.2 缓冲盐水中冲洗，而后干燥，滴加缓冲盐水和甘油的等量混合液，盖上盖玻片，即可在荧光显微镜下检查。因在各个血清型之间具有某些交叉反应性，所以荧光抗体不能鉴别到型。

七、免疫与治疗

建立无病鸡群是根本性的预防措施。灭活苗效果不佳，弱毒苗被广泛地应用。疫苗来自无毒力的分离株，或者通过在鸡胚传代致弱。免疫途径包括饮水、喷雾或点眼。由于鸡传染性支气管炎病毒不断出现新的突变株，免疫效果有时不好。

任务总结

表 2-38　鸡传染性支气管炎病毒任务总结

类别	内容	要点
任务实施	生物学特性	1. 鸡传染性支气管炎病毒属于什么科，什么属？ 2. 鸡传染性支气管炎的血凝性有什么特点？
	抗原性	鸡传染性支气管炎病毒分为哪几个类型？
	培养特性	培养鸡传染性支气管炎病毒选用的鸡胚条件是什么？攻毒的鸡胚有什么特点？
	致病性	鸡传染性支气管炎的临床症状和病理变化是什么？
	微生物学诊断	鸡传染性支气管炎病毒如何做病原分离鉴定？常用的血清学检查是什么？
	免疫与治疗	鸡传染性支气管炎常用的疫苗有哪些？免疫途径是什么？如何防治？

任务测试

1. 扫描二维码，完成任务测试题。
2. 根据测试结果，指导教师对每位同学做出评价。

二维码 2-39　鸡传染性支气管炎病毒测试题

子任务十六　减蛋综合征病毒

任务概要

掌握减蛋综合征病毒的生物学特性、抗原性、抵抗力、培养特性、致病性、微生物学诊断、免疫与治疗措施。

二维码 2-40　减蛋综合征病毒

任务分析

表 2-39　减蛋综合征病毒任务单

<table>
<tr><td>任务名称</td><td colspan="3">减蛋综合征病毒</td></tr>
<tr><td>任务描述</td><td colspan="3">掌握减蛋综合征病毒的生物学特性、抗原性、抵抗力、培养特性、致病性、微生物学诊断、免疫与治疗措施。</td></tr>
<tr><td>完成条件</td><td colspan="3">智能手机，多媒体教学设备。</td></tr>
<tr><td rowspan="2">任务资讯</td><td colspan="2">资讯问题</td><td>参考资料</td></tr>
<tr><td colspan="2">1. 减蛋综合征病毒的形态是什么？
2. 减蛋综合征的临床症状和病理变化是什么？
3. 减蛋综合征病毒的培养特性是什么？
4. 微生物学诊断常用的血清学方法是什么？</td><td>1. 郝民忠. 动物微生物[M]. 重庆：重庆大学出版社，2007.
2. 杨文. 王振华. 邓灶福. 动物微生物[M]. 武汉：华中科技大学出版社，2015.
3. 杨玉平. 动物微生物[M]. 北京：中国轻工业出版社，2012.</td></tr>
<tr><td rowspan="3">考核标准</td><td>知识考核</td><td>能力考核</td><td>素质考核</td></tr>
<tr><td>1. 查阅相关资料，完成资讯问题。
2. 准确回答任务测试题。
3. 规范书写任务总结。</td><td>1. 能准确说出减蛋综合征病毒的形态。
2. 能准确说出减蛋综合征的临床症状和病理变化。
3. 能准确讲述减蛋综合征病毒的培养细胞和特性。
4. 能描述检测减蛋综合征病毒常用的血清学方法。</td><td>1. 见微知著，精益求精的工匠精神。
2. 集智攻关，团结协作的协同精神。
3. 追求真理，严谨治学的求实精神。
4. 关爱动物健康，护佑人畜安全。</td></tr>
<tr><td colspan="3">注：在实际考核过程中，教师可根据具体的考核标准确定优秀、良好、及格和不及格。
90～100 分为优秀；80～89 分为良好；60～79 分为及格；60 分以下为不及格。</td></tr>
</table>

任务实施

减蛋综合征病毒（EDSV）是引起种鸡、商品蛋鸡产蛋下降为主要表现的一种传染病的病原体。减蛋综合征的特征是产蛋下降，并伴有软壳蛋、薄壳蛋、破壳蛋和无壳蛋。该病首发于 1976 年，所以又称为 EDS-76。

一、生物学特性

减蛋综合征病毒属于腺病毒科禽腺病毒属Ⅲ群腺病毒。减蛋综合征病毒无囊膜，核衣壳的直径 70～80 nm，呈二十面立体对称，二十面体的 12 个尖顶上各有一个纤突，血凝素位于纤突的顶端。衣壳由病毒蛋白组成，其核酸为双股 DNA。

减蛋综合征病毒能凝集鸡、鸭、火鸡、鹅、鸽和孔雀的红细胞，但不凝集哺乳动物如大鼠、家兔、马、牛、羊和猪的红细胞。利用这一特性进行红细胞凝集试验（HA）可检出病毒，这种特性能被相应的抗体所抑制，用红细胞凝集抑制试验（HI）可检出病鸡、免疫鸡血清中的特异性抗体。

二、培养特性

减蛋综合征病毒能在鸭胚中生长，经尿囊腔接种 10～12 日龄鸭胚后，一般 72～96 h 为死亡高峰，死胚主要表现为胚体出血。尿囊液中病毒血凝价稳定，本病毒在鸡胚中生长不良。

减蛋综合征病毒在鸭胚细胞和鸡胚肝、肾细胞中生长良好，这些细胞在接毒 48 h 后出现细胞病变，主要表现为细胞圆缩、折光性增强，血凝价可达 10 log 2 以上。但减蛋综合征病毒在鸡胚成纤维细胞上生长较差，血凝价较低，为 4 log 2 左右。在多种哺乳动物细胞中不生长。

三、抗原性

目前，所有发现的 EDSV-76 均属同一血清型。

四、抵抗力

减蛋综合征病毒对酸具有较强的抵抗力。

五、致病性

EDSV-76 的自然宿主是水禽，但自然感染和人工感染均不引起发病，也无产蛋变化。而所有年龄的鸡都易感，但只对产蛋鸡有致病性，使产蛋鸡突出表现为产蛋下降、蛋壳异常，尤其是在产蛋高峰期间，产蛋量突然下降，降幅可达 20%～60%。

六、微生物学诊断

（一）病毒分离

病毒可以从肠道、呼吸道以及肝脏中分离出来。可应用细胞培养物，但以鸡胚肾或鸡肾原代细胞更好，具有高度易感性，致细胞病变。如用鸡胚，则可用来自易感的亲代鸡群的鸡胚，经卵黄囊接种 5～7 日龄的鸡胚，一般在接毒后 2～10 日可见胚胎死亡和发育停滞。有些腺病毒分离物经绒毛膜尿囊接种 9～11 日龄易感鸡胚，也能成功繁殖。在分离病毒时，可做几代次盲传效果更好。病毒的鉴定可用电镜观察。

(二) 血清学检查

血清学检查用于检测自然感染和人工免疫鸡产生的抗 EDSV-76 抗体。最常用的血清学方法有血凝抑制试验(HI)和琼脂扩散试验(AGP)。

1. 血凝抑制试验

采用微量法。HI 滴度在 1∶4以下者为阴性，1∶8为可疑，1∶16 以上为阳性。鸡感染 EDSV-76 后，7～10 d HI 滴度可达 1∶(1 024～2 048)。

2. 琼脂扩散试验

用鸡原代肾细胞培养物病毒制成抗原，以 SPF 鸡制成阳性血清为对照，按规定规程方法进行试验。

七、免疫与治疗

防制本病最有效的措施是免疫接种和淘汰阳性种鸡群。

国内外研制的灭活油乳剂苗已被广泛使用，并起到了良好的保护作用。产蛋鸡在 14～16 周龄时进行免疫，免疫后 7 d 能测出抗体，2～5 周时达到(8～9) log 2，免疫力至少维持 1 年。

任务总结

表 2-40 减蛋综合征病毒任务总结

类别	内容	要点
任务实施	生物学特性	减蛋综合征病毒属于什么科，什么属？
	抗原性	减蛋综合征病毒如何分型？
	培养特性	培养减蛋综合征病毒选用的鸭胚条件是什么？在哪种细胞上培养？
	致病性	减蛋综合征病毒引起的临床症状和病理变化是什么？
	微生物学诊断	减蛋综合征病毒如何做病原分离鉴定？常用的血清学检查是什么？
	免疫与治疗	减蛋综合征常用的疫苗有哪些？如何防治？

任务测试

1. 扫描二维码，完成任务测试题。
2. 根据测试结果，指导教师对每位同学做出评价。

二维码 2-41 减蛋综合征病毒测试题

子任务十七 鸭瘟病毒

任务概要

掌握鸭瘟病毒的生物学特性、抵抗力、培养特性、致病性、微生物学诊断、免疫与治疗措施。

二维码 2-42 鸭瘟病毒

任务分析

表 2-41 鸭瘟病毒任务单

<table>
<tr><td>任务名称</td><td colspan="3">鸭瘟病毒</td></tr>
<tr><td>任务描述</td><td colspan="3">掌握鸭瘟病毒的生物学特性、抵抗力、培养特性、致病性、微生物学诊断、免疫与治疗措施。</td></tr>
<tr><td>完成条件</td><td colspan="3">智能手机，多媒体教学设备。</td></tr>
<tr><td rowspan="2">任务资讯</td><td colspan="2">资讯问题</td><td>参考资料</td></tr>
<tr><td colspan="2">1. 鸭瘟病毒的形态是什么？
2. 鸭瘟的临床症状和病理变化是什么？
3. 鸭瘟病毒的培养特性是什么？
4. 微生物学诊断常用的血清学方法是什么？</td><td>1. 郝民忠. 动物微生物[M]. 重庆：重庆大学出版社，2007.
2. 杨文. 王振华. 邓灶福. 动物微生物[M]. 武汉：华中科技大学出版社，2015.
3. 杨玉平. 动物微生物[M]. 北京：中国轻工业出版社，2012.</td></tr>
<tr><td rowspan="3">考核标准</td><td>知识考核</td><td>能力考核</td><td>素质考核</td></tr>
<tr><td>1. 查阅相关资料，完成资讯问题。
2. 准确回答任务测试题。
3. 规范书写任务总结。</td><td>1. 能准确说出鸭瘟病毒的形态。
2. 能准确说出鸭瘟的临床症状和病理变化。
3. 能准确讲述鸭瘟病毒的培养细胞和特性。
4. 能描述检测鸭瘟常用的血清学方法。</td><td>1. 见微知著，精益求精的工匠精神。
2. 集智攻关，团结协作的协同精神。
3. 追求真理，严谨治学的求实精神。
4. 关爱动物健康，护佑人畜安全。</td></tr>
<tr><td colspan="3">注：在实际考核过程中，教师可根据具体的考核标准确定优秀、良好、及格和不及格。
90～100 分为优秀；80～89 分为良好；60～79 分为及格；60 分以下为不及格。</td></tr>
</table>

任务实施

鸭瘟病毒是引起鸭、鹅和天鹅等的一种急性败血性传染病的病原体。鸭瘟又称为鸭病毒性肠炎,传播迅速,死亡率高,给养鸭业造成很大威胁。

一、生物学特性

鸭瘟病毒属疱疹病毒科疱疹病毒甲亚科,鸭瘟病毒又称为鸭疱疹病毒Ⅰ型。该病毒为有囊膜的双股DNA病毒,呈球形,在感染细胞的胞核和胞浆内均有病毒粒子,细胞核中直径91~93 nm的核衣壳,核心直径约1 nm。在细胞浆和核间隙中由于核膜的包裹,病毒粒子直径126~129 nm,鸭瘟病毒无血凝和血细胞吸附特性。

二、抵抗力

本病毒对外界环境的抵抗力不强,56 ℃ 10 min即被灭活,50 ℃ 90~120 min也能被灭活,22 ℃ 30 d后失去感染能力。含有病毒的肝组织,在−20~10 ℃低温中,经30 d对鸭仍有致病力,在pH为7~9的环境中稳定,但pH 3或pH 11可迅速灭活病毒。0.1%升汞10~20 min、70%酒精5~30 min、0.5%漂白粉或5%生石灰水30 min即可杀死病毒。病毒对乙醚和氯仿敏感。

三、培养特性

病毒可在8~14日龄的鸭胚中生长繁殖和继代,接种后多在3~6 d死亡,剖检鸭胚可见胚体表面有轻度充血和小点状出血,肝脏有特征性的灰白色或灰黄色针头大小的坏死灶,后者是判定病毒存在的一个主要根据。初次分离的鸭瘟病毒不能在鸡胚上生长,但经过鸭胚适应后的病毒,也能感染12日龄的鹅胚,3~5 d死亡。人工接种也可使1日龄小鸡感染。病毒也能在鸭胚细胞或鸡胚细胞培养物中繁殖和继代,引起细胞病变,形成空斑和核内包涵体。

四、致病性

在自然条件下,本病毒对不同年龄和品种的鸭均感染,以番鸭、麻鸭、绵鸭易感性最高,北京鸭次之。在自然流行中,成年鸭和产蛋母鸭发病和死亡较为严重,1月龄以下的鸭发病较少。但人为感染时,雏鸭也很敏感,死亡率也很高。在自然情况下,鹅和病鸭密切接触,也能感染发病,但很少构成广泛流行。人工感染雏鹅,尤为敏感,病死率也高。野鸭和雁对人工感染也有易感性。鸡对鸭瘟病毒抵抗力强,但2周龄的雏鸡,可以人工感染发病。鸽、麻雀、小鼠及哺乳动物对本病无易感性。

五、微生物学诊断

1. 病毒分离

取病鸭的肝、脾组织制成1∶10悬液,加双抗处理,置4~8 ℃冰箱中4 h,离心取其上清液

0.1 mL,接种于 9～12 日龄鸭胚尿囊膜内,鸭胚在接种后 4～6 d 死亡,可见胚体广泛的出血、水肿,绒毛尿囊膜上有灰白色坏死斑点,肝有坏死性;另取 0.5 mL 肝悬液接种 1 日龄雏鸭,3 d 后出现流泪、眼睑肿胀、呼吸困难等特征症状,多死亡。把病料肝悬液接种鸭胚成纤维细胞,于 24～36 h 形成极小的葡萄状团块,引起细胞明显变圆,并能查出核内包涵体,由此可证实鸭瘟病毒的存在。

2. 血清学诊断

中和试验、荧光抗体检查可用于本病的诊断,Dot-ELISA 可对鸭瘟进行快速诊断。

六、免疫与治疗

防制本病发生的关键措施是,加强环境消毒、落实兽医卫生制度、做好疫苗的预防接种。目前使用的疫苗有鸭瘟鸭胚化弱毒苗和鸡胚化弱毒苗。雏鸭 20 日龄首免,4～5 个月后加强免疫 1 次即可。3 月龄以上鸭免疫 1 次,免疫期可达 1 年。鸭群一旦暴发本病,用鸭瘟鸡胚化弱毒疫苗进行紧急接种,可有效控制本病。

任务总结

表 2-42　鸭瘟病毒任务总结

类别	内容	要点
任务实施	生物学特性	1. 鸭瘟病毒属于什么科？ 2. 鸭瘟病毒含有的核酸类型是什么？
	培养特性	培养鸭瘟病毒时,鸭胚有什么病理变化？
	致病性	鸭瘟病毒引起的临床症状和病理变化是什么？
	微生物学诊断	鸭瘟病毒如何做病原分离鉴定？常用的血清学检查是什么？
	免疫与治疗	鸭瘟常用的疫苗是什么？效果如何？

任务测试

1 扫描二维码,完成任务测试题。

2. 根据测试结果,指导教师对每位同学做出评价。

二维码 2-43　鸭瘟病毒测试题

子任务十八　小鹅瘟病毒

二维码 2-44　小鹅瘟病毒

任务概要

掌握小鹅瘟病毒的生物学特性、抵抗力、培养特性、致病性、微生物学诊断、免疫与治疗措施。

任务分析

表 2-43　小鹅瘟病毒任务单

<table>
<tr><td>任务名称</td><td colspan="3">小鹅瘟病毒</td></tr>
<tr><td>任务描述</td><td colspan="3">掌握小鹅瘟病毒的生物学特性、抵抗力、培养特性、致病性、微生物学诊断、免疫与治疗措施。</td></tr>
<tr><td>完成条件</td><td colspan="3">智能手机，多媒体教学设备。</td></tr>
<tr><td rowspan="2">任务资讯</td><td>资讯问题</td><td colspan="2">参考资料</td></tr>
<tr><td>1. 小鹅瘟病毒的形态是什么？
2. 小鹅瘟的临床症状和病理变化是什么？
3. 小鹅瘟病毒的培养特性是什么？
4. 微生物学诊断常用的血清学方法是什么？</td><td colspan="2">1. 刘志恒. 现代微生物学[M]. 北京：科学出版社，2002.
2. 周德庆. 微生物学教程[M]. 4 版. 北京：高等教育出版社，2020.
3. 河南农业大学. 动物微生物学[M]. 3 版. 北京：中国农业出版社，2005.
4. 刘荣臻，曹元应. 病原微生物与免疫学[M]. 3 版. 北京：人民卫生出版社，2014.
5. 胡桂学. 兽医微生物学[M]. 北京：中国农业大学出版社，2018.</td></tr>
<tr><td rowspan="3">考核标准</td><td>知识考核</td><td>能力考核</td><td>素质考核</td></tr>
<tr><td>1. 查阅相关资料，完成资讯问题。
2. 准确回答任务测试题。
3. 规范书写任务总结。</td><td>1. 能准确说出小鹅瘟病毒的形态。
2. 能准确说出小鹅瘟的临床症状和病理变化。
3. 能准确讲述小鹅瘟病毒的培养细胞和特性。
4. 能描述检测小鹅瘟病毒常用的血清学方法。</td><td>1. 见微知著，精益求精的工匠精神。
2. 集智攻关，团结协作的协同精神。
3. 追求真理，严谨治学的求实精神。
4. 关爱动物健康，护佑人畜安全。</td></tr>
<tr><td colspan="3">注：在实际考核过程中，教师可根据具体的考核标准确定优秀、良好、及格和不及格。
90～100 分为优秀；80～89 分为良好；60～79 分为及格；60 分以下为不及格。</td></tr>
</table>

任务实施

小鹅瘟病毒可引起出壳至1月龄间的雏鹅发生小鹅瘟，其特征为渗出性肠炎、心肌炎和全身性败血病变。本病传播快，病程短，发病率和病死率高达91%～100%。

一、生物学特性

小鹅瘟病毒属于细小病毒科细小病毒属，病毒呈球形或六角形，无囊膜，核衣壳呈二十面体对称，核酸为单股DNA，病毒直径为20～22 nm。本病毒无血凝活性，仅有1种血清型。

二、抵抗力

病毒对外界环境的抵抗力较强，对乙醚及有机溶剂不敏感，胰酶在pH 3时稳定，耐热，能抵抗56 ℃ 3 h的加温，在冰冻状态下可能存活2年以上，对常见消毒药品有较强的抵抗力。

三、培养特性

小鹅瘟病毒在感染细胞的核内复制。初次分离可用鹅胚或番鸭胚，也可用鹅胚或番鸭胚原代细胞培养。初次分离虽可在鹅胚成纤维细胞上繁殖，但不产生细胞病变。在鹅胚成纤维细胞上适应的病毒，能在单层上形成分散的颗粒性细胞病变和发生细胞脱落并见形成合胞体。染色镜检可见核内嗜酸性包涵体。

四、致病性

在自然情况下，本病只发生于1月龄以内的雏鹅，雏鸭也易感染，但不能使雏鸡发病。给雏鸡和本地雏鸭人工接种大量含病毒的鹅胚尿囊液，也不能引起发病。若给数月龄的大鹅人工接种，则可发病。

五、微生物学诊断

病毒分离可取病雏的脾、胰和肝的匀浆上清液，无菌处理后接种12～15日龄鹅胚或其原代细胞培养。尿囊腔接种含毒材料，可在5～7 d内致死鹅胚。收取尿囊液，尿囊液不凝集红细胞。主要变化为绒毛尿囊膜水肿、胚体皮肤充血、出血、水肿、心肌变性（灰白色）、肝变性或出现坏死灶。细胞培养在接种后3～5 d出现细胞病变，用HE染色镜检，可见核内包涵体和合胞体形成。死亡鹅胚细胞培养中的病毒可用免疫荧光法进一步证实。检查血清中特异性抗体的方法有病毒中和试验、琼脂扩散试验和ELISA。

六、免疫与治疗

患小鹅瘟或隐性感染而痊愈的鹅，能产生坚强的免疫力，用病愈或人工免疫鹅的特异性抗体，以 0.3 mL 注射给初出壳的雏鹅，可以预防本病的发生。有本病流行的地区，利用弱毒苗甚至强毒苗免疫母鹅是预防本病最经济有效的方法。但在未发病的受威胁区不要用强毒免疫，以免散毒。免疫母鹅所产后代全部能抵抗自然及人工感染，其效果能维持整个产蛋期。如种鹅未进行免疫，而雏鹅又受到威胁时，也可用雏鹅弱毒苗或抗血清进行紧急接种。

任务总结

表 2-44　小鹅瘟病毒任务总结

类别	内容	要点
任务实施	生物学特性	小鹅瘟病毒属于什么科，什么属？
	抗原性	小鹅瘟病毒如何分型？
	培养特性	培养小鹅瘟病毒选用的禽胚条件是什么？在哪种细胞上培养？
	致病性	小鹅瘟病毒引起的临床症状和病理变化是什么？
	微生物学诊断	小鹅瘟病毒如何做病原分离鉴定？常用的血清学检查是什么？
	免疫与治疗	小鹅瘟常用的疫苗有哪些？如何防治？

二维码 2-45　小鹅瘟病毒测试题

任务测试

1. 扫描二维码，完成任务测试题。
2. 根据测试结果，指导教师对每位同学做出评价。

思政淬炼

糖丸爷爷——顾方舟

顾方舟（1926—2019），男，出生于上海市，原籍浙江宁波，第三世界科学院院士，英国皇家内科医学院（伦敦）院士，欧洲科学、艺术、文学学院院士，医学科学家、病毒学专家，中国医学科学院北京协和医学院原院长、一级教授。顾方舟对脊髓灰质炎的预防及控制的研究长达 42

年，是中国组织培养口服活疫苗开拓者之一，被称为“中国脊髓灰质炎疫苗”之父。

在中国医学史上，顾方舟这个名字与亿万儿童的健康紧紧相连。他是病毒学家，也是被誉为“中国脊髓灰质炎疫苗之父”的人民科学家。脊髓灰质炎，俗称小儿麻痹症，是一种由脊髓灰质炎病毒引起的急性传染病，主要影响5岁以下的儿童，导致生长发育不全，肢体麻痹，甚至发展为延髓麻痹，导致呼吸、心脏功能衰竭而死亡。小儿麻痹症缺乏有效的治疗方法，曾是20世纪50年代中国儿童健康的头号大敌。1955年，江苏南通暴发了严重的疫情，随后病毒迅速蔓延至全国各地，给无数家庭带来了深重的灾难。南通疫情暴发后，看着满大街拄着拐杖的大人小孩，顾方舟立志一定要消灭脊灰。这位伟大的科学家，首次从患者的粪便中成功提取分离出脊髓灰质炎病毒，并以此制作出了中国第一个脊髓灰质炎疫苗。为了验证疫苗的安全性，顾方舟甚至不惜以身试药。他亲自喝下了疫苗溶液，观察自己的身体反应。更令人感动的是，当疫苗需要在儿童身上进行试验时，顾方舟竟然瞒着家人，让自己的孩子成了第一个试验者。这种无私奉献的精神，让人肃然起敬。

顾方舟更大的贡献还在于考虑到我国的实际情况，提高脊灰疫苗的实用性，研制出了很多人都吃过的：“糖丸”。糖丸疫苗不仅方便运输、易于保存，更因其甜蜜的口感深受儿童喜爱。糖丸疫苗的推广，有效控制了脊髓灰质炎的流行，为亿万中国儿童筑起了一道健康防线。

在糖丸的加持下，1994年，脊髓灰质炎彻底在中国大地上消失。2000年，世界卫生组织宣布中国成为无脊髓灰质炎国家。

项目三

其他微生物

任务一　真　　菌

学习目标

知识目标

(1)了解真菌的形态结构特点。

(2)掌握真菌繁殖的方式和菌落特征。

(3)能说出几种致病性真菌的微生物学特点。

二维码 3-1　真菌

能力目标

(1)能根据老师展示的真菌结构图,向同学们介绍真菌的形态与结构。

(2)能为培养真菌选择合适的培养基,并能区分细菌菌落和真菌菌落。

(3)能列表比较几种常见致病性真菌的致病特点。

素质目标

(1)培养自主学习、独立思考、分析总结和语言表达能力。

(2)培养关注环境卫生、保护公共安全和爱国主义精神。

任务分析

表 3-1　真菌任务单

任务名称	真菌
任务描述	能够说出真菌的概念;了解真菌的分类;掌握霉菌、酵母的分类标准;能够说出真菌的形态结构,培养特点;简要介绍真菌的致病性及防治措施。
完成条件	智能手机,多媒体教学设备。

续表 3-1

<table>
<tr><td rowspan="2">任务资讯</td><td colspan="2">资讯问题</td><td colspan="2">参考资料</td></tr>
<tr><td colspan="2">1. 真菌是什么？
2. 真菌可以分为哪些类型？
3. 真菌的特点有哪些？
4. 真菌的培养特性是什么？
5. 真菌病防治措施有哪些？</td><td colspan="2">1. 郝民忠. 动物微生物[M]. 重庆：重庆大学出版社，2007.
2. 杨文. 王振华. 邓灶福. 动物微生物[M]. 武汉：华中科技大学出版社，2015.
3. 杨玉平. 动物微生物[M]. 北京：中国轻工业出版社，2012.</td></tr>
<tr><td rowspan="3">考核标准</td><td>知识考核</td><td colspan="2">能力考核</td><td>素质考核</td></tr>
<tr><td>1. 查阅相关资料，完成资讯问题。
2. 准确回答任务测试题。
3. 规范书写任务总结。</td><td colspan="2">1. 能准确说出真菌的概念。
2. 能准确说出真菌的分类。
3. 能准确讲述真菌的特点。
4. 能大致描述真菌病及其防治措施。</td><td>1. 热爱专业，知道科学家精神的内涵。
2. 建立岗位责任感和荣誉感。
3. 训练表达能力和文字综合能力。
4. 建立科学技术发展的渐进性思维。</td></tr>
<tr><td colspan="4">注：在实际考核过程中，教师可根据具体的考核标准确定优秀、良好、及格和不及格。
90～100 分为优秀；80～89 分为良好；60～79 分为及格；60 分以下为不及格。</td></tr>
</table>

任务实施

真菌是一类具有细胞壁、没有根茎叶分化的异养型单细胞或多细胞真核微生物。真菌种类繁多，约有 20 余万种，在自然界中的分布十分广泛。绝大多数真菌对人类有益而无害，对人和动物致病的真菌仅 100 余种。真菌具有典型的细胞核，以腐生或寄生方式摄取养料，少数为单细胞，多数为多细胞，细胞壁含几丁质和纤维素，能进行有性繁殖和无性繁殖。

真菌细胞比细菌大几倍至几十倍，光学显微镜下放大 100～500 倍就可看清。单细胞真菌呈圆形或卵圆形，如酵母菌；多细胞真菌大多长出菌丝和孢子（如丝状菌），又称为霉菌。也有部分真菌的形态因温度、营养或氧与二氧化碳浓度的改变而由霉菌型变为酵母型或由酵母型变为霉菌型，这种真菌称为双相型真菌，多为致病菌。

真菌被广泛应用于农业、工业领域，但也有一些真菌能危害人和动植物，引发疾病的称为病原性真菌。根据真菌致病性的差异，主要可分为两大类：一类是真菌侵入动物机体而引起感染的病原性真菌；另一类是通过产生毒素，当动物采食了含有其毒素的饲料而引起中毒的产毒性真菌。但这种分类是人为的，有的真菌既能感染动物组织，同时也产生具有致病作用的毒素，如烟曲霉菌。

一、真菌的分类

目前，真菌已被划分为一个独立的生物类群——真菌界。根据其形态学、细胞学、生理学、生物化学和生态学特征，尤其是孢子的特征和产生方式及培养特征，可分为担子菌门、接合菌门、壶菌门、子囊菌门、半知菌门。

在营养基质上，能产生绒毛状、蛛网状或絮状菌丝体，能导致其寄生物体发生霉变的小型丝状真菌统称为霉菌;把另一群来源不同、又没有一个共同的相当专一的特征,而只是以芽生为主、形态结构简单的真菌统称为酵母菌。但这些名词没有分类学意义,而是形态群的俗称,它们分属于真菌的各门。

二、真菌的形态结构

1. 酵母菌类

酵母菌类为圆形、卵圆形或柠檬形的单细胞菌体,大小为(5～30) μm×(1～5) μm,由细胞壁、细胞膜、细胞质和细胞核构成。不能形成真正的菌丝,但生长旺盛时,由于迅速分裂而形成的新个体未能及时脱落而相互粘连,可形成类似丝状菌菌丝的假菌丝。

2. 霉菌

(1)菌丝结构。霉菌菌丝是由成熟的霉菌孢子萌发而产生的,并进一步伸长而形成丝状或管状,每根单一的细丝称为菌丝,旁侧分支,互相交错成团,形成菌丝体。在培养基上由一个孢子或一段菌丝发育而成的菌丝体的全部,称为霉菌的菌落。当菌丝体生长出孢子后,菌落可呈黄、绿、蓝、青等颜色。

霉菌菌丝分无隔和有隔两种:无隔菌丝呈长管状分支,呈多核单细胞状态。有隔菌丝由分支成串的多细胞组成,菌丝中有隔,隔中央有小孔,细胞核基原生质可以流动。

(2)细胞结构。菌丝细胞的直径为 2～10 μm,由细胞壁、细胞膜、细胞质、细胞核以及细胞质内的线粒体、核糖体和其他内含物等部分组成。细胞壁厚 100～250 nm,细胞膜厚 7～10 nm,细胞核有核膜、核仁等结构。

三、真菌的繁殖方式

真菌能进行无性繁殖和有性繁殖。

1. 酵母菌

酵母菌主要以芽殖方式进行无性繁殖,但也能以两性孢子进行有性繁殖。芽殖时,在尚未脱落的芽体上又长出新芽体,形成藕节状的假菌丝。

2. 霉菌

霉菌主要以产生各种无性和有性孢子进行繁殖,但以无性孢子繁殖为主,也能以菌丝片段繁殖新个体。孢子囊孢子、分生孢子为常见的无性孢子。孢子萌发后发育成菌丝,许多菌丝相互盘绕、聚集而成菌丝体。伸入培养基内或匍匐在培养基表面而吸收营养的菌丝称为营养菌丝,伸向空中的菌丝称为气中菌丝,产生孢子的气中菌丝称为繁殖菌丝。

真菌繁殖时产生的各种各样孢子,其形状、大小、表面纹饰和色泽各不相同,结构也有一定的差异,这些都是鉴别真菌的依据。

真菌无性繁殖时,不需通过两性细胞的配合,只经营养菌丝的分化而形成无性孢子。产生的孢子有厚壁孢子、节孢子、芽孢子、分生孢子和孢子囊孢子等。而有性繁殖则需由两个不同性别的细胞相互结合,经过质配阶段、核配阶段和减数分裂阶段而形成有性孢子。产生的孢子有卵孢子、接合孢子、子囊孢子和担孢子等。

四、真菌的培养

1. 培养条件

多数真菌为异养菌，对外界环境适应力强，对营养要求不高，在一般环境下培养均能生长，常用弱酸性的沙保培养基或马铃薯琼脂，最适培养温度为 20～28 ℃，最适 pH 为 5.6～5.8，真菌在氧气充足、湿度较高的环境中生长良好。但酵母菌必须在厌氧条件下才能发酵产生酒精；寄生于内脏的病原性真菌则在 37 ℃时生长良好，常需培养数天至十几天才能形成菌落。

二维码 3-2　真菌的培养

2. 分离方法

分离纯种霉菌时，可收集孢子、切取菌体组织或带菌丝的基质，然后放在培养基上培养。分离酵母菌时，可按细菌的分离培养法进行。老菌的分离方法有孢子分离法、组织分离法和基内菌丝分离法 3 种。

3. 培养特性

真菌的繁殖力很强，但生长速度比较缓慢，它在人工培养基中常需要数天才能长出菌落。

酵母菌的菌落与一般细菌的菌落相似，但较大且带有黏稠性，比细菌菌落更大更厚，表面光滑、湿润、黏稠，呈乳白色、黄色或红色；霉菌的菌落呈绒毛状、棉絮状或蜘蛛网状，菌落直径 5～8 cm，菌丝常为无色透明或灰白色，孢子形成后，菌落常带有颜色。常见的霉菌有根霉、青霉和曲霉。不同的菌种，其成熟的菌落有其特征性颜色，具有一定的鉴定意义。

五、真菌的致病性与免疫性

一些真菌可侵入动物机体而引起感染，称为病原性真菌；另一些真菌则能产生毒素，当动物采食了含有其毒素的饲料时会引起中毒，称为产毒素性真菌。这两类真菌都具有致病性。

1. 真菌的致病性

不同的真菌致病形式不同，有些真菌呈寄生性致病作用，有些真菌呈条件性致病作用，有些则通过产生毒素引起中毒来发挥致病作用。真菌性疾病大致包括如下几种。

(1)致病性真菌感染。主要是外源性真菌感染，包括皮肤、皮下组织真菌感染和全身或深部真菌感染。

(2)条件致病性真菌感染。主要是内源性真菌感染，某些非致病性的或致病性极弱的一些真菌在机体免疫功能低下或菌群失调时所引起的感染。通常发生在长期应用广谱抗生素、激素及免疫抑制剂的过程中，如白色念珠菌、烟曲霉菌感染均为条件性真菌感染。

(3)真菌变态反应性疾病。真菌变态反应具有 2 种类型：一是感染性变态反应，它是一种迟发型变态反应，是在感染病原性真菌的基础上发生的；二是接触性变态反应，它的发生复杂，而且常见。通常是由于吸入或食入真菌孢子或菌丝而引起，分别属于Ⅰ～Ⅳ型变态反应。真菌变态反应所致疾病的表现有过敏性皮炎、湿疹、荨麻疹、瘙痒症、过敏性胃肠炎、哮喘和过敏性鼻炎等。

(4)真菌性中毒。有些真菌在农作物、食物或饲料上生长，人及动物食用后可导致急性或慢性中毒。引起中毒的可以是本身有毒性的真菌或真菌在代谢过程中产生的毒素。目前已发现真菌毒素有100种以上，引起的病变也多种多样，有的引起肝脏、胰腺、肾脏损害；有的引起神经系统功能障碍，出现抽搐、昏迷等症状；还有的可致造血功能损伤。

(5)真菌毒素与肿瘤。已经证实真菌毒素有致癌作用。研究最多的是黄曲霉毒素，其毒性极强。动物实验证明，每千克粮食中含有0.015 mg，食入后即可诱发肝癌。近几年又发现十余种毒素在动物身上可诱发多种肿瘤，如镰刀菌的毒素可诱发大鼠的胃癌、胰腺癌、垂体和脑部肿瘤；最近又证实串珠镰刀菌的毒素与食管癌有相关性。

2. 真菌的免疫性

机体对真菌的免疫包括非特异性免疫和特异性免疫两方面。皮肤黏膜与其所分泌的脂肪酸、乳酸的抗真菌作用，正常菌群的拮抗作用及吞噬细胞的吞噬作用均在抗真菌的非特异性免疫中起着重要作用。真菌特异性免疫主要是细胞免疫，血清中抗真菌抗体滴度虽然很高，可用于血清学诊断，但抗真菌的作用尚不能肯定。真菌毒素一般为低分子，没有免疫原性，不能刺激免疫系统产生抗体。

六、真菌病的诊断与防制

1. 真菌病的诊断

真菌病的诊断与细菌病的诊断有相似之处，但真菌的形态往往具有特征性，直接镜检和培养2种检查即可确诊。必要时可做生化试验或动物接种。

(1)显微镜检查　许多标本不需染色即可直接镜检。有些标本用乳酸酚棉蓝染色后在显微镜下放大500倍，可见真菌染成蓝色或紫色。组织、体液、脓汁以及离心沉淀材料等，也可用革兰染色、瑞氏染色和吉姆萨染色等镜检。印度墨汁标本片常用于检查新型隐球菌的荚膜。毛发、角质等多用氢氧化钾湿片检查，即在病料上加1滴10%～20%的氢氧化钾液，加盖玻片微热处理，使标本溶解，稍压，镜检孢子、菌丝并观察其特点。标本也可用荧光素染色，在荧光显微镜下观察。

(2)分离培养　将病料接种于沙保葡萄糖琼脂，某些深部感染的病料，还需接种于血液琼脂，分别培养于室温及37 ℃温箱中，培养后逐日观察。真菌一般生长较慢，往往需培养数日甚至数周。为防止或减少细菌污染，可在培养基中加入适量抗生素，一般每毫升培养基加20～100 IU青霉素和40～200 mg链霉素。为了能观察真菌的某些特殊结构，还可用特殊培养基培养，如玉米粉琼脂培养基检查白色念珠菌的厚垣孢子等。

培养后，观察菌落生长情况是鉴别真菌的主要方法之一。应注意菌落生长的速度、形态特点(如质地、颜色、表面与边缘)以及显微镜观察菌体构造。为便于菌种鉴定，还可以在玻片上进行微量培养。这不仅能在显微镜下直接观察菌体形态和构造，还能保持自然的菌体结构。

有些真菌病，可用变态反应进行诊断。对真菌毒素中毒性疾病，则应进行毒素检查和产毒真菌的检查。

2. 真菌病的防制

真菌的繁殖要有一定的湿度，所以保持环境、用具、饲料、垫料的干燥，并进行有效的消毒是防止真菌感染的先决条件。保持动物体表的清洁，防止皮肤外伤是预防皮肤真菌感染的重要措施。

霉菌是饲料中的常在菌，其生长繁殖与环境因素有关，饲料贮藏不当很容易污染有害真菌，引起变质。霉变的饲料不仅丧失营养价值，而且可能引起动物中毒，应尽量废弃，若要利用，应检查毒素并采取解毒措施。

引起机体深部感染的真菌大多数是条件性致病菌，它们广泛存在于自然环境中，只有当机体抵抗力降低时才能引起疾病。因此，预防的有效措施是提高畜禽的机体抵抗力和免疫功能，避免长期使用抗生素及射线照射。

任务总结

表 3-2　真菌任务总结

类别	内容	要点
任务实施	真菌的概念	什么是真菌？
	真菌的分类	1. 按照生物学特性真菌可以分为哪些种类？并举例说明。 2. 按照结构组成真菌可以分为哪些种类？并举例说明。
	真菌的特点	1. 真菌在形态结构方面具有哪些特点？ 2. 真菌在种类和数量方面具有哪些特点？

任务测试

1. 扫描二维码，完成任务测试题。
2. 根据测试结果，指导教师对每位同学做出评价。

二维码 3-3　真菌测试题

任务二 放线菌

学习目标

知识目标

(1)了解放线菌的形态结构特点。

(2)掌握放线菌繁殖的方式和菌落特征。

(3)能说出放线菌的微生物学特点。

二维码 3-4 放线菌

能力目标

(1)能根据老师展示的放线菌结构图,向同学们介绍放线菌的形态与结构。

(2)能为培养放线菌选择合适的培养基,并能区分细菌菌落和放线菌菌落。

(3)能举例说明放线菌的致病特点。

素质目标

(1)培养自主学习、独立思考、分析总结和语言表达能力。

(2)培养关注环境卫生、保护公共安全和爱国主义精神。

任务分析

表 3-3 放线菌任务单

<table>
<tr><td>任务名称</td><td colspan="3">放线菌</td></tr>
<tr><td>任务描述</td><td colspan="3">能够说出放线菌的概念;了解放线菌的分类;掌握放线菌的分类标准;能够说出放线菌的形态结构和培养特点;简要介绍放线菌的致病性和防治。</td></tr>
<tr><td>完成条件</td><td colspan="3">智能手机,多媒体教学设备。</td></tr>
<tr><td rowspan="2">任务资讯</td><td>资讯问题</td><td colspan="2">参考资料</td></tr>
<tr><td>1. 放线菌是什么?
2. 放线菌可以分为哪些类型?
3. 放线菌的特点有哪些?</td><td colspan="2">1. 刘志恒. 现代微生物学[M]. 北京:科学出版社,2002.
2. 周德庆. 微生物学教程[M]. 4 版. 北京:高等教育出版社,2020.
3. 河南农业大学. 动物微生物学[M]. 3 版. 北京:中国农业出版社,2005.</td></tr>
<tr><td rowspan="3">考核标准</td><td>知识考核</td><td>能力考核</td><td>素质考核</td></tr>
<tr><td>1. 查阅相关资料,完成资讯问题。
2. 准确回答任务测试题。
3. 规范书写任务总结。</td><td>1. 能准确说出放线菌的概念。
2. 能准确说出放线菌的分类。
3. 能准确讲述放线菌的特点。
4. 能大致描述放线菌的致病性和防治。</td><td>1. 热爱专业,知道科学家精神内涵。
2. 建立岗位责任感和荣誉感。
3. 训练表达能力和文字综合能力。
4. 建立科学思维和系统思维。</td></tr>
<tr><td colspan="3">注:在实际考核过程中,教师可根据具体的考核标准确定优秀、良好、及格和不及格。
90~100 分为优秀;80~89 分为良好;60~79 分为及格;60 分以下为不及格。</td></tr>
</table>

任务实施

放线菌属在分类学上属于细菌，是形态介于细菌和霉菌之间的原核细胞型微生物。多以分枝形式形成菌丝，并有与霉菌相似的分生孢子。菌丝断裂以后形成类似杆菌、球菌的小体。放线菌是由孢子或孢囊孢子在适当的培养基上吸水膨大后萌发生长的，萌发时生长出芽管，芽管再不断伸长分枝形成菌丝。分枝越多，菌丝越密，继而形成菌丝体。由于放线菌的菌丝体在培养基上呈放线状生长，故而得名。放线菌绝大多数是革兰阳性、非抗酸菌。放线菌在自然界中分布广泛，多数无致病性，而且是医药工业发酵生产中重要的微生物类群之一。在少数致动物疾病的放线菌中，牛放线菌较为常见。

一、放线菌的形态与染色

放线菌为革兰阳性，着色不均，有分枝，无运动性，厌氧，生长时需 CO_2，不具有抗酸染色特性，能发酵葡萄糖。菌体细胞大小不一，呈短杆状或棒状，常有分枝而形成菌丝体。放线菌种类很多，大多为腐生菌，对人畜无害，有些还为人类所利用，用于生产抗生素。

放线菌的菌丝细胞，基本上与细菌相似。在幼龄菌丝中有明显的原生质类核、染色体和异染颗粒等，而在分枝的老龄菌丝中则含有多数粗大不规则的原生质颗粒。放线菌的菌丝体可分为营养菌丝体和气生菌丝体两种。营养菌丝体又称为基内菌丝体或初级菌丝体，培养时能深入培养基中或匍匐在培养基表面上，从培养基中吸收营养。营养菌丝在培养基中可分泌和形成各种不同化学结构的物质。在这些物质中，有许多组分具有抗菌作用或特殊的生理活性，故放线菌在医药工业发酵生产中具有重要作用，是多种抗生素、酶等的主要来源。营养菌丝发育后向空中长出的菌丝体称为气生菌丝体，又称为次级菌丝体。气生菌丝体经发育分化出的气生菌丝，常能形成大量孢子。孢子落入适宜的培养基中就可以萌发，形成新的菌体，又经大量繁殖成为菌丝或菌落。气生菌丝可以分化出形成孢子的菌丝称为孢子丝。孢子梗是支撑孢子丝的柄，不能断裂为孢子。孢子丝的形态富于变化，随放线菌的种属不同而有很大的差异。孢子丝的形态特征常作为鉴别放线菌的依据。

放线菌孢子的形成方式有两种：一种方式是孢子丝生出横隔，孢子凝缩，由合并在一起的旧壁相连成链，然后断开形成单个孢子；另一种方式是菌丝分节后通过断节形成孢子，孢子丝断裂形成的孢子有球状、杆状、长锁链状、圆柱状等各种形态。

二、放线菌的生长与繁殖

放线菌的孢子有时是菌丝节段发育生长形成新的营养菌丝，在增殖过程中分枝分节。大多数放线菌产生的气生菌丝体比营养菌丝体粗大。许多放线菌，当伸出多数分枝以后，分枝的菌丝就形成孢子丝。放线菌的孢子有各种各样的色泽，如灰色、粉红色、青色、浅蓝色、天蓝色、浅绿色、黄色、淡绿灰色、灰黄色、浅橙色、丁香色、淡紫色、薰衣草色等。孢子颜色常作为菌种命名的依据，也是鉴别菌种的主要特征。放线菌主要营异养生活，培养较困难，厌氧或微需氧。加 5%的 CO_2 可促进其生长。在营养丰富的培养基上，如血平板 37 ℃培养 3～6 d，可长出灰白色或淡黄色微小菌落。多数放线菌的最适生长温度为 30～32 ℃，致病性放线菌为 37 ℃，最适 pH 为 6.8～7.5。放线菌能产生多种抗生素，用于传染病的治疗。

三、放线菌的致病性及防治

病原性放线菌的代表种为牛放线菌，可引起牛放线菌病，又称为“大颌病”，常采用外科手术治疗。此外，还有犬、猫放线菌病的病原体，可引起犬猫的放线菌病。伊氏放线菌，可引起牛的骨骼放线菌病和猪的乳房放线菌病。大剂量、长疗程青霉素治疗对本病有效，肌内注射或静脉滴注，如林可霉素、四环素、氯霉素、链霉素、磺胺类药物、利福平等也有一定疗效。多烯类和唑类等抗真菌制剂对本病无效。

任务总结

表 3-4　放线菌任务总结

类别	内容	要点
任务实施	放线菌的概念	什么是放线菌？
	放线菌的分类	1. 按照生物学特性放线菌可以分为哪些？并举例说明。 2. 按照结构组成放线菌可以分为哪些种类？并举例说明。
	放线菌的特点	1. 放线菌在形态结构方面具有哪些特点？ 2. 放线菌在种类和数量方面具有哪些特点？

二维码 3-5　放线菌测试题

任务测试

1. 扫描二维码，完成任务测试题。
2. 根据测试结果，指导教师对每位同学做出评价。

任务三　支原体

学习目标

知识目标

(1)了解支原体的形态结构特点。

(2)掌握支原体繁殖的方式和菌落特征。

(3)能说出支原体的微生物学特点。

二维码 3-6　支原体

能力目标

(1)能根据老师展示的支原体结构图,向同学们介绍支原体的形态与结构。

(2)能为培养支原体选择合适的培养基,并能区分细菌菌落和支原体菌落。

(3)能举例说明支原体的致病特点。

素质目标

(1)培养自主学习、独立思考、分析总结和语言表达能力。

(2)培养关注环境卫生、保护公共安全和爱国主义精神。

任务分析

表 3-5　支原体任务单

<table>
<tr><td>任务名称</td><td colspan="3">支原体</td></tr>
<tr><td>任务描述</td><td colspan="3">能够说出支原体的概念;了解支原体的分类;能够说出支原体的特点。</td></tr>
<tr><td>完成条件</td><td colspan="3">智能手机,多媒体教学设备。</td></tr>
<tr><td rowspan="2">任务资讯</td><td colspan="2">资讯问题</td><td>参考资料</td></tr>
<tr><td colspan="2">1. 支原体是什么?
2. 支原体可以分为哪些种类?
3. 支原体的特点有哪些?</td><td>1. 刘志恒. 现代微生物学[M]. 北京:科学出版社,2002.
2. 周德庆. 微生物学教程[M]. 4 版. 北京:高等教育出版社,2020.
3. 河南农业大学. 动物微生物学[M]. 3 版. 北京:中国农业出版社,2005.</td></tr>
<tr><td rowspan="3">考核标准</td><td>知识考核</td><td>能力考核</td><td>素质考核</td></tr>
<tr><td>1. 查阅相关资料,完成资讯问题。
2. 准确回答任务测试题。
3. 规范书写任务总结。</td><td>1. 能准确说出支原体的概念。
2. 能准确说出支原体的分类。
3. 能准确讲述支原体的特点。</td><td>1. 善于观察思考。
2. 做事精益求精。
3. 善于总结归纳。
4. 胸怀祖国,服务人民的爱国主义精神。</td></tr>
<tr><td colspan="3">注:在实际考核过程中,教师可根据具体的考核标准确定优秀、良好、及格和不及格。
90～100 分为优秀;80～89 分为良好;60～79 分为及格;60 分以下为不及格。</td></tr>
</table>

任务实施

支原体又称为霉形体，是一类介于细菌和病毒之间、无细胞壁、能独立生活的最小的单细胞原核型微生物质。因缺乏细胞壁而具有多形性和可塑性，可通过细菌滤器。支原体能在无生命的人工培养中生长繁殖，但营养要求较高，含有 DNA 和 RNA，以二分裂或芽生方式繁殖。多数为需氧或兼性厌氧。

支原体广泛分布于污水、土壤、植物、动物和人体中，腐生、共生或寄生的形式存在，常污染实验室的细胞培养液及血清疫苗等生物制品，有 30 多种对人畜有致病性。支原体对青霉素有抵抗力。

一、支原体的形态与染色

革兰染色呈阴性，但着色较难，常用吉姆萨染色，呈淡紫色。支原体无细胞壁，细胞膜厚 2.5～10 nm，由 3 层极薄的膜构成，内、外层为蛋白质及糖类，中间层是脂质。有些支原体在细胞膜外还有一层由多聚糖组成的微荚膜。菌体具有高度多形性，基本形状为球状、杆状和丝状，尚有梨状、分枝状、环状、螺旋状等不规则形状。菌体大小一般为 125～250 nm，大的可达 2～10 μm，丝状菌体短的为数微米，长的可达 150 μm。细胞质内无线粒体等膜状细胞器，但有核糖体，无鞭毛，能通过细菌滤器。

二、支原体的增殖与培养

支原体以二分裂为主，也可出芽生长。可在特定的培养基上生长，但营养要求较高，常需在培养基中加入 10%～20%的动物血清、胆固醇和高级脂肪酸，培养基中加入酵母浸液、葡萄球菌和链球菌的培养滤液等能促进其生长；部分种类需在组织培养物上才能生长。最适培养温度为 37 ℃，最适 pH 为 7.6～8.0，兼性厌氧，初代培养需加入 5%的 CO_2。生长缓慢，固体培养基上需 3～5 d 才能形成菌落，形似“油煎蛋”状、乳头状或脐状，液体培养基中需 2～4 d 才能形成极轻微的浑浊，或形成薄片状小菌落，黏附于管壁或沉于管底。多数支原体可在 9～11 日龄鸡胚上生长。

三、支原体的抵抗力

支原体的抵抗力较弱，在 45 ℃时 15～30 min 即死亡，在 55 ℃时 5～15 min 即死亡。支原体对一般消毒剂较敏感，对表面活性剂极为敏感。支原体对泰妙菌素、泰乐菌素、土霉素、金霉素等抗生素敏感，对放线菌素和丝裂霉素最敏感，但对青霉素、链霉素和多黏菌素有抵抗力。

四、支原体的微生物学诊断

支原体形态多样，直接镜检意义不大，应取病料进行分离培养，分离的支原体经形态、生化反应做初步鉴定，进一步经生长抑制试验与代谢抑制试验确定。

1. 分离培养

加 10%～20%马或小牛血清于基础培养基中。初次分离生长缓慢，菌落呈典型的油煎蛋样。新分离菌株在鉴定前必须先进行细菌 L 型鉴定，支原体与细菌 L 型极相似。它们均无细胞壁，形态多样，具有滤过性，对作用于细胞壁的抗生素有抵抗作用，菌落也都为油煎蛋样，其主要区别是在无抑制剂的培养基中连续传代后能否恢复为细菌形态。

2. 生化性状测定

先做毛地黄苷敏感性测定，区别需要胆固醇与不需要胆固醇的支原体。再做葡萄糖、精氨酸分解试验，将其分为发酵葡萄糖和水解精氨酸两类，以缩小选用抗血清的范围，进一步做血清学鉴定。

3. 血清学鉴定

血清学试验方法中特异性较强、敏感性较高、应用较多的是生长抑制试验、代谢抑制试验以及表面免疫荧光试验。

(1)生长抑制试验。在接种被检支原体的平板培养基上，贴上含已知抗血清的圆纸片，培养后观察圆纸片周围有无菌落抑制环的产生。抑制宽度达 2 mm 以上时为同种，无抑制环为异种。

(2)代谢抑制试验。常用的有发酵抑制试验，即将支原体接种于含葡萄糖的液体培养基中，加入相应的抗血清，通过指示剂颜色的变化，观察支原体分解葡萄糖产酸的活性是否被抑制。精氨酸代谢抑制试验，即将支原体接种于含精氨酸加指示剂的液体培养基中，能分解精氨酸使培养基变碱者，可因加入相应的抗血清被抑制。

(3)表面免疫荧光试验。用已知抗血清制成荧光抗体，直接染色琼脂块上的支原体菌落，在荧光显微镜下观察菌落的特异性荧光。也可在抗血清与菌落反应后再用荧光标记的抗体染色。

五、支原体的致病性及防治

大多数支原体为寄生性，寄生于多种动物的呼吸道、泌尿生殖道、消化道黏膜以及乳腺和关节等处，导致人和畜禽疾病。疾病特点是潜伏期长，呈慢性经过，地方性流行，多具有种的特性。支原体的抗原由细胞膜上的蛋白质和类脂组成。各种支原体的抗原结构不同，交叉很少，有鉴定意义。动物自然发生支原体病后具有免疫力，如猪发生支原体肺炎后免疫保护至少达 60 周、牛患传染性胸膜肺炎后免疫保护可达 12～30 个月。支原体感染后，机体可通过产生 IgM、IgG 和 IgA 引起体液免疫应答。猪支原体肺炎活疫苗(RM48 株)用于预防猪肺炎支原体引起的猪喘气病，断奶前后鼻腔接种，免疫期为 6 个月。猪肺炎支原体二联灭活疫苗已获准上市。

任务总结

表 3-6 支原体任务总结

类别	内容	要点
任务实施	支原体的概念	什么是支原体？
	支原体的分类	1. 按照生物学特性支原体可以分为哪些种类？并举例说明。 2. 按照结构组成支原体可以分为哪些种类？并举例说明。
	支原体的特点	1. 支原体的形态与染色特点是什么？ 2. 支原体的增殖与培养特点是什么？ 3. 支原体的抵抗力如何？
	支原体的微生物学诊断	支原体如何做病原分离鉴定和生化性状测定？常用的血清学检查是什么？
	支原体的致病性及防治	1. 支原体引起疾病的临床症状和病理变化是什么？ 2. 支原体的疫苗如何使用？

任务测试

1. 扫描二维码，完成任务测试题。
2. 根据测试结果，指导教师对每位同学做出评价。

二维码 3-7 支原体测试题

任务四　螺旋体

学习目标

知识目标

(1)了解螺旋体的形态结构特点。

(2)掌握螺旋体繁殖的方式和菌落特征。

(3)能说出螺旋体的微生物学特点。

二维码 3-8　螺旋体

能力目标

(1)能根据老师展示的螺旋体结构图,向同学们介绍螺旋体的形态与结构。

(2)能为培养螺旋体选择合适的培养方式。

(3)能举例说明螺旋体的致病特点。

素质目标

(1)培养自主学习、独立思考、分析总结和语言表达能力。

(2)培养关注环境卫生、保护公共安全和爱国主义精神。

任务分析

表 3-7　螺旋体任务单

<table>
<tr><td>任务名称</td><td colspan="3">螺旋体</td></tr>
<tr><td>任务描述</td><td colspan="3">能够说出螺旋体的概念;了解螺旋体的分类;能够说出螺旋体的特点。</td></tr>
<tr><td>完成条件</td><td colspan="3">智能手机,多媒体教学设备。</td></tr>
<tr><td rowspan="2">任务资讯</td><td>资讯问题</td><td colspan="2">参考资料</td></tr>
<tr><td>1. 螺旋体是什么?
2. 螺旋体可以分为哪些类型?
3. 螺旋体的特点有哪些?</td><td colspan="2">1. 郝民忠. 动物微生物[M]. 重庆:重庆大学出版社,2007.
2. 杨文. 王振华. 邓灶福. 动物微生物[M]. 武汉:华中科技大学出版社,2015.
3. 杨玉平. 动物微生物[M]. 北京:中国轻工业出版社,2012.</td></tr>
<tr><td rowspan="3">考核标准</td><td>知识考核</td><td>能力考核</td><td>素质考核</td></tr>
<tr><td>1. 查阅相关资料,完成资讯问题。
2. 准确回答任务测试题。
3. 规范书写任务总结。</td><td>1. 能准确说出螺旋体的概念。
2. 能准确说出螺旋体的分类。
3. 能准确讲述螺旋体的特点。</td><td>1. 善于观察思考。
2. 做事精益求精。
3. 善于总结归纳。
4. 胸怀祖国,服务人民的爱国主义精神。</td></tr>
<tr><td colspan="3">注:在实际考核过程中,教师可根据具体的考核标准确定优秀、良好、及格和不及格。
90～100 分为优秀;80～89 分为良好;60～79 分为及格;60 分以下为不及格。</td></tr>
</table>

任务实施

螺旋体是一群细长而柔软、波状或螺旋状、运动活泼的单细胞原核微生物。螺旋体在生物学上的位置介于细菌与原虫之间。螺旋体具有与细菌相似的基本结构,如细胞壁中有脂多糖和磷壁酸,胞浆内含核质,二分裂繁殖。螺旋体与原虫相似之处在于细胞壁与外膜之间有轴丝,由于轴丝的屈曲与收缩使螺旋体能自由活泼运动。螺旋体广泛存在于水生环境,也有许多分布在人和动物体内。螺旋体在生物学分类上分为8个属,其中与兽医关系较大的有4个属,即密螺旋体属、疏螺旋体属、钩端螺旋体属和蛇形螺旋体属。大部分螺旋体能自由地腐生或共生生活,无致病性,只有一小部分可引发人和动物的疾病。

一、螺旋体的形态与结构

螺旋体革兰染色呈阴性,但较难染色。吉姆萨染色呈淡红色,镀银染色着色较好,菌体呈黄褐色,背景呈淡黄色。也可用印度墨汁或刚果红与螺旋体混合负染,螺旋体透明无色,背景衬有颜色,反差明显。以相差和暗视野显微镜观察螺旋体效果良好,既能检查形态,又可分辨运动方式,较为常用。

螺旋体细胞呈螺旋状或波浪状圆柱形,具有多个完整的螺旋。长短不等,大小为(5～250) μm×(0.1～3) μm。某些螺旋体可通过细菌滤器。不同螺旋体螺旋的数目、两螺旋间的距离及旋转角度各不相同,是分类上的一项重要指标。

螺旋体的细胞中心为原生质柱,外有2～100根以上的轴丝,又称为鞭毛,夹在原生质膜与外细胞壁和黏液层构成的外鞘之间。螺旋体通过轴丝而运动,其运动方式主要有3种:沿长轴旋转、弯曲移动和局部转动。螺旋体具有不定形的核,无芽孢,核酸兼有DNA和RNA,以横二分裂法繁殖。在陈旧培养物中或培养物用青霉素处理,螺旋体可成为L型。

二、螺旋体的培养特性

除钩端螺旋体外,多数不能用人工培养基培养或培养较为困难,多数厌氧。非致病性螺旋体、蛇形螺旋体、钩端螺旋体以及个别致病性密螺旋体与疏螺旋体可采用含血液、腹水或其他特殊成分的培养基培养,某些种类还必须在培养基中加入某些特定的脂肪酸、蛋白胨、胰酶消化酪蛋白、脑心浸出液等营养因子才能生长。最适培养温度为8～30 ℃(钩端螺旋体)或38 ℃(蛇形螺旋体),最适pH为7.2～7.5(钩端螺旋体),生长缓慢。其余螺旋体迄今尚不能用人工培养基培养,但可用易感动物来增殖保种。

三、螺旋体的致病性及防治

螺旋体广泛存在于自然界水域中,也有许多存在于人和动物的体内。大部分螺旋体是非致病性的,只有一小部分是致病性的。如兔梅毒密螺旋体可致兔梅毒;猪痢疾蛇形螺旋体是猪痢疾的病原体;钩端螺旋体可感染多种家畜、家禽和野生动物,导致钩端螺旋体病;鹅疏螺旋体可致家禽的疏螺旋体病;伯氏疏螺旋体可引起人和动物的莱姆病,表现为皮肤病变和儿童关节炎。

目前,尚无有效的疫苗来预防螺旋体病。但问号钩端螺旋体单价、双价和多价苗应用效果良好,保护率达100%。此外,还应加强疫区水源的消毒和处理。治疗时可选用广谱抗生素。

任务总结

表3-8　螺旋体任务总结

类别	内容	要点
任务实施	螺旋体的概念	什么是螺旋体?
	螺旋体的分类	1.按照生物学特性螺旋体可以分为哪些种类?并举例说明。 2.按照结构组成螺旋体可以分为哪些种类?并举例说明。
	螺旋体的特点	1.螺旋体在形态结构方面具有哪些特点? 2.螺旋体在种类和数量方面具有哪些特点? 3.螺旋体在生理遗传方面具有哪些特点?
	螺旋体的致病性	列出你知道的螺旋体引起的疾病?

任务测试

1.扫描二维码,完成任务测试题。
2.根据测试结果,指导教师对每位同学做出评价。

二维码3-9　螺旋体测试题

任务五 立克次体

学习目标

知识目标

(1)了解立克次体的形态结构特点。

(2)掌握立克次体繁殖的方式和菌落特征。

(3)能说出立克次体的微生物学特点。

二维码 3-10 立克次体

能力目标

(1)能根据老师展示的立克次体结构图,向同学们介绍立克次体的形态与结构。

(2)能为培养立克次体选择合适的培养基方法。

(3)能举例说明立克次体的致病特点。

素质目标

(1)培养自主学习、独立思考、分析总结和语言表达能力。

(2)培养关注环境卫生、保护公共安全和爱国主义精神。

任务分析

表 3-9 立克次体任务单

<table>
<tr><td>任务名称</td><td colspan="3">立克次体</td></tr>
<tr><td>任务描述</td><td colspan="3">能够说出立克次体的概念;了解立克次体的分类;能够说出立克次体的特点。</td></tr>
<tr><td>完成条件</td><td colspan="3">智能手机,多媒体教学设备。</td></tr>
<tr><td rowspan="2">任务资讯</td><td>资讯问题</td><td colspan="2">参考资料</td></tr>
<tr><td>1. 立克次体是什么?
2. 立克次体可以分为哪些类型?
3. 立克次体的特点有哪些?</td><td colspan="2">1. 郝民忠. 动物微生物[M]. 重庆:重庆大学出版社,2007.
2. 杨文. 王振华. 邓灶福. 动物微生物[M]. 武汉:华中科技大学出版社,2015.
3. 杨玉平. 动物微生物[M]. 北京:中国轻工业出版社,2012.</td></tr>
<tr><td rowspan="3">考核标准</td><td>知识考核</td><td>能力考核</td><td>素质考核</td></tr>
<tr><td>1. 查阅相关资料,完成资讯问题。
2. 准确回答任务测试题。
3. 规范书写任务总结。</td><td>1. 能准确说出立克次体的概念。
2. 能准确说出立克次体的分类。
3. 能准确讲述立克次体的特点。</td><td>1. 善于观察思考。
2. 做事精益求精。
3. 善于总结归纳。
4. 胸怀祖国,服务人民的爱国主义精神。</td></tr>
<tr><td colspan="3">注:在实际考核过程中,教师可根据具体的考核标准确定优秀、良好、及格和不及格。
90～100 分为优秀;80～89 分为良好;60～79 分为及格;60 分以下为不及格。</td></tr>
</table>

任务实施

立克次体是一类依赖于宿主细胞和专性细胞内寄生的小型革兰阴性单细胞原核微生物。此类微生物是引起人和动物立克次体病(如Q热、斑疹伤寒、恙虫病)的病原体。

一、生物学特性

革兰染色呈阴性,吉姆萨染色呈紫色或蓝色,基维罗氏法染色呈红色。形态表现为多形性,可呈球形、球杆形、杆形,甚至呈丝状等,但以球杆状为主。大小介于细菌和病毒之间,球状菌直径为0.2～0.7 μm,杆状菌大小为(0.3～0.6) μm×(0.8～2) μm。除贝柯克斯体外,均不能通过细菌滤器。立克次体酶系不完备,大多数只能利用谷氨酸产能而不能利用葡萄糖产能,缺乏合成核酸的能力,依赖宿主细胞提供ATP、NAD和辅酶A等才能生长,并以二分裂方式繁殖。多不能在普通培养基上生长繁殖,故常用动物接种、鸡胚卵黄囊接种以及细胞培养等方法培养立克次体。

立克次体对理化因素抵抗力不强,尤其对热敏感,56 ℃加热30 min即被灭活。对低温及干燥抵抗力强,在干燥虱粪中能保持传染性达1年以上,于50%的甘油盐水中4 ℃可保存活力达数月之久。对广谱抗生素中的氯霉素、金霉素、四环素等敏感。青霉素一般无作用,而磺胺药物不仅不敏感,反有促进立克次体生长的作用。

二、立克次体的致病性

立克次体主要寄生于虱、蚤、蜱、螨等节肢动物的肠壁上皮细胞中,并能进入唾液腺或生殖道内。人畜主要经这些节肢动物的叮咬或其粪便污染的伤口而感染立克次体,其主要致病的毒性物质是内毒素和磷脂酶A。立克次体进入机体后,多在网状内皮系统、血管内皮细胞或红细胞内增殖,引起内皮细胞肿胀、增生、坏死、微循环障碍及血栓形成,呈现皮疹、脑病症状和休克等。人和动物感染立克次体后,可产生特异性体液免疫和细胞免疫,病后可获得坚强的免疫力。

三、立克次体的微生物学诊断

病原体的检查可将病料制成血片或组织抹片,经适当方法染色后镜检。若用荧光抗体法检查,效果更佳。进一步将病料处理后接种于鸡胚卵黄囊内或适宜的易感动物,用荧光抗体技术、血清中和试验或补体结合试验等进行鉴定。

抗体检查可用已知抗原做凝集试验、补体结合试验或中和试验,以证实患病动物血清中是否有相应的抗体,从而诊断该病。凝集试验是利用某些能与立克次体多糖抗原的抗体发生交叉反应的变形杆菌株制成凝集抗原,检查某些立克次体病,这种凝集试验称为魏斐二氏反应。中和试验可用豚鼠或鸡胚进行。

四、立克次体的致病性及防治

立克次体感染的节肢动物叮咬或其粪便污染伤口而感染人畜，但有些立克次体也可能通过呼吸道和消化道感染动物。如斑疹伤寒、斑点热群的立克次体可致人和某些脊椎动物的斑点热，恙虫病群的立克次体可致恙虫病；柯克斯体属中的贝纳柯克斯体可致人和动物的Q热，附红细胞体可致猪、牛、羊、犬等动物疾病；埃里希氏体属中的塞氏埃里希氏体可致马的结肠炎。

应用鸡胚卵黄囊灭活苗预防牛的Q热，可减少奶牛的发病率。附红细胞体病在猪、牛发生较多，很多呈隐性感染，传播途径主要通过昆虫叮咬和血液传播。目前没有疫苗，主要靠药物预防。

任务总结

表 3-10 立克次体任务总结

类别	内容	要点
任务实施	立克次体的概念	什么是立克次体？
	立克次体的分类	1. 按照生物学特性立克次体可以分为哪些类型？并举例说明。 2. 按照结构组成立克次体可以分为哪些类型？并举例说明。
	立克次体的特点	1. 立克次体在形态结构方面具有哪些特点？ 2. 立克次体在种类和数量方面具有哪些特点？ 3. 立克次体在生理遗传方面具有哪些特点？
	立克次体的致病性	请列出立克次体引起的疾病。

任务测试

二维码 3-11 立克次体测试题

1. 扫描二维码，完成任务测试题。
2. 根据测试结果，指导教师对每位同学做出评价。

任务六　衣原体

学习目标

知识目标

(1)了解衣原体的形态结构特点。

(2)掌握衣原体繁殖的方式和培养特性。

(3)能说出衣原体的微生物学特点。

二维码 3-12　衣原体

能力目标

(1)能根据老师展示的衣原体结构图,向同学们介绍衣原体的形态与结构。

(2)能为培养衣原体选择合适的培养方式。

(3)能举例说明衣原体的致病特点。

素质目标

(1)培养自主学习、独立思考、分析总结和语言表达能力。

(2)培养关注环境卫生、保护公共安全和爱国主义精神。

任务分析

表 3-11　衣原体任务单

<table>
<tr><td>任务名称</td><td colspan="3">衣原体</td></tr>
<tr><td>任务描述</td><td colspan="3">能够说出衣原体的概念;了解衣原体的分类;能够说出衣原体的特点。</td></tr>
<tr><td>完成条件</td><td colspan="3">智能手机,多媒体教学设备。</td></tr>
<tr><td rowspan="2">任务资讯</td><td>资讯问题</td><td colspan="2">参考资料</td></tr>
<tr><td>1. 衣原体是什么?
2. 衣原体可以分为哪些类型?
3. 衣原体的特点有哪些?</td><td colspan="2">1. 胡桂学. 兽医微生物学[M]. 北京:中国农业大学出版社,2018.
2. 吴清民. 兽医传染病学[M]. 北京:中国农业大学出版社,2002.
3. 河南农业大学. 动物微生物学[M]. 3 版. 北京:中国农业出版社,2005.</td></tr>
<tr><td rowspan="3">考核标准</td><td>知识考核</td><td>能力考核</td><td>素质考核</td></tr>
<tr><td>1. 查阅相关资料,完成资讯问题。
2. 准确回答任务测试题。
3. 规范书写任务总结。</td><td>1. 能准确说出衣原体的概念。
2. 能准确说出衣原体的分类。
3. 能准确讲述衣原体的特点。</td><td>1. 善于观察思考。
2. 做事精益求精。
3. 善于总结归纳。
4. 胸怀祖国,服务人民的爱国主义精神。</td></tr>
<tr><td colspan="3">注:在实际考核过程中,教师可根据具体的考核标准确定优秀、良好、及格和不及格。
90~100 分为优秀;80~89 分为良好;60~79 分为及格;60 分以下为不及格。</td></tr>
</table>

任务实施

衣原体是一群能通过细菌滤器、革兰阴性、具独特发育周期，以二分裂繁殖，并形成包涵体、专性真核细胞内寄生的原核微生物，是引起人和动物衣原体病的病原体。

一、生物学特性

衣原体在宿主细胞内生长繁殖时，具有独特的发育周期。早期为无感染性的始体又称为网状体期，后期为有感染性的原体期。原体颗粒呈球形，小而致密，直径 0.2～0.4 μm，普通光学显微镜下勉强可见。电子显微镜下中央有致密的类核结构。原体是发育成熟了的衣原体，吉姆萨染色呈紫色，马基维罗氏染色呈红色。原体主要存在细胞外，较为稳定，具有高度传染性。始体颗粒体积较原体大两至数倍，直径 0.7～1.5 μm，圆形或卵圆形，代谢旺盛，以二分裂繁殖。始体是衣原体在宿主细胞内发育周期的幼稚阶段，是繁殖型，不具有感染性，吉姆萨染色和马基维罗氏染色均呈蓝色。

包涵体是衣原体在细胞空泡内繁殖过程中形成的集落形态。包涵体内含无数子代原体和正在分裂增殖的网状体。成熟的包涵体经吉姆萨染色呈深紫色，革兰阴性。细胞培养中衣原体的生活周期一般为 48～72 h，有些菌株或血清型可能更短些。在生活周期末包涵体破裂，导致大量原体进入胞质，引起宿主细胞的裂解死亡，从而原体得以释放。

衣原体具有严格的寄生性，能在鸡胚、细胞培养及动物体繁殖。可接种于 5～7 日龄鸡胚卵黄囊，一般在接种 3～5 d 死亡，取死胚卵黄囊膜涂片染色，镜检可见有包涵体、原体和网状颗粒。动物接种多用于严重污染病料中衣原体的分离培养。常用动物为 3～4 周龄小鼠，可进行腹腔接种或脑内接种。细胞培养可用鸡胚、小鼠、羔羊等易感动物组织的原代细胞，也可用 Hela 细胞、Vero 细胞、BHK-21 等传代细胞系来增殖衣原体。由于衣原体对宿主细胞的穿入能力较弱，可在细胞管中加入二乙氨基乙基葡聚糖或预先用 X 线照射细胞培养物，以提高细胞对衣原体的易感性。

衣原体对外界环境抵抗力不强，耐冷怕热，56～60 ℃仅能存活 5～10 min，－50 ℃ 可保存 1 年以上。对脂溶剂、去污剂以及常用的消毒药液均十分敏感，但对煤酚类化合物及石炭酸等一般较能抵抗。衣原体对四环素类药物最敏感；对红霉素、多黏菌素 B 等次之；对青霉素、头孢菌素类敏感性差；而对链霉素、庆大霉素及新霉素等不敏感；对磺胺药物的敏感性，因衣原体种的不同而异。

衣原体有以下几种不同类型的抗原：一是属特异性抗原，是所有衣原体均具有的抗原，在不同种间可发生交叉反应。它位于细胞壁，是一种较大分子量的脂多糖。能耐受 130 ℃ 加热 30 min，溶于乙醚，可用补体结合试验和血凝抑制试验检出。二是种特异性抗原，位于细胞壁的主要外膜蛋白上，它与衣原体的致病性、免疫性、种型抗原相关。这种抗原不耐热，60 ℃ 以上可被破坏，可用补体结合试验、琼脂扩散试验、荧光抗体技术以及中和试验检测，依此可鉴别衣原体的不同种别。此外，细胞壁的主要外膜蛋白上氨基酸可变区的顺序变化还可进一步区分出种内的血清型或生物型，称为型特异性抗原，常用单克隆抗体微量免疫荧光试验加以检测。

二、致病性与免疫性

衣原体中的沙眼衣原体和肺炎衣原体主要感染人，对动物无致病性。与畜禽疾病有关的是鹦鹉热衣原体，有时也致人类疾病。鹦鹉热衣原体主要危害禽类、绵羊、山羊、牛和猪等动物，引起鸟疫、绵羊和山羊及牛的地方性流产、牛散发性脑脊髓炎、牛和绵羊多发性关节炎以及猫的肺炎。人类的感染大多由患病禽类所致。

鹦鹉热衣原体可诱导机体产生细胞免疫和体液免疫。人和动物自然感染衣原体后，可产生一定的病后免疫力。用感染衣原体的卵黄囊制成灭活苗免疫动物，可产生较好的预防效果。

三、微生物学诊断

根据所致疾病的不同，选择采取肺、关节液、脑脊髓、胎盘等病料做触片或涂片，用吉姆萨染色、马基维罗氏染色着色良好，还可用荧光抗体做特异染色，也可将上述病料处理后，接种鸡胚或鸭胚卵黄囊分离病原体，必要时可适当传代，分得病原后进行鉴定。动物实验可进行小鼠和豚鼠的腹腔接种。

对感染的人、牛、羊、家兔等血清中的抗体可直接用补体结合试验检查，猪、鸭、鸡或其他家禽血清抗体则必须用间接补体结合试验检查。此外，还可用琼脂扩散试验、间接血凝试验及ELISA 等。对感染组织或细胞中抗原，可用荧光素标记或酶标记的衣原体属、种或型的特异单克隆抗体做免疫荧光染色法或免疫酶染色法检查鉴定。

近年来，已采用核酸探针或 PCR 技术等来准确、灵敏地检测或鉴定鹦鹉热衣原体。

四、衣原体病的防制

加强疫鸟、疫禽和病畜的检查和管理，并防止与其接触，是预防鹦鹉热的有效措施。绵羊衣原体性流产疫苗已在我国应用，但若制苗株与发病地区分离株在抗原性上有明显差异，则会影响免疫效果，故用当地分离株制成苗，可取得较好效果。我国已试制成功绵羊衣原体性流产疫苗，其他类型的衣原体病尚无实用的疫苗，治疗一般用四环素、强力霉素、红霉素及多黏菌素B 等，以四环素作用最强。

任务总结

表 3-12 衣原体任务总结

类别	内容	要点
任务实施	衣原体的概念	什么是衣原体？
	衣原体的分类	1. 按照生物学特性衣原体可以分为哪些类型？并举例说明。 2. 按照结构组成衣原体可以分为哪些类型？并举例说明。
	衣原体的特点	1. 衣原体在形态结构方面具有哪些特点？ 2. 衣原体在种类和数量方面具有哪些特点？ 3. 衣原体在生理遗传方面具有哪些特点？
	衣原体的致病性	列出由衣原体引起的疾病有哪些？

二维码 3-13 衣原体测试题

任务测试

1. 扫描二维码，完成任务测试题。
2. 根据测试结果，指导教师对每位同学做出评价。

思政淬炼

战火中走出的微生物学家

魏曦，中国科学院学部委员（院士）、医学家、微生物学家、流行病学家，1903 年出生在湖南岳阳，1926 年参加北伐军，任第四集团军警卫团三等军医，先后就读于长沙湘雅医学专门学校预科班、南京金陵大学、上海中央大学医学院、美国哈佛大学，1951 年，赴朝鲜战场，任反对美军发动细菌战调查团检验队队长。1982 年，加入中国共产党。魏曦主要成就包括：成功接种斑疹伤寒立克次体；成功试制中国第一代钩端螺旋体菌苗；在中国首次开展回归热螺旋体、支原体、弯曲菌的研究；研究证实恙虫病在中国的存在；提出了抗生素引起菌群失调的概念并开发了生态制剂；从事诸多动物源病——人兽共患病的调查研究，在中国首次判定弯曲菌。魏曦同组织胚胎学家薛社普、古人类学家吴汝康等创建了遵义医科大学基础医学学科，是中国微生态学的奠基人，对中国生物制品事业的创建与发展做出了重要贡献。

项目四

外界因素对微生物的影响

任务一　微生物在外界环境中的分布

学习目标

知识目标

(1)了解微生物在环境中分布的规律。

(2)掌握微生物在动物体内分布的特点。

(3)掌握微生物在食品中分布的特点。

二维码 4-1　微生物在外界环境中的分布

能力目标

(1)根据微生物在环境中分布的特点,描述微生物的分布规律。

(2)能够正确向同学们介绍环境中微生物的分布情况。

(3)经小组讨论后,能够总结影响环境中微生物分布的因素。

素质目标

(1)培养认识自然、利用自然、改造自然的辩证观念。

(2)培养分析思考、交流表达、自主学习的能力。

任务分析

表 4-1　微生物在外界环境中的分布任务单

任务名称	微生物在外界环境中的分布
任务描述	了解土壤、水、空气中的微生物生存条件及分布状态;掌握正常菌群存在的意义及其对宿主的影响;了解食品中微生物是如何存在的。
完成条件	智能手机,多媒体教学设备。

续表 4-1

<table>
<tr><td rowspan="2">任务资讯</td><td colspan="2">资讯问题</td><td colspan="2">参考资料</td></tr>
<tr><td colspan="2">1. 土壤、水、空气中微生物是如何分布的？为什么？
2. 正常菌群存在的意义及其对宿主的影响是什么？
3. 食品中微生物存在的条件以及如何防止食物变质？</td><td colspan="2">1. 郝民忠. 动物微生物[M]. 重庆：重庆大学出版社，2007.
2. 杨文. 王振华. 邓灶福. 动物微生物[M]. 武汉：华中科技大学出版社，2015.
3. 胡建和，王丽荣，杭柏林. 动物微生物学[M]. 北京：中国农业科学技术出版社，2006.</td></tr>
<tr><td rowspan="3">考核标准</td><td>知识考核</td><td colspan="2">能力考核</td><td>素质考核</td></tr>
<tr><td>1. 查阅相关资料，完成资讯问题。
2. 准确回答任务测试题。
3. 规范书写任务总结。</td><td colspan="2">1. 能说出土壤、水、空气中为什么会有微生物的分布。
2. 能准确说出正常菌群存在的意义及其对宿主的影响。
3. 能讲述食物变质的原因</td><td>1. 热爱专业，培养无菌意识。
2. 建立生态安全理念。
3. 团结同学，互帮互助。
4. 树立"绿水青山就是金山银山"的重要理念。</td></tr>
<tr><td colspan="4">注：在实际考核过程中，教师可根据具体的考核标准确定优秀、良好、及格和不及格。
90～100 分为优秀；80～89 分为良好；60～79 分为及格；60 分以下为不及格。</td></tr>
</table>

任务实施

一、土壤中的微生物

土壤是微生物生活的良好环境。土壤是微生物的天然培养基，具备大多数微生物正常发育所必需的一切条件。土壤中经常含有并经常补充着一定数量的有机物和无机物。土壤中经常保持着适当的水分和酸碱度，氧气充足，温度变化不大，并且有土壤表层的阻挡作用，能保护微生物免受直射日光的损害。因此，土壤成为微生物最广阔的天然培养基。

微生物在各层土壤中的分布是不均匀的。表层土壤由于受日光照射和干燥的影响，微生物数量一般不多；离地面 10～20 cm 的土壤中微生物最多，大多为有益的，少数为病原微生物（来自患病动物的尸体、粪便、排泄物等）；越往深层则微生物越少，4～5m 深的土层中几乎呈无菌状态。土层越深微生物数量越少的原因，主要在于通气不良和缺乏微生物可以利用的有机物质。

二、水中的微生物

水具有微生物生命活动适宜的温度、pH、氧气等。因此，水中生长着众多的微生物类群，它们主要来源土壤、空气、动植物残体、人和动物的排泄物、工业及生活污水。

水中存在的微生物 90%为革兰阴性菌，主要有弧菌、假单胞菌、杆菌等。微生物在水中表现为水平分布和垂直分布的规律。此外，相同水域的不同位置微生物的含量及分布也不同。通过水传播的病原微生物主要有沙门菌属、志贺菌属、霍乱弧菌等。因此，做好水的卫生学检查至关重要。水的细菌学检查，主要是测定细菌总数和大肠菌群数，水中细菌总数是指每毫升水样中的细菌菌落总数（我国<100 个/mL）。水中大肠菌群数是用每 1 000 mL 水样中含有大肠菌群数的最近似数来表示（我国<3 个/1 000 mL）。

三、空气中的微生物

空气本身缺乏微生物生活所必需的营养物质，日光对微生物也具有很强的杀菌作用，另外空气一般是干燥的，因此，空气不是微生物生活的良好环境。空气中的微生物主要来源于带有微生物菌体及孢子的灰尘，这类微生物大多数是腐生性的，还来源于人和动物，它们大多数是通过呼吸道被排出的，其中也包含病原微生物，悬浮在大气中。

空气中微生物的分布随环境条件及微生物的抵抗力不同而呈现不同的分布规律。空气中存在较多的、存活时间较长的是各种真菌、放线菌的孢子及细菌芽孢。空气中微生物的数目决定于尘埃的总量。空气的消毒法：在进行外科手术和生物药品制造时，必须保持周围空气无菌。因此，空气消毒是很必要的。在密闭的室内或玻璃罩内用稀释的消毒液喷雾，以达到杀菌或使其沉降的目的。用紫外线灯照射无菌室，也可杀死空气中的细菌。此外，还可应用熏蒸法以消灭空气中的微生物，最常用的气体消毒剂是福尔马林，在密闭的房间内，置高锰酸钾 1 份于较深的缸内，加入福尔马林 2 份，操作者迅速退出，将房门关紧，24 h 后开门通风，完成消毒。

四、正常动物体的微生物

1. 正常动物体的细菌分布概况

在正常情况下，动物由于与自然界密切接触，其体表和与外界相通的腔道中，经常存在多种细菌。但是，在机体的内部，正常情况下是无菌的。

动物体表的细菌很多，球菌占其中多数，包括葡萄球菌、链球菌等。此外也有不少杆菌，如大肠埃希菌、绿脓杆菌、伪白杆菌、枯草杆菌等。在皮脂腺和汗腺中，最常发现葡萄球菌，这是外伤后引起化脓的主要原因。

呼吸道以鼻腔细菌较多，气管黏膜上也有细菌，不过离气管分支越近的地方细菌越少。健康动物的支气管末梢和肺泡内是无菌的，只有在病理情况下才有细菌存在。

整个消化道都有细菌，但不同部位其细菌种类和数量有很大差异。口腔细菌较多，食道细菌极少。胃中因胃酸有杀菌力，故细菌较少。不过反刍动物前胃的情况不同，其中存在着大量细菌。十二指肠由于胆汁的作用，细菌极少。在其后的小肠中，细菌逐渐增多。大肠和直肠中细菌最多，这是由于食物残渣长时停留而消化液的杀菌力已经消失的缘故。其中，常在的细菌有：大肠埃希菌、肠球菌、梭菌、拟杆菌、乳酸杆菌等。

泌尿生殖道、肾脏、输尿管等在正常情况下，一般是无菌的，仅与外部相通处有细菌。阴道中主要是乳酸杆菌，其次是棒状杆菌样细菌、葡萄球菌、细球菌等，有些还可检出支原体。尿道中可以检出葡萄球菌、棒状杆菌等。

2. 动物体的正常菌群

动物生活在自然界中，经常被外界细菌污染。但是，附着到动物体各部分的各种细菌，多因各种因素而被淘汰。只有适应于该部位的细菌，才能发育增殖。正常人体及动物体上都存在着许多微生物，生活在健康动物的各个部位，数量大、种类较稳定，一般是有益无害的微生物，称为正常菌群。正常菌群存在的意义及其对宿主的影响有如下几点。

（1）维持家畜的正常消化代谢，维持器官的正常生理功能。哺乳动物消化液中不含纤维素分解酶，草食动物消化饲料中的纤维素，需要消化道内共生的微生物作用。没有微生物酶的作用，丰富的食物资源就不能被充分利用，微生物对这里的能量流动和物质循环起重要作用。反刍动物瘤胃微生物与动物的共生具有代表性，是微生物和动物互利共生的典型例子。

（2）形成局部保护膜。动物的肠道、呼吸道、泌尿生殖道等黏膜的固有层中有散在的淋巴细胞，这些淋巴细胞可在细菌的刺激下转化为浆细胞，产生 IgA，具有很强的抵抗感染能力。

（3）合成动物必需的营养物质。肠道菌可以合成动物必需的营养物质，如维生素 K、维生素 B_1、维生素 B_2 等。

正常情况下，正常菌群与宿主、环境间处于协调状态，维持着一定的生态平衡，对动物是有利的。如果宿主患病、外科手术、环境改变和滥用抗菌药物等，宿主机体某个部位的正常菌群中微生物种类、数量和栖居处将会发生改变，即称为菌群失调。例如，肠道正常菌群中非致病性大肠埃希菌占一定比例，它们能分泌大肠菌素，能抑制致病性大肠埃希菌和其他肠道致病菌生长。当长期连续或短期大量口服抗菌药物，若大肠埃希菌对其敏感，则逐渐被杀灭，使肠道微生物菌群的生态平衡破坏，而那些数量极少又对抗菌药物不敏感的致病性大肠埃希菌或其他肠道致病菌借机大量增殖，从而成为新的优势菌，往往引起肠道疾病。这种由于肠道正常菌群的生态平衡受到破坏而引起的病理过程称为菌群失调症。所以，在应用抗菌药物治疗疾病过程中，要注意观察菌群的变化，以防止菌群失调症的发生。

五、食品中的微生物

粮、油、肉、蛋、奶、蔬菜和水果等各类食品含有丰富的营养成分，因而是微生物生长繁殖的天然营养基质，一旦水分、温度、通气及其他环境条件适宜，霉菌和细菌等微生物就会迅速繁殖，造成食品的腐败变质，误食腐败的食品轻者导致中毒，重者会导致死亡。

1. 粮食上的微生物

粮食表面的微生物主要为种子表面附生的正常微生物菌系，它们以种子表面的少量分泌物为养料，其数量随种子的代谢活性而增减，通常也不损害种子并可因对污染微生物的拮抗而对粮食起保护作用，如草生假单胞菌。粮食在收获、加工和贮藏过程中常会从土壤、器具、空气中污染许多其他微生物，它们在温度适宜、空气湿度为 70%时会迅速生长并使粮食变质。最常见的污染微生物有曲霉菌、青霉、假单胞菌和黄单胞菌等，其中黄曲霉菌在受潮的谷物、豆类和油料作物籽实上生长，因能产生有致癌作用的黄曲霉毒素而成为重要的检查对象。

2. 肉类上的微生物

在正常生长健康的动物皮肤、黏膜、消化道和泌尿生殖道中常有正常附生的微生物区系称为正常菌群，但活的组织和细胞内不含有微生物。新鲜的肉类在中温范围内不宜存放过久，温度越高，肉类的腐败变质越快。肉类上常见的细菌有芽孢杆菌、梭菌、无芽孢杆菌和球菌等类群。真菌多为曲霉、毛霉和青霉等。肉类食品上生长的细菌还能产生毒素，如沙门菌属的许多种可产生内毒素等，误食少量可造成死亡。

3. 鱼类上的微生物

与动物一样，健康鱼类的体表、黏膜和消化道中有正常微生物区系共栖，在类群上以细菌为主并常含有一些低温型种类。鲜鱼在冰箱冷藏室(4 ℃)条件下不宜存放过久，否则将因其正常菌群和捕捞后从其他环境中污染的其他微生物的生长繁殖而腐败变质，冻鱼解冻后更易于微生物的生长而会加快变质速度。

4. 乳制品中的微生物

从健康动物乳腺分泌的乳汁最初是无菌的，但在挤奶、分装和运输等过程中免不了会被细菌等微生物所污染。乳及乳制品中常见的细菌有乳酸链球菌、乳酸杆菌、大肠埃希菌、粪链球菌和产气杆菌等。

任务总结

表 4-2　微生物在外界环境中的分布任务总结

类别	内容	要点
任务实施	土壤中的微生物	微生物在土壤中是如何分布的？为什么？
	水中的微生物	微生物在水中的分布规律如何？为什么？
	空气中的微生物	空气中的微生物来源于哪里？
	正常动物体的微生物	1. 正常动物体的细菌是如何分布的？ 2. 什么是动物体的正常菌群？
	食品中的微生物	引起食物变质的原因是什么？

任务测试

1. 扫描二维码，完成任务测试题。
2. 根据测试结果，指导教师对每位同学做出评价。

二维码 4-2　微生物在外界环境中的分布测试题

任务二 物理因素对微生物的影响

学习目标

知识目标

(1)知道微生物与环境之间的依赖关系。

(2)了解消毒、灭菌、防腐、无菌的概念。

(3)掌握温度、干燥、光线、超声波和激光等物理因素对微生物的影响。

二维码 4-3 物理因素对微生物的影响

能力目标

(1)能够自己组织语言,向同学们表述消毒、灭菌、防腐、无菌的概念。

(2)能够组织语言描述温度、干燥、光线、超声波和激光。

(3)查阅资料,分小组讨论,为动物微生物实验室内常见物品选择合适的消毒灭菌方案,并将方案提交。

素质目标

(1)培养语言表达、沟通交流的综合素质。

(2)培养分析思考、自主学习的能力和精益求精的工匠精神。

任务分析

表 4-3 物理因素对微生物的影响任务单

<table>
<tr><td>任务名称</td><td colspan="2">物理因素对微生物的影响</td></tr>
<tr><td>任务描述</td><td colspan="2">能够说出消毒、防腐、无菌、灭菌的概念;熟知温度、干燥、光线、超声波和激光等物理因素对微生物的影响</td></tr>
<tr><td>完成条件</td><td colspan="2">智能手机,多媒体教学设备。</td></tr>
<tr><td rowspan="2">任务资讯</td><td>资讯问题</td><td>参考资料</td></tr>
<tr><td>1. 什么是消毒、防腐、无菌、灭菌?
2. 常用的湿热灭菌法有哪几种?
3. 干热灭菌法有哪几种?
4. 光线对微生物有哪些影响?</td><td>1. 胡桂学. 兽医微生物学[M]. 北京:中国农业大学出版社,2018.
2. 吴清民. 兽医传染病学[M]. 北京:中国农业大学出版社,2002.
3. 河南农业大学. 动物微生物学[M]. 3 版. 北京:中国农业出版社,2005.
4. 刘荣臻,曹元应. 病原微生物与免疫学[M]. 3 版. 北京:人民卫生出版社,2014.</td></tr>
</table>

续表 4-3

	知识考核	能力考核	素质考核
考核标准	1. 查阅相关资料，完成资讯问题。 2. 准确回答任务测试题。 3. 规范书写任务总结。	1. 能准确说出热力灭菌的原理及各种热力灭菌法的灭菌条件。 2. 能准确说出消毒、防腐、无菌、灭菌的概念。 3. 能够说出紫外线的杀菌机理。	1. 热爱专业，培养无菌意识。 2. 建立生态安全理念。 3. 团结同学，互帮互助。 4. 树立“绿水青山就是金山银山”的重要理念。
	注：在实际考核过程中，教师可根据具体的考核标准确定优秀、良好、及格和不及格。 90～100 分为优秀；80～89 分为良好；60～79 分为及格；60 分以下为不及格。		

任务实施

微生物与外界环境的关系极为密切。微生物种类多，繁殖快，适应性强，在自然界中分布广泛。无论在土壤、水、空气中，还是在物体表面、生物机体的体表及其与外界相通的腔道中，都有微生物的存在。各种类群的微生物根据它们与环境的不同反应，而组成各种不同的生态系统，不同的外界环境附着不同的微生物，同一环境中的微生物也因各种因素的影响而变化。另外，微生物的生命活动也影响着周围的环境。掌握微生物与环境之间的依赖关系，按照人类的意愿设法控制微生物的活力和消灭有害的微生物，对畜牧业生产具有重要意义。

与消毒灭菌有关的几个概念。

二维码 4-4　与消毒灭菌有关的几个概念

1. 消毒

消毒是指杀死物体内部或表面病原微生物的方法。消毒只要求达到无传染性的目的。对非病原微生物及芽孢并不作全部杀死的要求。用于消毒的药物称为消毒剂，一般消毒剂在常用浓度下，只对细菌繁殖体有效，杀死芽孢则要求提高消毒剂的浓度或延长消毒时间。

2. 防腐

防腐是指应用各种化学药品防止或抑制微生物生长繁殖的方法。用于防腐的化学药品称为防腐剂。如在免疫血清中加入硫柳汞、石炭酸或甘油等药品，以抑制杂菌的生长繁殖。许多药品在低浓度时只有抑菌作用，浓度增高或延长作用时间，则有杀菌作用。如用 3%～5%石炭酸为消毒剂，而 0.5%的石炭酸用于防腐。

3. 无菌

无菌是指物品内部或表面不含任何活细菌。无菌操作是指防止微生物进入机体或其他物品的操作技术，如外科手术须防止细菌进入伤口。微生物实验室的许多试验也要求严格的无菌操作，以防止污染杂菌。

4. 灭菌

灭菌是指杀灭物体上所有微生物（包括病原微生物、非病原微生物、芽孢、孢子）的方法。

5. 抑菌作用

抑菌作用是指某些物质或因素具有阻碍细菌生长与繁殖的作用。

6. 杀菌作用

杀菌作用是指某些物质或因素具有杀灭细菌的作用。

7. 抗菌作用

抗菌作用是指某些药物具有抑制或杀灭细菌的作用。

影响微生物的物理因素很多，最主要因素包括温度、干燥、光线、超声波和激光、机械作用等几个方面。

一、温度对微生物的影响

温度是影响微生物生长繁殖的重要条件，不同的温度对微生物的生命活动具有不同的作用。温度主要通过影响微生物细胞膜的流动性和生物大分子的活性，来影响微生物的生命活动。随着温度的升高，细胞内酶促反应速度加快，代谢和生长也相应加快。同时，温度升高易导致胞内各种生物活性物质变性，细胞功能下降，甚至导致细胞死亡。因此，各种微生物都有3种基本温度：最低生长温度、最适生长温度、最高生长温度。总体来说，微生物的生长范围很广，可在 −10～95 ℃ 的条件下生长。但是，特定的某种微生物只能在一定温度范围内生长。根据最适生长温度的不同可将微生物分为嗜冷微生物、嗜温微生物和嗜热微生物 3 类。

(一)高温对微生物的影响

微生物细胞的蛋白质、核酸等大分子对高温非常敏感，因此应用高温是最常用的杀菌方法，高温杀菌法又称为热力灭菌法。热力灭菌法的原理是：高温可破坏微生物的蛋白质和核酸，导致微生物体蛋白质变性或凝固，酶失去活性，核酸变性，新陈代谢发生障碍，微生物死亡。

热力灭菌法可分为湿热灭菌法和干热灭菌法两类。

1. 湿热灭菌法

湿热灭菌法是利用热蒸汽灭菌的方法。在相同温度下，湿热灭菌法比干热灭菌法效果好，这是因为：蒸汽具有更强的穿透力，能更有效地杀灭微生物；蒸汽有潜热，当蒸汽液化为水时可释放出大量热量，可迅速提高灭菌物品的温度，缩短灭菌时间；蛋白质的含水量与其凝固温度成反比，因此，湿热灭菌法更易使蛋白质变性，甚至发生凝固。

常用湿热灭菌法有下列几种。

(1)煮沸法。物品在水中煮沸 10～20 min 可杀灭绝大多数细菌的繁殖体，但不能杀死细菌芽孢和真菌孢子。可在水中加入 2%～5%石炭酸，增强煮沸消毒的杀菌力。若在水中加入1%碳酸钠，可使溶液偏碱性，增强杀菌力，同时减缓金属氧化，具有一定的防锈作用。本法适用于一般器械如刀、剪、注射器、针头的消毒。

(2)流通蒸汽灭菌法。用流通蒸汽灭菌器或蒸笼灭菌。一般加热 100 ℃经 15～30 min，可杀灭细菌的繁殖体。但是一般不能够杀灭细菌芽孢。

(3)间歇灭菌法。经第 1 次流通蒸汽灭菌法灭菌后的物品置于室温或 37 ℃温箱过夜，使芽孢发育成繁殖体，再用同样的方法进行灭菌。如此连续 3 次，即可保证杀灭全部细菌和芽孢。这种灭菌法称为间歇灭菌法。此法用于不耐高温的某些培养基的灭菌。

(4)巴氏消毒法。利用较低的温度或较短的时间，杀死食品中的病原菌或一般杂菌，同时又不致严重损害食品风味和营养的消毒方法。常用于牛奶、酒类的消毒。如加温 63 ℃消毒牛奶 30 min 或加温 72 ℃消毒牛奶 15 min，可将其中的非芽孢的病原菌杀死。近年来，超高温巴氏灭菌法，132 ℃消毒牛奶 1～2 s 的方法被广泛用于液态食品的消毒。

(5)高压蒸汽灭菌法。用高压蒸汽灭菌器进行。在密闭的情况下加热，产生蒸汽不能外溢，器内压力持续增高，温度也升高，杀菌力增强。温度 121.3 ℃，20～30 min，压力 0.105 MPa。凡是耐高温，不怕潮湿的物品，如外科手术器械、生理盐水、玻璃器皿、普通培养皿等均可采用此法，是湿热灭菌法中效果最确实的，通常在 1.05 kg/cm^2 的压力下(此时温度 121 ℃)处理 15～30 min。灭菌前要排冷空气，否则会形成假压，虽然压力达到要求，温度却达不到相应高度，而影响灭菌效果。

2. 干热灭菌法

干热灭菌时，微生物由于干热脱水导致蛋白质变性死亡。

(1)火焰灭菌法。直接用火焰烧灼灭菌。这种方法是最简单、最彻底的加热灭菌方法，由于该方法对被灭菌物品破坏极大，故使用范围有限。常用于耐高温物品的灭菌，如接种工具、试管口等。

(2)干热空气灭菌法。不宜直接用火焰灭菌的物品，如玻璃器皿、陶瓷制品等，则可采用在灭菌器内利用热空气灭菌。最常用的灭菌器是干热灭菌箱。一般箱内空气温度升至 150～170 ℃，维持 1～2 h。一般营养体在 100 ℃，维持 1 h 死亡，而芽孢在 160 ℃，维持 2 h 才会全部死亡。灭菌对象为试管、吸管、烧杯、培养皿等耐热物品。

(二)低温对微生物的影响

大多数微生物对低温具有很强的抵抗力，如伤寒沙门菌置于液氮(－196 ℃)中其活力不受破坏，许多细菌可在－20 ℃或－70～－50 ℃下存活。温度越低，病毒存活的时间也越长。低温可使微生物代谢减弱，但可以存活。因此，常在 5～10 ℃下保存菌种、毒种等。也有少数如巴氏杆菌、脑膜炎双球菌对低温敏感。

冷冻干燥是保存菌种、疫苗、药物等的良好方法。低温迅速冷冻，抽出空气，水分升华而干燥，可长期保存不失去活性。反复冻融对微生物的活力有很大的破坏力，保存菌种时应注意避免。

二、干燥对微生物的影响

微生物在干燥的环境中失去大量水分，新陈代谢便会发生障碍，甚至引起菌体蛋白质变性和盐类浓度的增高而逐渐导致死亡。不同种类的微生物对于干燥的抵抗力差异很大，如巴氏杆菌、鼻疽杆菌能存活几天，结核分枝杆菌能耐受 90 d，炭疽杆菌、破伤风梭菌的芽孢在干燥条件下可存活几年甚至 10 年以上。由于微生物不能在干燥环境中生长繁殖，故常用干燥法来保存食品、饲料等。利用高浓度盐或高浓度糖保存食品，是由于高浓度的溶液能吸取菌体内的水分，而达到抑菌的目的。

三、光线对微生物的影响

光线照射下，许多微生物可被灭活。可见光、日光、紫外光都可杀死微生物。

1. 可见光

可见光一般对微生物无多大影响，但长时间作用也能妨碍微生物的新陈代谢与繁殖，故培养细菌和保存菌种，均应置于阴暗之处。可见光具有微弱的杀菌作用，若将某些染料如结晶紫、亚甲蓝等加入培养基或涂在外伤表面，能增强可见光的杀菌作用，这一现象称为光感作用。

2. 日光

直射日光具有强烈的杀菌作用，是天然的杀菌方式。许多微生物在直射日光的照射下，半小时到数小时即可死亡。芽孢对日光照射的抵抗力比繁殖体大得多，往往需经照射 20 h 才会死亡。日光的杀菌效力受很多因素影响，如烟尘严重污染的空气、玻璃、有机物的存在都能减弱日光的杀菌力。此外，空气中水分的多少、温度的高低以及微生物本身抵抗力的强弱等，均影响日光杀菌的效果。

3. 紫外线

紫外线中波长 200～300 nm 的部分具有杀菌作用，紫外线对微生物的作用机理主要有两个方面，即杀菌作用和诱发变异。杀菌作用的原理是作用于 DNA，使 DNA 分子结构遭到破坏，造成菌体蛋白质和酶的合成障碍，诱发变异，使 DNA 的分子结构改变，因而导致微生物发生变异。紫外线引起微生物突变的主要原因是胸腺嘧啶二聚体的形成，目前已经证实胸腺嘧啶二聚体的形成是紫外线改变 DNA 生物学活性的主要途径。

紫外线的穿透力弱，即使是很薄的玻片也不能通过，它的作用仅限于照射物体的表面，常用于手术室、病房、无菌室、实验室的空气消毒。紫外线灯的消毒效果与照射时间、距离、强度有关。一般灯管离地面约 2 m，开灯 1～2 h。紫外线对眼睛和皮肤有损伤作用，一般不能在紫外线下工作。

四、超声波和激光对微生物的影响

频率在 20 000～200 000Hz 的声波称为超声波。细菌和酵母菌在超声波作用下于几十分钟内死亡，大多数噬菌体和病毒对超声波也有一定的敏感性，但小型病毒对超声波不敏感，细菌的芽孢对超声波具有抵抗力。超声波处理虽可使菌体破裂死亡，但往往有残存者，又因超声波费用大，故未应用于消毒灭菌。目前主要用于裂解细胞，提取细胞组分，研究其抗原、酶类、细胞壁的化学性质以及从组织内提取病毒等。

激光为激光器中受激发光物质经激发产生的光子通过谐振腔放大所形成的光束。从杀菌角度来看，其特点为：能量高度集中，指向性强，激光与氧、超声波等均有协同杀菌作用。激光对生物组织破坏的机理为：热效应使细胞焦化，冲击效应将细胞压缩变形以至破裂，化学效应引起细胞分子化学键的断裂或生成游离基团。常应用于手术刀、牙钻、玻璃瓶等灭菌实验。

五、过滤除菌

过滤除菌是用滤膜或滤器机械除去液体和空气中微生物的方法。孔径为 0.22 μm 的微孔滤膜较常用，它不允许细菌通过，只能使液体分子通过。主要用于一些不耐高温灭菌的血清、毒素、抗毒素、酶、维生素及药液等物质的除菌。但过滤除菌常不能除去病毒、支原体等小颗粒。

任务总结

表 4-4　物理因素对微生物的影响任务总结

类别	内容	要点
任务实施	消毒灭菌的有关概念	简述消毒、防腐、无菌、灭菌、抑菌作用、杀菌作用、抗菌作用的概念。
	温度对微生物的影响	1. 热力灭菌法的原理是什么？ 2. 湿热灭菌法有哪几种？各有何特点？ 3. 干热灭菌法有哪几种？各有何特点？
	干燥对微生物的影响	干燥影响微生物的原理是什么？
	光线对微生物的影响	可见光线、日光、紫外线是如何杀菌的？

任务测试

1. 扫描二维码，完成任务测试题。
2. 根据测试结果，指导教师对每位同学做出评价。

二维码 4-5　物理因素对微生物的影响测试题

任务三　化学因素对微生物的影响

学习目标

知识目标

(1)知道消毒剂的概念。

(2)了解掌握消毒剂的作用原理。

(3)熟悉常用的消毒剂种类及影响化学消毒剂的作用因素。

二维码 4-6　化学因素对微生物的影响

能力目标

(1)能够自己组织语言,向同学们介绍消毒剂的概念。

(2)能够组织语言总结影响消毒剂作用效果的因素。

(3)查阅资料,分小组讨论,为动物微生物实验室设计合适的消毒方案,并将方案提交。

素质目标

(1)培养语言表达、沟通交流的综合素质。

(2)培养分析思考、自主学习的能力和精益求精的工匠精神。

任务分析

表 4-5　化学因素对微生物的影响任务单

任务名称	化学因素对微生物的影响	
任务描述	了解消毒剂的概念及应用;掌握消毒剂的作用原理;熟悉常用的消毒剂种类及影响化学消毒剂的作用因素。	
完成条件	智能手机,多媒体教学设备。	
任务资讯	资讯问题	参考资料
	1. 什么是消毒剂? 2. 消毒剂的作用机理是什么? 3. 常用的消毒剂种类有哪些? 4. 影响化学消毒剂的作用因素有哪些?	1. 胡桂学. 兽医微生物学[M]. 北京:中国农业大学出版社,2018. 2. 吴清民. 兽医传染病学[M]. 北京:中国农业大学出版社,2002. 3. 河南农业大学. 动物微生物学[M]. 3 版. 北京:中国农业出版社,2005. 4. 刘荣臻,曹元应. 病原微生物与免疫学[M]. 3 版. 北京:人民卫生出版社,2014.

续表 4-5

	知识考核	能力考核	素质考核
考核标准	1. 查阅相关资料，完成资讯问题。 2. 准确回答任务测试题。 3. 规范书写任务总结。	1. 能准确说出消毒剂的作用机理。 2. 能准确说出常用的消毒剂种类。 3. 能熟悉化学消毒剂的影响因素。	1. 热爱专业，无菌意识。 2. 建立生态安全理念。 3. 团结同学，互帮互助。 4. 树立“绿水青山就是金山银山”的重要理念。
	注：在实际考核过程中，教师可根据具体的考核标准确定优秀、良好、及格和不及格。 90～100 分为优秀；80～89 分为良好；60～79 分为及格；60 分以下为不及格。		

任务实施

许多化学物质能抑制微生物的生长或将其杀死，这些化学物质被广泛应用于消毒防腐及治疗疾病。影响微生物的化学因素包括消毒剂与化学治疗剂。

一、消毒剂

1. 消毒剂的概念及应用

消毒剂是指能杀死致病性微生物的化学药剂。具有防腐作用的化学药剂称为防腐剂。防腐剂与消毒剂之间并无严格的界线，消毒剂在低浓度时能抑菌（防腐），防腐剂在高浓度时也能杀菌。消毒剂不但能杀死病原菌，同时对人体组织细胞也有损伤作用，所以它只能外用。消毒剂主要用于体表（如皮肤、黏膜）、器械、排泄物和周围环境的消毒。最理想的消毒剂应是杀菌力强、价格低、无腐蚀性、能长期保存，且对人畜无毒性或毒性较小，易溶解，穿透力强的化学药品。

2. 消毒剂的作用机理

（1）使细菌蛋白质变性、凝固、水解。重金属盐类对细菌都有毒性，因重金属离子带正电荷，容易和带负电荷的细菌蛋白质结合，使其变性或沉淀。酸和碱可水解蛋白，中和蛋白的电荷，破坏其胶体稳定性而致沉淀。乙醇能使细菌蛋白质变性或凝固，以 75% 乙醇的效果最好，浓度过高可使蛋白质凝固，反而妨碍乙醇渗入细菌细胞内，影响杀菌效力。醛类能与细菌蛋白质的氨基结合，使蛋白质变性，杀菌作用大于醇类。

（2）破坏细菌的酶系统。如高锰酸钾、过氧化氢、碘酊、漂白粉等氧化剂及重金属离子（汞、银）可与菌体酶蛋白中的—SH 基作用，氧化成为二硫键。破坏细菌的酶系统，导致细菌代谢功能发生障碍而死亡。

（3）改变细菌细胞壁或胞浆膜的通透性。如新洁尔灭等表面活性剂能损伤细菌的细胞壁及细胞膜，破坏其表面结构，使细菌胞膜内成分外漏，使细菌死亡。又如石炭酸、来苏儿等酚类化合物，低浓度时，能破坏胞浆膜的通透性，导致细菌细胞内物质外渗，呈现抑菌或杀菌作用；高浓度时，则使菌体蛋白凝固，而导致细菌死亡。

3. 常用消毒剂的种类

消毒剂的种类很多，其作用一般无选择性，对细菌及机体细胞均有一定毒性。要达到消毒的目的，必须根据消毒的对象、病原菌的种类、环境中有机物的影响、消毒剂的特点等因素，选择适当的消毒剂。

(1)酸类。酸类主要是以氢离子显示其杀菌和抑菌作用。无机酸的杀菌作用与电离度有关，即与溶液中的 pH 成正比。氢离子可以影响细菌表面两性物质的电离程度，这种电离程度的改变直接影响着细菌的吸收、排泄和代谢的正常进行。高浓度的氢离子可以引起微生物蛋白质和核酸的水解，并使酶类失去活性。

(2)碱类。碱类的杀菌能力决定于 OH^- 的浓度，浓度越高，杀菌力越强。OH^- 在室温下可水解蛋白质和核酸，使细菌的结构和酶受到损害，同时还可以分解菌体中的糖类。病毒、革兰阴性杆菌对于碱类较革兰阳性菌和芽孢杆菌敏感。因此，对于病毒的消毒常用各种碱类消毒剂。

(3)重金属。所有重金属盐类对细菌都有毒性，它们能与细菌酶蛋白的—SH 基结合，使其失去活性，使菌体蛋白变性或沉淀。它们的杀菌力随着温度的升高而加强。

(4)氧化剂。氧化剂的杀菌能力，主要是它的氧化作用。

(5)卤族元素。所有卤族元素均具有显著的杀菌力。

(6)酚类。酚类能抑制和杀死大部分细菌的繁殖体，5%石炭酸溶液在数小时内能杀死细菌的芽孢。真菌和病毒对石炭酸敏感性差。

(7)醇类。醇类具有杀菌作用，其杀菌力主要是由于它的脱水作用，菌体蛋白质凝固和变性。

(8)醛类。10%甲醛溶液可以消毒排泄物、金属器械等，也可用于房舍的消毒。甲醛溶液也是动物组织的固定剂，常用于组织和病理实验室。

(9)表面活性剂。这类化合物能降低表面张力，改变两种液体(油和水)之间的表面张力，利于乳化。此外，这类化合物能被吸附于细菌表面，改变细胞膜的通透性，使菌体内的酶、辅酶、代谢产物、中间产物逸出，因而有杀菌作用。

4. 影响消毒剂作用的因素

(1)消毒剂的性质、浓度和作用时间。各种消毒剂的理化性质不同，对微生物的作用大小也有差异。绝大多数消毒剂在高浓度时杀菌作用大，当浓度降低至一定程度时只有抑菌作用。消毒剂如果过浓并不一定能提高消毒效力。如醇类，70%乙醇或 50%～70%异丙醇的消毒效果最好，过高浓度的乙醇能使菌体表面蛋白质迅速凝固，反而影响其继续渗入，杀菌力降低。消毒剂在一定浓度下，对细菌的作用时间越长，消毒效果也越强。

(2)微生物的种类与数量。同一消毒剂对不同种类和处于不同生长期的微生物的杀菌效果不同。例如，一般消毒剂对结核分枝杆菌的作用要比对其他细菌繁殖体的作用差；70%乙醇可杀死一般细菌繁殖体，但不能杀灭细菌的芽孢。因此，必须根据消毒对象选择合适的消毒剂。另外，微生物的数量越多，所需消毒的时间也就越长。

(3)温度。一般温度升高，可增强消毒剂的杀菌效果。温度每增高 10 ℃，重金属盐类的杀菌作用增加 2～5 倍，石炭酸的杀菌作用增加 5～8 倍。

(4)酸碱度。消毒剂的杀菌作用受 pH 影响。如戊二醇本身呈中性，其水溶液呈弱酸性，当加入碳酸氢钠后才具有杀菌作用。

(5)环境中有机物的存在。消毒剂与环境中的有机物结合，使它不能与细菌发生作用，严重地降低消毒剂的效果。同样的消毒剂对于一种细菌，在净水中和在患畜的排泄物中，杀菌力有显著的差别。

(6)药物的相互拮抗。消毒剂由于理化性质的不同，两种药物合用时，可能产生相互拮抗，使药效降低。

二、化学治疗剂

化学治疗剂是用于消除宿主体内病原微生物或其他寄生物的化学药品，如磺胺类药物和其他的抗菌药物。化学治疗剂对于宿主和细菌的作用具有选择性，它们能阻碍细菌新陈代谢的某个环节，使其生命活动受到抑制或死亡，而对宿主无害。

任务总结

表 4-6　化学因素对微生物的影响任务总结

类别	内容	要点
任务实施	消毒剂	1. 什么是消毒剂？ 2. 消毒剂的作用机理是什么？ 3. 常用消毒剂的种类有哪些？ 4. 影响化学消毒剂作用的因素有哪些？
	化学治疗剂	简述化学治疗剂的概念。

任务测试

1. 扫描二维码，完成任务测试题。
2. 根据测试结果，指导教师对每位同学做出评价。

二维码 4-7　化学因素对微生物的影响测试题

任务四　生物因素对微生物的影响

学习目标

知识目标

(1)了解微生物与其他生物之间的相互关系。

(2)知道噬菌体与细菌之间的相互作用。

(3)掌握抗生素、植物杀菌素和细菌素的概念。

二维码 4-8　生物因素对微生物的影响

能力目标

(1)能够自己组织语言,向同学们介绍微生物与其他生物之间的相互关系。

(2)能够组织语言介绍抗生素、植物杀菌素和细菌素的概念。

(3)查阅资料,分小组研讨,绘制微生物与其他生物的关系图。

素质目标

(1)培养语言表达、沟通交流的综合素质。

(2)培养分析思考、自主学习的能力和精益求精的工匠精神。

任务分析

表 4-7　生物因素对微生物的影响任务单

<table>
<tr><td>任务名称</td><td colspan="2">生物因素对微生物的影响</td></tr>
<tr><td>任务描述</td><td colspan="2">了解生物之间的相互关系;认识噬菌体;掌握抗生素、植物杀菌素和细菌素的概念。</td></tr>
<tr><td>完成条件</td><td colspan="2">智能手机,多媒体教学设备。</td></tr>
<tr><td rowspan="2">任务资讯</td><td>资讯问题</td><td>参考资料</td></tr>
<tr><td>1. 什么是共生、共栖、寄生、拮抗?
2. 噬菌体的作用是什么?
3. 说出抗生素、植物杀菌素和细菌素的区别。</td><td>1. 胡建和,王丽荣,杭柏林. 动物微生物学[M]. 北京:中国农业科学技术出版社,2006.
2. 郝民忠. 动物微生物[M]. 重庆:重庆大学出版社,2007.
3. 杨文. 王振华. 邓灶福. 动物微生物[M]. 武汉:华中科技大学出版社,2015.</td></tr>
</table>

续表 4-7

	知识考核	能力考核	素质考核
考核标准	1. 查阅相关资料，完成资讯问题。 2. 准确回答任务测试题。 3. 规范书写任务总结。	1. 能准确说出共生、共栖、寄生、拮抗的概念。 2. 能准确说出抗生素、植物杀菌素和细菌素的区别。	1. 热爱专业，无菌意识。 2. 建立生态安全理念。 3. 团结同学，互帮互助。 4. 树立“绿水青山就是金山银山”的重要理念。
	注：在实际考核过程中，教师可根据具体的考核标准确定优秀、良好、及格和不及格。 90～100 分为优秀；80～89 分为良好；60～79 分为及格；60 分以下为不及格。		

任务实施

一、生物之间的相互关系

地球上没有任何一种生物能单独地生存于非生物环境中，它总是不同程度地受到周围植物、动物和微生物的影响。同样，自然界中能影响微生物生命活动的生物因素也很多，如共生、共栖、寄生和拮抗等现象。

（1）共生。两种或多种生物相处时，彼此并不相互损伤而互为有利者，称为共生。

（2）共栖。共栖是指对一方有利，对另一方无利也无害的一种种间关系，又称为偏利。

（3）寄生。一种生物从另一生物获取其所需的营养，赖以生存，且往往对后者呈现伤害作用，称为寄生。

（4）拮抗。当两种微生物生活在一起时，一种微生物能产生对另一种微生物有毒害作用的物质，从而抑制或杀死另一种微生物，这种现象称为拮抗。

二、噬菌体

一般把侵染细菌的病毒称为噬菌体。噬菌体具有一定的形态结构，严格的寄生性，只能在活的易感细菌体内生长繁殖，并将细菌裂解，故称为细菌病毒。

噬菌体有蝌蚪形、微球形等。噬菌体具有抗原性，能刺激机体产生特异性抗体。该抗体能抑制相应噬菌体侵袭敏感细菌，但对已吸附或已进入宿主菌的噬菌体不起作用。

凡能引起宿主细胞迅速裂解的噬菌体，称为烈性噬菌体。有些噬菌体不裂解宿主细胞，而是将其 DNA 整合于宿主细胞的 DNA 中，并随宿主细胞分裂而传递，这种噬菌体称为温和性噬菌体。含有温和性噬菌体的细菌称为溶源性细菌。

噬菌体的噬菌作用具有特异性，即一种噬菌体只能裂解一种和它相应的细菌，故可用于细菌的鉴定与分型。应用噬菌体效价增长试验可检测标本中的相应细菌，可用于医学治疗，如应用绿脓杆菌噬菌体治疗绿脓杆菌感染的病人。

三、抗生素、植物杀菌素和细菌素

1. 抗生素

某些微生物在代谢过程中产生的一类能抑制或杀灭另一些微生物的物质称为抗生素。它们主要来源于放线菌(如链霉素),少数来源于某些霉菌(如青霉素)和细菌(如多黏菌素),有的也能用化学方法合成或半合成(如磺胺类药物)。目前,已发现的抗生素达 2 500 多种,但其大多数对人和动物有毒性,临床上最常用的抗生素只有几十种。不同的抗生素其抗菌作用也不相同,临床治疗时,应根据抗生素的抗菌谱选择使用。如青霉素、链霉素、四环素、土霉素、庆大霉素等。

2. 植物杀菌素

某些植物中存在杀菌物质,这种杀菌物质一般称为植物杀菌素。中草药如黄连、黄柏、黄芩、金银花、板蓝根等都含有杀菌物质,其中有的已制成注射液或其他制剂的药品。

3. 细菌素

细菌素是某些细菌产生的一种具有杀菌作用的蛋白质,只能作用于与它同种不同菌株的细菌以及与它亲缘关系相近的细菌。例如,大肠埃希菌所产生的细菌素称为大肠菌素,它除作用于某些型别的大肠埃希菌外,还能作用于相近的沙门菌、巴氏杆菌等。

任务总结

表 4-8 生物因素对微生物的影响任务总结

类别	内容	要点
任务实施	生物之间的相互关系	1. 什么是共生? 2. 什么是共栖? 3. 什么是寄生? 4. 什么是拮抗?
	噬菌体	简述噬菌体的概念及其作用。
	抗生素、植物杀菌素和细菌素	抗生素、植物杀菌素和细菌素之间有何区别?

任务测试

1. 扫描二维码,完成任务测试题。
2. 根据测试结果,指导教师对每位同学做出评价。

二维码 4-9 生物因素对微生物的影响测试题

思政淬炼

中国青霉素之父——樊庆笙

樊庆笙(1911—1998),男,江苏常熟人,是我国著名农业微生物学家、农业教育家,中国农业微生物学的开创者之一。自幼生长在农村,家境贫寒,人口众多,入不敷出,目睹了军阀混战、民不聊生,看到积弱积贫的中国受到列强欺凌,自小确立了发奋读书,学习现代农业科学技术,振兴中国农业,立志科学救国、教育救国。1929年,樊庆笙以优异的成绩考入金陵大学农学院,四年后毕业时获得金陵大学最高奖项——金钥匙奖,并留校任教。1940年,樊庆笙赴美国威斯康星大学攻读农业微生物学研究生,1943年樊庆笙获博士学位,但由于太平洋战争的影响,交通受阻而无法回国,遂暂时到美国南部的西格兰姆研究所工作。第二次世界大战末期,盘尼西林在美国研制成功,并投入临床使用和生产,挽救了成千上万伤病员的生命,迅速扭转了盟国的战局。樊庆笙意识到,中国人民正在艰苦抗战,前方将士天天流血,中国太需要盘尼西林了,必须赶回祖国制造出盘尼西林。研究所待遇优厚,樊庆笙却归心似箭,而归国艰难,他心急如焚。

1944年,樊庆笙冒着生命危险历尽波折,几次在日军的炮火中险死还生,甚至突破日军的层层封锁,飞越驼峰航线的喜马拉雅山,耗时半年辗转多个国家,终于回到了祖国。回国后,樊庆笙担任医疗队昆明血库检验主任,负责检验血液、制造血浆,专供正在为打通滇缅公路浴血奋战的军民。1944年,樊庆笙带领助手不分日夜地研制盘尼西林菌种,终于在当年成功研制出第一批5万单位高效、低毒的盘尼西林试剂,经过临床使用效果很好,在抗日战场上挽救了千百万军民的生命,增强了中国人民抵抗细菌性感染的能力。由此中国成为世界上能够研制盘尼西林的七个国家之一,并得到世界公认。

1948年,樊庆笙考虑到盘尼西林应该有中国广大老百姓接受的名字,他根据分类学的特征,认为这种霉株形态上泛青黄色,所以取其“青”;盘尼西林英文词尾“-in”生物学上常翻译为“素”,两者合一,给盘尼西林药剂起名为“青霉素”,并沿用到今天。1950年,樊庆笙被任命为金陵大学教务长,后任南京农学院教授、中国微生物学会理事、江苏省微生物学会理事长,江苏省民盟副主委,并出任南京农学院复校后的第一任院长,1980年加入中国共产党。樊庆笙教授在共生固氮菌的生理生化研究,紫云英、花生、大豆根瘤菌的应用研究和紫云英北移等方面均做出了突出的贡献,是我国农业微生物学的奠基人之一。樊庆笙是我国青霉素引进、研制、定名、生产的先驱,解决了我国青霉素依靠进口的历史问题,被称为中国“青霉素之父”。

项目五

传　染

任务一　细菌的致病性

学习目标

知识目标

(1)了解致病菌、条件性致病菌、非病原性细菌、毒力及侵袭力和毒素的概念。

(2)知道病原菌侵袭力的成因。

(3)掌握细菌内毒素和外毒素之间的区别与联系。

能力目标

(1)能够自己组织语言,向同学们介绍致病菌、条件性致病菌、非病原性细菌、毒力及侵袭力和毒素的概念。

(2)能够组织语言介绍病原菌侵袭力的构成要素。

(3)查阅资料,分小组研讨,编制内毒素和外毒素区别表。

素质目标

(1)培养语言表达、沟通交流的综合素质。

(2)培养分析思考、自主学习的能力和精益求精的工匠精神。

任务分析

表 5-1　细菌的致病性任务单

任务名称	细菌的致病性
任务描述	能够说出致病菌、条件性致病菌、非病原性细菌、毒力及侵袭力和毒素的概念;掌握侵袭力的表现以及内毒素与外毒素之间的区别。
完成条件	智能手机,多媒体教学设备。

续表 5-1

<table>
<tr><td rowspan="2">任务资讯</td><td colspan="2">资讯问题</td><td colspan="2">参考资料</td></tr>
<tr><td colspan="2">1. 什么是致病菌?
2. 什么是条件性致病菌?
3. 什么是侵袭力?表现在哪几个方面?
4. 内毒素与外毒素之间的区别。</td><td colspan="2">1. 胡建和,王丽荣,杭柏林. 动物微生物学[M]. 北京:中国农业科学技术出版社,2006.
2. 郝民忠. 动物微生物[M]. 重庆:重庆大学出版社,2007.
3. 杨文. 王振华. 邓灶福. 动物微生物[M]. 武汉:华中科技大学出版社,2015.</td></tr>
<tr><td rowspan="3">考核标准</td><td>知识考核</td><td colspan="2">能力考核</td><td>素质考核</td></tr>
<tr><td>1. 查阅相关资料,完成资讯问题。
2. 准确回答任务测试题。
3. 规范书写任务总结。</td><td colspan="2">1. 能准确说出致病菌及条件性致病菌的概念。
2. 能准确说出侵袭力的概念及表现。
3. 能正确区分外毒素与内毒素。</td><td>1. 见微知著,精益求精的工匠精神。
2. 集智攻关,团结协作的协同精神。
3. 追求真理,严谨治学的求实精神。
4. 关爱动物健康,护佑人畜安全。</td></tr>
<tr><td colspan="4">注:在实际考核过程中,教师可根据具体的考核标准确定优秀、良好、及格和不及格。
90～100 分为优秀;80～89 分为良好;60～79 分为及格;60 分以下为不及格。</td></tr>
</table>

任务实施

凡是能引起动物疾病的细菌,称为致病菌或病原菌。细菌在一定条件下能引起疾病的能力称为致病性或病原性。致病性是细菌"种"的特征,由种属遗传性决定。例如,结核分枝杆菌能引起结核病、巴氏杆菌能引起巴氏杆菌病等,但它们不能引起其他疾病。有些细菌,在正常情况下不引起动物疾病,而在一定条件下(如动物机体抵抗力降低时)才能引起动物疾病,把这类细菌称为条件性致病菌。还有一些细菌,在任何条件下都不能引起动物疾病,把这些细菌称为非病原性细菌。近些年来,随着广谱抗生素等抗菌药物的广泛应用,发现过去认为不致病的细菌,也能引起疾病,甚至导致败血症和其他感染。所以,病原菌与非病原菌之划分是相对的,而不是绝对的。

病原菌致病能力的强弱程度称为毒力。通常病原菌的毒力越大,其致病性就越强。但是同种病原菌,因菌株的不同,其致病力大小也不相同。病原菌毒力有强毒、弱毒和无毒之分。

病原菌的毒力取决于该病原菌的侵袭力和毒素。

一、侵袭力

侵袭力是指病原微生物突破宿主机体防御屏障,侵入组织或细胞中生长繁殖、扩散、蔓延的能力。在病原菌的侵袭过程中,有些侵袭因子可造成机体组织细胞的损伤,有些对机体无毒害作用,只是协助细菌侵入机体,抵抗机体的防卫功能,便于细菌向机体的深部组织迅速扩散并进行繁殖,致使发生传染。病原菌的侵袭力主要表现在以下几方面。

二维码 5-1 细菌的致病性——侵袭力

1. 黏附因子

病原菌感染动物的第一步是黏附于宿主的呼吸道、消化道或泌尿生殖道等皮肤黏膜等处，以免被这些气管黏膜上皮细胞的纤毛运动、肠蠕动和分泌液等清除体外。大多数病原菌能借助于其特殊的细胞结构或物质，黏附于这些部位的细胞表面，并在局部繁殖、积聚致病因子继续侵入细胞及组织，导致宿主感染。具有黏附作用的细菌结构成分，统称为黏附因子。黏附因子通常是细菌表面的一些大分子结构成分，主要是革兰阴性菌的菌毛，其次是非菌毛的黏附素，如某些外膜蛋白以及革兰阳性菌的脂磷壁酸等。

2. 定居和抗吞噬

致病菌在突破机体的黏膜或表皮细胞等的天然防御屏障进入腹腔或其他组织及器官后仍有可能被巨噬细胞和其他非特异性免疫组分吞噬、清除。一些毒力较强的致病菌能形成抗吞噬的物质得以在局部定居和繁殖，荚膜就是其中之一。荚膜在机体中对吞噬细胞的吞噬作用具有较强的抵抗力。有荚膜的细菌在形成荚膜时毒力较强而失去荚膜的菌株，则无毒力或毒力较弱。除了荚膜，菌体表面有一些其他物质，如某些大肠埃希菌的 K 抗原和沙门菌的 Vi 抗原等，也具有抗吞噬作用。此外，致病性金黄色葡萄球菌能产生凝固酶，可加速血浆凝固，保护菌体不被吞噬细胞吞噬或受抗体作用。总之，细胞的抗吞噬作用，打破了机体防御功能致使细菌蔓延。

3. 促进扩散能力

细菌分泌的胞外酶具有多种致病作用，如激活外毒素、灭活血清中的补体等。此外，最重要的是作用于组织基质或细胞膜，造成它们的损伤，增加其通透性，从而有利于细菌在体内扩散。常见的酶类有以下几种。

(1)透明质酸酶。在动物机体结缔组织中，有一种具有黏性的高分子多糖质——透明质酸。它具有降低或阻止病原菌向组织深部扩散的作用。但有些细菌如化脓性葡萄球菌、肺炎球菌能产生透明质酸酶，可水解结缔组织中的透明质酸，使结缔组织失去黏性，变得疏松，通透性增加，有利于病原菌在体内扩散，造成全身感染。

(2)激酶。能将血纤维蛋白溶酶原激活为血纤维蛋白溶酶。包括链球菌产生的链激酶和葡萄球菌产生的激酶，以分解血纤维蛋白，防止形成血凝块。

(3)胶原酶。主要分解胶原蛋白。魏氏梭菌能产生胶原酶，它能水解肌肉和皮下结缔组织，使组织软化、崩解、坏死。此酶有利于病原菌的侵袭作用。

(4)神经氨酸酶。主要分解肠黏膜上皮细胞的细胞间质。霍乱弧菌及志贺菌可产生此酶。

(5)卵磷脂酶。分解细胞膜的卵磷脂。魏氏梭菌产生的卵磷脂酶能使细胞坏死或红细胞溶解。

(6)凝固酶。细胞结合性凝固酶可为细菌提供抗原伪装，使之不被吞噬或机体免疫机制所识别。致病性金黄色葡萄球菌可产生此酶。

二、毒素

毒素是细菌在生命活动过程中产生的，对动物机体具有毒性作用的特殊物质。许多病原菌可通过合成分泌的毒素，直接或间接地损害宿主的组织细胞或干扰正常的生理功能，对机体产生致病作用。根据毒素的产生方式、性质和致病特点等，可将细菌毒素分为外毒素和内毒素两种。

1. 外毒素

外毒素是指某些细菌，主要是一些革兰阳性菌在其生命活动过程中产生并分泌到外界环境中的一类毒性代谢产物。大多数外毒素在菌体内合成后分泌于细胞外，故称“外毒素”。但也有少数外毒素存在于菌体细胞的胞间周隙，只有当菌体细胞裂解后才能释放到细胞外。

外毒素通常具有菌种特异性，如破伤风梭菌产生破伤风毒素、炭疽杆菌产生炭疽毒素、霍乱弧菌产生霍乱毒素等。

外毒素的毒性极强，如 1 mg 破伤风毒素可杀死 100 万只小鼠，1 mg 纯化的 A 型肉毒梭菌毒素能杀死 2 000 万只小鼠。外毒素的毒性具有高度的特异性。不同细菌产生的外毒素，对机体的组织器官有一定的选择作用，引起特征性的病症。如破伤风毒素选择性地作用于脊髓前角运动神经细胞，使之兴奋性增强，引起肌肉的强直性痉挛；而肉毒梭菌毒素选择性地作用于眼神经和咽神经，可阻断胆碱能神经释放乙酰胆碱，使运动神经末梢麻痹，导致眼肌和咽肌麻痹。

二维码 5-2　细菌的致病性——细菌的毒素

外毒素具有良好的免疫原性，可刺激机体产生特异性的抗体，而使机体具有免疫保护作用，这种抗体称为抗毒素，可用于紧急预防和治疗。外毒素在 0.4% 甲醛溶液的作用下经过一段时间可以脱毒，但仍保留原有抗原性，称为类毒素。类毒素注入机体后仍可刺激机体产生抗毒素，可作为疫苗进行免疫接种。

外毒素的化学成分是蛋白质，因此具有蛋白质的理化性质。例如，多数外毒素易被热、酸及蛋白酶灭活，一般在 60～80 ℃经 10～30 min 即可失去毒性；能被硫酸铵等中性盐沉淀；能被氢氧化铝等吸附剂所吸附。

2. 内毒素

内毒素是特指革兰阴性菌外膜中的脂多糖，细菌在死亡后破裂或用人工裂解菌体后才释放。内毒素耐热，加热 100 ℃经 1 h 仍不被破坏，必须加热 160 ℃经 2～4 h，或用强酸、强碱或强氧化剂煮沸 30 min 才失活。内毒素的抗原性较弱，将内毒素注入机体可产生针对其中多糖抗原的相应抗体，但此抗体并无中和内毒素毒性的作用。另外，内毒素不能被甲醛溶液脱毒成类毒素。内毒素的毒性弱，作用缓慢，一般小鼠的致死量为 200～400 μg。内毒素无特异性的致病作用，各种内毒素的作用大致相同，可引起发热、血液中白细胞减少、弥散性血管内凝血、休克等，严重时也可致死。

任务总结

表 5-2　细菌的致病性任务总结

类别	内容	要点
任务实施	细菌的致病性概述	1. 什么是致病菌？ 2. 什么是条件性致病菌？ 3. 什么是非病原性细菌？ 4. 什么是毒力？
	侵袭力	1. 简述侵袭力的概念。 2. 细菌的侵袭力表现在哪几个方面？
	毒素	1. 外毒素与内毒素的区别有哪些？ 2. 什么是类毒素？

二维码 5-3　细菌的致病性测试题

任务测试

1. 扫描二维码，完成任务测试题。
2. 根据测试结果，指导教师对每位同学做出评价。

任务二　病毒的致病性

学习目标

知识目标

(1)了解病毒对宿主细胞致病作用的种类。

(2)了解病毒对宿主机体致病作用的类型。

(3)掌握病毒持续性感染的概念。

二维码 5-4　病毒的致病性

能力目标

(1)能够自己组织语言,向同学们介绍病毒引起宿主细胞损伤的机制。

(2)能够组织语言介绍病毒对宿主细胞致病作用的类型。

(3)查阅资料,分小组研讨,绘制病毒感染细胞或机体引起致病作用的思维导图。

素质目标

(1)培养语言表达、沟通交流的综合素质。

(2)培养分析思考、自主学习的能力和精益求精的工匠精神。

任务分析

表 5-3　病毒的致病性任务单

任务名称	病毒的致病性	
任务描述	掌握病毒对宿主细胞致病作用的特点;掌握病毒对宿主机体的致病作用的特点。	
完成条件	智能手机,多媒体教学设备。	
任务资讯	资讯问题	参考资料
	1. 什么是杀细胞性感染、稳定性感染、整合感染? 2. 什么是病毒的持续感染?	1. 胡桂学. 兽医微生物学[M]. 北京:中国农业大学出版社,2018. 2. 吴清民. 兽医传染病学[M]. 北京:中国农业大学出版社,2002. 3. 蔡宝祥. 家畜传染病学[M]. 4 版. 北京:中国农业出版社,2001. 4. 刘荣臻,曹元应. 病原微生物与免疫学[M]. 3 版. 北京:人民卫生出版社,2014.

续表 5-3

	知识考核	能力考核	素质考核
考核标准	1.查阅相关资料,完成资讯问题。 2.准确回答任务测试题。 3.规范书写任务总结。	1.能准确说出病毒对宿主细胞致病作用的特点。 2.能准确说出病毒对宿主机体的致病作用的特点。	1.善于观察思考。 2.做事精益求精。 3.善于总结归纳。 4.胸怀祖国,服务人民的爱国主义精神。
	注:在实际考核过程中,教师可根据具体的考核标准确定优秀、良好、及格和不及格。 90～100 分为优秀;80～89 分为良好;60～79 分为及格;60 分以下为不及格。		

任务实施

病毒与宿主细胞相互作用的结果可引致宿主的临床和病理变化。病毒对动物的致病机理包括:病毒侵入宿主防御系统和宿主反侵入;病毒感染对宿主组织、器官和整体造成损伤以及宿主代偿;病毒感染对免疫系统造成损伤以及宿主代偿等。

一、对宿主细胞的致病作用

病毒侵入宿主机体后,特异性吸附至易感细胞表面。病毒吸附的特异性基础是病毒衣壳或囊膜的表面结构和易感细胞膜表面的受体间相互作用,通过吞饮作用或膜的融合,使病毒进入胞浆内。大多数病毒借助宿主蛋白酶作用脱去衣壳,暴露出核酸进入大分子生物合成阶段。根据不同病毒与宿主细胞相互作用的结果,表现为杀细胞性感染、稳定性感染和整合感染 3 种类型,致病机制各有特点。

1. 杀细胞性感染

病毒在宿主细胞内复制增殖过程中,阻断了细胞自身的合成代谢,胞浆膜功能衰退,待病毒复制成熟后,在很短的时间内,一次释放出大量病毒,以致细胞裂解;同时,又引起细胞内溶酶体膜的通透性提高,释放出过多的水解酶于胞浆中,而使细胞溶解。释放出的病毒再侵犯其他易感的宿主细胞。脊髓灰质炎病毒、口蹄疫病毒等无囊膜的小 RNA 病毒感染属于这一类。

2. 稳定性感染

有囊膜的病毒在细胞内增殖过程中,不阻碍细胞本身的代谢,也不改变溶酶体膜的通透性,因而不会使细胞溶解死亡。在一段时间内,它们是以“出芽”方式从感染的宿主细胞中逐个释放出来,只有机械性损伤和合成产物的毒害,可使细胞发生浑浊肿胀、皱缩、出现轻微的细胞病变,在一段时间内宿主细胞并不立即死亡。有时受感染细胞还可增殖,病毒可传给子代细胞,或通过直接接触,感染邻近的细胞。如疱疹病毒、麻疹病毒及流感病毒等的感染都属于这一类型。

3. 整合感染

某些 DNA 病毒的全部或部分 DNA 以及逆转录病毒合成的 cDNA 插入宿主细胞基因中,形成前病毒,导致细胞遗传性状的改变,称为整合感染。整合的宿主细胞不复制期间为潜伏感染，偶尔复制出完整病毒时为复发感染。在适宜条件下细胞也可转化为癌细胞，细胞膜上出现肿瘤抗原。如乙型肝炎病毒即可造成这一类型的感染。

二、对宿主机体的致病作用

病毒侵入动物机体后是否引起发病，取决于病毒的致病力和宿主的易感性、抵抗力。病毒感染可对宿主组织和器官造成直接损伤而致病，但也可能并无组织器官损伤，而导致病理变化或易发生继发感染，或发生病毒的持续性感染以及对机体免疫系统造成损伤。

1. 病毒感染对宿主组织和器官的损伤

(1)对呼吸道上皮的损伤。呼吸道病毒最初入侵上皮细胞，逐步损坏呼吸道黏膜的保护层，暴露出越来越多的上皮细胞。病毒感染早期呼吸道纤毛摆动有助于子代病毒沿着呼吸道扩散。感染后期当上皮细胞损害时，纤毛停止摆动。

(2)对消化道上皮的损伤。引起动物腹泻的病毒主要为轮状病毒、冠状病毒、细小病毒等。轮状病毒感染肠绒毛顶端的细胞，感染细胞明显变短。相邻肠绒毛有时发生融合，肠道吸收面积减少，导致肠腔中黏液积累并腹泻，细小病毒则感染并损伤分化中的肠腺上皮，切断了肠绒毛上皮细胞的来源。

2. 病毒的持续性感染

持续性感染是指无论是否发病，感染性病毒始终存在的感染。可能很迟才发生免疫病或肿瘤。动物被病毒感染后一般产生免疫应答，借以消灭入侵的病毒，并保护宿主免受再次感染。然而有时病毒长期持续存在于感染动物体内几个月甚至几年，而不显示临床症状；或在感染的细胞培养中不显示 CPE。持续感染虽然能被检测，但比较困难。这种被感染的畜禽如果被引入易感群，便会引起疫病的暴发，对病毒的传播具有极为重要的意义。

很多病毒在动物体内能引起持续感染，伪狂犬病病毒、马立克病病毒、蓝舌病病毒、牛白血病病毒、乙型肝炎病毒和疯牛病病毒等，均能在动物体内持续存在，引起宿主疾病复发，并能导致免疫病理疾病。

3. 病毒感染对免疫系统的损伤

当病毒感染宿主免疫细胞，可引起宿主免疫功能抑制，并增加继发和并发感染的概率。例如，传染性法氏囊病病毒感染鸡的法氏囊，导致法氏囊萎缩和严重的 B 淋巴细胞缺失，宿主因此对沙门菌和大肠埃希菌等细菌的易感性增加，以及发生马立克病病毒、新城疫病毒、传染性支气管炎病毒或传染性喉气管性病毒的双重感染。同时，猫白血病病毒和猫免疫缺陷病毒也能引发多种继发感染；猪瘟病毒、牛病毒性腹泻病毒、犬瘟热病毒、猫和犬细小病毒感染能暂时抑制宿主体液及细胞免疫应答。病毒感染引起的免疫抑制反过来可以增强病毒复制。免疫系统被抑制时，潜在的疱疹病毒、腺病毒或乳头状瘤病毒感染会被激活。

任务总结

表 5-4 病毒的致病性任务总结表

类别	内容	要点
任务实施	对宿主细胞的致病作用	病毒对宿主细胞的致病作用表现在哪些方面?
任务实施	对宿主机体的致病作用	病毒对宿主机体的致病作用体现在哪几个方面?

任务测试

二维码 5-5 病毒的致病性测试题

1. 扫描二维码,完成任务测试题。
2. 根据测试结果,指导教师对每位同学做出评价。

任务三 传染发生的条件

学习目标

知识目标

(1)了解传染的概念。

(2)掌握传染发生的条件。

(3)掌握利用影响传染发生的条件,防控传染的发生。

能力目标

(1)能够自己组织语言,向同学们介绍传染的概念。

(2)能够组织语言介绍影响传染发生的条件。

(3)查阅资料,分小组研讨,制订某养殖场传染病防控方案。

素质目标

(1)培养语言表达、沟通交流的综合素质。

(2)培养分析思考、自主学习的能力和精益求精的工匠精神。

二维码 5-6 传染发生的条件

任务分析

表 5-5 传染发生的条件任务单

<table>
<tr><td>任务名称</td><td colspan="3">传染发生的条件</td></tr>
<tr><td>任务描述</td><td colspan="3">能够说出传染的概念;了解并掌握传染发生的条件。</td></tr>
<tr><td>完成条件</td><td colspan="3">智能手机,多媒体教学设备。</td></tr>
<tr><td rowspan="2">任务资讯</td><td>资讯问题</td><td colspan="2">参考资料</td></tr>
<tr><td>1. 什么是传染?
2. 传染发生的条件有哪些?</td><td colspan="2">1. 胡桂学. 兽医微生物学[M]. 北京:中国农业大学出版社,2018.
2. 吴清民. 兽医传染病学[M]. 北京:中国农业大学出版社,2002.</td></tr>
<tr><td rowspan="3">考核标准</td><td>知识考核</td><td>能力考核</td><td>素质考核</td></tr>
<tr><td>1. 查阅相关资料,完成资讯问题。
2. 准确回答任务测试题。
3. 规范书写任务总结。</td><td>1. 能准确说出传染的概念。
2. 能准确说出引起传染发生的条件。</td><td>1. 善于观察思考。
2. 做事精益求精。
3. 善于总结归纳。
4. 胸怀祖国,服务人民的爱国主义精神。</td></tr>
<tr><td colspan="3">注:在实际考核过程中,教师可根据具体的考核标准确定优秀、良好、及格和不及格。
90～100 分为优秀;80～89 分为良好;60～79 分为及格;60 分以下为不及格。</td></tr>
</table>

任务实施

病原微生物侵入动物机体，突破机体防御功能，在一定部位生长繁殖，并引起不同程度病理损伤的过程，称为传染。当动物机体免疫力强，能阻止侵入病原微生物的生长繁殖或将其全部消灭，则不发生传染，称为不易感性。细菌或其他微生物侵入机体后，由于受到机体各种防御功能的作用，往往被消灭。但在某些情况下，它们可以克服机体的防御功能在动物机体内生长繁殖和传播。传染过程的发生发展与病原微生物的致病性、宿主机体的易感性、外界环境条件等密切相关。

一、病原微生物的致病性

1. 毒力与数量

侵入机体的病原微生物必须具有一定的毒力，才能突破机体的各种防御屏障，侵入机体生长繁殖及扩散。病原微生物若没有足够的毒力，不能引起传染；同时，侵入动物体的病原微生物还需一定的数量，因为少量的病原微生物侵入体内后很可能被机体的免疫防御系统消灭，而不能引起传染。因此，病原微生物必须有一定毒力和数量，才能引起传染。

2. 入侵门户

机体中各种组织器官的内环境不同，病原微生物本身的生物学特性也不相同，某些病原微生物在一种组织器官中繁殖，可能要比它侵入另一种组织脏器更适宜其生长繁殖。所以，对具有感受性的机体来说，病原微生物必须经由适当途径侵入一定部位，才能生长繁殖，引起传染；若未经适当侵入门户，一般不能引起传染。例如，破伤风梭菌必须在较深创伤的坏死组织中缺氧情况下才能生长繁殖，产生毒素，侵害神经，引起疾病，而由肠道侵入则不发生传染。伤寒杆菌只有由消化道感染，才能引起传染。有些病原微生物却可以经由多种途径侵入动物体，引起疾病。如炭疽杆菌、结核分枝杆菌、布鲁氏菌等既能通过皮肤与黏膜，又能经消化道、呼吸道、生殖道等途径侵入体内，引起感染。

二、宿主机体的易感性

各种动物由于种属特性的不同，对同种病原微生物的易感性也不相同。例如，草食动物对炭疽杆菌非常易感，但禽类在正常情况下对炭疽杆菌无感受性。偶蹄动物（牛、羊、猪等）对口蹄疫病毒易感性非常强，而奇蹄动物无感受性。此外，易感动物中，由于年龄、性别、营养状态等不同，对病原菌的抵抗力也有差别，尤其以年龄因素影响较大。如小鹅瘟只侵害雏鹅，成年鹅不感染；猪丹毒杆菌容易感染 3～12 月龄的猪。动物性别的不同，造成它们在生理上的差异，并容易发生某些传染，如泌乳期的奶牛容易感染乳腺炎链球菌。

营养状态的好坏也直接影响动物机体的抵抗力。饥饿对动物体有影响，而饲料或日粮中缺乏维生素也有影响。如动物缺乏维生素 A，对化脓性链球菌的抵抗力降低；缺乏维生素 B，对大肠埃希菌、魏氏梭菌的易感性增强。另外，矿物质的影响也比较明显，如马流产的发生与饲料磷缺乏、钙磷比例失调有关。

三、外界环境条件

外界环境对于传染病的发生是不可忽视的条件。外界条件影响病原微生物的生命力、毒力以及接触或侵入动物体的可能性，同时对动物机体抵抗力也产生影响。

影响传染发生的外界条件有气候、季节、地理环境、温度、湿度、饲料、饲养管理条件、兽医卫生措施等。气候、季节等自然因素可影响传染的流行。如乙型脑炎、马传染性贫血均由媒介昆虫传播，所以多发生在昆虫活跃的季节；呼吸道传染多发生在寒冷的冬季；肠道传染容易发生在夏秋之际。

任务总结

表 5-6 传染发生的条件任务总结

类别	内容	要点
任务实施	传染的概念	什么是传染？
	病原微生物	病原微生物的传染依赖于哪些因素？为什么？
	宿主机体	宿主机体与传染之间有何关联？
	外界环境条件	外界环境条件对传染有何作用？

任务测试

1. 扫描二维码，完成任务测试题。
2. 根据测试结果，指导教师对每位同学做出评价。

二维码 5-7 传染发生的条件测试题

思政淬炼

消灭牛瘟的中国智慧

牛瘟是由牛瘟病毒引起的一种急性高度接触性传染病。病牛精神沉郁，食欲不振，反刍缓慢或停止，粪便少而干，呼吸、心跳均增数，眼睑肿胀，有黏性鼻液，口腔黏膜充血、流涎，上下唇、齿龈等部形成假膜或烂斑，严重时可致死，发病率接近 100%，死亡率在 90%以上。

1930—1941 年，我国的四川、青海、甘肃和西藏等地有超过 100 万头牛死于牛瘟。1948 年又暴发了更大规模的牛瘟，导致数百万头黄牛、水牛、牦牛死亡。牛瘟的肆虐，对我国农业生产，造成了毁灭性打击。我国是历史悠久的农业大国，耕地和牛对当时的农民来说，都是极珍贵的财富。牛瘟的出现，不仅影响了肉类食品的安全，更是牵动着粮食生产的命脉，耕牛倒毙，耕作失去劳力，贫困的农民们又难以拿出积蓄来购买新的耕牛。他们往往选择以人力代替畜力进行耕作，甚至出现了土地撂荒的局面。瘟疫加上饥荒，可谓民不聊生。1949 年，率先将根除牛瘟作为当务之急。年仅 28 岁的沈荣显作为主要参与者，在一间 18 m^2 的实验室里开展疫苗研制，向牛瘟病毒发起挑战。当时虽然实验条件简陋，任务紧张，但对工作质量要求很高。读书时，沈荣显不仅养成了对实验过程进行详细记录和精心整理存档的严谨习惯，而且刻苦钻研。沈荣显说："科学研究必须有严谨的思想和严肃的态度。"沈荣显一方面废寝忘食，加班加点，全身心投入研究工作，另一方面近于"偏执"地追求严谨细致。他每天到实验室的第一要务就是整理实验器材和原料。有条不紊，繁而不乱，这个习惯他保持了一生。严谨求实保障了研究工作的高效推进。仅用了 1 年时间，牛瘟疫苗的研制就取得了突破性成果，为国家挽回了上亿元损失。

1951 年，沈荣显和同事们再接再厉，深入从东北到西南的各大牧场，不顾屎尿泥水，一丝不苟地亲手测取试验数据。针对牦牛对牛瘟敏感性强的特点，沈荣显用第 100 代山羊化兔毒接种于绵羊，经过 100 代驯化成功培育了绵羊化兔化弱毒疫苗，终于在 1953 年消灭了东北和华北地区的牛瘟。在疫苗接种过程中，沈荣显不顾高原反应和道路艰险，在青藏高原支起帐篷，就地制苗，直接对牦牛进行预防接种，先后扑灭了青海等地的牛瘟疫情。在农业部支持推广下，截至 1955 年免疫接种牦牛 300 多万头，打赢了在全中国消灭牛瘟的最后一役。

1955 年，牛瘟在中国被肃清。1956 年，中国宣布消灭了牛瘟。2010 年 10 月 14 日，联合国粮食及农业组织宣布，牛瘟这种对牛类最致命的急性病毒性传染病已经从地球上彻底根除。

项目六

免疫学基础

任务一　免疫概述

学习目标

知识目标

(1)了解免疫的概念。

(2)知道免疫学的发展过程。

(3)掌握免疫的特性和功能。

二维码 6-1　免疫概述

能力目标

(1)能够自己组织语言,向同学们介绍免疫的概念。

(2)能够组织语言介绍免疫的特性和免疫的功能。

(3)查阅资料,分小组研讨,绘制免疫学发展的知识图谱。

素质目标

(1)培养语言表达、沟通交流的综合素质。

(2)培养分析思考、自主学习的能力和精益求精的工匠精神。

任务分析

表 6-1　免疫概述任务单

任务名称	免疫概述
任务描述	能够说出免疫的概念;了解免疫经典学与现代免疫学的发展;掌握免疫的功能,能够说出免疫的特点。
完成条件	智能手机,多媒体教学设备。

续表 6-1

<table>
<tr><td rowspan="2">任务资讯</td><td>资讯问题</td><td colspan="2">参考资料</td></tr>
<tr><td>1. 免疫是什么？
2. 免疫的特点有哪些？
3. 免疫的功能有哪些？</td><td colspan="2">1. 杜念兴. 兽医免疫学[M]. 2 版. 北京：中国农业出版社，1997.
2. 杨汉春. 动物免疫学[M]. 3 版. 北京：中国农业大学出版社，2020.
3. 胡桂学. 兽医微生物学[M]. 北京：中国农业大学出版社，2018.</td></tr>
<tr><td rowspan="3">考核标准</td><td>知识考核</td><td>能力考核</td><td>素质考核</td></tr>
<tr><td>1. 查阅相关资料，完成资讯问题。
2. 准确回答任务测试题。
3. 规范书写任务总结。</td><td>1. 能准确说出免疫的概念。
2. 能准确说出免疫的特点。
3. 能准确讲述免疫的功能。</td><td>1. 遵守学习纪律，服从教师指导。
2. 团结同学，互帮互助。
3. 思路清晰，描述准确。
4. 关爱动物生命。</td></tr>
<tr><td colspan="3">注：在实际考核过程中，教师可根据具体的考核标准确定优秀、良好、及格和不及格。
90～100 分为优秀；80～89 分为良好；60～79 分为及格；60 分以下为不及格。</td></tr>
</table>

任务实施

一、免疫的概念

免疫学是研究机体自我识别和对抗原性异物排斥反应的一门科学。在经典免疫学的概念中，把免疫看作是对微生物感染的抵抗力和对同种微生物再感染的特异性的防御力。一个世纪以来的研究证实，有很多免疫现象与微生物无关，如动物的血型、对异种蛋白的反应、过敏反应、自身免疫病和肿瘤免疫等。免疫的概念实际上已大大地超过了抵抗感染的范畴。在现代免疫学的概念中，免疫是机体的一种保护性生理反应，是指机体对外源性或内源性的异物进行识别、排斥和清除的过程，即“识别异己”和“排斥异己”的反应，以维持机体内外环境相对平衡和稳定。换句话说，免疫是机体识别和清除非自身的大分子物质，从而保持机体内外环境平衡的生理学反应。免疫反应的结果正常情况下对机体有利，但在某些情况下，或对少数反应特殊的动物，也可能造成有害的后果。

二、免疫的基本特性

1. 识别自身和非自身

对自身和非自身的大分子物质进行识别是免疫应答的基础。机体的这种识别功能十分精密，不仅能识别异种蛋白质，甚至对同一种动物的不同个体的组织和细胞也能识别，从而出现对异性组织移植的排斥反应。只有基因型完全相同的个体，如同卵双生的兄弟姐妹或近交系小鼠进行异体组织或器官的移植时才会不被排斥。

识别功能对保证机体的健康是十分重要的。识别功能的降低就会导致对“敌人”的宽容，从而减小或丧失对传染或肿瘤的防御能力。识别功能的紊乱，更容易招致严重的失调，如把自身的细胞和组织误认为“敌人”，就会造成自身免疫性疾病。

2. 特异性

与识别功能一样，免疫反应（应答）具有高度的特异性，它能对抗原物质细微的差异加以区别，如接种猪瘟疫苗可获得猪瘟病毒的免疫力，但不能抵抗其他病毒的攻击。

3. 免疫记忆

抗原进入动物体内后，经过一段时间的潜伏期，血中出现抗体，逐渐增加并达到最多，之后下降以至消失。当抗体消失后，用同源抗原加强免疫时，能迅速产生比初次接触抗原时更多的抗体，称为免疫记忆。某些传染病康复后或用某些疫苗免疫后之所以能获得长期的免疫力，主要是免疫记忆的功能。

三、免疫功能

现代免疫学认为，人体内存在一个负责免疫功能的完整的解剖系统为免疫系统，与神经和内分泌等其他系统一样，这个系统有着自身的运行机制并可以与其他系统相互配合相互制约，共同维持机体在生命过程中总的生理平衡，具体表现为以下几种生理功能。

1. 正常的免疫反应

正常的免疫反应即免疫生理现象，又称免疫生理，它对维持机体的生命活动是有益的，是机体生命活动中不可缺少的一种正常反应，它包括以下 3 种功能。

（1）免疫防御。免疫防御是指机体排斥外源性抗原异物的能力。这种功能是动物借以自净不受外来物质干扰和保持物种纯洁的生理机制。一是抗感染，即传统的免疫概念；二是排斥异种或同种异体的细胞和器官，这是器官移植需要克服的主要障碍。这种能力低下时机体易出现免疫缺陷病，而过高时易出现超敏反应性组织损伤。

（2）免疫稳定。免疫稳定是指机体识别和清除自身衰老残损组织、细胞的能力，这是机体借以维持正常内环境稳定的重要机制，这种自身稳定功能失调时易导致某些生理平衡的紊乱或者自身免疫病。

（3）免疫监视。免疫监视是指机体杀伤和清除异常突变细胞的能力，机体借以监视和抑制恶性肿瘤在体内生长。一旦功能低下，宿主易患恶性肿瘤。

2. 异常的免疫反应

异常的免疫反应即免疫的病理现象，又称免疫病理。当免疫功能异常时，可使机体出现局部或全身病变，甚至引起死亡，异常的免疫反应主要包含以下 3 个方面。

（1）抗传染功能的异常。抗传染功能的异常表现为机体对入侵的病原微生物或其他物质，发生强烈的反应造成对机体的损害，这就是所谓的变态反应。相反，当机体的免疫反应失常或缺乏时，可造成病原微生物的反复感染，这就是所谓的免疫缺陷病。

（2）稳定功能的异常。机体在消除衰老、破坏细胞等过程中的功能失调，可导致自身免疫病的发生。

（3）免疫监视功能异常。若机体发现和消除突变细胞的正常免疫功能失调，则可能导致突变细胞的异常增生，目前认为这是癌症发生的主要原因。

任务总结

表 6-2　免疫概述任务总结

类别	内容	要点
任务实施	免疫的概念	什么是免疫？
	免疫的特点	1. 什么是免疫的识别？ 2. 什么是免疫的特异性？ 3. 什么是免疫的记忆？
	免疫的功能	1. 免疫防御的功能是什么？ 2. 免疫稳定的功能是什么？ 3. 免疫监视的功能是什么？
	免疫学的发展史	1. 经典免疫学是如何建立的？ 2. 现代免疫学是如何建立的？

二维码 6-2　免疫概述测试题

任务测试

1. 扫描二维码，完成任务测试题。
2. 根据测试结果，指导教师对每位同学做出评价。

任务二 免疫的分类

学习目标

知识目标

(1)了解免疫的类型。

(2)知道特异性免疫和非特异性免疫的关系。

(3)掌握特异性免疫和非特异性免疫在保护机体过程中的作用。

二维码 6-3 免疫的分类

能力目标

(1)能够自己组织语言,向同学们介绍免疫的概念。

(2)能够组织语言介绍免疫的特性和免疫的功能。

(3)查阅资料,分小组研讨,绘制免疫分类的思维导图。

素质目标

(1)培养语言表达、沟通交流的综合素质。

(2)培养分析思考、自主学习的能力和精益求精的工匠精神。

任务分析

表 6-3 免疫分类任务单

<table>
<tr><td>任务名称</td><td colspan="3">免疫分类</td></tr>
<tr><td>任务描述</td><td colspan="3">能够说出免疫的类型;了解特异性免疫和非特异性免疫的关系;掌握免疫与传染的关系等。</td></tr>
<tr><td>完成条件</td><td colspan="3">智能手机,多媒体教学设备。</td></tr>
<tr><td rowspan="2">任务资讯</td><td>资讯问题</td><td colspan="2">参考资料</td></tr>
<tr><td>1. 免疫的类型有哪几种?
2. 特异性免疫和非特异性免疫的关系是什么?
3. 免疫与传染的关系是什么?</td><td colspan="2">1. 杜念兴. 兽医免疫学[M]. 2 版. 北京:中国农业出版社,1997.
2. 杨汉春. 动物免疫学[M]. 3 版. 北京:中国农业大学出版社,2020.
3. 王世若,王兴龙,韩文瑜. 现代动物免疫学[M]. 2 版. 长春:吉林科学技术出版社,2001.</td></tr>
<tr><td rowspan="3">考核标准</td><td>知识考核</td><td>能力考核</td><td>素质考核</td></tr>
<tr><td>1. 查阅相关资料,完成资讯问题。
2. 准确回答任务测试题。
3. 规范书写任务总结。</td><td>1. 能准确说出免疫的类型。
2. 能准确说出特异性免疫和非特异性免疫的关系。
3. 能准确说出免疫与传染的关系。</td><td>1. 善于观察思考。
2. 做事精益求精。
3. 善于总结归纳。
4. 胸怀祖国,服务人民的爱国主义精神。</td></tr>
<tr><td colspan="3">注:在实际考核过程中,教师可根据具体的考核标准确定优秀、良好、及格和不及格。
90~100 分为优秀;80~89 分为良好;60~79 分为及格;60 分以下为不及格。</td></tr>
</table>

任务实施

一、免疫的类型

动物体在生存过程中,不断受到外部入侵的病原微生物和内部产生的肿瘤细胞的破坏。动物在长期进化过程中形成了与这些敌人作斗争的防御系统,称为免疫系统。低等的无脊椎动物只有简单的非特异性免疫,如原生动物对异物的吞噬作用,鳞翅目昆虫的幼虫非经口给予细菌或其他异物时,可以看到体腔细胞的吞噬作用,并引起增殖性炎症和形成包囊。脊椎动物有复杂的获得性免疫,对非自身的大分子物质表现特异性免疫应答——特异性免疫。机体的免疫一般按免疫的产生及其特点,分为非特异性免疫和特异性免疫 2 大类。凡在生物进化过程中形成的先天性的、相对稳定的、无特殊针对性的、对付病原体的天然抵抗力称为非特异性免疫,又称先天免疫或自然免疫。特异性免疫是机体在后天受到异物刺激而产生的,针对该种异物的免疫清除作用,故又称为获得性免疫或适应性免疫。

二、非特异性免疫

(一)机体的防御屏障

动物机体的表面是抵抗病原体和异物侵入的第一道防线,主要包括皮肤、口腔、鼻腔、眼结膜、气管、胃肠道、泌尿生殖道等与外界相通的组织器官的黏膜组织。

1. 皮肤与黏膜

(1)皮肤和黏膜的物理屏障作用。完整而致密的皮肤和黏膜上皮细胞具有非常有效的机械阻挡性屏障作用,可阻止病原微生物侵入机体。呼吸道黏膜上皮细胞纤毛随呼吸的定向摆动及黏膜上皮细胞表面分泌液的冲洗作用,均可清除病原体。同时,动物的咳嗽、打喷嚏也是机体防御的一种保护性机制。胃肠黏膜上布满绒毛,绒毛的运动,胃肠的收缩与蠕动可以使进入肠道的病原微生物排出体外。尿道排尿时的冲刷作用也可以减少黏膜上细菌的停留和附着。

(2)皮肤和黏膜分泌物的化学屏障作用。皮肤的附属器官分泌的汗液、乳酸、脂肪酸以及不同部位黏膜分泌的溶菌酶、黏多糖、胃酸、蛋白酶等对病原体发挥杀灭作用;鼻腔的分泌物与唾液均含有黏液多糖,具有杀灭某些病毒的作用;泪液和唾液中含有溶菌酶能灭活革兰阳性菌;胃液含有较高的酸性及酶活性,具有破坏微生物的作用。

(3)皮肤和某些腔道膜表面正常群的微生物屏障作用。这些非病原性的微生物在皮肤、口腔、泌尿生殖道和胃肠道中均可见到。它们可通过与病原体竞争结合上皮细胞和营养物质,及释放抗菌物质等方式,阻止病原体在上皮细胞表面的吸附和生长,如大肠埃希菌和肠道厌氧菌产生的大肠埃希菌素和短链脂肪酸等抗菌物质,对其他病原菌可产生杀伤或抑制作用;某些细菌如乳酸杆菌栖居于阴道,引起其环境变酸(pH 为 4.0～4.5),可阻止许多微生物生长。

2. 血脑屏障

由软脑膜、脉络膜、脑毛细血管及其血管内壁上的巨噬细胞组成。可阻止微生物和毒素进入脑组织和脑脊液而侵犯神经组织。患有脑囊虫病及百日咳的动物易患乙型脑炎，有研究认为和血脑屏障被破坏有关。幼龄动物的血脑屏障发育不完善，易发生流行性脑脊髓炎、乙型脑炎等神经系统疾病。

3. 胎盘屏障

由母体子宫内膜的基蜕膜和胎儿的绒毛膜滋养层细胞共同构成，此屏障可防止母体内病原微生物进入胚体内，以保护胎儿免受感染，保证胎儿的正常发育。动物胎盘的结构层次比较复杂，并且各种动物的胎盘构造各异，但胎盘屏障并不妨碍母子间的营养物质交换。

以上屏障在一般情况下，足以保护动物机体免受感染，但是，当动物的外部防线不很完善，特别是当其受到创伤、烧伤、寒冷、有害气体刺激，使体表屏障作用减弱时，病原体便能突破体表屏障而侵入机体内部。

（二）参与机体非特异性免疫的细胞

1. 吞噬细胞

吞噬细胞分为两大类：一类是单核巨噬细胞，另一类是中性粒细胞。单核巨噬细胞主要包括外周血中的单核细胞和组织器官中的巨噬细胞。外周血单核细胞占血细胞总数的1%～3%，在血流中仅存留几小时至数十小时，然后穿过血管内皮细胞移行至全身组织器官，发育为巨噬细胞。动物体内单核巨噬细胞均由骨髓中的干细胞衍生而来，在成熟过程中逐渐获得吞噬能力。这些细胞内含有多种消化微生物和分解异物的酶类物质，细胞膜表面均具有Ig的FC受体和补体的C3b受体。巨噬细胞在肝、脾、肺、胸腔、腹腔、骨组织、结缔组织、神经组织以及淋巴结的血窦中最丰富。固定的巨噬细胞可因所处部位不同而有不同的名称，如在淋巴结、脾、肺泡、胸腔和腹腔称为巨噬细胞；在中枢神经组织称为小胶质细胞；在肝脏称为库普弗细胞；在骨内称为破骨细胞等。游走的巨噬细胞有血液中的大单核细胞，脾和淋巴结血窦内的游走巨噬细胞。巨噬细胞寿命较长，在组织中可存活数月。其体积较大，呈多形性，胞浆内富含溶酶体和其他细胞器。中性粒细胞是存在于血液循环中的小吞噬细胞。它们在杀菌、溶菌和消除过程中起重要作用。感染发生时，中性粒细胞可特异吞噬细菌，在机体抗感染免疫中起重要作用。

2. 自然杀伤细胞

自然杀伤细胞又称NK细胞，是一类不需特异性抗体参与即可杀伤靶细胞的淋巴细胞。NK细胞具有IgG的Fc受体和低亲和力的IgE受体。NK细胞在非特异性免疫应答中起着重要的作用，其天然杀伤作用不依赖抗体。

3. 嗜酸性粒细胞

这种细胞在结缔组织中可存活数天，可吞噬抗原—抗体复合物，同时释放出一些酶类，如组胺酶、芳香硫酸酯酶B和磷脂酶D等。

4. 嗜碱性粒细胞

带有与IgE有高亲和力的受体，IgE与受体结合或受体与游离的IgE结合后，再与IgE特异抗原结合，刺激嗜碱性粒细胞发生脱粒作用并释放各种介质引起超敏反应。细胞质中含有不同大小的嗜碱性颗粒，颗粒中含有肝素、组胺、白三烯等，能释放到炎症组织中或者介导Ⅰ型变态反应。

(三)正常组织和体液中的抗菌物质

1. 补体

补体是一个包括 20 多种成分的复杂系统,由 M 细胞肠上皮细胞、肝细胞和脾细胞合成。补体成分通常以非活性状态存在于血液和体液。经抗原抗体复合物、细菌脂多糖和酵母多糖等(旁路途径激活物)活化后形成多种生物活性片段,可导致趋化、黏附、促进吞噬、引发炎症等,增强抗感染作用。在感染早期,某些革兰阴性菌细胞壁成分可直接激活补体,在特异性抗体形成之前就发挥防御作用,补体缺陷病患者常发生严重的细菌感染。

2. 乙型溶素

血液凝固时自血小板释出,故其含量在血清中远高于血浆中的含量。可破坏革兰阳性菌细胞膜,产生非酶性破坏作用,对革兰阴性菌无作用。

3. 溶菌酶

溶菌酶存在于身体的大部分组织内,主要来源于吞噬细胞。在唾液、泪液、乳汁、鼻咽分泌物中的溶菌酶,作用于革兰阳性菌细胞壁肽聚糖,可使细菌溶解。革兰阴性菌的肽聚糖外因有外膜等包绕,故溶菌酶不能直接发挥作用。但是,如果抗体和补体同时存在,则对革兰阴性菌也有溶解作用。

三、特异性免疫和非特异性免疫的关系

非特异性免疫与特异性免疫之间有着较为密切的联系。以抵抗病原体来说,非特异性免疫是基础,它的特点是出现快,作用范围广,但强度较弱,尤其是对某些致病性较强的病原体难以一时消灭,这就需要特异性免疫发挥作用。特异性免疫的特点是出现较慢,但是针对性强,在作用的强度上也远远超过了没有针对性的非特异性免疫。由于机体在任何时间任何地点,都有可能接触到各种各样的异物,如果全部都以特异性免疫来对付,机体的消耗就会过大,所以先以非特异性免疫来处理,对机体更为有利。特异性免疫是在非特异性免疫的基础上形成的。进入机体的抗原,如果不经过吞噬细胞的加工处理,多数抗原将无法对免疫系统起到刺激作用,相应的特异性免疫也就不会发生,此外,特异性免疫的形成过程,又反过来增强了机体的非特异性免疫。例如,人体接种卡介苗以后,除增强人体对结核分枝杆菌免疫能力外,还增强吞噬细胞对肠杆菌和肿瘤细胞的吞噬、消化能力,以及增加干扰素的含量等。

四、免疫与传染的关系

免疫是机体的一种保护性生理反应,是指机体对外源性或内源性的异物进行识别排斥和清除的过程;传染是指病原微生物侵入机体后,在一定的部位生长、繁殖,并引起病理变化的过程。免疫与传染是相对立而存在的。没有传染,就不会有免疫的存在;免疫是针对传染而产生的,而免疫一旦产生,又能对抗和清除同一病原微生物的再次感染(免疫记忆功能)。一般情况下,传染可激发机体产生免疫,而免疫又能终止传染;但在某些情况下,传染又能抑制甚至破坏机体的免疫功能,如免疫缺陷病毒感染、慢性消耗性传染病;但若机体免疫功能过强,不是终止

传染，而是造成对自身组织的损伤。

任务总结

表 6-4　免疫的分类任务总结

类别	内容	要点
任务实施	免疫的类型	免疫的类型是什么？
	特异性免疫和非特异性免疫的关系	1. 非特异性免疫的特点是什么？并举例说明。 2. 特异性免疫的特点是什么？并举例说明。 3. 特异性免疫与非特异性免疫的关系是什么？
	免疫与传染的关系	免疫与传染的关系是什么？

任务测试

1. 扫描二维码，完成任务测试题。
2. 根据测试结果，指导教师对每位同学做出评价。

二维码 6-4　免疫的分类测试题

任务三 免疫器官和免疫细胞

学习目标

知识目标

(1)了解免疫器官和免疫细胞的概念。

(2)知道免疫器官和免疫细胞的分类。

(3)掌握免疫器官和免疫细胞在免疫过程中的作用。

能力目标

(1)能够自己组织语言,向同学们介绍免疫器官和免疫细胞的概念。

(2)能够组织语言介绍免疫器官和免疫细胞的分类。

(3)查阅资料,分小组研讨,绘制免疫器官和免疫细胞作用的思维导图。

素质目标

(1)培养语言表达、沟通交流的综合素质。

(2)培养分析思考、自主学习的能力和精益求精的工匠精神。

任务分析

表 6-5 免疫器官和免疫细胞任务单

<table>
<tr><td>任务名称</td><td colspan="3">免疫器官和免疫细胞</td></tr>
<tr><td>任务描述</td><td colspan="3">能够说出免疫器官和免疫细胞的概念;了解免疫器官和免疫细胞的分类;掌握免疫器官和免疫细胞的功能;能够说出各种免疫细胞的特点;简单阐述免疫细胞的分化过程。</td></tr>
<tr><td>完成条件</td><td colspan="3">智能手机,多媒体教学设备。</td></tr>
<tr><td rowspan="2">任务资讯</td><td>资讯问题</td><td colspan="2">参考资料</td></tr>
<tr><td>1. 什么是免疫器官和免疫细胞?
2. 免疫器官和免疫细胞怎样分类?
3. 试述免疫细胞的分化过程。</td><td colspan="2">1. 杨汉春. 动物免疫学[M]. 3 版. 北京:中国农业大学出版社,2020.
2. 王世若,王兴龙,韩文瑜. 现代动物免疫学[M]. 2 版. 长春:吉林科学技术出版社,2001.
3. 胡桂学. 兽医微生物学[M]. 北京:中国农业大学出版社,2018.</td></tr>
<tr><td rowspan="3">考核标准</td><td>知识考核</td><td>能力考核</td><td>素质考核</td></tr>
<tr><td>1. 查阅相关资料,完成资讯问题。
2. 准确回答任务测试题。
3. 规范书写任务总结。</td><td>1. 能准确说出免疫器官和免疫细胞的概念。
2. 能准确说出免疫细胞的分类。
3. 能简要讲述免疫细胞的分化过程。</td><td>1. 善于观察思考。
2. 做事精益求精。
3. 善于总结归纳。
4. 胸怀祖国,服务人民的爱国主义精神。</td></tr>
<tr><td colspan="3">注:在实际考核过程中,教师可根据具体的考核标准确定优秀、良好、及格和不及格。
90~100 分为优秀;80~89 分为良好;60~79 分为及格;60 分以下为不及格。</td></tr>
</table>

任务实施

免疫器官和免疫细胞是机体免疫应答的物质基础。免疫器官分为中枢免疫器官和外周免疫器官两大类。免疫细胞可分为免疫活性细胞、免疫辅佐细胞和其他免疫细胞。

一、免疫器官

免疫器官是淋巴细胞和其他免疫细胞发生分化成熟、定居和增殖以及产生免疫应答的场所。根据其功能不同，将免疫器官分为中枢免疫器官和外周免疫器官两大类。

二维码 6-5　免疫器官

(一)中枢免疫器官

中枢免疫器官又称初级或一级免疫器官，是淋巴细胞等免疫细胞发生、分化和成熟的场所，包括骨髓、胸腺和法氏囊。在胚胎早期出现，为淋巴上皮结构，可诱导来自骨髓的造血干细胞分化为具有免疫活性的细胞，此过程不需要抗原物质的刺激作用。若在动物发育早期切除中枢免疫器官，会使机体的免疫功能降低或丧失。

1. 骨髓

骨髓是机体重要的造血器官和免疫器官，主要为四肢长骨骨髓。骨髓中的多能干细胞首先分化成髓样干细胞和淋巴样干细胞。髓样干细胞进一步分化成红细胞系、单核细胞系、粒细胞系和巨核细胞系等。淋巴样干细胞发育成各种淋巴细胞的前体细胞，一部分淋巴样干细胞分化为 T 细胞的前体细胞，随血流进入胸腺后，被诱导并分化为成熟的淋巴细胞，称为胸腺依赖性淋巴细胞(简称 T 细胞)，参与细胞免疫；另一部分淋巴样干细胞分化为 B 细胞的前体细胞。鸟类的这些前体细胞随血流进入法氏囊发育为成熟的 B 细胞，又称囊依赖性淋巴细胞，参与体液免疫。哺乳动物的这些前体细胞则在骨髓内进一步分化发育为成熟的 B 细胞。哺乳类动物的骨髓还能直接诱导淋巴干细胞成熟为 B 细胞，并且骨髓中的 B 细胞也可直接对抗原产生免疫应答，产生特异性抗体，骨髓中产生的抗体数量可占 40%。若骨髓受到破坏，不仅严重损害造血功能，也将导致免疫缺陷症的发生，如大剂量放射线可破坏骨髓功能，使机体的造血功能和免疫功能同时丧失。

2. 胸腺

胸腺是畜禽重要的中枢免疫器官，是胚胎期发生最早的淋巴组织，它不仅诱导 T 淋巴细胞的发育成熟，而且对机体免疫系统的总体控制起着非常重要的作用。根据动物的种类和年龄的不同，其部位和大小也稍有差异。通常哺乳动物的胸腺位于胸腔纵隔内，猪、马、牛、犬等动物的胸腺可伸展至颈部直达甲状腺。禽类的胸腺沿颈部在颈静脉一侧呈多叶分布。胸腺的大小视年龄不同而异，幼畜、幼禽胸腺随年龄增大而增大，到性成熟期为最大，随后胸腺逐渐趋于退化，实质萎缩，皮质被脂肪组织所代替。长期应激、严重营养不良、长期患病都会导致胸腺的迅速萎缩。胸腺外包结缔组织被膜，当被膜伸入腺体后，将腺体实质分成许多小叶；小叶的外周是皮质，分布着大量的淋巴细胞，即未成熟的幼稚 T 细胞；中心为髓质，分布着上皮细胞(又称网状细胞)，也有少量淋巴细胞。上皮细胞分泌胸腺素，此激素能使幼稚小淋巴细胞分化增殖成为具有免疫活性的 T 细胞。在胸腺髓质内还有一种由髓质上皮细胞、巨噬细胞组成的圆形或椭圆形的结构，称为胸腺小体，其功能尚不清楚。

胸腺是T细胞分化成熟的中枢免疫器官。实验证明，动物新生期摘除胸腺后，在成年后外周血和淋巴组织中淋巴细胞显著减少，不能排斥异体移植皮肤，对抗体生成也有严重的影响，动物极易患病死亡。而在动物出生后数周摘除胸腺，则其免疫功能受损不明显，因为在新生期前后已经建立了细胞免疫功能，故摘除成年动物的胸腺所造成的后果就不严重。

胸腺的功能主要表现在以下两个方面：①T细胞成熟的场所。骨髓中的T细胞随血液进入胸腺外皮质层，在浅皮质上皮细胞即胸腺哺育细胞（TNC）中增殖和分化，随后移出TNC进入深皮质层进行选择性分化增殖，95%的细胞死亡，只有约5%的细胞继续分化为较成熟的胸腺细胞，随后进入髓质进一步分化为成熟的T淋巴细胞，成熟的T细胞进入外周免疫器官，参与细胞免疫。②分泌产生胸腺激素。胸腺能够产生多种胸腺激素，如胸腺血清因子、胸腺素、胸腺生成素及胸腺体液因子等，它们对诱导T细胞成熟具有重要的作用。

3. 法氏囊

法氏囊是禽类特有的淋巴器官，位于禽类泄殖腔上方的一个盲囊状结构，故又称为腔上囊。法氏囊呈圆形或梨形，有数条囊黏膜形成的纵褶穿入囊腔内，在黏膜固有层有大量淋巴小结密集排列。雏鸡1日龄时，法氏囊重50～80 mg，3～4月龄时体积最大，达3～4 g，性成熟后逐渐退化萎缩。鸭、鹅的法氏囊退化慢，7月龄开始逐渐退化，大约12个月后完全消失。

法氏囊是诱导淋巴细胞分化成熟的场所，骨髓中的淋巴干细胞进入法氏囊后被诱导分化成为成熟的囊依赖性淋巴细胞（简称B细胞）。B细胞经淋巴和血液循环分布于脾脏、淋巴结的特定部位，并继续增殖。B细胞受到抗原刺激后可转化为浆细胞产生抗体，发挥特异性体液免疫作用。雏鸡法氏囊被切除或破坏，B细胞成熟受到影响，接种抗原不能产生抗体。性成熟前的幼鸡感染传染性法氏囊病病毒后，法氏囊遭到破坏或萎缩，严重影响体液免疫应答，使接种疫苗免疫无效。哺乳动物没有法氏囊，骨髓担当法氏囊的功能，B细胞在骨髓发育成熟。

（二）外周免疫器官

外周免疫器官又称次级或二级免疫器官，是免疫活性细胞（如T细胞和B细胞）分布、增殖及进行免疫应答的场所，包括淋巴结、脾脏、哈德腺、黏膜免疫系统等。它与中枢免疫器官的主要差别在于来源不同，出现较晚，终生存在，切除后对免疫影响较小。

1. 淋巴结

淋巴结为网状组织结构，呈圆形或豆状，分布于全身各部位淋巴管的路径上，定居着大量巨噬细胞、T细胞和B细胞，其中T细胞占75%，B细胞占25%。淋巴结起过滤捕捉淋巴液中的抗原，并在其中进行免疫应答的作用。

（1）淋巴结的结构和细胞组成。淋巴结由被膜和实质组成，实质分皮质和髓质两部分。皮质又分浅皮质区和深皮质区（又称副皮质区），两者无明显界线。浅皮质区含有淋巴小结主要聚居B细胞，称为初级滤泡。B细胞受抗原刺激后不断分裂增殖，形成生发中心，称为二级滤泡，其中含有不同分化阶段的B细胞和浆细胞（浆细胞是B细胞经抗原刺激转化后能分泌抗体的细胞），树突状细胞及少量分散于各生发中心之间的T细胞。浅皮质区主要是B细胞定居区，故又称为非胸腺依赖区。深皮质区中主要定居的是T细胞，排列成界线不清的小结，称为三级滤泡。另外含有巨噬细胞和并指细胞。初生时切除胸腺的动物深皮质区缺少T细胞，所以称深皮质区为胸腺依赖区。髓质区由B细胞、巨噬细胞、网状细胞和浆细胞排列成髓索。髓质由髓索和髓窦组成。髓索中含有B细胞、T细胞、网状细胞和巨噬细胞等。髓窦位于髓索之间，为淋巴液通道，与输出淋巴管相通。髓内有很多巨噬细胞，能吞噬、清除异物。进入淋巴结的抗原，被髓质内的巨噬细胞捕捉、吞噬、加工处理，递呈给深皮质区中的T细胞，引起分化增殖，进行细胞免疫应答。巨噬细胞将抗原传给皮质区的一级滤泡内的B细胞，引起分化增殖，形成浆细胞，产生抗体。另外，淋巴结中免疫应答产生的致敏T细胞及特异性抗体可汇集于髓窦中随淋巴液进入血液循环分布到全身发挥作用。

猪淋巴结的结构与其他哺乳动物淋巴结的结构不同，其组织结构相反，淋巴小结在淋巴结的中央，相当于髓质的部分在淋巴结外层。淋巴液由淋巴结门进入淋巴结流经中央的皮质和四周的髓质，最后由输出管流出淋巴结。鸡无淋巴结，但淋巴组织广泛分布于体内，有的为弥散性，消化道管壁中的淋巴组织为淋巴集结，如盲肠扁桃体；有的呈小结节状等，它们在抗原刺激后都能形成生发中心。鹅、鸭等水禽类主要有2对淋巴结，即颈胸淋巴结和腰淋巴结。

(2)淋巴结的功能。淋巴结的主要功能是过滤淋巴液。通过淋巴窦内吞噬细胞的吞噬作用，以及产生的抗体等免疫分子的作用，可以杀伤病原微生物，清除异物，净化淋巴液，防止病原体扩散。淋巴结是机体产生体液和细胞免疫应答的场所，还是产生免疫应答的主要场所。各种抗原性物质侵入机体后，淋巴实质中巨噬细胞、树突状细胞可捕获、加工处理抗原，并递呈给T细胞和B细胞，使其活化增殖，形成致敏T细胞和浆细胞，最终引起体液和细胞免疫应答。由于抗原刺激淋巴细胞大量增殖，引起局部淋巴结肿大。抗原消除后，淋巴结又可恢复正常，淋巴细胞再循环。正常时，只有少部分淋巴细胞在淋巴结内分裂增殖，大部分是由血液经淋巴系统再循环来的淋巴细胞。血液中淋巴细胞随血流到淋巴结，通过毛细血管后经静脉进入皮质区，然后再经淋巴窦汇入淋巴管，经胸导管进入血液，如此反复循环，是体内淋巴细胞再循环的主要部位。

2. 脾脏

脾脏是动物体内造血、储血、滤血、淋巴细胞分布及进行免疫应答的器官，也是体内最大的淋巴器官。脾脏中T细胞占35%～50%，B细胞占50%～65%。

(1)脾脏的结构和细胞组成。脾脏外包结缔组织被膜，并伸入脾实质形成脾小梁。脾的一侧为脾门，是血管、输出淋巴管和神经通道。实质分为白髓、红髓及边缘区(红髓和白髓交界处)三个部分。白髓包括淋巴鞘和脾小结，淋巴鞘主要聚居T细胞，称为脾的胸腺依赖区。脾小结内有散在的B细胞，受抗原刺激也形成生发中心，是B细胞定居之处，为非胸腺依赖区。红髓位于白髓周围，可分为脾索和脾窦两部分。脾索为网状结缔组织形成的条索状分支结构，含有大量红细胞、血小板、B细胞、树突状细胞、巨噬细胞等。脾窦为迂曲的管道，其分支吻合成网。中央小动脉离开白髓后，其分支通过脾索与脾窦相连，脾窦汇成小静脉，最后形成脾静脉出脾。脾窦中也含有各种血细胞和巨噬细胞。在红髓与白髓之间称为边缘区，中央小动脉分支由此进入，是再循环淋巴细胞入脾之处。边缘区中含有T细胞、B细胞和巨噬细胞。与淋巴结不同，脾脏没有输入淋巴管。在脾脏中B细胞占65%，血流中的部分抗原在脾脏中被巨噬细胞吞噬，加工并传递给B细胞，刺激B细胞分化增殖成浆细胞，产生抗体。

(2)脾脏的主要功能是过滤血液。循环血液通过脾脏时，脾脏中的巨噬细胞可吞噬和清除混入血液的细菌等异物和自身衰老细胞等。脾脏还具有滞留淋巴细胞的作用。当有抗原刺激时，便滞留正常情况下能自由通过的淋巴细胞，从而使抗原敏感细胞集中到抗原集聚的部位附近，增强免疫应答的效应。脾脏也是产生免疫应答的重要场所。脾脏内定居着大量淋巴细胞和其他免疫细胞，抗原进入脾脏即可使T细胞和B细胞活化和增殖，产生致敏T细胞和抗体，从而引起细胞免疫应答和体液免疫应答。脾脏是体内产生抗体的主要器官。脾脏还可以产生吞噬细胞增强素。脾脏能产生一种含苏-赖-脯-精氨酸的四肽激素。它能增强巨噬细胞及中性粒细胞的吞噬作用。脾脏还是储存血液的器官。脾窦充满大量的血液可根据机体需要调节血量。另外，胚胎期的脾脏也具有造血的功能。

3. 哈德腺

哈德腺是禽类眼窝内腺体之一，又称瞬膜腺，位于眼窝中腹部，眼球后中央。它能分泌泪液润滑瞬膜，对眼睛具有机械保护作用。又分布有T细胞、B细胞，能接受抗原刺激，分泌特异性抗体，通过泪液带入上呼吸道黏膜，成为口腔、上呼吸道的抗体来源之一，在上呼吸道免疫上起着非常重要的作用。故鸡新城疫Ⅱ系弱毒疫苗等可通过点眼接种免疫。哈德腺不仅可在局部形成坚实的屏障，而且能激发全身免疫系统，协调体液免疫。在雏鸡免疫时，它对疫苗发生应答反应不受母源抗体的干扰，对免疫效果的提高，起着非常重要的作用。

4. 黏膜免疫系统

黏膜免疫系统包括肠黏膜、气管黏膜、肠系膜淋巴结、腮腺、泪腺和乳腺管黏膜等的淋巴组织，共同组成一个黏膜免疫应答网络，故称为黏膜免疫系统。黏膜免疫系统中分布的淋巴细胞总量比脾脏和淋巴结中分布的还要多，疫苗抗原到达黏膜淋巴组织，引起免疫应答，大量产生分泌性IgA抗体，分布在黏膜表面，形成第一道特异性免疫保护防线，尤其对经过呼吸道、消化道感染的病原微生物，黏膜免疫作用至关重要。

二、 免疫细胞

凡参与免疫应答的细胞或与免疫应答有关的细胞通称为免疫细胞。免疫细胞的种类很多。根据其功能差异可分为免疫活性细胞、免疫辅佐细胞和其他免疫细胞。免疫活性细胞是免疫细胞中接受抗原刺激后能分化增殖，产生特异性免疫应答的细胞，也称抗原特异性淋巴细胞，主要是T细胞和B细胞，还有自然杀伤细胞等，在免疫应答中起核心作用，在体内分布广、数量多，除中枢神经系统外，所有组织均含有淋巴细胞。免疫辅佐细胞是在免疫应答过程中起重要辅佐作用的细胞，如巨噬细胞能捕获和处理抗原并能将抗原递呈给免疫活性细胞。其他免疫细胞是以其他方式参与免疫应答以及与免疫应答有关的细胞，如各种粒细胞和肥大细胞等。

（一）T细胞和B细胞

T细胞和B细胞均来源于骨髓多能干细胞。多能干细胞中的淋巴细胞分化为前T细胞和前B细胞。T细胞和B细胞在光学显微镜下均为小淋巴细胞，从形态上难以区别，但它们表面存在着大量不同种类的蛋白质分子，这些表面分子又称为表面标志。T细胞和B细胞的表面标志包括表面受体和表面抗原，可用于T细胞和B细胞及其亚群的鉴定。表面受体是指淋巴细胞表面上能与相应特异性抗原、绵羊红细胞、补体等发生特异性结合的分子结构。表面抗原又称分化（CD）抗原，是指在淋巴细胞或其亚群细胞表面上

二维码 6-6　免疫细胞

能被特异性抗体(如单克隆抗体)所识别的表面分子。值得一提的是表面抗原和表面受体并无严格的区别。有些表面受体已命名为CD抗原,如红细胞受体(E受体)即为CD2;有些CD抗原也有受体特性,如CD4可视为MHCⅡ类分子的受体等。

1. T细胞

(1)T细胞的来源与分布。前T细胞进入胸腺后,在胸腺素的诱导下,发育为胸腺依赖性淋巴细胞,简称T细胞。成熟的T细胞经血流分布到外周免疫器官的胸腺依赖区定居和增殖,并经血液→组织→淋巴→血液再循环分布全身。T细胞接受抗原刺激后活化、增殖和分化为效应T细胞,介导细胞免疫。效应T细胞大多数寿命较短,一般只能存活46 d,少部分转变为长寿的免疫记忆细胞,它们可存活几个月到几年。

(2)T细胞的重要表面标志。T细胞的重要表面标志是表面受体和表面抗原。

①T细胞的表面受体。T细胞表面受体包括T细胞抗原受体、红细胞受体、致有丝分裂原受体、白细胞介素受体等。

T细胞抗原受体(TCR)是指所有T细胞表面具有识别和结合特异性抗原的分子结构。95%T细胞的TCR是由α和β两条多肽链组成二聚体。5%T细胞的TCR由γ和δ两条肽链组成的二聚体。其主要作用是T细胞识别结合抗原,引起T细胞的免疫应答。

致有丝分裂原受体。有些物质能刺激细胞发生有丝分裂,称为有丝分裂原,如植物血凝素受体(PHA)、刀豆素A(ConA)等。T细胞具有PHA和ConA的受体,B细胞没有。PHA或ConA能与T细胞的相应受体结合刺激T细胞有丝分裂,转化为淋巴母细胞,因此利用淋巴细胞转化试验检测T细胞转化功能,也可区分T细胞和B细胞。

白细胞介素受体。白细胞介素受体介导细胞间相互作用的细胞因子。如IL-1R、IL-2R、IL-4R、IL-6R、IL-12R、IL-18R、IL-23R等。

此外,T细胞表面尚有麻疹病毒受体,少量IgM、IgG的Fc受体。

②T细胞的表面抗原。T细胞表面抗原随T细胞分化的不同时期而异,故又称T细胞分化抗原(CD)。T细胞膜上重要的表面抗原有CD2、CD3、CD4、CD8等。CD2为单链多肽,主要分布于猪、牛、羊、马等家畜成熟的T细胞表面。能与绵羊红细胞结合,称为红细胞受体。这些动物的T细胞在体外通过受体能与绵羊红细胞结合形成玫瑰花样花环(E花环)。B细胞没有E受体,因此可用E花环试验区分T细胞和B细胞,并检测动物外周血T细胞比例及数量。

2. B细胞

(1)B细胞的来源与分布。前B细胞在禽类的法氏囊或哺乳动物的骨髓中分化发育为囊依赖性淋巴细胞或骨髓依赖性淋巴细胞,简称B细胞。B细胞分布于外周淋巴器官的非胸腺依赖区。B细胞接受抗原刺激后,少数变为长寿的记忆细胞,参与淋巴细胞再循环,记忆细胞可存活100 d以上。多数进一步增殖分化为浆细胞,由浆细胞产生特异性抗体,发挥体液免疫功能。浆细胞寿命较短,一般只存活2 d。

(2)B细胞的表面标志。

①B细胞抗原受体(BCR)。B细胞抗原受体是细胞表面的免疫球蛋白。每个B细胞表面有$10^4 \sim 10^8$个免疫球蛋白分子。SmIg是鉴别B细胞的主要特征。BCR主要包括mIgM和mIgD,均由2条重链和2条轻链连接而成。有利于信号传递活化B细胞。BCR还能与抗Ig抗体特异结合,可用荧光素标记的抗Ig抗体染B细胞来计数B细胞的数目。未成熟的B细

胞 BCR 为 mIgM;成熟的 B 细胞 BCR 为 mIgM 与 mIgD。BCR 的作用是识别结合抗原,引起 B 细胞的免疫应答。

②Fc 受体。Fc 受体是 B 细胞膜上的糖蛋白。能与 IgG、IgE 的 Fc 段结合,利于 B 细胞对抗原的捕获和结合,进而促进了 B 细胞活化、增殖与分化。Fc 受体常用 EA 玫瑰花环试验检测:在试管内,将绵羊红细胞、绵羊红细胞的免疫血清(含大量 IgG)及家畜的 B 细胞混合作用后,IgG 与红细胞结合,IgG 的 Fc 段与 B 细胞膜上的 Fc 受体结合,可在 1 个 B 细胞表面黏上几个红细胞,形成玫瑰花环。这种试验称为 E 玫瑰花环试验,可用于检测 B 细胞。

③补体受体(CR)。补体受体是 B 细胞膜上的另一种糖蛋白。能与补体 C3b 和 C3d 结合。B 细胞的 CR 常用花环试验检测:将红细胞(E)、抗红细胞(A)和补体(CR)的复合物与淋巴细胞混合后,可见 B 细胞周围有红细胞形成的花环。该试验也可检测 B 细胞。

此外,B 细胞膜上还有致有丝分裂原受体[脂多糖(LPS)受体、金黄色葡萄球菌 A 蛋白(SPA)受体]、白细胞介素受体(如 IL-1、IL-2、IL-4、IL-5、IL-6 受体)及多种细胞因子受体等。

(二)K 细胞与 NK 细胞

淋巴细胞可根据其表面是否具有受体分子、是否能与绵羊红细胞形成玫瑰花环而分为 T 细胞和 B 细胞。但另一类淋巴细胞既无 T 细胞的表面标志(如 CD2 受体),又无 B 细胞的表面标志(如 SmIg),这类细胞称为裸细胞,要包括具有非特异性杀伤功能的 NK 细胞和 K 细胞。它们直接来源于骨髓,其分化过程不依赖于胸腺或囊类器官,细胞表面具有 IgG 的 FC 受体。

1. K 细胞

杀伤细胞简称 K 细胞,主要存在腹腔渗出液、血液和脾脏中,其主要特点是细胞表面具有 IgG 的 Fc 受体。当靶细胞与相应的 IgG 结合,K 细胞可与结合在靶细胞上的 IgG 的 Fc 结合,从而使自身活化,释放细胞毒,裂解靶细胞(病毒感染的宿主细胞、恶性肿瘤细胞、移植物中的异体细胞以及某些较大的病原体,如寄生虫等),这种作用称为依赖抗体的细胞毒性(ADCC)。

在 ADCC 反应中,IgG 抗体与靶细胞的结合是特异性的,而 K 细胞的杀伤作用是非特异性的,不需要识别抗原和 MHC 分子,任何被 IgG 结合的靶细胞均可被 K 细胞非特异性地杀伤。如果用酶破坏 Fc 段或先用 IgG 封闭 K 细胞上的 Fc 受体,则靶细胞不被杀伤。

2. NK 细胞

NK 细胞是自然杀伤细胞的简称,是一群既不依赖抗体参与,也不需要抗原刺激和致敏就能杀伤靶细胞的淋巴细胞。NK 细胞表面存在识别靶细胞表面分子的受体结构,通过此受体与靶细胞结合而发挥杀伤作用。

NK 细胞表面有干扰素和 IL-2 受体。干扰素作用于 NK 细胞后,可使 NK 细胞增多识别(靶细胞的)结构和增强溶解杀伤的活性。IL-2 受体可刺激 NK 细胞不断增殖和产生干扰素,发挥更大的杀伤作用。NK 细胞表面也有 Ig 的 Fc 受体,凡被 IgG 结合的靶细胞均可被 NK 细胞通过其 Fc 受体的结合而导致靶细胞溶解,即 NK 细胞也具有 ADCC 作用。

(三)辅佐细胞

机体的免疫应答主要由 T 细胞和 B 细胞介导,但免疫应答的完成,还需单核吞噬细胞、树突状细胞和郎罕氏细胞的协助参与,对抗原进行捕捉、加工和处理,这些细胞称为辅佐细胞。

辅佐细胞是免疫应答中将抗原递呈给抗原特异性淋巴细胞的一类免疫细胞，故又称为抗原递呈细胞（APC）。

单核细胞表面有多种受体，如Fc受体、补体受体等，有助于吞噬功能的进一步发挥。巨噬细胞是免疫应答中不可缺少的免疫细胞，在应答中起递呈抗原的作用。树突状细胞主要分布于脾脏和淋巴结中，具有抗原递呈的作用。郎罕氏细胞主要存在于表皮层的颗粒层或扁平上皮基层中，具有较强的抗原递呈能力，特别在针对从皮肤进入的抗原所形成的免疫应答中起重要作用。值得一提的是，B细胞除介导体液免疫外，兼具有单核吞噬细胞的功能，能将某些抗原决定簇递呈给T细胞以引起免疫应答。

任务总结

表6-6　免疫器官和免疫细胞任务总结

类别	内容	要点
任务实施	免疫器官和免疫细胞概念	什么是免疫器官和免疫细胞？
	免疫器官和免疫细胞的分类	1.免疫器官可分为哪几类？ 2.免疫细胞可分为哪几类？
	免疫器官和免疫细胞的功能	1.各种免疫器官的功能是什么？ 2.各种免疫细胞的功能是什么？ 3.试述免疫细胞的分化过程。

任务测试

1.扫描二维码，完成任务测试题。
2.根据测试结果，指导教师对每位同学做出评价。

二维码6-7　免疫器官和免疫细胞测试题

任务四 抗 原

学习目标

知识目标

(1)了解抗原的概念。

(2)知道抗原的分类。

(3)掌握抗原的特性与结构。

二维码 6-8 抗原

能力目标

(1)能够自己组织语言,向同学们介绍抗原概念。

(2)能够组织语言介绍抗原的分类。

(3)查阅资料,分小组研讨,列举日常生活或生产中可能接触到的抗原。

素质目标

(1)培养语言表达、沟通交流的综合素质。

(2)培养分析思考、自主学习的能力和精益求精的工匠精神。

任务分析

表 6-7 抗原任务单

<table>
<tr><td>任务名称</td><td colspan="6">抗原</td></tr>
<tr><td>任务描述</td><td colspan="6">能够说出抗原的概念;了解抗原的分类;掌握抗原的基本结构;能够说出各种抗原的功能。</td></tr>
<tr><td>完成条件</td><td colspan="6">智能手机,多媒体教学设备。</td></tr>
<tr><td rowspan="2">任务资讯</td><td colspan="2">资讯问题</td><td colspan="4">参考资料</td></tr>
<tr><td colspan="2">1.抗原是什么?
2.抗原可以分为哪些类型?
3.简述抗原的基本结构。
4.各种抗原的功能是什么?</td><td colspan="4">1.王世若,王兴龙,韩文瑜.现代动物免疫学[M].2 版.长春:吉林科学技术出版社,2001.
2.胡桂学.兽医微生物学[M].北京:中国农业大学出版社,2018.
3.刘荣臻,曹元应.病原微生物与免疫学[M].3 版.北京:人民卫生出版社,2014.</td></tr>
<tr><td rowspan="3">考核标准</td><td colspan="2">知识考核</td><td colspan="2">能力考核</td><td colspan="2">素质考核</td></tr>
<tr><td colspan="2">1.查阅相关资料,完成资讯问题。
2.准确回答任务测试题。
3.规范书写任务总结。</td><td colspan="2">1.能准确说出抗原的概念。
2.能准确说出抗原的分类。
3.能准确讲述抗原的结构特点。
4.能大致描述各种抗原的功能。</td><td colspan="2">1.遵守学习纪律,服从教师指导。
2.团结同学,互帮互助。
3.思路清晰,描述准确。
4.关爱动物生命。</td></tr>
<tr><td colspan="6">注:在实际考核过程中,教师可根据具体的考核标准确定优秀、良好、及格和不及格。
90~100 分为优秀;80~89 分为良好;60~79 分为及格;60 分以下为不及格。</td></tr>
</table>

任务实施

一、抗原的概念

凡是能刺激机体产生抗体或致敏淋巴细胞并能与之结合引起特异性反应的物质称为抗原。

二、抗原的性质

抗原具有抗原性，抗原性包括免疫原性与反应原性两个方面的含义。免疫原性是指能刺激机体产生抗体或致敏淋巴细胞的特性。反应原性是指抗原与相应的抗体或致敏淋巴细胞发生反应的特性。

三、抗原的类型

抗原物质很多，从不同的角度可以将抗原分成许多类型。

1. 根据抗原的性质分类

抗原根据抗原的性质不同可分为完全抗原与不完全抗原。既具有免疫原性又有反应原性的物质称为完全抗原，称为免疫原。只具有反应原性而缺乏免疫原性的物质称为不完全抗原，也称为半抗原。半抗原又分为简单半抗原和复合半抗原。简单半抗原的分子量较小，只有一个抗原决定簇，不能与相应的抗体发生可见反应，但能与相应的抗体结合，如抗生素、酒石酸、苯甲酸等。复合半抗原的分子量较大，有多个抗原决定簇，能与相应的抗体发生肉眼可见的反应，如细菌的荚膜多糖、类脂、脂多糖等都为复合半抗原。

2. 根据抗原的来源分类

根据抗原的来源不同可分为外源性抗原与内源性抗原。被单核巨噬细胞等白细胞吞噬、捕获或与 B 细胞特异性结合，而后进入细胞内的抗原均称为外源性抗原，包括所有自体外进入的微生物、疫苗、异种蛋白等，以及自身合成而释放于细胞外的非自身物质，如肿瘤相关抗原、口蹄疫病毒的抗原等。自身细胞内合成的抗原，如胞内菌和病毒感染细胞所合成的细菌抗原、病毒抗原，肿瘤细胞合成的肿瘤抗原，称为内源性抗原。

3. 根据对胸腺(T 细胞)的依赖性分类

在免疫应答过程中，根据是否有 T 细胞参加，将抗原分为胸腺依赖性抗原和非胸腺依赖性抗原。

胸腺依赖性抗原简称 TD 抗原，这类抗原在刺激 B 细胞分化和产生抗体的过程中需要辅助性 T 细胞的协助。多数抗原均属此类，如异种组织与细胞、异种蛋白、微生物及人工复合抗原等。TD 抗原刺激机体产生的抗体主要是 IgG，易引起细胞免疫和免疫记忆。

非胸腺依赖性抗原简称 TI 抗原，这类抗原直接刺激 B 细胞产生抗体，不需要 T 细胞的协助。如大肠埃希菌脂多糖(LPS)、肺炎链球菌荚膜多糖、聚合鞭毛素和聚乙烯吡咯烷酮等。此类抗原的特点是由同一构成单位重复排列而成。TI 抗原仅刺激机体产生 IgM 抗体，不易产生细胞免疫，无免疫记忆。

四、重要的天然抗原

1. 细菌抗原

细菌是一个由许多种抗原组成的复合体，根据细菌结构的不同，可将细菌分为菌体抗原、鞭毛抗原、荚膜抗原和菌毛抗原等。

(1)菌体抗原(O 抗原)。菌体抗原是革兰阴性菌细胞壁抗原，其化学本质为脂多糖(LPS)的多糖侧链，与外膜连接。较耐热，不被乙醇破坏。

(2)鞭毛抗原(H 抗原)。鞭毛抗原的化学成分为蛋白质，不耐热，56～80 ℃即被破坏。鞭毛、鞭毛蛋白多聚体的免疫效果好于鞭毛蛋白单体，并可产生 IgG 和 IgM。鞭毛抗原的特异性较强，用其制备抗鞭毛因子血清，可用于沙门菌和大肠埃希菌免疫诊断。

(3)荚膜抗原(K 抗原)。细菌荚膜构成有荚膜细菌的外表面，是细菌主要的表面抗原。荚膜抗原的成分为酸性多糖，可以是多糖均一的聚合体和异质的多聚体。

(4)菌毛抗原。菌毛抗原多存在于革兰阴性菌表面，为蛋白质，有很强的抗原性。

2. 病毒抗原

各种病毒结构不一，因而其抗原成分也很复杂，各种病毒都有相应的抗原结构。一般有 V 抗原、S 抗原(可溶性抗原)和 NP 抗原(核蛋白抗原)。

(1)V 抗原(囊膜抗原)。有囊膜的病毒均具有 V 抗原，其抗原特异性主要是囊膜上的纤突所决定的。如流感病毒囊膜上的血凝素和神经氨酸酶都是 V 抗原。V 抗原具有型和亚型的特异性。

(2)VC 抗原(衣壳抗原)。无囊膜的病毒，其抗原特异性决定于病毒颗粒表面的衣壳结构蛋白。如口蹄疫病毒的结构蛋白 VP1、VP2、VP3 和 VP4 即为此类抗原，其中 VP1 能使机体产生中和抗体，可使动物获得抗感染能力，为口蹄疫病毒的保护性抗原。

3. 毒素抗原

破伤风杆菌、肉毒梭菌等多种细菌能产生外毒素，其成分为糖蛋白或蛋白质，具有很强的抗原性能刺激机体产生抗体(抗毒素)。细菌外毒素经甲醛或其他方法处理后，毒力减弱或完全丧失，但仍保持其免疫原性，称为类毒素。

4. 保护性抗原

微生物具有多种抗原成分，但其中只有 1～2 种抗原成分能刺激机体产生的抗体。如口蹄疫病毒的 VP1、鸡传染性法氏囊病病毒的 VP2 和肠致病性大肠埃希菌的菌毛抗原 K88 与 K99 等。

5. 超抗原

超抗原是存在于细菌和病毒中的一类抗原，该类抗原有强大的刺激能力，只需极低浓度(1～10 mg/mL)即可诱发最大的免疫反应，可达普通抗原刺激能力的 2 000 倍，如一些葡萄球菌毒素或某些病毒蛋白。

任务总结

表 6-8　抗原任务总结

类别	内容	要点
任务实施	抗原的概念	什么是抗原？
	抗原的分类	1. 抗原可以分为哪些类型？ 2. 按照结构组成将抗原分为哪些种类？并举例说明。
	各种抗原的功能	1. 完全抗原的作用是什么？ 2. 抗原的结构特点是什么？ 3. 各种抗原的功能是什么？

任务测试

1. 扫描二维码，完成任务测试题。
2. 根据测试结果，指导教师对每位同学做出评价。

二维码 6-9　抗原测试题

任务五　抗体与其他免疫活性物质

学习目标

知识目标

(1)了解抗体的概念。

(2)知道抗体的分类。

(3)掌握主要抗体的功能与特性。

能力目标

(1)能够自己组织语言,向同学们介绍抗体的概念。

(2)能够组织语言介绍抗体的分类。

(3)查阅资料,分小组研讨,绘制不同类型抗体的功能思维导图。

素质目标

(1)培养语言表达、沟通交流的综合素质。

(2)培养分析思考、自主学习的能力和精益求精的工匠精神。

二维码 6-10　抗体与其他免疫活性物质

任务分析

表 6-9　抗体与其他免疫活性物质任务单

<table>
<tr><td>任务名称</td><td colspan="6">抗体与其他免疫活性物质</td></tr>
<tr><td>任务描述</td><td colspan="6">能够说出抗体的概念;了解抗体的分类;掌握抗体的基本结构;能够说出各种抗体的功能。</td></tr>
<tr><td>完成条件</td><td colspan="6">智能手机,多媒体教学设备。</td></tr>
<tr><td rowspan="2">任务资讯</td><td colspan="3">资讯问题</td><td colspan="3">参考资料</td></tr>
<tr><td colspan="3">1. 抗体是什么?
2. 抗体可以分为哪些类型?
3. 简述抗体的基本结构。
4. 各种抗体的功能是什么?</td><td colspan="3">1. 王世若,王兴龙,韩文瑜. 现代动物免疫学[M]. 2 版. 长春:吉林科学技术出版社,2001.
2. 胡桂学. 兽医微生物学[M]. 北京:中国农业大学出版社,2018.
3. 刘荣臻,曹元应. 病原微生物与免疫学[M]. 3 版. 北京:人民卫生出版社,2014.</td></tr>
<tr><td rowspan="3">考核标准</td><td colspan="2">知识考核</td><td colspan="2">能力考核</td><td colspan="2">素质考核</td></tr>
<tr><td colspan="2">1. 查阅相关资料,完成资讯问题。
2. 准确回答任务测试题。
3. 规范书写任务总结。</td><td colspan="2">1. 能准确说出抗体的概念。
2. 能准确说出抗体的分类。
3. 能准确讲述抗体的结构特点。
4. 能大致描述各种抗体的功能。</td><td colspan="2">1. 见微知著,精益求精的工匠精神。
2. 集智攻关,团结协作的协同精神。
3. 追求真理,严谨治学的求实精神。</td></tr>
<tr><td colspan="6">注:在实际考核过程中,教师可根据具体的考核标准确定优秀、良好、及格和不及格。
90～100 分为优秀;80～89 分为良好;60～79 分为及格;60 分以下为不及格。</td></tr>
</table>

任务实施

一、抗体

抗体是指机体免疫系统受抗原刺激后，B细胞分化成熟为浆细胞后，合成分泌的一类能与相应抗原特异性结合的具有免疫功能的球蛋白。

(一)免疫球蛋白的基本结构

1. 重链(H链)和轻链(L链)

组成免疫球蛋白4条对称肽链中的两条相同长链，称为重链，约由440个氨基酸组成。根据重链恒定区氨基酸排列顺序的不同，构成5种不同类别的重链：r、μ、α、δ和ε链。将具有相应类别重链的免疫球蛋白分为5类、分别称为IgG(r链)、IgM(μ链)、IgA(α链)、IgD(δ链)和IgE(ε链)。组成免疫球蛋白4条对称肽链中的两条相同短链，称为轻链，约由214个氨基酸组成，以二硫键连接于H链的上端外侧。根据轻链恒定区氨基酸组成的差异可分为两种型：κ型和λ型。每种免疫球蛋白只含一种型别的轻链。

2. J链

即连接链，由合成IgA或IgM的浆细胞产生的一种糖蛋白。J链以二硫键的形式将每个单体IgA或IgM的H链连接在一起，形成双体IgA和五聚体IgM分子。

3. 铰链区

免疫球蛋白二条重链之间二硫键连接处附近的重链恒定区，有一个可转动的区域，称为铰链区。当Ig与抗原结合时，铰链区可发生转动，一方面利于抗原和抗体之间构型的更好匹配，另一方面使Ig变构、暴露出补体结合位点。

4. 免疫球蛋白的功能区

免疫球蛋白分子的多肽链因链内二硫键连接而将肽链折叠成几个球形结构，并与相应功能有关，故称为免疫球蛋白的功能区。每条L链有2个功能区：可变区（V区）和稳定区（C区）。IgG、gA和IgD的每条H链有4个功能区：1个可变区（V区）和3个稳定区（CH1、CH2、CH3）。IgM和IgE多一个恒定区CH4。功能区的作用：①V1和V是抗原结合的部位；②C1和CH1上具有同种异型的遗传标志；③CH2具有补体结合点；④CH3具有结合单核细胞、巨噬细胞、粒细胞、B细胞、NK细胞、Fc段受体的功能。

5. 木瓜蛋白酶水解片段

用木瓜蛋白酶水解免疫球蛋白，其裂解部位于H链铰链区链间二硫键近N端（上端），形成3个大小相似的片段：2个Fab段（抗原结合片段），1个Fc段（可结晶片段），Fc段有结合动物细胞的功能。

6. 胃蛋白酶水解片段

用胃蛋白酶消化免疫球蛋白后，其裂解部位位于H链铰链区链间二硫键近C端（下端），可得到两个大小不同的片段：一个为具有双价抗体活性的F(ab)2段，其特性与Fab段完全相同；另一个为无活性的pFc段，无生物学活性。

(二)各类免疫球蛋白的特性与功能

免疫球蛋白按其化学结构和抗原性的差异可分为IgG、IgM、IgA、IgD和IgE 5类。各类免疫球蛋白的结构、主要特性和功能均不相同。

1. IgG

IgG是人和动物血清中含量最高的球蛋白,占血清免疫球蛋白总量的75%～80%。其分子量较小,能通过人和兔的胎盘,但不能通过猪和牛的胎盘。IgG是介导体液免疫的主要抗体,在血液中产生稍迟,但含量高,维持时间长,可发挥抗菌、抗病毒和抗毒素作用,能调理、凝集和沉淀抗原,也是血清学诊断和疫苗免疫后检测的主要抗体,还是引起Ⅱ型、Ⅲ型变态反应及自身免疫病的抗体。

2. IgM

IgM是由5个单体J链连接组成的五聚体,其分子量是免疫球蛋白中最大的,又称为巨球蛋白,其含量仅占血清的10%左右,主要由脾脏和淋巴结中的B细胞产生,分布于血液中。它是机体初次体液免疫反应最早出现的抗体,但持续时间短,不是抗感染免疫的主要力量,但在抗感染免疫的早期起着十分重要的作用,可通过检查IgM进行早期诊断。

3. IgA

IgA以单体和二聚体两种形式存在。单体存于血清中,称为血清型IgA,占血清球蛋白的10%～20%,具有抗菌、抗病毒、抗毒素作用。二聚体为分泌型IgA,主要存在于呼吸道、消化道、生殖道外分泌液中,以及初乳、唾液、泪液等分泌液中。分泌型IgA对机体呼吸道、消化道等局部黏膜起着重要的保护作用,是机体黏膜免疫的一道"屏障",可抵御经黏膜感染的病原微生物,并可通过初乳传递给婴儿和幼畜。另外,在传染病的预防接种中,经滴鼻、点眼、饮水等途径,均可刺激机体产生相应的黏膜免疫。

4. IgD

IgD在血清中含量极微,且极不稳定,分子量小,仅在人体内发现,单体结构,可能参与某些变态反应。

5. IgE

IgE又称皮肤致敏性抗体或亲细胞抗体,在血清中含量极微,参与Ⅰ型变态反应,在抗寄生虫感染中有重要作用。IgE是由呼吸道、消化道黏膜固有层中的浆细胞产生。当发生过敏疾病或寄生虫特别是蠕虫感染时,IgE抗体活性最强,而且能介导ADCC,杀死蠕虫。

(三)抗体产生的一般规律

对同一种抗原,初次免疫应答与再次免疫应答产生免疫球蛋白的速度、数量和持续时间不同。

初次应答抗体产生缓慢,滴度较低,持续时间较短。

再次应答抗体产生快,滴度高,持续时间长。这是由于存在记忆细胞,当再次受到抗原刺激时,免疫细胞迅速反应,加快分化增殖,迅速产生抗体。

机体内抗原消失一定时间后,抗体滴度逐渐降低,乃至消失,若再次接触同种抗原,则抗体水平会迅速升高,此现象称为回忆应答。

抗原刺激机体后可产生多种免疫球蛋白，一段出现最早的是 IgM，但消失也快，在血液中只维持数周至数月。IgG 出现稍迟于 IgM，当 IgM 接近消失时，IgG 方达高峰阶段，并可维持较长时间，甚至达到数年之久。而 IgA 出现最晚，常在 IgM 和 IgG 出现后 2 周或 1～2 月才能在血液中查出，但维持时间较长。这一现象在免疫学上称为 IgM-IgG-IgA 顺序规律，因此，在临床诊断中，可通过检测 IgM，进行早期诊断。

（四）影响抗体产生的因素

影响抗体产生的因素很多，有抗原和机体两个方面。

1. 抗原的性质

由于抗原的物理性状、化学结构和毒力的不同，对机体刺激的强度也不一样，故机体产生抗体的速度和持续的时间也不同。给机体注射颗粒性抗原（如细菌），经过 2～5 d 血液中就出现抗体。如果给机体注射可溶性抗原，如注射破伤风类毒素，需 3 周左右的时间血液中才出现抗毒素。

2. 抗原的用量

在一定的限度内，抗体的产量随抗原用量的增加而相应的增加。但抗原量过多，超过了一定的限度，抗体的形成反而受到抑制，这种现象称为“免疫麻痹”。呈现“免疫麻痹”的动物，经过一定时间，待大量抗原被分解清除后，麻痹现象可以解除。反之，如果抗原量太少，则不能刺激机体产生抗体。因此，进行免疫接种时，必须严格按照规定使用，严禁随意加大或减少疫苗的量。

3. 免疫途径

由于抗原免疫途径的不同，抗原在体内停留时间和接触的组织也不同，故产生的结果也不同。在实践中，免疫途径的选择应以能刺激机体产生良好的免疫反应为原则，一般按疫苗说明书推荐的免疫途径进行免疫接种。

4. 免疫的次数和间隔时间

一般菌苗需间隔 7～10 d，注射 2～3 次；类毒素两次注射间隔为 6 周。

5. 佐剂

佐剂与抗原配合使用，有利于增强抗体的产生，延长抗体的持续期。

6. 机体方面

动物机体的年龄、健康状况、营养状况等均能影响免疫球蛋白的产生。如幼龄动物对抗原刺激不敏感，不易产生免疫应答或免疫应答较弱，这可能是由于免疫系统未成熟或受母源抗体干扰的缘故。

（五）单克隆抗体与多克隆抗体

1. 多克隆抗体

通常抗原如细菌、病毒、异种血清等具有多个抗原决定簇，可刺激机体多个具有相应抗原受体的 B 细胞发生免疫应答，产生多种针对不同抗原决定簇的抗体。这些混合的由多种不同克隆 B 细胞产生的抗体称为多克隆抗体。用抗原免疫动物后获得的免疫血清均为多克隆抗体。

2. 单克隆抗体

单克隆抗体是指由一株B淋巴细胞杂交瘤增殖而成的单一克隆细胞产生的高度均一(其血清型完全一致)、只针对单一抗原决定簇的抗体。与多克隆抗体相比,单克隆抗体有下列优点:与抗原分子上特定抗原决定簇反应,具有单一特异性,可以测定抗原分子上用常规抗体无法测定的微细差异;用纯化的抗原可以制备出针对特定靶抗原甚至微量存在的靶抗原的抗体,无须通过吸收来提高其特异性;分泌特异单抗的杂交瘤细胞系一旦建立,即可根据需要生产,长期无限量供应完全同质的抗体。

(1)单克隆抗体的制备原理。骨髓瘤细胞来自人和动物的骨髓瘤细胞系,经过长期体外培养和药物筛选已失去合成次黄嘌呤磷酸核糖转移酶(HGPRT)或胸腺嘧啶核苷激酶(TK)的能力,本身也不能合成或分泌Ig,将此骨髓瘤细胞与经预定抗原免疫的淋巴细胞(常用脾淋巴细胞)在聚乙二醇(PEG)等融合剂的作用下融合后,在含有次黄嘌呤(H)、氨基蝶呤(A)和胸腺嘧啶核苷(T)的选择性培养基(HAT)中培养。未融合的骨髓瘤细胞在培养基中A的作用下DNA合成的主要途径被切断,由于本身缺乏HGPRT或TK,也不能利用旁路进行DNA合成,故迅速死亡。淋巴细胞本身是短寿的,一般只能存活几天。只有淋巴细胞与骨髓瘤细胞发生融合而形成的杂交瘤细胞能够存活下来,因为来自淋巴细胞的染色体弥补了骨髓瘤细胞失去的合成HGPRT或TK的能力,而来自骨髓瘤的染色体提供了能在体外长期连续继代的特性。部分骨髓瘤细胞能分泌针对预定抗原的抗体,通过抗体检测可以把它们挑选出来,然后进行克隆纯化,即可建立能分泌针对预定抗原同质性抗体的单克隆杂交瘤细胞系。

(2)单克隆抗体的临床应用。用于临床疾病的诊断和治疗,如肿瘤的体内定位诊断和导向治疗,增强免疫学实验的特异性和敏感性,克服交叉反应,细胞表面抗原分子分布及功能的研究;分离纯化抗原。

(六)抗体的抗原性

抗体的本质是免疫球蛋白,而免疫球蛋白是蛋白质,因此一种动物的免疫球蛋白对另外一种动物而言是良好的抗原。免疫球蛋白不仅在异种动物之间具有抗原性,而且在同一种属动物不同个体之间,以及自身体内同样是一种抗原物质。免疫球蛋白的抗原性表现在以下三个方面。

(1)同种型是指在同一种属动物所有个体共同具有的抗原特异性,即在同一种动物不同个体之间同时存在不同类型的免疫球蛋白,不表现出抗原性,只是在异种动物之间才表现出抗原性。免疫球蛋白的类、亚类、型、亚型等均为免疫球蛋白的同种型。免疫球蛋白的同种型抗原决定簇主要存在于C区。

(2)同种异型是指免疫球蛋白在同一种动物不同个体之间呈现出的抗原性。同种异型的抗原决定簇存在于IgG、IgA、IgE的重链C区和K型轻链的C区,一般为1~2个氨基酸的差异,是受基因定位控制而表现出的特定的抗原性。同种异型是免疫球蛋白稳定的遗传标志,可用于亲子鉴定。

(3)独特型又称为个体基因型。动物机体可产生各种各样抗原的抗体,其特异性均不相同。抗体分子的特异性是由免疫球蛋白的重链和轻链可变区所决定的,因此在某个个体内针对不同抗原分子的抗体之间的差别,表现在免疫球蛋白分子的可变区,这种差别就决定了抗体分子在机体内具有抗原性,所以由抗体分子的可变区呈现的抗原性就成为免疫球蛋白的独特型。独特型由免疫球蛋白可变区若干个抗原决定簇所组成称为独特型。独特型在异种、同种异体乃至同一个体内可刺激产生相应的抗体,这种抗体称为抗独特型抗体。

二、淋巴因子

淋巴因子是被激活的淋巴细胞所产生的、除抗体以外的多种免疫活性物质的总称淋巴因子,共十几种,分别引起不同的生物学效应,其理化特点也各不相同。

1. 趋化因子

趋化因子包括巨噬细胞趋化因子(MCF)、淋巴细胞趋化因子(LCF)和白细胞趋化因子(NCF)等,能吸引巨噬细胞、白细胞等向有抗原部位移动。

2. 移动抑制因子(MIF)

移动抑制因子是一种耐热糖蛋白。能抑制进入炎症区的巨噬细胞和中性粒细胞的移动,使其停留在炎症和病原体集聚的部位,并增强吞噬细胞的吞噬作用。

3. 淋巴毒素(LT)

淋巴毒素又称细胞毒性因子(CF),系白蛋白。淋巴毒素具有抗原性,其细胞毒作用可被抗 LT 血清中和,但抗 LT 血清不能抑制淋巴细胞对靶细胞的直接杀伤作用。

4. 皮肤反应因子(SRF)

皮肤反应因子又称炎性因子,是一种蛋白质。用特异性抗原和非特异性分裂素(如植物血凝素)刺激机体后产生皮肤反应因子,使其作用部位血管通透性增高促进白细胞及其他体液成分的渗出,促发炎症。

5. 促分裂因子(MF)

促分裂因子属糖蛋白,可诱导致敏淋巴细胞分裂增殖和母细胞化。

6. 转移因子(TF)

如将致敏动物的白细胞经反复冻融裂解后的提取物,给未致敏动物注射,具有转移迟发型变态反应的作用,该抽提物称为转移因子。转移因子是一种多肽或多核苷酸物质,可透析,无抗原性。

7. 干扰素

经抗原或非特异促分裂因子的刺激而活化的淋巴细胞能产生干扰素,这种干扰素称为 P 型干扰素或免疫干扰素。它对热及酸敏感,其生物学活性和作用的机制与正常细胞所产生的干扰素无显著区别。

三、效应细胞

在免疫应答的效应阶段发挥作用的淋巴细胞称为效应细胞。主要包括效应性 T 细胞、分泌抗体分子的浆细胞以及 K 细胞和 NK 细胞等。效应性 T 细胞包括杀伤性 T 细胞和 T 细胞,杀伤性 T 细胞在组织相容性复合体(MHC)Ⅰ类分子的限制下对靶细胞产生特异的杀伤作用。T 细胞又称为迟发型变态反应性 T 细胞,主要通过释放多种可溶性的淋巴因子,引起以局部单核细胞浸润为特征的迟发型变态反应；浆细胞的效应功能是通过其分泌的抗体分子的特异性免疫作用产生的。另外，一些效应细胞如K细胞和NK细胞，其效应作用主要由于表面带有抗体分子的Fc片段的受体，当抗体分子与相应的靶细胞结合后，效应细胞就可借助于Fc受体与抗体分子的Fc片段结合，从而发挥其细胞毒作用将靶细胞杀伤(ADCC)。

任务总结

表6-10 抗体和其他免疫活性物质任务总结

类别	内容	要点
任务实施	抗体的概念	什么是抗体？
	抗体的分类	抗体可以分为哪些类型？并举例说明。
	各种抗体的功能	1.分泌型IgA的作用是什么？ 2.抗体的结构特点是什么？ 3.各种抗体的功能是什么？

二维码6-11 抗体与其他免疫活性物质测试题

任务测试

1.扫描二维码，完成任务测试题。

2.根据测试结果，指导教师对每位同学做出评价。

任务六　免疫应答

学习目标

知识目标

(1)了解免疫应答的概念。

(2)知道免疫应答的基本过程。

(3)掌握各种免疫应答的获得途径。

能力目标

(1)能够自己组织语言,向同学们介绍免疫应答的概念。

(2)能够组织语言介绍免疫应答的基本过程。

(3)查阅资料,分小组研讨,绘制免疫应答过程流程图。

素质目标

(1)培养语言表达、沟通交流的综合素质。

(2)培养分析思考、自主学习的能力和精益求精的工匠精神。

任务分析

表 6-11　免疫应答任务单

任务名称	免疫应答		
任务描述	能够说出免疫应答的概念;了解免疫应答的过程,掌握各种免疫应答的发生机理。		
完成条件	智能手机,多媒体教学设备。		
任务资讯	资讯问题	参考资料	
	1.什么是免疫应答? 2.简述免疫应答的过程。 3.免疫应答可以分为哪些类型? 4.免疫应答的获得途径是什么?	1.杜念兴.兽医免疫学[M].2版.北京:中国农业出版社,1997. 2.杨汉春.动物免疫学[M].3版.北京:中国农业大学出版社,2020. 3.王世若,王兴龙,韩文瑜.现代动物免疫学[M].2版.长春:吉林科学技术出版社,2001.	
考核标准	知识考核	能力考核	素质考核
	1.查阅相关资料,完成资讯问题。 2.准确回答任务测试题。 3.规范书写任务总结。	1.能准确说出免疫应答的概念。 2.能准确说出免疫应答的发生过程。 3.各种免疫应答的获得途径。	1.见微知著,精益求精的工匠精神。 2.集智攻关,团结协作的协同精神。 3.追求真理,严谨治学的求实精神。
	注:在实际考核过程中,教师可根据具体的考核标准确定优秀、良好、及格和不及格。 90～100 分为优秀;80～89 分为良好;60～79 分为及格;60 分以下为不及格。		

任务实施

一、免疫应答的概念及过程

二维码 6-12 免疫应答的概念及过程

免疫应答是指动物机体的免疫系统受到抗原刺激后，免疫细胞对抗原分子识别并产生系列的反应以清除异物的过程。

免疫应答发生的主要场所是外周免疫器官及淋巴组织，尤其是淋巴结和脾脏。参与机体免疫应答的核心细胞是 T 淋巴细胞和 B 淋巴细胞，表现形式为细胞免疫和体液免疫。巨噬细胞、树突状细胞、郎罕氏细胞等是免疫应答的辅佐细胞。

免疫应答具有 3 大特点：一是特异性，即免疫应答是针对某种特异性抗原物质而发生的；二是具有免疫记忆性，当机体再次接触相同抗原时，能迅速大量增殖、分化成致敏淋巴细胞或浆细胞；三是具有一定的免疫期，免疫期的长短与抗原物质的性质、免疫次数、机体的反应性有关，短则数月，长则数年，甚至终身。

免疫应答是一个十分复杂连续不可分割的生物学过程，大致包括 3 个阶段。

1. 致敏阶段

致敏阶段即处理和识别抗原阶段，又称感应阶段、识别阶段，是抗原物质进入体内，抗原递呈细胞(APC)对其捕获、加工处理和递呈，以及抗原特异性淋巴细胞(T 细胞和 B 细胞)对抗原的识别阶段。

抗原递呈细胞(APC)能够摄取和处理抗原，并把抗原信息递呈给淋巴细胞而使淋巴细胞活化。按照细胞表面的主要组织相容性复合体(MHC)Ⅰ类和Ⅱ类分子，可把抗原递呈细胞分为两类：一类是 MHCⅠ类分子的抗原递呈细胞，包括所有的有核细胞，可作为内源性抗原的递呈细胞，如胞内菌感染的细胞、病毒感染的细胞、肿瘤细胞等均属此类；另一类是 MHCⅡ类分子的抗原递呈细胞，包括单核/巨噬细胞、树突状细胞、郎罕氏细胞、B 细胞等，主要作为外源性抗原的递呈细胞。

外源性抗原物质进入机体后，首先被巨噬细胞吞噬，并通过巨噬细胞内溶酶体的作用，将大分子抗原颗粒消化、降解，而保留其具有免疫原性的抗原部分。这部分抗原多浓集于巨噬细胞表面，通过与细胞直接接触的方式将抗原信息传递给 T 细胞；或者再经 T 细胞将抗原信息传递给 B 细胞，T 淋巴细胞、B 淋巴细胞对抗原进行识别后引起细胞免疫或体液免疫。

2. 反应阶段

反应阶段即增殖与分化阶段。反应阶段是 T 细胞或 B 细胞受抗原刺激后活化、增殖、分化，并产生效应性淋巴细胞和效应分子的过程。

诱导产生细胞免疫时，T 淋巴细胞增殖分化为淋巴母细胞，最终成为效应性淋巴细胞，并产生多种细胞因子。

诱导产生体液免疫时，抗原刺激 B 细胞增殖分化为能够合成与分泌抗体的浆细胞。

少数 T 淋巴细胞和 B 淋巴细胞在分化的过程中，中途停止分化，而转变为长寿的记忆细胞(T 和 B)。记忆细胞贮存着抗原的信息，可在体内存活数月数年或更长的时间，以后再次接触同样抗原时，便能迅速大量增殖、分化成致敏淋巴细胞或浆细胞。

3. 效应阶段

效应阶段是免疫效应细胞和效应分子发挥细胞免疫效应和体液免疫效应，最终清除抗原物质的过程。

当致敏淋巴细胞或浆细胞，再次遇到相同抗原刺激时，致敏淋巴细胞释放出多种具有免疫活性的淋巴因子，或通过效应性 T 细胞与靶细胞特异性结合，最后使靶细胞溶解破坏(细胞毒效应)而发挥细胞免疫作用；浆细胞则合成各种类型的免疫球蛋白(抗体)，参与体液免疫反应。

二、免疫应答的分类

由 B 细胞介导的免疫应答称为体液免疫。体液免疫效应是由 B 细胞通过对抗原的识别、活化、增殖，最后分化成浆细胞，浆细胞针对抗原的特性，合成及分泌特异的免疫球蛋白并不断排出细胞外，分布于体液中，发挥特异性的体液免疫作用。

细胞免疫又称细胞介导免疫。T 淋巴细胞接受抗原的刺激后，活化、增殖形成致敏淋巴细胞，当机体再次受到相同的抗原物质刺激时，合成并释放多种具有免疫效应的物质，直接杀伤或激活其他细胞杀伤、破坏抗原或靶细胞，以清除抗原的过程，称为细胞免疫。

T 淋巴细胞受抗原刺激之后，成为致敏的 T 淋巴细胞。一方面，杀伤性 T 细胞(或称细胞毒性 T 细胞)直接杀伤靶细胞；另一方面致敏淋巴细胞能释放多种具有免疫活性的物质——淋巴因子，使机体内多种细胞活化以抑制、排斥和消灭抗原物质和靶细胞。

广义的细胞免疫还包括吞噬细胞的吞噬作用和 K 细胞、NK 细胞等介导的细胞毒作用。

三、特异性免疫获得途径

动物在出生后获得的对某种病原微生物及其有毒产物的不感受性，称为获得性免疫(又称后天性免疫)。它是由于机体的全部防御功能在特殊刺激物(病原微生物及其产物)的作用下发生了改变而形成的，是从八目鳗、高等动物和人类的生物学通性，是抗御传染的一种重要因素。获得性免疫具有特异性，即动物机体只是对一定的病原微生物或其毒素具有抵抗力，而对其他的病原微生物或其毒素仍有感受性。

二维码 6-13　特异性免疫获得途径

机体获得特异性免疫有多种途径，主要包括两大类型，即主动免疫和被动免疫。无论主动免疫还是被动免疫都可通过天然和人工两种方式获得。因此，获得性免疫可分为天然主动免疫、天然被动免疫、人工主动免疫和人工被动免疫 4 个类型。主动免疫是动物直接受到病原微生物或其产物的作用后，由其本身自动产生的免疫；而被动免疫则是依靠已经免疫的其他机体输给抗体，被动形成的免疫。

1. 天然主动免疫

动物自然感染了某种传染病痊愈后或经过隐性感染后，常能获得对该病的免疫力，这称为天然主动免疫。如猪感染猪瘟耐过后它可以获得较长时间的免疫。

2. 天然被动免疫

动物在胚胎发育时通过胎盘、卵黄或出生后通过初乳从免疫母体被动地获得抗体而形成的免疫，称为天然被动免疫。抗体能否由母体的血液循环传递给胎儿，除取决于免疫球蛋白的理化性质以外，也与胎盘的构造和通透性有关。母源抗体可保护胎儿和新生动物抵御病原体侵害，在对动物进行免疫接种时也会干扰疫苗的免疫效果，这是导致免疫失败的原因之一，在实际工作中应引起重视。

3. 人工主动免疫

动物由于接受了某种疫苗或类毒素等生物制品刺激后所产生的免疫，称为人工主动免疫。免疫持续时间因生物制品的性质、机体的反应性等因素的不同而不同。因此，为了预防和控制传染病，除按规定定期地给动物注射疫苗或类毒素等生物制品外，还要注意提高机体的非特异性免疫力。

4. 人工被动免疫

人工被动免疫是指给机体注射了高免血清、免疫球蛋白、康复动物的血清或高免卵黄抗体后所获得的免疫。这种免疫产生迅速，注射免疫血清数小时后，机体即可建立免疫力。但其持续时间很短，一般仅为 2～3 周。这种免疫多用于紧急预防或治疗。为了预防初生动物的某些传染病，可先给妊娠母畜注射疫苗，使其获得抗该病的免疫力，待分娩后，经初乳使仔畜被动获得特异性抗体，从而建立相应的免疫力。这种方法是人工主动免疫和天然被动免疫的综合应用。

四、特异性免疫的抗感染作用

（一）抗细菌感染免疫

致病菌是指广义的各种致病源核微生物，包括细菌、螺旋体、支原体、立克次体、衣原体等。它们可分为胞外菌和胞内菌。畜禽的病原菌大多数为胞外菌，寄生于宿主体内细胞外的组织间隙、血液、淋巴液和组织液中，如葡萄球菌、链球菌、致病性大肠埃希菌等。胞内菌寄生于细胞内生长繁殖，如立克次体、衣原、结核分枝杆菌、布鲁氏菌、李氏杆菌等。

1. 抗胞外菌感染的免疫

胞外菌常引起急性侵袭性感染，主要的致病性胞外菌有葡萄球菌、链球菌、脑膜炎球菌、淋球菌、志贺菌、霍乱弧菌、致病性大肠埃希菌及某些厌氧菌（如梭状芽孢杆菌属的细菌）。胞外菌对宿主的致病机制主要有两个方面：一是产生毒素，革兰阳性菌主要分泌具有毒性的蛋白质，为外毒素。外毒素毒性强，但免疫原性强，不同细菌产生的外毒素的作用机理不同。革兰阴性菌的毒素是内毒素，毒性成分是细胞壁上的脂多糖（LPS）的类脂 A。因各种革兰阴性菌 LPS 的组成相似，所以感染引起的毒性作用均相似，表现为发热、白细胞增多，严重时出现内毒素性休克等。二是在感染部位造成组织破坏，引起炎症反应。抗胞外菌感染免疫是一种抗体、补体、溶菌酶和吞噬细胞相互协同的以体液免疫为主的免疫反应。

机体对胞外菌主要通过体液免疫应答，产生特异性抗体，发挥抗体作用将细菌消除。胞外菌的细胞壁、荚膜等多糖是非胸腺依赖性（TI）抗原，能直接刺激相应 B 细胞产生特异的 IgM 抗体。胞外菌的蛋白抗原是胸腺依赖性（TD）抗原，需要抗原递呈细胞（APC）的加工、处理与递呈，在 TH2 细胞的帮助下，刺激相应的 B 细胞，产生特异的 IgM、IgG、分泌型 IgA（SIgA）或

IgE抗体。机体通过特异抗体发挥调理和促进吞噬细菌的作用、激活补体系统作用、中和外毒素的作用及与致病菌的黏附(如菌毛)特异性结合,阻止细菌在黏膜表面定植等,达到特异性消灭入侵的胞外菌。

2. 抗胞内菌感染的免疫

机体必须通过细胞免疫应答消除细胞内细菌。细胞免疫应答通过两方面起作用:一是产生淋巴因子,尤其是产生的IFN能刺激巨噬细胞后可杀灭吞入的胞内菌。二是细胞毒性T细胞(CTL)杀伤裂解胞内菌感染的细胞,释放出细菌,经特异性抗体调理后,再由吞噬细胞吞噬消灭;或激活补体使细菌裂解。

机体在对胞内菌进行细胞免疫应答过程中,因巨噬细胞活化,细胞因子产生,在杀灭病菌的同时,也会产生传染性变态反应,形成肉芽肿,导致组织坏死、纤维化和功能受损,如结核是由结核分枝杆菌感染及机体对结核分枝杆菌进行细胞免疫应答引起的。

3. 抗细菌毒素的免疫

抗细菌毒素免疫主要是指抗外毒素免疫。许多外毒素由A和B两个亚单位组成,A和B抗细菌毒素免疫两个亚单位都是具有多种抗原表位的复合体。外毒素经0.3%～0.5%甲醛溶液于37 ℃脱毒后,仍能保持良好的抗原性,即成为类毒素。类毒素可以刺激机体产生中和抗体,即抗毒素。抗毒素和易感细胞上的受体可与毒素竞争性结合,如果抗毒素先与相应的毒素抗原表位结合,由于占据了空间位置,从而阻止或封闭毒素同易感细胞上的毒素受体连接,毒素不能接触易感细胞而不能发挥毒性作用。外毒素一旦被抗毒素中和,分泌外毒素的细菌就容易被清除,抗毒素与外毒素结合形成的复合物可被吞噬细胞吞噬、降解、清除。

(二)抗病毒感染免疫

病毒的衣壳由一种或几种蛋白质组成,有囊膜的病毒囊膜上有纤突,主要纤突由蛋白质组成。机体的免疫系统接受这些蛋白刺激后可产生免疫应答,保护机体。当病毒侵入动物机体后,能否引起感染、感染的过程和结果如何,不仅取决于病毒的性质,而且更大程度上取决于动物机体的防御体系和免疫功能。

机体抗病毒感染必须通过体液免疫应答和细胞免疫应答的联合作用,才能彻底消灭入侵的病毒。

1. 体液免疫

体液免疫应答产生的特异抗体,主要对感染早期尚未进入细胞内的病毒以及感染细胞释放出的病毒起效应作用。抗体发挥中和作用、调理作用、激活补体作用等消灭病毒。

动物机体在受到病毒感染后,体液中可出现相应的特异性抗体。抗体具有重要的抗感染作用,给动物被动地输入抗体,可预防或治疗病毒性感染。在抗病毒免疫中起主要作用的是IgG、IgM和IgA。病毒感染后最早出现的是IgM,一般在感染后2～3 d开始出现于血清中;当再次受相同抗原刺激,抗体急剧增加,主要以IgG为主。

(1)中和抗体。中和抗体与病毒相互作用后,病毒的感染性降低或消失。抗体中和病毒以及最后破坏病毒的效能决定于抗体的种、抗体量与病毒量的比例,以及宿主细胞如何处理病毒-抗体复合物等多种因素。一般来说,中和抗体能够中和胞外病毒,但不能进入细胞中和胞内病毒。

(2)血凝抑制抗体。表面含有血凝素的病毒感染机体后,体液中即出现可抑制血凝现象的抗体。IgM、IgG 均有血凝抑制抗体的活性,IgA 则无此活性。乙型脑炎病毒、禽流感病毒等的血凝抑制抗体也能中和病毒的感染。但血凝抑制抗体是否均有中和病毒作用,还不完全清楚。

(3)补体结合抗体。补体结合抗体是由病毒内部抗原或病毒表面非中和抗原所诱导产生的,不能中和病毒的感染性,但可发挥调理作用,增强巨噬细胞的吞噬功能。补体结合抗原多为可溶性抗原,有种属特异性而无型特异性。检测补体结合抗体可协助诊断病毒性疾病。

虽然抗体在抗病毒感染中具有重要作用但抗体只在病毒感染的早期才具有保护作用。一般情况下,将纯化的抗体给实验动物注射使之获得抗病毒感染比较困难,另外某些抗体的体外中和能力可能与其体内的保护作用很少相关或不相关。总之,抗体是抗病毒免疫的重要成分,但不能消除所有病毒的感染作用。

2. 细胞免疫

在病毒感染中,特别是在病毒核酸整合于宿主细胞遗传物质,以及病毒呈现细胞至细胞方式传播的情况下,由于病毒接触不到抗体,体液免疫作用不明显,主要以细胞免疫发挥抗病毒作用。

虽然抗体有中和病毒的能力,但一般来说细胞免疫在抗病毒感染中起着重要的作用。因为病毒进入宿主细胞后,体液免疫的抗体分子因不能进入其内而使作用受到限制,这时主要依赖细胞免疫发挥作用。参与抗病毒感染的细胞免疫主要有。

(1)被抗原致敏的细胞毒性 T 细胞。能特异性地识别病毒和感染细胞表面的病毒抗原,杀伤病毒或裂解感染细胞;细胞免疫应答中的 CTL,对感染进入细胞内的病毒,尤其潜伏的慢性感染病毒起效应作用。CTL 使靶细胞溶解或凋亡,散出的病毒受体液中特异性抗体的作用失去活性,最终被吞噬细胞吞噬清除,而且 CTL 也能分泌 IFN 因子对病毒起抑制复制等作用。

(2)致敏性 T 细胞(Td)释放淋巴因子或直接破坏病毒,或增强巨噬细胞吞噬或破坏病毒的活力,或分泌干扰素抑制病毒的复制。

(3)杀伤细胞的抗体依赖性细胞介导的细胞毒(ADCC)作用。

(4)在干扰素激活下自然杀伤细胞识别和破坏异常细胞。机体对某些病毒的特异性免疫应答也可造成组织损伤。如马传染性贫血病毒感染的血细胞,受 CTL 作用,可被大量杀伤溶解而致贫血。猪瘟病毒感染猪体后,特异性免疫抗体(IgG)与病毒结合的免疫复合物,可引起Ⅲ型变态反应,导致全身性血管炎。

然而病毒也可以以不同方式逃避或干扰宿主的特异性免疫应答。禽流感病毒、口蹄疫病毒等经常发生变异,改变抗原,逃避原有抗体或 CTL 的攻击,导致传染病不断流行。腺病毒等能抑制 IFN-α 和 IFN-β 在细胞内诱生抗病毒蛋白作用,使病毒复制不受干扰。许多病毒感染则以不同的机制造成宿主机体的免疫抑制。如鸡传染性法氏囊病病毒感染会破坏中枢免疫器官法氏囊,抑制体液免疫;腺病毒感染细胞后合成一种蛋白,与内质网中的 MHC Ⅰ类分子结合,阻止 MHC Ⅰ与内源性病毒抗原肽的复合物转位到细胞膜表面,CTL 不能识别杀伤该种靶细胞。痘病毒、单纯疱疹病毒分别能产生与补体结合的蛋白,抑制补体作用。

病毒逃逸免疫应答,既是造成病毒持续感染的重要原因,也是病毒保持其致病性的一种方式,最常见的是隐藏在细胞内。将病毒基因整合进宿主细胞染色体;使感染细胞膜上的病毒抗原表达减少；以特殊方式潜伏于细胞内，如恒河猴病毒、水痘带状疱疹病毒。

(三)抗寄生虫感染免疫

寄生虫感染是指动物体感染原虫、蠕虫和体外寄生虫等。从某种意义上来讲，人类在疾病的控制方面，对寄生虫病的防治比对传染病的防治更为艰难。

1. 抗原虫免疫

原虫是单细胞动物，寄生于宿主细胞内，其免疫原性的强弱取决于入侵宿主组织的程度。例如，寄生于肠道的痢疾阿米巴原虫，只有当它们侵入肠壁组织后才激发抗体的产生。

原虫和其他抗原一样，既能刺激机体产生体液免疫应答，也能刺激机体产生细胞免疫应答。抗体通常作用于血液和组织液中游离的寄生虫，而细胞免疫则主要作用于细胞内寄生虫的原虫。

血液抗体与原虫表面抗原相结合，可引起调理吞噬反应，阻止虫体活动。抗体还可作用于细胞内寄生的原虫，激活补体，与细胞毒细胞一起杀灭虫体。有的抗体还可抑制原虫的酶活性，破坏其增殖，这时抗体称为抑制素。胎儿滴虫和阴道滴虫感染动物生殖道时，可刺激局部抗体反应，尤以 IgE 的产生更为显著。它们不仅在局部引起强烈的Ⅰ型过敏反应，还可使血管通透性增加，IgG 抗体到达感染部位，使虫体不能活动，并将其消除。

刚地弓形虫和泰勒焦虫的免疫应答主要为细胞免疫，其机理与对结核分枝杆菌的免疫应答相类似。致敏 T 细胞接触弓形虫抗原时释放淋巴因子，作用于巨噬细胞，先使它们能抵抗弓形虫的致死效应，随后促进溶酶体-吞噬体的融合，使它们能杀死细胞内的原虫。干扰素能激活巨噬细胞和刺激细胞毒 T 细胞，因此具有很强的抗弓形虫作用。

2. 抗蠕虫免疫

蠕虫是多细胞动物，同一蠕虫在不同的发育阶段，既可有共同的抗原，也可有某一阶段的特异性抗原。高度适应的寄生蠕虫很容易逃避宿主的免疫应答，很少引起宿主强烈的免疫应答，这些寄生虫引起的病变通常很轻，或不表现临床症状。只有当它们侵入不能充分适应的宿主体内，或者有大量异常的寄生时，才会引起急性疾病的发生。

(1)体液免疫。有蠕虫感染的个体，IgE 水平显著升高，常表现出Ⅰ型超敏反应的特征性病症，如嗜酸性粒细胞增多、水肿等。在很多蠕虫感染中，如食道口线虫病、钩虫病、绦虫病等，均有针对虫体抗原的被动皮肤过敏反应。IgE 的产生和由其所引起的过敏反应在控制蠕虫感染中具有很大作用。绵羊感染胃肠道线虫，特别是捻转血矛线虫时，此种反应尤为明显。

(2)细胞免疫。蠕虫因对宿主的高度适应性，通常引起细胞免疫系统强烈的排斥反应。但细胞免疫在控制蠕虫感染中的作用也是不可否认的。现已证明，致敏 T 细胞能成功地攻击嵌入肠黏膜中的蠕虫或移行中的幼虫。在感染旋毛虫和蛇行毛圆线虫的动物均表现有细胞免疫反应，皮内注射虫体抗原可引起迟发型变态反应，并可通过淋巴细胞将免疫传递给正常动物。感染寄生虫的动物对细胞免疫的体外试验，如巨噬细胞游走抑制试验和淋巴细胞转化试验等均为阳性。

(3)宿主对寄生虫特异性免疫应答也可造成组织损伤。如一些寄生虫的慢性感染，在免疫应答中产生的抗体与寄生虫脱出的抗原形成抗原抗体复合物，可引起Ⅲ型变态反应，出现血管炎或肾小球肾炎。

3. 寄生虫对免疫机制的逃避

虽然感染机体能对体内的寄生虫产生抗感染免疫，但寄生虫在宿主体内长期适应，形成了多种逃避宿主免疫的机制。

(1)有的寄生虫寄生部位可避免与抗体等免疫效应物质接触。如原虫寄生在细胞内、阿米巴形成包囊、蠕虫寄生在肠腔。

(2)有的寄生虫体表带宿主成分而形成伪装，如曼氏血吸虫在肺寄生时期、虫体外层带有宿主的 ABO 血型糖脂等。

(3)寄生虫都有复杂的生活史，不同时期体表的抗原不同，由此给研制寄生虫疫苗带来了很大的困难。

(4)有的寄生虫表面抗原不断脱落、更换。如锥虫、血吸虫等。

(5)有的寄生虫能抵抗机体的免疫应答。如肺内的血吸虫幼虫能抵抗补体、抗体、CTL 的作用。一些寄生虫分泌的酶可降解结合在虫体表面的抗体，抵抗 ADCC 作用。

任务总结

表 6-12 免疫应答任务总结

类别	内容	要点
任务实施	免疫应答的概念	什么是免疫应答?
	免疫应答发生的过程	1. 简述免疫应答发生过程。 2. 各种免疫应答的获得途径是什么?
	免疫发生	1. 什么是细胞免疫? 2. 什么是体液免疫? 3. 什么是先天性免疫?

任务测试

1. 扫描二维码，完成任务测试题。
2. 根据测试结果，指导教师对每位同学做出评价。

二维码 6-14 免疫应答测试题

思政淬炼

从《肘后备急方》看我国古代的免疫思维

中国首位诺贝尔生理学或医学奖获得者屠呦呦，多年研究，发现青蒿素，挽救了全球百万计疟疾患者的生命，为人类治疗和控制疟疾这个重大传染病做出了革命性的贡献。而屠呦呦的这个发现是受到一本晋代医学古籍《肘后备急方》启发。书中治疟病方记载："……青蒿一握，以水二升渍，绞取汁，尽服之……"《肘后备急方》作者葛洪，号抱朴子，东晋著名炼丹家和医药学家，人称"葛仙翁"。他的书中不但记载各种传染病、急症、慢性病急性发作的治疗方法，还有免疫思想的体现。在狂犬病急救篇，有记载："乃杀所咬之犬，取脑敷之，后不复发。"意思是被疯犬咬伤，将疯犬打死，把脑取出来，涂抹在伤口上，可以预防狂犬病发作。

按照现代医学解释，狂犬病病毒是一种嗜神经病毒，只在神经系统内增殖，因此进入体内的病毒在进入中枢神经系统之前没有大量增殖。狂犬病的症状只是病毒进入中枢神经系统后，在神经细胞内大量增殖后产生的。那么狂犬病发作的犬，脑内必然大量繁殖这种病毒，由于机体防御机制，犬脑内也会产生减毒株来抑制狂犬病病毒扩散，也就相当于疯犬的脑内，存在着天然的狂犬病减毒株，也就是天然的狂犬病疫苗。那么利用这种减毒株，来激发人体免疫力，就可以起到预防狂犬病病毒发作的作用，这就是免疫学思想的体现。看起来神秘的"以毒攻毒"，实际原理是用同类但毒性较弱的病邪（减毒株），来激发和提升人体的正气来对抗病毒，这也是中医"扶正祛邪"的一种体现。后来欧洲的巴斯德又将这个技术升级：人为操作让兔子发作狂犬病，然后提取兔子的脑髓做成针剂，用来预防和治疗狂犬病，这就是狂犬病疫苗，此后，狂犬病疫苗才慢慢走向商业化。

项目七

变态反应

任务一　变态反应概述

学习目标

知识目标

(1)了解变态反应的概念。

(2)知道变态反应的基本过程。

(3)掌握各种变态反应引起的典型疾病。

二维码 7-1　变态反应概述

能力目标

(1)能够自己组织语言,向同学们介绍变态反应的概念。

(2)能够组织语言介绍变态反应的基本过程。

(3)查阅资料,分小组研讨,绘制变态反应过程的思维导图。

素质目标

(1)培养语言表达、沟通交流的综合素质。

(2)培养分析思考、自主学习的能力和精益求精的工匠精神。

任务分析

表 7-1　变态反应概述任务单

任务名称	变态反应概述
任务描述	能够说出变态反应的概念;了解变态反应的一般过程,掌握各种变态反应的发生过程和参与抗体;掌握各种变态反应的各种代表性疾病。
完成条件	智能手机,多媒体教学设备。

续表 7-1

<table>
<tr><td rowspan="2">任务资讯</td><td>资讯问题</td><td colspan="2">参考资料</td></tr>
<tr><td>1. 什么是变态反应？
2. 简述变态反应的一般过程。
3. 变态反应分为哪几类？
4. 各种变态反应的代表性疾病是什么？</td><td colspan="2">1. 杜念兴. 兽医免疫学[M]. 2 版. 北京：中国农业出版社，1997.
2. 杨汉春. 动物免疫学[M]. 3 版. 北京：中国农业大学出版社，2020.
3. 王世若，王兴龙，韩文瑜. 现代动物免疫学[M]. 2 版. 长春：吉林科学技术出版社，2001.</td></tr>
<tr><td rowspan="3">考核标准</td><td>知识考核</td><td>能力考核</td><td>素质考核</td></tr>
<tr><td>1. 查阅相关资料，完成资讯问题。
2. 准确回答任务测试题。
3. 规范书写任务总结。</td><td>1. 能准确说出变态反应的概念。
2. 能大概说出变态反应发生的一般过程。
3. 能准确描述各种变态反应的分类。</td><td>1. 做事精益求精。
2. 善于总结归纳。
3. 胸怀祖国，服务人民的爱国主义精神。</td></tr>
<tr><td colspan="3">注：在实际考核过程中，教师可根据具体的考核标准确定优秀、良好、及格和不及格。
90～100 分为优秀；80～89 分为良好；60～79 分为及格；60 分以下为不及格。</td></tr>
</table>

任务实施

变态反应是机体对某种抗原的再次刺激所产生的一种异常强烈的、对机体有害的免疫病理反应，也称超敏反应。变态反应常伴随不同程度的组织损伤和功能紊乱，表现出各种特征性的免疫病理损伤过程。

一、变应原

引起变态反应的物质称为变应原或过敏原。变应原可以是完全抗原，如微生物（细菌、真菌、病毒）、寄生虫（原虫和蠕虫）异种动物血清或蛋白、异体组织细胞、植物花粉、生物提取物（如胰岛素和肝素）、疫苗、昆虫毒液以及某些食物，如蘑菇、虾贝类、牛奶、鸡蛋和饲料等；也可以是半抗原，如青霉素、磺胺类药物、奎宁、碘、油漆、染料等小分子物质，这些半抗原只有与蛋白质（常与自体蛋白）结合，才表现变应原性。变应原可通过呼吸道、消化道、皮肤、肌肉或黏膜等多种途径进入机体，先使机体处于致敏状态，当再次接触同种变应原时出现变态反应。除了来自体外的抗原物质，机体自身发生改变的组织细胞成分也可以成为变应原。

二、变态反应的一般过程

变态反应的发生可分为致敏阶段和发生阶段。

1. 致敏阶段

当机体初次接触变应原后，产生相应的抗体（主要是 IgE，其次是 IgG、IgM）或致敏淋巴细胞（T 细胞分化形成）及淋巴因子，动物进入致敏状态，这个过程需 10～21 d。

2. 发生阶段

处于致敏状态的机体再次接触同一种变应原时，机体被激发产生变态反应，此期时间较短，几分钟至 2～3 d，根据变态反应发生机理的不同，可将变态反应分为 4 个类型：速发型变态反应过敏反应（Ⅰ型变态反应）、细胞毒型变态反应（Ⅱ型变态反应）、免疫复合物型血管炎型变态反应（Ⅲ型变态反应）、迟发型变态反应（Ⅳ型变态反应）（表 7-2）。其中前三种类型是由抗体参与的反应，发生较快；第四种类型属细胞免疫，无抗体参与，反应发生较慢。

表 7-2　各型变态反应发生的特点

类型	参与成分		反应时间	发生机理	对机体的影响
	效应细胞	效应分子			
Ⅰ型变态反应	肥大细胞、嗜碱性粒细胞、嗜酸性粒细胞血小板	IgE、细胞因子	数分钟内开始，1/4～1/2 h 达到反应高峰	变应原与肥大细胞或嗜碱性粒细胞上的 IgE 结合，释放性物质	作用于皮肤、呼吸道、消化道及全身，引起哮喘、荨麻疹、腹泻、腹痛、过敏性休克等
Ⅱ型变态反应	单核吞噬细胞、中性粒细胞、K 细胞、NK 细胞	IgG、IgM、补体	数小时内	IgM 或 IgG 与红细胞上的抗原结合而凝集，在补体作用下细胞溶解、损伤或者吞噬	作用于红细胞、白细胞、血小板等，引起溶血性贫血、白细胞减少、出血性紫癜等
Ⅲ型变态反应	中性粒细胞、嗜碱性粒细胞、单核吞噬细胞、血小板	IgG、IgM、IgA、补体	数小时内开始，18 h 左右达到反应高峰	IgM、IgG 与过量抗原结合，形成不溶性复合物，沉积于血管基底膜、肾小球基底膜等处激活补体，引起组织损伤	引起血管炎、肾小球肾炎、关节炎等
Ⅳ型变态反应	T 淋巴细胞、单核吞噬细胞、粒细胞、NK 细胞	淋巴因子、细胞因子	慢，12～24 h 开始，48～72 h 达到反应高峰	抗原与致敏淋巴细胞作用，释放多种淋巴因子，产生生物学效应	引起接触性皮炎、移植排斥反应、各种自身免疫疾病、传染性变态反应等疾病

任务总结

表 7-3　变态反应概述任务总结

类别	内容	要点
任务实施	变态反应概念	什么是变态反应？
	变态反应发生的过程	简述变态反应的发生过程。

续表 7-3

类别	内容	要点
任务实施	变态反应分类	1. 什么是过敏反应？ 2. Ⅱ型变态反应是什么？ 3. 各种变态反应的代表性疾病是什么？

任务测试

1. 扫描二维码，完成任务测试题。
2. 根据测试结果，指导教师对每位同学做出评价。

二维码 7-2　变态反应概述测试题

任务二　变态反应的类型

学习目标

知识目标

(1)了解四种类型变态反应的概念。

(2)知道不同类型变态反应的发生机理。

(3)掌握不同类型变态反应疾病的发生过程。

二维码 7-3　变态反应的类型

能力目标

(1)能够自己组织语言,向同学们介绍四种类型变态反应的概念。

(2)能够组织语言介绍不同变态反应的发病过程。

(3)查阅资料,分小组研讨,绘制不同类型变态反应发生过程的思维导图。

素质目标

(1)培养语言表达、沟通交流的综合素质。

(2)培养分析思考、自主学习的能力和精益求精的工匠精神。

任务分析

表 7-4　变态反应的类型任务单

<table>
<tr><td>任务名称</td><td colspan="3">变态反应的类型</td></tr>
<tr><td>任务描述</td><td colspan="3">能够说出各种变态反应的概念;掌握各种变态反应的发生过程和参与抗体;掌握各种变态反应的各种代表性疾病。</td></tr>
<tr><td>完成条件</td><td colspan="3">智能手机,多媒体教学设备。</td></tr>
<tr><td rowspan="2">任务资讯</td><td>资讯问题</td><td colspan="2">参考资料</td></tr>
<tr><td>1.变态反应可分为哪几类?
2.各种变态反应的代表性疾病是什么?</td><td colspan="2">1.王世若,王兴龙,韩文瑜.现代动物免疫学[M].2 版.长春:吉林科学技术出版社,2001.
2.胡桂学.兽医微生物学[M].北京:中国农业大学出版社,2018.</td></tr>
<tr><td rowspan="3">考核标准</td><td>知识考核</td><td>能力考核</td><td>素质考核</td></tr>
<tr><td>1.查阅相关资料,完成资讯问题。
2.准确回答任务测试题。
3.规范书写任务总结。</td><td>1.能准确说出变态反应的分类。
2.能准确说出各种变态反应的代表性疾病。</td><td>1.见微知著,精益求精的工匠精神。
2.集智攻关,团结协作的协同精神。
3.追求真理,严谨治学的求实精神。</td></tr>
<tr><td colspan="3">注:在实际考核过程中,教师可根据具体的考核标准确定优秀、良好、及格和不及格。
90～100 分为优秀;80～89 分为良好;60～79 分为及格;60 分以下为不及格。</td></tr>
</table>

任务实施

一、过敏反应（Ⅰ型变态反应）

过敏反应是由 IgE 参与的变态反应。临床上最常见、发生反应最快，也称速发型变态反应。能引起过敏反应的抗原称为过敏原。许多动物及人受抗原刺激产生 IgE 的能力是由遗传决定的。因此，过敏反应有遗传倾向，个体差异明显，Ⅰ型变态反应的基本过程包括 2 个阶段。

1. 致敏阶段

过敏原第一次进入机体后，刺激机体产生一种亲细胞性抗体 IgE，该抗体吸附在皮肤、消化道及呼吸道黏膜内毛细血管周围组织的肥大细胞和血液中的嗜碱性粒细胞、血小板等的表面，使机体处于致敏状态。

2. 反应阶段

当致敏的机体再次接触同种过敏原时，过敏原即与吸附在细胞表面的 IgE 抗体结合，导致细胞膜的稳定性改变，细胞在短时间内被破坏。细胞质中的颗粒迅速脱出并释放各种生物活性物质，如组胺、5-羟色胺、缓激肽、过敏毒素等，导致毛细血管扩张和通透性增加，从而引起血压下降，皮肤黏膜水肿，腺体分泌增多及消化道和呼吸道平滑肌痉挛等一系列反应。反应发生在皮肤可出现红肿和荨麻疹；反应发生在呼吸道可出现喷嚏、流涕、哮喘和呼吸困难；反应发生在消化道可出现呕吐、腹痛和腹泻；反应发生在全身则可能引起过敏性休克，甚至死亡。

3. 常见的过敏反应

兽医临床上常见的过敏反应有急性全身性过敏反应和局部过敏反应两类，以后者多见。

（1）急性全身性过敏反应。因大量过敏原进入体内引起，如静脉注射大量青霉素、注射猪瘟疫苗等引起的过敏性休克。受害的主要器官是肺。此类过敏反应的治疗原则主要是对症治疗。肾上腺素是首选的治疗药物，也可选用苯海拉明等。

（2）局部过敏反应。局部过敏反应一般表现较温和而易被忽视。局部过敏反应主要有：由饲料如鱼粉、蛋类、牛乳等引起的呕吐、痉挛和下痢等消化道症状和皮肤荨麻疹及红斑；吸入花粉、霉菌、空气尘埃等引起的皮肤瘙痒、鼻炎和结膜炎；由药物、疫苗和蠕虫感染引起的反应，绦虫感染常引起动物呼吸困难或荨麻疹。做手术时弄破棘球蚴的包囊，也可引起过敏反应。

另外，某些品种的乳牛对自己乳汁中的 α 酪蛋白呈现变态反应，即牛乳变态反应。α 酪蛋白通常在牛乳房内合成，如果不按时定期挤奶，则 α 酪蛋白返回血液循环而发生变态反应，轻度的表现为荨麻疹，严重的急性死亡。尽快挤奶可缓解症状，并注射肾上腺素脱敏。

二、细胞毒型变态反应（Ⅱ型变态反应）

1. 反应的基本过程

参与此型变态反应的特异性抗体主要为 IgG 或 IgM，这些抗体与吸附在血细胞上面的变应原结合，形成抗原-抗体复合物，激活补体系统，引起血细胞溶解或被吞噬细胞吞噬。这些抗体可以是外源性的变应原刺激机体产生的，也可以是机体本身存在的天然抗体，如血型抗体。

变应原可以是外源性的，如某些药物或某些微生物的荚膜多糖、细菌内毒素脂多糖等，也可以是机体本身的细胞膜抗原，如红细胞的血型抗原。临床表现有溶血性黄疸、白细胞减少、紫癜、组织移植排斥等。

2. 常见的细胞毒型变态反应

(1)输血反应。各种动物都有其血型系统，猪有 15 种血型系统，其中 A～O 系统最为重要；牛至少有 12 种，最重要的是 B 系统和 J 系统。这是因为在红细胞表面存在着各种抗原，而在不同血型的个体血清中有相应的天然抗体(通常为 IgM)。当输入不同血型的红细胞时，可很快引起机体对外来红细胞的免疫应答，并激活补体系统，产生血管内溶血；在局部则形成微循环障碍等。临床表现为溶血性黄疸、震颤、发热和血红蛋白尿。治疗的方法是停止输血和服用利尿剂，使积存在肾脏中的血红蛋白尽快排除，以免破坏肾小管。

(2)新生仔畜溶血性黄疸。这是一种因父本和母本血型不同而引起的溶血反应。在母畜妊娠期间，胎儿不同型的红细胞(父系)可能通过胎盘进入母畜血液循环内，引起母畜致敏而产生抗同种异型红细胞的抗体，此种抗体不能通过胎盘，但可大量存在于初乳中。因此，出生时幼畜是健康的，但吮吸母乳后数小时或几天内迅速发生溶血反应。新生骡驹有 8%～10% 发生这种溶血反应。这是因为骡的亲代(马和驴)血型抗原差异较大，这与人因 RhD 血型而导致的溶血性反应是相似的。经产母马所生幼驹较初产母马的幼驹发病的可能性大，除骡驹外，马驹、新生仔猪、羔羊也有溶血病例发生。

(3)病原微生物感染引起的溶血反应。有些病原微生物如沙门菌的脂多糖、马传性贫血病毒、貂阿留申病毒和某些原虫(巴贝斯虫、锥虫)的抗原成分，能吸附宿主红细胞，这些吸附有异物的红细胞被自身免疫系统清除而发生溶血反应。

(4)由药物引起的Ⅱ型变态反应。有些药物可以和细胞(尤其是血细胞)牢固结合，如青霉素、氨基水杨酸和奎宁等，可吸附于红细胞表面，使红细胞表面抗原发生改变，因而被当作异物而为免疫反应所清除导致溶血；磺胺类药物、氨基比林等可与粒细胞结合，引起粒细胞缺乏症。

三、免疫复合物型变态反应(Ⅲ型变态反应)

1. 反应的基本过程

此型变态反应又称血管炎型变态反应。抗原(异种血清、微生物、寄生虫和药物等)进入机体，产生相应的抗体 IgG、IgM 或 IgA，抗原与相应抗体结合形成抗原抗体复合物，称为免疫复合物。由于抗原与抗体比例不同，所形成的免疫复合物的大小和溶解性也不同。当抗体量大于抗原量或两者比例相当时，可形成分子较大的不溶性免疫复合物，易被吞噬细胞吞噬而清除；当抗原量过多时，则形成较小的可溶性免疫复合物，它能通过肾小球滤过，随尿液排出体外。所以，以上两种情况对机体均无损伤。只有当抗原略多于抗体时，可形成中等大小的可溶性免疫复合物，它既不易被吞噬细胞吞噬，又不能通过肾小球滤过进入尿液排出体外，沉积于血管壁基底膜、肾小球基底膜、关节滑膜和皮肤等处，并激活补体。迁移而至的吞噬细胞就开始吞噬它们，并释放溶解酶类，在溶解免疫复合物的同时也损伤了周围的组织，引起局部血管壁基底膜损伤和小血管炎。

此型反应的表现为组织器官水肿、出血、炎症和局部组织的坏死等。

2. 常见的免疫复合物型变态反应

(1)血清病。血清病属全身性Ⅲ型变态反应。动物初次注射大量异种血清 8～12 d 后产生抗体 IgG、IgM，而体内仍有残留的抗原，两者结合形成可溶性免疫复合物，并激活补体，产生全身性血管炎、皮肤红斑、水肿、荨麻疹、关节肿大和蛋白尿。

(2)病原微生物感染引起的Ⅲ型变态反应。在慢性感染过程中，病原持续刺激机体产生抗体，并与相应抗原结合形成免疫复合物，吸附并沉积在周围的组织器官，引起肾小球肾炎。如 α 溶血性链球菌或葡萄球菌性心内膜炎、犬瘟热脑炎、全身性红斑狼疮等。

(3)Arthus 反应。Arthus 反应是一种局部性Ⅲ型变态反应。由于多次皮下注射同种抗原，局部的抗原多于抗体，抗原与抗体形成中等大小免疫复合物，并沉积于注射局部的毛细血管壁上激活补体系统，引起中性粒细胞积聚等，最后导致组织损伤，引起局部反应，如局部出血和血栓，严重时可发生组织坏死。这种反应因首次由 Arthus 给家兔和豚鼠注射马血清时发现而得名。

(4)过敏性肺炎。动物再次吸入相同抗原时，在肺部可发生Ⅲ型变态反应。例如，舍饲牛吸入贮藏干草中因受潮而感染真菌所产生的孢子后，机体产生高滴度的沉淀抗体。当冬季牛大量采食干草时，吸入的孢子在肺泡壁与抗体结合，形成免疫复合物并激活补体，导致间质性肺炎发生，表现急性肺泡炎，并发脉管炎和肺泡腔液体渗出。慢性病例可出现增生性细支气管炎和纤维化。

四、迟发型变态反应(Ⅳ型变态反应)

1. 反应的基本过程和机理

迟发型变态反应是细胞免疫应答引起的局部变态反应，与前 3 种类型的变态反应不同。特点是无抗体与补体参加，而与致敏淋巴细胞有关。由于反应发生较慢，一般在再次接触抗原后 6 h 左右开始出现，24～48 h 达到高峰，然后消退，故称迟发型变态反应。

机体在某些抗原刺激下，经过 2～3 周，体内 T 细胞活化增殖为致敏淋巴细胞和记忆细胞，机体处于致敏状态。当相同抗原再次进入致敏的动物机体时，与淋巴细胞相遇，促使其释放出多种淋巴因子。淋巴因子中的致炎因子使血管通透性增强，并吸引和激活吞噬细胞向抗原集中，吞噬作用加强，形成以单核细胞、淋巴细胞等为主的局部炎性细胞浸润，导致局部组织肿胀、化脓甚至坏死等炎性变化。某些病原菌(如结核分枝杆菌、副结核分枝杆菌、布鲁氏菌和鼻疽杆菌等细胞内寄生菌)能引起Ⅳ型变态反应，变应原为菌体本身或其代谢产物。

2. 常见的迟发型变态反应

(1)结核菌素变态反应。结核分枝杆菌为细胞内寄生菌，可在巨噬细胞内大量增殖。当细胞免疫形成后，将被巨噬细胞大量吞噬。残存的结核分枝杆菌及坏死组织块则被包围在局部形成的结节中，结节的外围是大量聚集起来的巨噬细胞(可转化成上皮样细胞)。持续存在的结节可发展成肉芽肿或钙化灶。这种慢性炎症过程都属于迟发型变态反应。此外，布鲁氏菌病、马鼻疽等的病理过程也同结核病。兽医临床常应用结核分枝杆菌的抽提物(结核菌素，OT)接种于牛颈中部皮内或眼结膜囊内，分别在 48～72 h 或 15～18 h 观察局部是否肿胀、硬化或眼是否有脓性分泌物，来诊断结核分枝杆菌感染，这种方法通常用于牛群的结核病检疫。

鼻疽菌素点眼检测马鼻疽的原理也是如此。

(2)变态反应性接触性皮炎。某些化学物质和组织细胞的蛋白质结合形成复合物,这种复合物被机体当作异物而清除,引起细胞免疫应答。这种反应若发生于皮肤,则引发变态反应性接触性皮炎,在犬身上常见。其病变包括红斑、皮肤水肿和水疱等。引起此反应的物质有镍盐、甲醛、苦味酸、苯胺染料、树胶等。

任务总结

表 7-5 变态反应的类型任务总结

类别	内容	要点
任务实施	Ⅰ型变态反应	列举参与Ⅰ型变态反应的成分及实际生活中可能遇到的例子。
	Ⅱ型变态反应	列举参与Ⅱ型变态反应的成分及实际生活中可能遇到的例子。
	Ⅲ型变态反应	列举参与Ⅲ型变态反应的成分及实际生活中可能遇到的例子。
	Ⅳ型变态反应	列举参与Ⅳ型变态反应的成分及实际生活中可能遇到的例子。

二维码 7-4 变态反应的类型测试题

任务测试

1. 扫描二维码,完成任务测试题。
2. 根据测试结果,指导教师对每位同学做出评价。

任务三　变态反应的防治

学习目标

知识目标

(1)了解变态反应的防治原则。

(2)知道防治变态反应的具体方法。

(3)掌握针对变态反应疾病的防治措施。

二维码 7-5　变态反应的防治

能力目标

(1)能够自己组织语言,向同学们介绍防治变态反应的原则。

(2)能够组织语言介绍防治变态反应的常用方法。

(3)查阅资料,分小组研讨,绘制防治变态反应措施的思维导图。

素质目标

(1)培养语言表达、沟通交流的综合素质。

(2)培养分析思考、自主学习的能力和精益求精的工匠精神。

任务分析

表 7 6　变态反应的防治任务单

<table>
<tr><td>任务名称</td><td colspan="3">变态反应的防治</td></tr>
<tr><td>任务描述</td><td colspan="3">能够说出变态反应的防治原则,了解变态反应的防治方法;掌握变态反应疾病的防治措施。</td></tr>
<tr><td>完成条件</td><td colspan="3">智能手机,多媒体教学设备。</td></tr>
<tr><td rowspan="2">任务资讯</td><td>资讯问题</td><td colspan="2">参考资料</td></tr>
<tr><td>1. 防治变态反应的一般原则是什么?
2. 防治变态反应的方法有哪些?</td><td colspan="2">1. 杜念兴. 兽医免疫学[M]. 2 版. 北京:中国农业出版社,1997.
2. 杨汉春. 动物免疫学[M]. 3 版. 北京:中国农业大学出版社,2020.</td></tr>
<tr><td rowspan="3">考核标准</td><td>知识考核</td><td>能力考核</td><td>素质考核</td></tr>
<tr><td>1. 查阅相关资料,完成资讯问题。
2. 准确回答任务测试题。
3. 规范书写任务总结。</td><td>1. 能准确说出变态反应的防治原则。
2. 能准确说出变态反应的防治方法。</td><td>1. 追求真理,严谨治学的求实精神。
2. 关爱动物健康,护佑人畜安全。</td></tr>
<tr><td colspan="3">注:在实际考核过程中,教师可根据具体的考核标准确定优秀、良好、及格和不及格。
90～100 分为优秀;80～89 分为良好;60～79 分为及格;60 分以下为不及格。</td></tr>
</table>

任务实施

防治变态反应的一般原则要从变应原及机体的免疫反应两个方面考虑：一是要尽可能找出变应原，避免动物再次与之接触；二是要针对变态反应发生的过程，阻断或干扰其中的某些环节，以防止变态反应的发生或发展。临床上采用的防治措施有以下几个方面。

一、确定变应原

找出引起变态反应的变应原，避免动物再次与其接触。可使用少量变应原在机体局部试验以观察局部变化，确定变应原，如人的青霉素皮内试验等。

二、脱敏疗法

在用抗毒素、高免血清进行治疗时，为防止异种蛋白引起变态反应，可用少量、多次注射的方法，称为脱敏疗法。方法是在给动物大剂量注射血清之前，先少量多次皮下注射血清（0.2～2 mL/次），间隔 15 min 后再注射中等剂量血清（10～100 mL/次），若无严重反应，15 min 后可注射全量血清。

三、药物治疗

一旦发生变态反应，应及时应用缓解反应的药物。

（1）阻止活性介质的药物，如肾上腺素、麻黄素、氨茶碱等。

（2）抗组胺药物，如苯海拉明、异丙嗪、氯苯那敏等。

（3）降低血管通透性及解痉的钙制剂、维生素 C 等。

（4）休克的肾上腺皮质激素类药物，如地塞米松等。

兽医临床上比较常用肾上腺素，它不仅能解除平滑肌痉挛，而且能收缩外周小血管上升血压，用于抢救过敏性休克病例。此外，应采取强心、补液等对症治疗措施。

任务总结

表 7-7　变态反应的防治任务总结

类别	内容	要点
任务实施	防治原则	变态反应按照哪些原则进行防治？
	变态反应防治方法	变态反应有哪些防治方法？

任务测试

1. 扫描二维码，完成任务测试题。
2. 根据测试结果，指导教师对每位同学做出评价。

二维码 7-6　变态反应的防治测试题

思政淬炼

过敏界的“福尔摩斯”——叶世泰

叶世泰，1926 年 11 月出生于江苏苏州，著名变态反应学专家，北京协和医院变态反应科教授，中国变态反应学奠基人之一。作为中国变态反应学科的探路者，过敏界的“福尔摩斯”，叶世泰穷其一生都在为患者“破案解谜”，为学科探索新路。叶世泰 1947 年由东吴大学医预系转入上海圣约翰大学医学院，1952 年毕业后到北京协和医院工作。1952—1956 年参与创建了中国第一个变态反应科。当时变态反应研究领域在我国几乎是空白，变态反应病在人群中的发病情况也不清楚。变态反应病的病人有一套特殊的诊治办法，称为特异性诊治，就是用变应原来检测患者的过敏原。要制备这些变应原，有一些必要的器材，特别是冰箱。当时叶世泰走遍全北京也买不到冰箱，最后是从一个旧货市场淘了一台外国人离京前处理的二手冰箱，一直用了几十年。经过 3 年多的时间，总算开出了一个像样的变态反应科，非常正规，学术上也很过得去，绝不是将就从事、因陋就简。叶世泰除日常为患者诊治外，还专注于我国变态反应发生规律的研究，20 世纪 60 年代初证实蒿属植物是中国北方最重要的季节性致敏病因；20 世纪 70 年代研制的用于治疗过敏性鼻炎和结膜炎的“鼻敏宁”“眼敏净”深受临床欢迎。

1985—1990 年叶世泰主持全国致敏气传花粉与真菌调查，自行设计的花粉真菌取样器被全国广泛采用。叶先生主张，中国的变态反应科要有中国特色，其中，既包括协和特色，也包括各个地域特色，因为各地物产不一样，生活习惯不一样，肯定有当地特殊的过敏原。在叶先生的倡导下全国逐渐建立了过敏谱，建立了中国特色的变态反应学。叶先生常跟科里年轻的同志说，我们帮助病人找过敏原，要有福尔摩斯精神，不放过蛛丝马迹，因为致敏原因往往就藏在细微线索中。一旦找到过敏原，皆大欢喜，有时不用打针吃药就能自愈。

项目八

免疫学应用

任务一　血清学试验概述

学习目标

知识目标

(1)了解血清学试验的概念。

(2)知道血清学试验的基本过程。

(3)掌握血清学试验的特点。

能力目标

(1)能够自己组织语言,向同学们介绍血清学试验的概念。

(2)能够组织语言介绍血清学试验的基本过程。

(3)查阅资料,分小组研讨,绘制血清学试验知识的思维导图。

素质目标

(1)培养语言表达、沟通交流的综合素质。

(2)培养分析思考、自主学习的能力和精益求精的工匠精神。

二维码 8-1　血清学试验概述(一)

二维码 8-2　血清学试验概述(二)

任务分析

表 8-1　血清学试验概述任务单

任务名称	血清学试验概述
任务描述	能够说出血清学试验的概念;了解血清学试验的基本过程;掌握血清学试验的特点及影响因素。
完成条件	智能手机,多媒体教学设备。

续表 8-1

<table>
<tr><td rowspan="2">任务资讯</td><td colspan="2">资讯问题</td><td>参考资料</td></tr>
<tr><td colspan="2">1. 血清学试验的概念是什么？
2. 血清学试验的种类有哪些？
3. 血清学试验的特点有哪些？
4. 哪些因素会影响血清学试验结果？</td><td>1. 杨汉春. 动物免疫学[M]. 3 版. 北京：中国农业大学出版社，2020.
2. 王世若，王兴龙，韩文瑜. 现代动物免疫学[M]. 2 版. 长春：吉林科学技术出版社，2001.
3. 胡桂学. 兽医微生物学[M]. 北京：中国农业大学出版社，2018.</td></tr>
<tr><td rowspan="3">考核标准</td><td>知识考核</td><td>能力考核</td><td>素质考核</td></tr>
<tr><td>1. 查阅相关资料，完成资讯问题。
2. 准确回答任务测试题。
3. 规范书写任务总结。</td><td>1. 能准确说出血清学试验的特点。
2. 能准确说出影响血清学试验结果的因素。</td><td>1. 善于观察思考。
2. 做事精益求精。
3. 善于总结归纳。
4. 关爱动物健康，护佑人畜安全。</td></tr>
<tr><td colspan="3">注：在实际考核过程中，教师可根据具体的考核标准确定优秀、良好、及格和不及格。
90～100 分为优秀；80～89 分为良好；60～79 分为及格；60 分以下为不及格。</td></tr>
</table>

任务实施

血清学试验是临床诊断动物疫病、检测病原微生物及动物机体免疫状态的常用方法之一。利用抗原抗体能够特异性结合的性质，创造条件使其在体外发生反应，并根据出现可见的现象判定反应结果。凝集试验用颗粒性抗原，有直接法、间接法等。沉淀试验用可溶性抗原，有环状沉淀、琼脂免疫扩散、免疫电泳等方法。免疫标记技术尤其是荧光抗体标记技术与酶标抗体技术发展迅速、应用广泛。荧光抗体标记技术有直接法及间接法，酶标抗体技术有免疫酶组织化学染色技术及 ELISA 两类。补体结合试验需有补体系统和溶血系统共同参与。中和试验有体内中和试验和体外中和试验之分。各种检测技术的原理、方法及对试验的特别要求应予注意。

一、血清学试验的概念

抗原抗体反应是指抗原与相应的抗体之间发生的特异性结合反应。在体内、体外都可进行，在体内发生的抗原抗体反应是体液免疫应答的效应作用，在体外发生的抗原抗体反应主要用于检测抗原或抗体，用于免疫学诊断。因抗体主要存在于血清中，所以将体外发生的抗原抗体反应称为血清学试验或血清学反应。血清学试验具有高度的特异性和较高的敏感性，广泛应用于微生物的鉴定、传染病及寄生虫病的诊断、监测及定量分析。

二、血清学试验的种类

血清学试验的种类非常多，按照抗原抗体反应性质的不同可分为凝集试验，如直接凝集试验、间接凝集试验、琼脂扩散试验等；有补体参与的试验，如补体结合试验、免疫黏附血凝试验、溶菌反应试验等；标记抗体技术，如荧光标记抗体、酶标记抗体、同位素标记抗体等；中和反应试验，如病毒中和试验、毒素中和试验等。近年来，还出现了免疫组织化学技术、免疫传感器技术、免疫转印技术、免疫蛋白芯片等新技术。

三、血清学试验的特点

血清学试验是利用抗原抗体能够发生特异性结合的特点设计并进行的，因此具有特异性、交叉性、敏感性、可逆性、反应的二阶段性、最适比例与带现象、用已知测未知等共同特点。

(一)特异性和交叉性

血清学试验具有高度的特异性。抗原抗体的特异性结合是指抗原分子上的抗原决定簇与抗体分子可变区结合的特异性，是由两者之间空间结构互补决定的。抗原与相应抗体的结合具有高度的特异性，主要依靠抗原分子上的抗原决定簇和抗体末端可变区的氨基酸排列和立体构型，只有抗原决定簇的立体构型和抗体分子的立体构型完全吻合，才能发生反应。如猪瘟抗体只能与猪瘟病毒结合，而不能与猪繁殖与呼吸综合征病毒及其他病毒结合；新城疫抗体只能与新城疫病毒结合，而不能与马立克病毒及其他病毒结合。这种抗原抗体的特异性可用于检测、分析、鉴定各种抗原和进行疾病的诊断。但较大分子的抗原常含有多种抗原决定簇，如果两种不同的抗原之间含有部分共同的抗原决定簇，则可发生交叉反应。如肠炎沙门菌的血清能凝集鼠伤寒沙门菌。一般来说抗原之间亲缘关系越近，其抗体交叉反应的程度越高，交叉反应也是区分细菌血清型和亚型的重要依据。根据抗原抗体反应高度特异性的特点，在疾病诊断中可用抗原、抗体任何一方作为已知条件来检测另一未知方。

(二)敏感性

血清学试验具有高度敏感性的特点，不仅可进行定性检测，还可以定量检测微量、极微量的抗原或抗体，其敏感度大大超过当前所应用的化学分析方法。血清学试验的敏感性视其种类而异。

(三)可逆性

血清学试验具有可逆性的特点。抗原与抗体的结合是分子表面的决定基之间的非共价键结合，这种结合虽相对稳定但也是可逆的，两者在一定条件下仍可分离。其结合条件为0～40 ℃、pH为4～9。如温度超过60 ℃或pH降到3以下，或加入解离剂(如硫氰化钾、尿素)时，则抗原抗体复合物又可重新解离，并且分离后抗原或抗体的性质仍不改变。如免疫亲和层析技术，常利用改变反应环境pH及离子强度，促使抗原抗体复合物解离，进而分离纯化抗原或抗体。

(四)反应的二阶段性

血清学试验具有反应的二阶段性的特点。第一阶段为抗原与抗体的特异性结合阶段，此阶段反应快，仅数秒至数分钟，但不出现可见反应。第二阶段为可见阶段，这一阶段抗原抗体复合物在环境因素(如电解质、pH、温度、补体)的影响下出现各种可见反应，如表现为凝集、沉淀、补体结合、颜色变化等。此阶段反应慢，需数分钟、数十分钟或更久，为加速第二反应阶段的进行，常采用最适条件，如最适合 pH 为 6～8，最适合温度为 37 ℃等，增加抗原抗体结合速度，加速可见反应的出现。

(五)最适比例与带现象

抗体单体为二价，如 IgG 有 2 个结合点，分泌型 IgA 有 4 个结合点，抗原为多价一般具有 10～50 个不等的结合点，因此只有两者比例合适时，抗原抗体才结合的最充分，形成的抗原抗体复合物最多，反应最明显，结果出现最快，才出现凝集、沉淀等可见的反应现象称为等价带。如果抗原过多或抗体过多，则抗原与抗体的结合不能形成大复合物，抑制可见反应的出现，称为带现象。当抗体过量时，称为前带；抗原过多时，称为后带。为克服带现象，在进行血清学反应时，需将抗原或抗体做最适稀释，通常是固定一种成分，稀释另一种成分。如凝集反应时，因抗原为大的颗粒状抗原，容易因抗体过多出现前带现象，因而需要将抗体做递进稀释，固定抗原浓度。而沉淀反应的抗原分子为小分子的可溶性抗原，容易因为抗原过多而出现后带现象，则需要稀释抗原。

(六)用已知测未知

所有的血清学试验是用已知抗原测定未知抗体或是用已知抗体测定未知抗原，在整个反应中只能有一种是未知的，但可以用两种或两种以上的已知材料检测一种未知材料。

四、影响血清学试验的因素

影响血清学试验的因素很多，既有反应物自身的因素，又有环境条件的因素。

1. 抗体

抗体是血清学试验中的关键因素，它对反应的影响可来自以下几个方面。

(1)抗体来源于不同动物的免疫血清，其反应性也存在差异。如家兔、豚鼠等多数实验动物的免疫血清具有较宽的等价带，一般在抗原过量时才易出现可溶性免疫复合物；人和马的免疫血清等价带较窄，抗原或抗体的少量过剩便易形成可溶性免疫复合物；家禽的免疫血清不能结合哺乳动物的补体，并且在高盐浓度(NaCl 50 g/L)溶液中沉淀现象才表现明显。

(2)抗体的浓度血清学试验中，抗体的浓度往往是与抗原相对而言。为了得到合适的浓度，在许多实验之前必须认真滴定抗体的水平，以求得最佳实验结果。

(3)抗体的特异性与亲和力是血清学反应中的两个关键因素，但这两个因素往往难以两全其美。例如，早期获得的动物免疫血清特异性较好，但亲和力偏低；后期获得的免疫血清一般亲和力较高，但长期免疫易使免疫血清中抗体的类型和反应性变得复杂；单克隆抗体的特异性毋庸置疑，但其亲和力较低，一般不适用于低灵敏度的沉淀反应或凝集反应。

2. 抗原

抗原的理化性状、抗原决定簇的数目和种类等均可影响血清学试验的结果。例如，可溶性抗原与相应抗体可产生沉淀反应，而颗粒性抗原的反应类型是凝集；单价抗原与抗体结合不出现可见反应；粗糙型细菌在生理盐水中易发生自凝，这些都需要在实验中加以注意。

3. 电解质

抗原与抗体表面均带有许多极性基团，他们发生特异性结合而失去亲水性，变成疏水系统，此时受电解质作用失去电荷而相互凝集，出现可见反应，因此电解质是抗原抗体反应系统中不可缺少的成分。为了促使沉淀物或凝集物的形成，一般用浓度8.5 g/L的NaCl溶液作为抗原和抗体的稀释剂与反应溶液。特殊需要时也可选用较为复杂的缓冲液，如在补体参与的溶细胞反应中，除需要等渗NaCl溶液外，还需要加入适量的Mg^{2+}和Ca^{2+}促进反应的可见性。如果反应系统中电解质浓度低甚至无，抗原抗体不易出现可见反应，尤其是沉淀反应。但如果电解质浓度过高，则会出现非特异性蛋白质沉淀，即盐析。

4. 酸碱度

血清学试验需要在适当的pH条件中进行，常用的pH为6～8。抗体或抗原大部分都是蛋白质，具有两性电离性质，都有固定的等电点。酸碱度过高或过低，都可直接影响抗原或抗体的反应性，导致已经结合的抗原抗体复合物重新解离。若pH降回等电点时，会发生非特异性凝集，出现假阳性。

5. 温度

抗原抗体反应的温度适应范围比较宽，而且温度升高可增加抗原抗体接触机会，加速反应进行，但若温度高于56 ℃时，可导致已结合的抗原抗体再解离，甚至变性或破坏，在40 ℃时，结合速度慢，但结合牢固，更易于观察。温度低，反应时间延长，反应充分。故常用的抗原抗体反应温度为37 ℃。但每种试验都可能有其独特的最适反应温度，如冷凝集素在4 ℃左右与红细胞结合最好，20 ℃以上反而解离。

6. 时间

时间本身不会对抗原抗体反应主动施加影响，但是实验过程中观察结果的时间不同可能会看到不同的结果，这一点往往被忽略。时间因素主要由反应速度来体现，反应速度取决于抗原抗体亲和力、反应类型、反应介质、反应温度等因素。例如，在液相中抗原抗体反应很快达到平衡，但在琼脂中就慢得多。另外，所有免疫试验的结果都应在规定的时间内观察。

7. 杂质和异物

杂质和异物的存在也会影响血清学试验的结果，试验介质中如有类脂质、多糖等杂质存在，会抑制反应的进行或引起非特异性反应，所以每批血清学试验都应设阳性和阴性对照试验。

五、血清学试验的应用及发展趋向

近年来，血清学试验与现代科学分析检测技术、半抗原技术相结合，发展迅速，几乎所有小分子活性物质均能制成人工复合抗原，接种动物机体后制备相应抗体，从而建立血清学检测方法，使血清学技术的应用范围越来越广，涉及生命科学的各个领域，成为生命科学进入分子水平不可缺少的检测手段。

（一）血清学试验的应用

血清学试验在医学和兽医学领域已广泛应用，可直接或间接用于检测传染病、寄生虫病、肿瘤、自身免疫病和变态反应性疾病的组织、血清、体液，从而做出确切的诊断。对传染病来说，几乎没有不能用血清学试验确诊的疾病。实验室只要备有各种诊断试剂盒和相应的设备，即可对多种疾病做出明确诊断。在动物疫病的群体检疫、疫苗免疫效果监测和流行病学调查中，也已广泛应用血清学试验检测抗原或抗体。应用酶联免疫吸附试验、放射免疫等技术对抗原、抗体检测的敏感度大大提高，已达到可以精确检出皮克量级的水平，其敏感度大大超过了化学分析，已广泛应用于动物体内的激素、维生素、药物含量检测。应用荧光抗体、酶标抗体技术可以检测病毒、细菌在组织细胞内的分布，应用免疫组织化学技术及蛋白技术进行免疫电镜观察可以确定病毒在亚细胞水平的定位，可以测定淋巴细胞表面免疫球蛋白及抗体产生情况进而进行免疫病理研究等。此外，血清学试验也用于基因分离，克隆筛选，表达产物的定性、定量分析和纯化等，已经成为现代分子生物学研究的重要手段。

(二)血清学试验的发展

随着免疫技术和生物技术的飞速发展，在原有经典免疫学实验方法的基础上，新的免疫学测定方法不断出现，在抗原抗体反应基础上发展起来的固相载体技术、免疫比浊法、放射免疫电泳技术、酶联免疫技术、荧光免疫技术、发光免疫技术、免疫生物传感器技术和流式免疫微球分析技术都极大地推动了免疫学和生物化学的融合，促进了各种自动化免疫分析技术的推出和应用，如散射比浊、化学发光、电化学发光、酶免疫分析、荧光偏振、微粒子酶免疫分析、荧光酶标免疫分析等，使血清学试验具有更高的特异性、高度的敏感性、精密的分辨能力以及简便快速等特点。随着科学技术水平的不断发展，血清学试验向微量化、自动化、便捷化的方向迈进，将会使血清学试验技术的敏感度、特异性及精密化向更高的层次迈进。

任务总结

表 8-2　血清学试验任务总结

类别	内容	要点
任务实施	血清学试验的概念	血清学试验的原理是什么？
	血清学试验的种类	列举 10 种常用的血清学试验。
	血清学试验特点	你认为血清学试验最重要的特点是哪一个？并说出理由。
	影响血清学试验的因素	为了保证血清学试验结果的准确性，我们应该怎么做？

任务测试

1. 扫描二维码，完成任务测试题。
2. 根据测试结果，指导教师对每位同学做出评价。

二维码 8-3　血清学试验概述测试题

任务二　常见的几种血清学试验

学习目标

知识目标

(1)了解常用血清学试验的概念。

(2)知道常用血清学试验的原理。

(3)掌握常用血清学试验的应用。

能力目标

(1)能够自己组织语言,向同学们介绍常用几种血清学试验的概念。

(2)能够组织语言介绍常用几种血清学试验的原理。

(3)查阅资料,分小组研讨,绘制常用血清学试验应用的思维导图。

素质目标

(1)培养语言表达、沟通交流的综合素质。

(2)培养分析思考、自主学习的能力和精益求精的工匠精神。

任务分析

表 8-3　常见的几种血清学试验任务单

<table>
<tr><td>任务名称</td><td colspan="6">常见的几种血清学试验</td></tr>
<tr><td>任务描述</td><td colspan="6">掌握常见的几种血清学试验方法的原理、种类、反应过程。</td></tr>
<tr><td>完成条件</td><td colspan="6">智能手机,多媒体教学设备。</td></tr>
<tr><td rowspan="2">任务资讯</td><td colspan="2">资讯问题</td><td colspan="4">参考资料</td></tr>
<tr><td colspan="2">1.凝集试验的原理是什么?
2.沉淀试验的原理是什么?
3.补体结合试验的原理是什么?
4.中和试验的原理是什么?
5.免疫标记技术的原理是什么?</td><td colspan="4">1.杨汉春.动物免疫学[M].3 版.北京:中国农业大学出版社,2020.
2.王世若,王兴龙,韩文瑜.现代动物免疫学[M].2 版.长春:吉林科学技术出版社,2001.
3.胡桂学.兽医微生物学[M].北京:中国农业大学出版社,2018.</td></tr>
<tr><td rowspan="3">考核标准</td><td>知识考核</td><td colspan="3">能力考核</td><td colspan="2">素质考核</td></tr>
<tr><td>1.查阅相关资料,完成资讯问题。
2.准确回答任务测试题。
3.规范书写任务总结。</td><td colspan="3">1.能准确说出常见血清学试验方法的原理。
2.能够按照临床检测的实际需要,选择合适的血清学试验方法。</td><td colspan="2">1.善于观察思考。
2.做事精益求精。
3.集智攻关,团结协作的协同精神。
4.追求真理,严谨治学的求实精神。</td></tr>
<tr><td colspan="6">注:在实际考核过程中,教师可根据具体的考核标准确定优秀、良好、及格和不及格。
90～100 分为优秀;80～89 分为良好;60～79 分为及格;60 分以下为不及格。</td></tr>
</table>

任务实施

一、凝集试验

(一)概念

二维码 8-4　凝集试验

细菌、红细胞等天然颗粒性抗原或吸附在红细胞、乳胶颗粒、活性炭颗粒等载体表面的可溶性抗原与相应抗体结合后，在有适量电解质存在的条件下，经过一定时间，复合物互相凝聚形成肉眼可见的凝集团块，称为凝集试验。参与凝集反应的抗原称为凝集原，抗体称为凝集素。参与凝集试验的抗体主要为 IgG 和 IgM。凝集试验可用于检测抗体或抗原，最突出的优点是操作简便，耗时少，结果明显肉眼可见，不需要大型仪器，便于基层的临床诊断工作。

(二)原理

细菌及其他凝集原都带有相同的电荷即负电荷，在悬浮体系中相互排斥而成均匀地分散状态。抗原抗体相遇后，因其表面存在相互对应的化学集团而发生特异性结合，形成抗原抗体复合物，降低了抗原分子间的静电排斥力，抗原表面的亲水集团减少，由亲水状态变为疏水状态，出现凝集趋向，在电解质(如生理盐水)的参与下，中和了抗原抗体复合物表面的大部分电荷，使其分子间的静电排斥力下降甚至消失，分子间相互吸引，凝集成大的絮片或颗粒，出现了肉眼可见的凝集反应。

(三)分类及应用

凝集试验可以在玻片、试管及微量滴定板上进行，分别称为玻片凝集试验、试管凝集试验和微量凝集试验。测定血清中抗体含量时将血清连续稀释后加定量的抗原；测定抗原时将抗原连续稀释后加定量的抗体。试验最终以出现明显反应终点的血清或抗原最高稀释倍数为该样品的效价或滴度。常用的凝集试验包括直接凝集试验和间接凝集试验。

1. 直接凝集试验

直接凝集试验简称凝集试验，是指颗粒性抗原(如细菌或红细胞表面抗原)与相应抗体在电解质的参与下直接结合，并出现凝集现象的试验。该试验参与反应的因素很少，只有抗原和相应的抗体，所以该反应具有敏感、特异、方便的特点，可用于疫病的野外诊断或微生物鉴定，在基层动物检疫部门和生产单位已被广泛应用。按操作方法可分为平板凝集试验和试管凝集试验。

(1)平板凝集试验。平板凝集试验是一种定性试验，可在玻片或载玻片上进行。将含有已知抗体的诊断血清与待检菌悬液各一滴在玻片上混合均匀，数分钟后，如出现颗粒状或絮状凝集，即为阳性反应。反之，也可用已知的诊断抗原悬液检测待检血清中有无相应的抗体。此法简便快速，适用于新分离细菌的鉴定、分型和抗体的定性检测。如大肠埃希菌和沙门菌等的血清学鉴定，布鲁氏菌病、鸡白痢、禽伤寒和败血支原体病的检疫，也可用于血型的鉴定等。

(2)试管凝集试验。试管凝集试验是一种定性和定量试验，可在小试管中进行。操作时将待检血清用生理盐水或其他稀释液做倍比稀释，然后每管加入等量抗原，混匀，37 ℃水浴或放入恒温箱中数小时，观察液体澄清度及沉淀物，根据不同凝集程度记录结果为“＋＋＋＋”(100％凝集)、“＋＋＋”(75％凝集)、“＋＋”(50％凝集)、“＋”(25％凝集)、“－”(不凝集)。以出现50％以上凝集的血清最高稀释倍数为该血清的凝集价，也称效价或滴度。一般细菌凝集均为菌体凝集，抗原凝集呈致密颗粒状，有鞭毛的细菌凝集时呈疏松絮状凝集块，R型菌落细菌易发生自凝集。试验时应设阳性血清、阴性血清和生理盐水进行对照。本试验主要用于检测待检血清中是否存在相应的抗体及其效价，如布鲁氏菌病的诊断与检疫。

2. 间接凝集试验

将可溶性抗原(或抗体)先吸附或偶联于与免疫无关的具有一定大小的载体表面，此吸附了抗原(或抗体)的载体与相应的抗体(或抗原)结合，在有电解质存在的适宜条件下，发生特异性凝集现象称为间接凝集试验或被动凝集试验。用于吸附抗原(或抗体)的颗粒称为载体颗粒。使用的载体应满足如下条件：①大小均匀、无化学或血清学活性。②相对密度与介质相似、短时间内不能自凝集及出现沉淀。③吸附抗原后不影响抗原活性。常用的载体颗粒有动物红细胞、聚苯乙烯乳胶微球、硅酸铝、活性炭、白陶土和葡萄球菌A蛋白等。绵羊红细胞表面有大量的糖蛋白受体，极易吸附某些抗原物质，吸附性能好，且大小均匀一致，应用最为广泛。抗原多为可溶性蛋白质，如细菌、立克次体和病毒的可溶性抗原、寄生虫的浸出液、动物的可溶性物质、各种组织器官的浸出液、激素等，也可为某些细菌的可溶性多糖。吸附抗原(或抗体)后的颗粒称为致敏颗粒。

间接凝集试验由于载体颗粒极大地增加了可溶性抗原的体积，致敏载体上的少量抗原与检测样品中的少量抗体结合就足以出现肉眼可见的反应，大大提高了试验的敏感性，可用于检测细菌、病毒、寄生虫、螺旋体等感染动物机体后产生的微量抗体，有利于疾病的早期诊断。间接凝集试验根据载体的不同，可分为间接血凝试验、乳胶凝集试验、协同凝集试验和炭粉凝集试验等。

(1)间接血凝试验。将可溶性抗原致敏于载体红细胞表面，用以检测相应抗体，在与相应抗体结合后出现肉眼可见凝集现象的试验称为正向间接凝集试验。吸附抗原的红细胞称为致敏红细胞。将抗体致敏于红细胞表面，用以检测待测样品中的相应抗原，致敏红细胞与相应抗原结合后出现肉眼可见的凝集现象称为反向间接血凝试验。间接血凝试验敏感度高，可以测出极微量的抗原或抗体，兽医临床常用于传染病的诊断，如猪瘟、口蹄疫、水疱病的快速诊断。常用的红细胞有绵羊、家兔、鸡及人的O型红细胞。由于红细胞几乎能吸附任何抗原，而且红细胞是否凝集容易观察，所以利用红细胞做载体进行的间接凝集试验已广泛应用于血清学诊断的各个方面，如多种病毒性传染病、支原体病、衣原体病、弓形体病等的诊断和检疫。

抗体与游离抗原结合后就不能凝集抗原致敏的红细胞，从而使红细胞凝集现象受到抑制，这一试验称为间接血凝抑制试验。通常是用抗原致敏的红细胞和已知抗血清检测未知抗原或测定抗原的血凝抑制价。血凝抑制价即抑制血凝的抗原最高稀释倍数。

(2)乳胶凝集试验。使用聚苯乙烯聚合高分子微球做载体颗粒吸附某些抗原或抗体，检测相应的抗体或抗原的试验称为乳胶凝集试验。聚苯乙烯经过乳化聚合形成的高分子乳胶液，形成的乳胶微球直径约0.8 μm，对蛋白质、核酸等高分子物质具有较好的吸附功能。本试验方法具有简便、快速的特点，在临床诊断中广泛应用于伪狂犬病、流行性乙型脑炎、钩端螺旋体病、猪细小病毒病、猪传染性萎缩性鼻炎、禽衣原体病、山羊传染性胸膜肺炎、囊虫病等的诊断。

(3)协同凝集试验。以金黄色葡萄球菌A蛋白作为载体进行的凝集试验称为协同凝集试验。金黄色葡萄球菌A蛋白能与多种哺乳动物IgG分子的Fc片段相结合,结合后的IgG仍保持其抗体活性,当这种覆盖着特异性抗体的葡萄球菌与相应抗原特异性结合,可以相互连接出现凝集现象。目前已广泛应用于快速鉴定细菌、支原体和病毒等。

二、沉淀试验

(一)概念

可溶性抗原与相应抗体结合后,在适量电解质存在的条件下,经过一定时间,出现肉眼可见的白色絮状沉淀,称为沉淀试验。参与试验的抗原称为沉淀原,主要是细菌浸出液、病料浸出液、血清及蛋白质、多糖、类脂等,如细菌的外毒素、内毒素、菌体裂解液、病毒悬液、病毒的可溶性抗原、血清和组织浸出液等。反应中的抗体称为沉淀素。

(二)原理

沉淀试验原理与凝集试验原理基本相同,区别在于沉淀试验使用的抗原是可溶性的,单个抗原分子体积小,在单位体积的溶液内所含抗原量多,其总反应面积大,出现反应所需的抗体量多,因此试验时需要稀释抗原。

(三)分类及应用

沉淀试验可分为液相沉淀试验和固相沉淀试验,液相沉淀试验又分为环状沉淀试验和絮状沉淀试验,固相沉淀试验有琼脂扩散试验和免疫电泳技术。

1. 环状沉淀试验

环状沉淀试验是将抗原与血清在试管内叠加,在电解质存在的条件下,抗原抗体相接触的界面出现白色环状沉淀的试验,是一种快速检测溶液中的可溶性抗原或抗体的方法。即将可溶性抗原叠加在小口径试管中的抗体表面,数分钟后在抗原抗体相接触的界面出现白色环状沉淀带,即为阳性反应。本法主要用于兽医临床抗原的定性试验,如炭疽的诊断(Ascoli试验)、链球菌的血清型鉴定、肉品检验和血迹鉴定等。

2. 絮状沉淀试验

抗原与抗体在试管内混合,在电解质存在的条件下,抗原抗体复合物可形成絮状物。当比例最适时,出现反应最快和絮状物最多。此方法受抗原抗体比例的影响非常明显,因而常用来作为测定抗原抗体反应最适比例的基本方法,常用于毒素、类毒素和抗毒素的定量测定。

3. 琼脂扩散试验

琼脂扩散试验简称琼扩试验,是沉淀反应的一种,在电解质存在的条件下,特异性的抗原与抗体在琼脂凝胶中扩散相遇后,在最适比例处发生沉淀,形成肉眼可见的白色沉淀线的试验。琼脂是一种含有硫酸基的多糖,加热溶于水,冷却后凝固成具有多孔结构的凝胶,1%浓度的琼脂凝胶孔径为85 nm,可允许许多可溶性抗原、抗体在凝胶中自由扩散,抗原抗体相遇后,在最适比例处形成较大颗粒物,不再扩散,构成肉眼可见的沉淀线。

4. 免疫电泳技术

免疫电泳技术是将琼脂扩散试验与电泳技术相结合的一种免疫检测技术，是将琼脂扩散置于直流电场中进行，让电流来加速抗原与抗体的扩散并规定其扩散方向，在比例合适处形成可见的沉淀带。临床上应用比较广泛的有对流免疫电泳技术和火箭免疫电泳技术。

三、补体结合试验

（一）概念

补体结合试验是利用免疫溶血机制做指示系统，来检测另一反应系统抗原或抗体的血清学试验。即应用可溶性抗原，如蛋白质、多糖、类脂、病毒等与相应抗体结合后，其抗原抗体复合物可以结合补体，但这一反应肉眼不能察觉，如再加入致敏红细胞，即可根据是否出现溶血反应，判定反应系统中是否存在相应的抗原和抗体。参与补体结合反应的抗体称为补体结合抗体。补体结合抗体主要为 IgG 和 IgM，IgE 和 IgA 通常不能结合补体。本试验通常是利用已知抗原检测未知抗体。

（二）原理

补体结合试验有溶菌和溶血两大系统，含抗原、抗体、补体、溶血素和红细胞 5 种成分。补体没有特异性，能与任何一组抗原抗体复合物结合，如果与细菌及相应抗体形成的复合物结合，就会出现溶菌反应；而与红细胞及溶血素形成的致敏红细胞结合，就会出现溶血反应。试验时，首先将抗原、待检血清和补体按一定比例混匀后，保温一定时间，然后再加入红细胞和溶血素，作用一定时间后，观察结果。不溶血为补体结合试验阳性，表示待检血清中有相应的抗体，抗原抗体复合物结合了补体，加入溶血系统后，由于无补体参加，所以不溶血。溶血则为补体结合试验阴性，说明待检血清中无相应的抗体，补体未被抗原抗体复合物结合，当加入溶血系统后，补体与溶血系统复合物结合而出现溶血反应。

由于许多抗原是非细胞性的，而且抗原、抗体和补体都是用缓冲液稀释得比较透明的液体，补体是否与抗原-抗体复合物结合，肉眼看不到，所以还要加入溶血系统。如果不发生溶血现象，就说明补体不游离存在，表示溶菌系统中的抗原和抗体是对应的，它们所组成的复合物把补体结合了。如果发生了溶血现象，则表明补体依然游离存在，也就表示溶菌系统中的抗原和抗体不相对应，或者两者缺一，不能结合补体。

（三）分类及应用

补体结合试验根据试验加入的成分量的多少可以分为全量法、半量法、半微量法和微量法。临床检测多使用试管半量法，此法操作简单，误差较小，但材料使用较多，为了节省材料也可用微量法。

补体结合试验具有高度的特异性和敏感性，可以检测出微量的抗原和抗体，是诊断动物传染病及人兽共患病常用的诊断方法之一。临床常用于结核、副结核、鼻疽、牛肺疫、马传染性贫血、乙型脑炎、布鲁氏菌病、钩端螺旋体病、锥虫病等的诊断及流行性乙型脑炎病毒、口蹄疫病毒等的鉴定与分型。

补体结合试验分为两个阶段进行。第一阶段为反应系统作用阶段，向倍比稀释的待检血清中加最适浓度的抗原和补体，充分混合后置于湿盒 37 ℃恒温箱中作用 30～90 min 或 4 ℃冰箱过夜。第二阶段为溶血系统作用阶段，在上述试管中加入致敏红细胞，置 37 ℃恒温箱作用 30～60 min，观察是否有溶血现象。若最终表现为不溶血，说明待检血清中的抗体与相应的抗原结合了，反应结果为阳性；若最终表现为溶血，则说明待检的抗体不存在或与抗原不相对应，反应结果为阴性。

四、中和试验

(一)概念

病毒或毒素与相应抗体结合后失去对易感动物致病力的试验称为中和试验，是根据抗体能否中和病毒或毒素的致病性而建立的免疫学试验。中和试验极为特异和敏感，既能定性又能定量，主要用于病毒感染的血清学诊断、病毒分离株的鉴定、病毒抗原性的分析、疫苗免疫原性的评价、血清抗体效价的检测、毒素测定等。中和试验可在体内进行也可在体外进行。体内中和试验又称保护试验，试验时先对实验动物接种疫苗或抗血清，间隔一定时间后，再用一定量病毒攻击，最后根据动物是否得到保护来判定结果。常用于疫苗免疫原性的评价和抗血清的质量评价。体外中和试验是将抗血清与病毒混合，在适当条件下作用一定时间后，接种于敏感细胞、鸡胚或实验动物，以检测混合液中病毒的感染力。根据保护效果的差异，判断该病毒是否已被中和，并可计算中和指数，即中和抗体的效价。根据测定方法不同，中和试验方法有终点法中和试验和空斑减数法中和试验等。

(二)原理

中和试验的原理为抗原与相应抗体特异性结合后失去其致病力不能引起实验动物发病、鸡胚死亡、细胞病变等试验现象。

(三)分类及应用

1. 终点法中和试验

终点法中和试验是通过滴定使病毒感染力减少至 50%时，血清的中和效价或中和指数。有固定病毒稀释血清法和固定血清稀释病毒法两种。

(1)固定病毒稀释血清法。本法是将已知的病毒量固定，血清做倍比稀释，常用于测定抗血清的中和效价。

①病毒毒价单位：病毒毒价(毒力)的单位以前多用最小致死量(MLD)，但由于剂量的递增与死亡率递增的关系不是直线，而是呈 S 形曲线，在越接近 100%死亡时，对剂量的递增越不敏感。而死亡率越接近 50%时，剂量与死亡率呈直线关系，所以现基本上采用半数致死量(LD_{50})作为毒价单位。而且 LD_{50} 的计算应用了统计学方法，减少了个体差异的影响，因此比较准确。以感染发病作为指标的，可用半数感染量(ID_{50})。用鸡胚测定时，可用鸡胚半数致死量(ELD_{50})或鸡胚半数感染量(EID_{50})；用细胞培养测定时，可用组织细胞半数感染量($TCID_{50}$)。在测定疫苗的免疫性能时，则用半数免疫量(IMD_{50})或半数保护量(PD_{50})。

②病毒毒价测定：将病毒原液做 10 倍递减稀释即 10^{-1}、10^{-2}、10^{-3}……，选择 4～6 个稀释倍数接种一定体重的实验动物（或鸡胚、细胞），每组 3～6 只（个、孔）。接种后，观察一定时间内的死亡（或出现细胞病变）数量和存活数。根据累计死亡数和存活数计算致死百分率。然后按 Reed-Muench 法、内插法或 Karber 法计算半数剂量。

（2）固定血清稀释病毒法。本法将病毒液做 10 倍递增稀释，分置 2 列试管，第 1 列加正常血清（对照组），第 2 列加待检血清（中和组）。混合后置 37 ℃ 作用 1 h，将各试管混合液分别接种选定的实验动物（或鸡胚、易感细胞），每一稀释度用 3～5 只实验动物（或鸡胚、易感细胞）。如表 8-4 所示接种后，逐日观察，并记录其死亡数，观察结束后，计算 LD_{50} 和中和指数，本法适用于大量检样的检测。

表 8-4 固定血清稀释病毒法

混合前病毒稀释	2×10^{-1}	2×10^{-2}	2×10^{-3}	2×10^{-4}	2×10^{-5}	2×10^{-6}	2×10^{-7}
正常血清	稀释病毒	—	—	—	1.0	1.0	1.0
正常血清	—	—	—	1.0	1.0	1.0	1.0
对照组	稀释液	—	—	—	—	—	—
待检血清	稀释病毒	1.0	1.0	1.0	1.0	1.0	1.0
待检血清	1.0	1.0	1.0	1.0	1.0	1.0	1.0
中和组	稀释液	—	—	—	—	—	—
混合后病毒稀释	10^{-1}	10^{-2}	10^{-3}	10^{-4}	10^{-5}	10^{-6}	10^{-7}

如表 8-5 所示结果为例，计算其中和指数＝中和组 LD_{50}/对照组 LD_{50} ＝$10^{-2.2}/10^{-5.5}$＝$10^{3.3}$，查 3.3 的反对数是 1.995，故中和指数 $10^{3.3}$＝1.995。也就是说该待检血清中和病毒的能力为正常血清的 1.995 倍。本法多用于检出待检血清中的中和抗体，对病毒而言，通常中和指数大于 50 者判为阳性，10～49 者为可疑，小于 10 者为阴性。

表 8-5 固定血清稀释病毒法中和试验（例）

病毒稀释	10^{-1}	10^{-2}	10^{-3}	10^{-4}	10^{-5}	10^{-6}	10^{-7}	LD_{50}[2]	中和指数
正常血清对照组	—	—	—	4/4[1]	3/4	1/4	0/4	$10^{-5.5}$	$10^{3.3}$＝1.995
待检血清中和组	4/4	2/4	1/4	0/4	0/4	0/4	0/4	$10^{-2.2}$	

注：[1]分母为接种数，分子为死亡数；[2]LD_{50} 计算见实例。

2. 空斑减数法中和试验

空斑或蚀斑是指将病毒接种于单层细胞，经过一段时间培养，进行染色，原先感染病毒的细胞及病毒扩散的周围细胞会形成一个近似圆形的斑点，类似固体培养基上的菌落形态。空斑减数试验是应用空斑技术，使空斑数减少 50％的血清稀释度为该血清的中和效价。试验时，将已知空斑形成单位（PFU）的病毒稀释成每一接种剂量含 100 PFU，加等量递减稀释的血清，37 ℃感作 1 h。每一稀释度至少接种 3 个已形成单层细胞的培养瓶，每瓶 0.2～0.5 mL，37 ℃ 感作 1 h，使病毒与血清充分作用，然后加入在 44 ℃水浴预温的营养琼脂（在 0.5％水解乳蛋白或 Eagles 液中，加 2%犊牛血清、1.5%琼脂及 0.1%中性红细胞 3.3 mL)10 mL，平放凝固后，将细胞面朝上放入无灯光照射的 37 ℃ CO_2 培养箱中。同时用稀释的病毒加等量 Hanks 液同样处理作为病毒对照。数天后分别计算空斑数，用 Reed-muench 法或 Karber 法计算血清的中和滴度。

五、免疫标记技术

(一)概念

免疫标记技术是指用荧光素、酶、放射性同位素等易于检测的物质标记在抗体上，利用抗原抗体特异结合的原理检测相应抗原或抗体所在部位及含量的一种血清学方法。抗原抗体的结合具有高度特异性，其反应强度与抗原或抗体的量有关。在反应量不足或抗原为半抗原、抗体为单价抗体时，肉眼不易察出。而有一些物质即使在含量极微时仍能用某种特殊的理化测试仪器将其检测出来。如将这些物质标记在抗体或抗原分子上，它就能追踪抗原或抗体并与之结合，通过化学或物理的手段使不见的反应放大，转化为可见的、可测知的、可描记的光、色、电、脉冲等信号。现常用的免疫标记技术主要有荧光抗体标记技术、酶标抗体技术和同位素标记抗体技术，它们的敏感性和特异性大大超过常规血清学方法，现已广泛用于传染病的诊断、病原微生物的鉴定、分子生物学中基因表达产物分析等领域。其中酶标抗体技术简便，应用较广。这里主要介绍荧光抗体标记技术和酶标抗体技术。

(二)荧光抗体标记技术

荧光抗体标记技术又称免疫荧光技术，是指用荧光色素对抗体或抗原进行标记，再与相应抗原或抗体结合，然后在荧光显微镜下观察荧光以分析、示踪相应的抗原或抗体的方法。本法既有免疫学的特异性和敏感性，又有借助显微镜观察的直观性与精确性，已广泛应用于细菌、病毒、原虫等的鉴定和传染病的快速诊断。

1. 原理

荧光素在 10^{-6} 的超低浓度时，仍可被特殊的短波光源激发，在荧光显微镜下可观察到荧光。试验中将荧光染料标记在抗体或抗原上，制成荧光抗体或抗原，此标记过程不影响抗体或抗原的免疫活性，与相应的抗原或抗体相遇后形成带有荧光的抗原抗体复合物，在荧光显微镜下可观察到其发出的荧光。

2. 荧光色素

能够产生明显荧光并能作为染料使用的有机物称为荧光色素或荧光染料。用于标记抗体或抗原的荧光色素必须具有活性基团，使之易与蛋白质稳定结合；能发射可见的荧光颜色，荧光效率高；性质较稳定，不影响抗体或抗原的免疫活性以及抗原与抗体的特异性结合。目前广泛用于标记抗体或抗原的荧光色素主要是异硫氰酸荧光黄(FITC)、四乙基罗丹明(RB 200)、四甲基异硫氰酸罗丹明(TMRITC)和二氯三嗪基氨基荧光素(DTAF)等。其中应用最广泛的是异硫氰酸荧光黄。

3. 标本片的制备

标本片制作的要求首先是保持抗原的完整性，并尽可能减少形态变化，抗原位置保持不变，同时还必须注意使抗原抗体标记复合物易于接受激发光源，以便观察和记录。为了满足这些要求，标本厚度要薄，固定方法应得当。根据被检样品的性质不同可采取不同的制备方法。细菌培养物、感染动物的组织或血液、脓汁、粪便和尿沉渣等，可制备涂片或压印片，感染组织还可制备冰冻切片或低温石蜡切片。对于病毒也可用生长在盖玻片上的单层细胞培养物做标本。标本的固定常用丙酮和95%乙醇。固定后的标本应随即用PBS反复冲洗，干燥后即可染色。

4. 染色方法

荧光抗体染色方法有多种类型，常用的有直接法和间接法两种。

(1)直接法。本法是将荧光染料直接与提纯的免疫球蛋白结合，制成荧光抗体，以直接检测相应未知抗原的方法。试验时现将待检病料制成冰冻切片或涂片，细菌材料可以制成涂片，自然干燥，病毒抗原通常用冷丙酮固定，细菌抗原加热固定即可。制好标本后直接滴加相应荧光抗体于标本区，置湿盒内，于37 ℃作用染色30～60 min后取出，用0.01 mol/L PBS(pH为7.2～7.4)充分漂洗3次，每次3～5 min，再用蒸馏水漂洗2次，每次1～2 min，吹干，然后滴加缓冲甘油封片，即可于荧光显微镜下观察。直接法应设标本自发荧光对照，阳性标本对照和阴性标本对照。该法优点是简便、特异性高，非特异性荧光染色少。缺点是敏感性偏低，且每检测一种抗原就需要制备一种荧光抗体。

(2)间接法。本法是将荧光染料标记在抗抗体上，制成荧光二抗，用于检测抗原或抗体的试验方法。先将已知未标记的抗体加到未知抗原上或用未知未标记抗体加到已知抗原上，再加相应的荧光抗抗体，如抗原与抗体发生反应，则抗体被固定，并与荧光抗抗体结合，发出荧光，从而可鉴定未知的抗原或抗体。试验时，于标本区滴加未标记的相应抗体；置湿盒内，于37 ℃温箱作用30～60 min，取出后以0.01 mol/L PBS(pH为7.2～7.4)充分漂洗3次，每次3～5 min；再用蒸馏水漂洗2次，每次1～2 min，吹干；然后滴加荧光抗抗体，置湿盒内，于37 ℃ 温箱染色30 min；再如前漂洗、吹干，滴加缓冲甘油封片、镜检。间接法比直接法敏感，由于抗体蛋白质分子具有多个抗原决定簇，可结合多个荧光抗体分子，起到放大作用，所以其敏感性比直接法高5～10倍。而且本法对一种动物而言，只需制备一种荧光抗抗体，即可用于多种抗原或抗体的检测。

5. 荧光显微镜检查

标本滴加缓冲甘油后用盖玻片封盖后即可在荧光显微镜下观察。荧光显微镜不同于光学显微镜，它的光源是高压汞灯或溴钨灯，并有一套位于集光器与光源之间的激发滤光片，它只让一定波长的紫外线及少量可见光通过。此外，还有一套位于目镜内的屏障滤光片，只让激发的荧光通过，而不让紫外线通过，以保护眼睛并能增加反差。用FITC标记抗体染色标本在荧光显微镜的蓝紫光或紫外线的照射下，抗原所在部位发出黄绿色荧光。

(三)酶标抗体技术

酶标抗体技术是根据抗原抗体反应的特异性和酶催化反应的高敏感性建立起来的一种免疫检测技术。以底物是否被酶催化分解显色来指示抗原或抗体的存在及位置，以显色的深浅来反映待测样品中的抗原或抗体的含量。本法具有特异性强、敏感性高等优点，可以对抗原或抗体进行定位、定性、定量的检测。

1. 原理

通过化学方法可以将酶与抗体相结合，酶标记后的抗体仍然保持着与相应抗原结合的活性及酶的催化活性。酶标抗体与抗原结合后形成酶标抗原抗体复合物，复合物上的酶在遇到相应的底物时催化底物呈现颜色反应。

酶标抗体技术的基本程序如下。

(1)酶的偶联。将酶分子与抗原或抗体分子共价结合，这种结合既不改变抗体的免疫反应活性，也不影响酶的催化活性。

(2)免疫结合。将此种酶标记的抗体(抗抗体)与存在于组织细胞或吸附在固相载体上的抗原(抗体)发生特异性结合，并洗下未结合的物质。

(3)显色。滴加底物溶液后，底物在酶作用下水解呈色；或者底物不呈色，但在底物水解过程中由另外的供氢体提供氢离子，使供氢体由无色的还原型变为有色的氧化型，呈现颜色反应。因而可通过底物的颜色反应来判定有无相应的免疫反应发生。颜色反应的深浅与标本中相应抗原(抗体)的量成正比。此种有色产物可用肉眼或在光学显微镜或电子显微镜下看到，或用分光光度计加以测定。这样，就将酶化学反应的敏感性和抗原抗体反应的特异性结合起来，用以在细胞或亚细胞水平上示踪抗原或抗体的所在部位，或在微克、纳克水平上测定它们的量。

2. 用于标记的酶

用于标记的酶主要有辣根过氧化物酶(HRP)、碱性磷酸酶、葡萄糖氧化酶等，其中以辣根过氧化物酶应用最广泛，其次是碱性磷酸酶。辣根过氧化物酶广泛分布于植物界，辣根中含量最高。HRP是由无色的酶蛋白和深棕色的铁卟啉构成的一种糖蛋白，分子量为40 000 Da。HRP的作用底物是过氧化氢，常用的供氢体有邻苯二胺(OPD)和3,3′-二氨基联苯胺(DAB)，两者作为显色剂。因为它们能在HRP催化H_2O_2生成H_2O过程中提供氢，而自己生成有色产物。OPD氧化后形成可溶性产物，呈橙色，最大吸收波长为492 nm，可用肉眼判定。OPD不稳定，须现用现配，常作为酶联免疫吸附试验中的显色剂。OPD有致癌性，操作时应注意。DAB反应后形成不溶性的棕色物质，可用光学显微镜和肉眼观察，适用于各种免疫酶组织化学染色法。HRP可用戊二醛交联法或过碘酸盐氧化法将其标记于抗体分子上制成酶标抗体。生产中常用的酶标抗体技术有免疫酶组织化学染色技术和酶联免疫吸附试验两种。

3. 免疫酶组织化学染色技术

免疫酶组织化学染色技术又称免疫酶染色法，是将酶标记的抗体应用于组织化学染色，以检测组织、细胞及固相载体上抗原或抗体的存在及其分布位置的技术。临床中可用于细胞或亚细胞水平上示踪抗原或抗体位置。

4. 酶联免疫吸附试验

酶联免疫吸附试验(ELISA)是应用最广、发展最快的一项新型检测技术。其基本过程是将抗原(或抗体)吸附于固相载体，在载体上进行免疫酶反应，底物显色后用肉眼、分光光度计及酶标仪判定结果。

5. 斑点-酶联免疫吸附试验

斑点-酶联免疫吸附试验(Dot-ELISA)是近几年创建的一项免疫酶新技术，不仅保留了常规ELISA的优点，而且还弥补了抗原或抗体对载体包被不牢等缺点，以其独特的优势，广泛用于猪瘟、猪伪狂犬病、猪细小病毒病、牛副结核、马传染性贫血等多种传染病的抗原和抗体的检测以及杂交瘤细胞的筛选。其原理是以纤维素薄膜为固相载体，在膜上进行免疫酶反应。先将抗原或抗体吸附在纤维素膜的表面，通过相应的抗体或抗原和酶标记物的一系列反应，形成酶标记抗原抗体复合物，加入底物后，结合物上的酶催化底物使其水解、氧化成另一种带色物质，沉着于抗原抗体复合物吸附部位，呈现出肉眼可见的颜色斑点，试验结果可通过颜色斑点的出现与否和色泽深浅进行判定。

6. 酶标抗体技术的应用

此技术具有敏感、特异、简便、快速、易于标准化和商品化等优点，是当前应用最广、发展最快的一项新技术。目前，已广泛应用于多种细菌病和病毒病的诊断和检测，且多数是利用商品化的试剂盒进行操作，如猪传染性胃肠炎、牛副结核病、牛结核病、鸡新城疫、牛传染性鼻气管炎、猪伪狂犬病、蓝舌病、猪繁殖与呼吸障碍综合征、猪瘟、口蹄疫等传染病的诊断和抗体监测常用此技术。

任务总结

表 8-6 常见的几种血清学试验任务总结

类别	内容	要点
任务实施	凝集试验	简述凝集试验的原理。
	沉淀试验	简述沉淀试验的原理。
	补体结合试验	简述补体结合试验的原理。
	中和试验	简述中和试验的原理。
	免疫标记技术	简述免疫标记技术的原理。

任务测试

1. 扫描二维码，完成任务测试题。
2. 根据测试结果，指导教师对每位同学做出评价。

二维码 8-5 常见的几种血清学试验测试题

任务三　生物制品及其应用

学习目标

知识目标

(1)了解生物制品的概念。

(2)知道常用生物制品的作用原理。

(3)掌握常用生物制品应用的方法。

能力目标

(1)能够自己组织语言,向同学们介绍生物制品的概念。

(2)能够组织语言介绍常用生物制品的作用原理。

(3)查阅资料,分小组研讨,绘制常用生物制品的思维导图。

素质目标

(1)培养语言表达、沟通交流的综合素质。

(2)培养分析思考、自主学习的能力和精益求精的工匠精神。

任务分析

表 8-7　生物制品及其应用任务单

<table>
<tr><td>任务名称</td><td colspan="3">生物制品及其应用</td></tr>
<tr><td>任务描述</td><td colspan="3">能够说出生物制品的种类及应用;了解生物制品的制造过程及临床应用。</td></tr>
<tr><td>完成条件</td><td colspan="3">智能手机,多媒体教学设备。</td></tr>
<tr><td rowspan="2">任务资讯</td><td>资讯问题</td><td colspan="2">参考资料</td></tr>
<tr><td>1. 什么是生物制品?
2. 生物制品的种类有哪些?
3. 生物制品的制造方法有哪些?
4. 生物制品的应用有哪些?</td><td colspan="2">1. 许信刚,邢福珊. 兽医微生物学实验实习指导[M]. 2 版. 杨凌:西北农林科技大学出版社,2020.
2. 刘宝全. 兽医生物制品学[M]. 北京:中国农业出版社,1995.
3. 刘志恒. 现代微生物学[M]. 北京:科学出版社,2002.</td></tr>
<tr><td rowspan="3">考核标准</td><td>知识考核</td><td>能力考核</td><td>素质考核</td></tr>
<tr><td>1. 查阅相关资料,完成资讯问题。
2. 准确回答任务测试题。
3. 规范书写任务总结。</td><td>1. 能准确说出生物制品的概念。
2. 能准确说出几种生物制品的名称。
3. 能准确说出生物制品的应用。</td><td>1. 善于观察思考。
2. 做事精益求精。
3. 善于总结归纳。
4. 胸怀祖国,服务人民的爱国主义精神。</td></tr>
<tr><td colspan="3">注:在实际考核过程中,教师可根据具体的考核标准确定优秀、良好、及格和不及格。
90～100 分为优秀;80～89 分为良好;60～79 分为及格;60 分以下为不及格。</td></tr>
</table>

任务实施

一、生物制品的概念

生物制品是利用微生物、寄生虫及其组分或代谢产物以及动物或人的血液、组织等材料为原料，通过生物学、生物化学及生物工程学的方法加工制成的，用于传染病或其他相关疾病的预防、诊断和治疗的生物制剂。狭义的生物制品包括疫苗、免疫血清和诊断液，而广义的生物制品还包括各种微生态制剂、血液制品、肿瘤免疫及自身免疫病等非传染疾病的免疫诊断、治疗及预防制剂，以及提高动物机体非特异免疫力的免疫增强剂等。兽用生物制品是指应用于动物的生物制品，是根据动物免疫学原理，结合现代生物技术手段，利用微生物、寄生虫及其代谢产物或免疫应答产物制备的一类生物制品，用于动物传染病、寄生虫病及其他相关疾病的预防、诊断和治疗。

二、生物制品的种类及应用

兽医临床常用的生物制品主要有疫苗、免疫血清、诊断液、类毒素、微生态制剂、免疫增强剂、血液制品等。

二维码 8-6 疫苗(一)

二维码 8-7 疫苗(二)

(一)疫苗

疫苗是由病原微生物、寄生虫及其组分或代谢产物所制成的用于人工主动免疫的生物制品。动物通过接种疫苗，可刺激机体产生针对某病原微生物的特异免疫应答，从而抵抗特定病原微生物或寄生虫的感染，达到预防疾病发生的目的。现代疫苗除用于预防动物传染病、寄生虫病外，还可以预防非传染性疾病，如自身免疫性疾病、肿瘤等；并出现了一些生理调控性疫苗，如促进生长疫苗及控制生殖疫苗等。

疫苗不同于一般药物。一般药物主要用于患病动物，治疗已经发生的疾病或者减轻发病症状，而疫苗主要用于健康动物，通过调动机体的主动免疫，预防健康动物发生疾病；一般药物多来源于天然动植物或化学合成，而疫苗多为生物制品。

1.疫苗的种类

(1)根据抗原性质和制备方法不同，疫苗可分为灭活疫苗、活疫苗、代谢产物疫苗、亚单位疫苗、生物技术疫苗和寄生虫疫苗。

①灭活疫苗。即通常所说的死疫苗或死苗，包括普通灭活苗即选择抗原强的菌株或毒株，大量培养后，用理化方法灭活制成，通常要加入免疫佐剂以提高其免疫力，兽医临床使用的灭活疫苗大部分都是普通灭活疫苗；自家灭活苗即从患病动物自身病灶中分离出来的病原体，经培养、灭活后制成的疫苗再用于动物本身的疫苗，适用于治疗慢性、反复发作、用抗生素治疗无效的细菌或病毒感染，如葡萄球菌感染症；组织灭活苗即利用病、死动物的含病原微生物的脏器制成乳剂，灭活脱毒制成的疫苗，该苗制法简单，成本低，在没有特效疫苗的情况下，作为一

种应急措施，在疫病流行区控制疫病的发展可起到很好的作用。

灭活疫苗的优点是研究周期短，出现新疫情时可迅速研制相应疫苗进行免疫；疫苗所含病原微生物已经灭活，不能在动物体内繁殖，安全，无全身性副作用，不会出现毒力增强或返祖现象；多制成油乳剂，受外界环境影响小，便于保存和运输；易制成多价苗和多联苗。其缺点是抗原不能在体内繁殖，接种剂量大，免疫保护期短，生产成本高，需要加入佐剂以增强免疫效果，常需要多次免疫，免疫方法只能注射等。

②活疫苗。简称活苗，包括强毒苗、弱毒苗。强毒苗是应用最早的疫苗，如我国古代民间预防天花所使用的天花患者痂皮末中就含有强毒。使用强毒苗进行免疫具有风险非常大，免疫接种强毒苗本质上就是散毒的过程，因此在现代生产过程中基本不用。弱毒苗是目前应用比较广泛的活疫苗，它是利用人工诱变获得的弱毒株、筛选的天然弱毒株或失去毒力的无毒株制成的疫苗，所含抗原虽然具有生命力，其毒力已经下降甚至消失，但仍保持良好的免疫原性。弱毒苗又分为同源弱毒疫苗和异源疫苗。同源弱毒疫苗是应用较广的弱毒疫苗，如鸡新城疫Ⅱ系弱毒苗防疫鸡新城疫。异源疫苗只占弱毒苗的一小部分，是用具有共同保护性抗原的不同种病毒制成的疫苗，如火鸡疱疹病毒疫苗用于预防鸡的马立克病；鸽痘病毒疫苗预防鸡痘等。

活疫苗的优点是能在动物体内进行一定的繁殖，免疫剂量小，可以刺激机体产生一定的全身免疫反应和局部免疫反应；免疫力持久，保护期长，有利于清除局部野毒；生产成本低，产量高，不需要加入佐剂；可应用多种免疫途径，免疫成本低等。其缺点是具有一定散毒的风险，疫苗毒株在自然环境或动物体内持续繁殖有毒力增强或返祖的可能；存在不同抗原互相干扰现象，难以制成联苗；多制成冻干苗，保存和运输条件要求较高等。

③代谢产物疫苗。又称为类毒素疫苗，是利用细菌的代谢产物如毒素、酶等成分制成的疫苗。如利用破伤风毒素、白喉毒素、肉毒梭菌毒素经甲醛（质量分数为 0.3%～0.4%）灭活后制成的类毒素疫苗具有良好的免疫原性，可作为主动免疫制剂预防破伤风、白喉和肉毒梭菌感染。另外致病性大肠埃希菌肠毒素、多杀性巴氏杆菌攻击素、链球菌的扩散因子等都可以制成代谢产物疫苗。

④亚单位疫苗。亚单位疫苗是利用微生物的一种或几种亚细胞结构制成的疫苗。致病性微生物经过理化方法处理后，去除毒性物质及致病成分，提取有效抗原物质或有效免疫成分，通过化学合成或生物合成，制成亚单位疫苗，这种疫苗只含抗原成分，因此无不良反应，使用安全，效果较好，但研制过程较长，生产工艺复杂，成本较高。如猪口蹄疫亚单位疫苗、流感病毒血凝素疫苗等。

⑤生物技术疫苗。生物技术疫苗是利用生物技术制备的分子水平的疫苗，包括基因工程亚单位疫苗、合成肽疫苗、抗独特型抗体疫苗、基因工程活疫苗等。

a)基因工程亚单位疫苗是利用 DNA 重组技术，将编码病原微生物抗原的基因导入受体菌或细胞中进行原核或真核表达，提取表达产物制成的疫苗。如大肠埃希菌菌毛基因工程疫苗等。b)合成肽疫苗是利用化学合成方法人工合成病原微生物的保护性抗原多肽，并将多肽连接到大分子载体上制成的疫苗。一个大分子载体可以连接多种多肽，因此本种疫苗容易制成多价苗或联苗。c)抗独特型抗体疫苗是利用第一抗体中的独特抗原决定簇制备的具有抗原内影像结构的第二抗体制成的疫苗。该抗体具有模拟抗原的特性，可以诱导机体产生体液免疫和细胞免疫，适用于目前尚不能培养或难以培养的病毒及直接用病原体制备存在潜在风险的疾病防控。d)基因工程活疫苗包括基因缺失苗、重组活载体疫苗及非复制性疫苗三类。基因缺失苗是利用基因工程技术将毒株毒力相关基因切除而构建的疫苗。该苗安全性好,免疫保护力强,适用于局部接种,可诱导黏膜免疫,是比较理想的疫苗,如猪伪狂犬病基因缺失苗。重组活载体疫苗是利用基因工程技术将保护性抗原基因转移到载体上,载体进入体内后表达保护性抗原制成的疫苗。如以腺病毒为载体的乙肝疫苗。非复制性疫苗与重组活载体疫苗相似,载体病毒接种后只产生顿挫感染,不能完成复制过程,同时又能表达目的抗原,产生有效的免疫保护。

⑥寄生虫疫苗。寄生虫多有复杂的抗原结构和生活史,抗原成分复杂而多变,因此目前为止理想的寄生虫疫苗不多。目前,国际上推出并收到良好免疫效果的有胎生网尾线虫疫苗、丝状网尾线虫疫苗、球虫活疫苗和犬钩虫疫苗,另外一些国家还相继研制出了旋毛虫虫体组织佐剂苗、猪全囊虫匀浆苗及弓形虫佐剂苗等寄生虫疫苗。

(2)根据疫苗中抗原种类和数量可以将疫苗分为单(价)疫苗、多(价)疫苗和多联(混合)疫苗。

①单(价)疫苗。单(价)疫苗是指利用同一种微生物菌(毒)株或同一种微生物中的单一血清型菌(毒)株培养物制备的疫苗。单(价)疫苗能对单一血清型微生物引起的疾病具有免疫保护力,但是仅对多血清型微生物所引起疾病中的对应血清型有免疫保护作用,而不能使免疫动物获得完全的保护力,如猪肺疫氢氧化铝灭活疫苗由6:B血清型的多杀性巴氏杆菌强毒株灭活制成,对A型多杀性巴氏杆菌引起的猪肺疫不具备免疫保护作用。

②多(价)疫苗。多(价)疫苗是利用同一种微生物中多种血清型菌(毒)株制备的疫苗。可以使免疫动物获得完全的免疫保护,如A型、O型口蹄疫鼠化弱毒疫苗等。

③多联(混合)疫苗。多联(混合)疫苗是利用不同种微生物按照免疫学原理组合后制备的疫苗。根据制备疫苗时组合的微生物多少分别成为二联苗、三联苗、四联苗、五联苗、六联苗等,如猪瘟-丹毒-肺疫三联活疫苗、犬瘟热-细小病毒二联活疫苗等。混合疫苗接种动物后可以对相应疾病产生保护作用,减少了接种次数,具有一针防多病的优点。

2.疫苗制造的基本程序

疫苗是一种特殊的生物制品,其生产必须合法、安全、有效,同时又要防止病原微生物的传播和扩散,故生产的各个环节都必须严格按规程进行。

(1)疫苗的菌种和毒种。菌种和毒种是疫苗质量的关键因素之一,而且也是国家重要的生物资源,因此必须按要求进行严格的选择。

①来源清楚、资料完整。我国《兽药生产质量管理规范》规定,疫苗等生物制品生产所用的菌(毒)种,必须由中国兽医药品监察所或其委托单位提供,生产厂家及任何其他单位未经批准不得分发和转发生产用的菌、毒种。各地菌、毒种由中国兽医药品监察所统一鉴定,统一保管或委托有关单位保管,任何来历不明或传代历史不清的菌(毒)种,不能用于疫苗生产。

②生物学特性典型。生物学特性包括菌(毒)的形态特征、培养特性、致病性、生物化学、免疫学特征等均应符合标准,特别强调疫苗菌(毒)种的抗原和安全。此外,制造灭活苗的菌、毒株,应该是标准强毒或某些弱毒,免疫原必须优良,经过严格的审查和鉴定,一切性状必须典型;制造弱毒活疫苗的菌、毒株必须选择符合该弱毒固有特征的菌(毒)种,毒力稳定,形态特征典型,不易变异,特别注意其与强毒株生物学特性的区别要点。

③血清型相符。为了保证良好的免疫效果,在选择制造疫苗的菌(毒)种时,需特别注意其血清型应与当地流行的型别相符。

④遗传性状稳定。菌毒种遗传性状稳定是保证生物制品质量的重要因素之一，为了保证种的纯一和相对稳定，生产用的菌（毒）种要定期传代、筛选、检定。

（2）灭活及灭活剂。

①灭活：是指破坏微生物的生物学活性、繁殖能力及致病性，但尽量保持其免疫原性的方法，用以制备灭活苗。灭活的方法包括物理方法和化学方法。物理方法如加热、射线照射等，化学方法是用化学灭活剂进行的，其中化学灭活法是目前常用的灭活方法。

②灭活剂：用来灭活的化学药品称为灭活剂。常用的灭活剂包括甲醛、苯酚、结晶紫及烷化剂等。甲醛是目前应用最广的灭活剂，其灭活原理是甲醛使微生物的蛋白质、核酸变性，导致微生物死亡，但不明显影响其免疫原性。甲醛用来灭活的浓度随微生物种类而异，一般需氧菌用的质量分数为 0.1%～0.2%，厌氧菌用的质量分数为 0.4%～0.5%，病毒可用质量分数为 0.05%～0.4%，处理条件为 37～39 ℃ 24 h 以上；破伤风类毒素用质量分数为 0.4%的甲醛溶液，在 37～38 ℃下灭活 21～23 d。结晶紫是一种碱性染料，通过结合微生物蛋白质，干扰其代谢活动而起到灭活作用，如猪瘟结晶紫灭活苗。烷化剂可破坏微生物的核酸，而不影响微生物的蛋白质成分，是病毒灭活的良好灭活剂。常用的有二乙烯亚胺、N-乙酰乙烯亚胺等，对口蹄疫灭活苗的制备结果表明，二乙烯亚胺和 N-乙酰乙烯亚胺性能良好，已成功用于疫苗的生产，尤其是二乙烯亚胺的保存、运输成本等方面更为优越，被广泛采用。常用的灭活浓度二乙烯亚胺质量分数为 0.02%，N-乙酰二乙烯亚胺质量分数为 0.05%。灭活剂的灭活效果与灭活剂本身的性质特点、灭活剂的浓度、微生物的种类、灭活的温度和时间、酸碱度等因素有关。无论何种灭活剂，用于何种微生物，灭活剂的浓度和处理时间均需通过实验的结果来确定，通常以用量小、处理时间短而有效为原则。

（3）佐剂。

①佐剂的概念。佐剂是指单独使用时一般没有免疫原性，与抗原物质合并使用时，能增强抗原物质的免疫原性，增强机体的免疫应答，或者改变机体免疫应答类型的物质。灭活疫苗、类毒素、微生物亚单位疫苗、基因工程活疫苗及合成肽疫苗等免疫原性较差，必须加入佐剂，以增强其免疫原性。常用的灭活疫苗均含有油乳佐剂或氢氧化铝胶佐剂。选择佐剂的同时应考虑其免疫增强作用和安全性。作为生物制品的佐剂应符合以下条件：一是无致癌和辅助致癌作用；二是无毒；三是吸附力强、易于吸收；四是不含与机体有交叉免疫反应的物质，本身不引起机体的超敏反应，也不会与机体自身物质结合引起不良反应导致损伤；五是能够保存 1～2 年不变质、不明显降低效力、不出现不良反应；此外作为佐剂的物质应为化学纯。

②佐剂的分类。根据佐剂在体内存留时间分为贮存型佐剂和非贮存型佐剂。贮存型佐剂如氢氧化铝胶、弗氏佐剂、白油佐剂等，常与抗原混合成悬浊状态，尽可能延长在注射部位的贮留时间，从而持续不断地刺激机体免疫系统，以产生较强的免疫应答；非贮存型佐剂，如卡介苗等生物佐剂、蜂胶和左旋咪唑等非生物型佐剂，使用时既可与抗原混合，也可在相互隔开的部位分别进行注射均可出现免疫增强的作用。

常用佐剂有氢氧化铝胶、白油佐剂和蜂胶等。氢氧化铝胶无毒并具有良好吸附性能，是生物制品中常用的佐剂。使用氢氧化铝胶稀释疫苗注射后产生的免疫效果明显提高，但氢氧化铝胶佐剂也有使注射部位产生肉芽肿、无菌脓肿及可能影响机体的神经系统等副作用，且还有冷冻易变质，主要诱导体液免疫等缺点。白油佐剂是疫苗中使用的主要佐剂，该佐剂是以矿物油作油相，司盘-80 及吐温-20 作为乳化剂。将白油与司盘-80 按 94∶6比例混合，再加总量质量分数为2%的硬脂酸铝溶化混匀后，116 ℃高压灭菌30 min即为油相；将抗原液和吐温-20以96∶4的比例混合作为水相，两相之比为1∶1，充分乳化后即为油乳佐剂灭活苗。蜂胶是疫苗中经常使用的另一种佐剂。蜂胶是蜜蜂的分泌物和蜜蜂采集的天然有机物、无机物以及蜂蜡、花粉等混合形成的，是一种天然的免疫增强剂，既能增强机体特异性免疫应答，也能调动非特异性防御机制。

3. 疫苗的制备方法

(1)细菌灭活苗的制备。

①菌种和种子培养。菌种应由中国兽医药品监察所提供，选用1～3个品系，毒力强，免疫原性优良的菌株，按规定定期复壮，并进行形态、培养特性、菌型、抗原等的鉴定，合格后作为疫苗生产用菌种。符合标准的菌种用规定的培养基增殖培养，并进行纯粹检验、活菌计数，达标后为种子，于2～8 ℃保存备用。

②菌液培养。菌苗生产需要大量的细菌抗原，可选择的细菌培养的方法有固体表面培养法、液体静置培养法、液体深层通气培养法、透析培养法及连续培养法等。其中固体培养法多为手工式，主要用于诊断液的生产；而在疫苗生产中菌液的大量培养，主要选择液体培养法，其中机械自动化的方法更适于大量生产。

③灭活。根据细菌的特性加入最有效的灭活剂，在适当的条件进行灭活。如制造猪丹毒氢氧化铝菌苗时，在菌液中加入质量分数为0.2%～0.5%的甲醛，37 ℃灭活18～24 h；破伤风类毒素于除菌毒素液中加入质量分数为0.4%的甲醛，37～38 ℃脱毒21～23 d。

④浓缩。菌苗中细菌抗原浓度的提高可在培养过程中注意，也可通过浓缩的方法。常用的浓缩方法有离心沉淀法、氢氧化铝吸附沉淀法和羧甲基纤维沉淀法，可使菌液浓缩1倍以上。

⑤配苗。即按比例加入佐剂并充分混匀。根据佐剂的类型，可在灭活的同时或灭活之后加入适当比例的佐剂，充分混匀。如猪肺疫氢氧化铝菌苗可在加入甲醛灭活的同时，加入氢氧化铝胶配苗；油佐剂苗常用的配苗程序是于灭菌的油乳剂中，边搅拌边加入适当比例的灭活菌液。充分混匀的菌液应及时分装、加塞、贴标签或印字。

(2)细菌活苗的制造程序。在细菌弱毒活苗的制备中，菌种来源、种子液培养、菌液培养、浓缩等环节类似于灭活苗的制备程序，经上述培养检验合格的菌液，按规定比例加入保护剂配苗，充分混匀后随即准确分装、冻干、加塞、抽真空、封口，于冷库保存，并送质检部门抽样检验。

(3)病毒动物组织苗的制备。病毒在易感动物体内各器官组织繁殖、分布量有很大差异。选择含毒量高的动物组织，经加工后制成的疫苗，称为组织苗。其中包括组织灭活疫苗和组织弱毒疫苗两类，这里只介绍组织灭活苗的制备。

①毒种、动物及接种。用抗原性优良、致死力强的自然毒株的组织毒或病毒增殖培养物，也可用弱毒株组织毒种，经纯粹检验和免疫原性检测后进行接种。接种的动物应选择清洁级以上等级的易感实验动物即无规定的人兽共患病病原体的动物，根据情况选用不同的接种途径，如脑内、静脉、肌肉、皮下或腹腔注射等途径进行接种。接种后，每天观察和检查规定的各项指标，如精神、食欲和体温等。

②收获与制苗。根据观察的征象和检查的结果选用符合要求的发病动物，收获含毒量高的组织器官，经无菌检验及毒价测定之后，按规定加入平衡液和灭活剂制成匀浆，再根据病毒种类，在适当条件下进行灭活或脱毒。如兔病毒出血症组织苗选用发病兔的肝脏，匀浆后加入甲醛灭活，经检验合格后制成组织灭活苗。

(4)病毒禽胚培养疫苗的制造程序。禽胚作为疫苗生产的原材料，其来源方便、质量较易控制，制造程序简单，设备要求较低，生产的疫苗质量可靠。

①种毒与鸡胚。种毒应由国家菌、(毒)种保存部门供应，多为冻干的弱毒。按要求继代、复壮，通常继代3代以上，经无菌检验、毒价测定等检验，符合标准后，作为生产用毒种。生产用的鸡胚应来自SPF鸡群或未用抗生素的非免疫鸡群的受精卵，按常规无菌孵化至所需日龄用于接种。一般5～8日龄适用于卵黄囊接种，9～11日龄适用于尿囊腔接种，11～13日龄适用于绒毛尿囊膜接种。

②接毒与收获。根据病毒的种类和疫苗的生产程序选择最佳的接种途径和最佳接种剂量。鸡胚接种的途径有尿囊腔接种、绒毛尿囊膜接种、卵黄囊接种和羊膜腔接种等，如新城疫Ⅰ系弱毒疫苗采用尿囊腔接种，接种剂量为100倍稀释的标准毒种0.1 mL。

③配苗。按规定收取胚液、胎儿和绒毛尿囊膜，经无菌检验合格后即可配苗。配苗可以配成湿活苗、冻干苗或灭活苗。湿活苗通常于鸡胚液内加入按每毫升含500～1 000 IU的青霉素、链霉素，置0～10 ℃冷暗处处理后分装。冻干活苗经无菌检验合格的胚液或乳剂，按比例加入保护剂，充分混合后，于病毒液中加入按每毫升含500～1 000 IU的青霉素、链霉素，混匀后分装冻干。灭活苗收获的毒液经无菌检验合格后，加入适当浓度的灭活剂，在适当条件下灭活，然后加入佐剂，充分混匀后分装。

(5)病毒细胞培养苗的制造。

①种毒和细胞。用于制造疫苗的种毒由国家指定的菌、(毒)种保存部门鉴定分发，毒力、最小免疫量、安全、无菌检验均合格。因多为冻干品，应按规定在细胞中继代培养后用作毒种。制苗用的细胞大体可分为原代细胞和传代细胞两类。根据病毒的种类、疫苗性质、工艺流程等选择不同的细胞。按要求将细胞培养成细胞单层，备用。

②接毒与收获。病毒接种可与细胞分装同步(分装同时或分装不久后接种病毒)或异步(细胞形成单层后接种病毒)。待出现70%～80%及以上细胞病变时即可收获，选用反复冻融或加EDTA-胰酶液消化分散细胞等方法收取。细胞毒液经无菌检验、毒价测定合格后供配苗用。

③配苗灭活疫苗于细胞毒液内按规定加入适当的灭活剂，然后加入阻断剂终止灭活。有的疫苗必须加入佐剂，充分混合、分装。冻干苗于细胞毒液中按比例加入保护剂或稳定剂，充分混匀、分装，进行冻干。

4. 疫苗的免疫途径

疫苗的免疫途径有滴鼻、点眼、刺种、注射、饮水和气雾等，实际应用中应根据疫苗的类型、疫病的特点及免疫程序来选择每次免疫的接种途径，如灭活疫苗、类毒素和亚单位疫苗都不能经消化道接种，一般用肌内注射或皮下注射，注射时应选择活动量小的易于注射的部位，如家畜颈部皮下、家禽胸部肌肉等。下面介绍几种常用的疫苗免疫途径。

(1)滴鼻与点眼免疫。滴鼻、点眼的免疫途径仅适用于接种弱毒疫苗，免疫效果较好，可直接刺激眼底及结膜下弥散的淋巴组织，还可刺激鼻、咽、口腔黏膜和扁桃体等免疫器官，产生局部免疫。该法免疫对机体产生的免疫保护力强、免疫期长，但操作较麻烦。

(2)饮水免疫。饮水免疫是比较方便的免疫方法，适合于大群动物，但只有当疫苗接触到机体的鼻咽部黏膜组织时才引起免疫应答，疫苗进入腺胃后很快失去免疫原性，所以饮水免疫引起的免疫效果较差。

(3)刺种免疫。刺种免疫是通过一定的器械蘸取疫苗刺入动物机体,从而引起机体的免疫应答的一种免疫方法。此种免疫方法效果确实,但操作较麻烦。

(4)注射免疫。注射免疫是通过使用注射器将疫苗注入动物皮下或肌肉等组织内的一种免疫方法。本法是常用的免疫方法,适用于灭活疫苗及某些弱毒疫苗,本法免疫效果确实,但操作比较麻烦。

(5)喷雾免疫。喷雾免疫是使用喷雾器等器具将疫苗雾化后通过动物呼吸道进入机体引起免疫反应的一种免疫方法。适用于群体使用,喷雾免疫的雾粒大小为 10～100 μm,气溶胶为 1～50 μm,此法免疫效果较好,不但可以诱导机体产生循环抗体,而且也可以产生局部免疫力,但会造成一定程度的应激反应,容易诱发呼吸道疾病。

5.疫苗使用注意事项

(1)疫苗的质量。疫苗应选择正规生物制品厂家产品,购买及使用前检查是否过期,外观包装是否有破损、封口不严及物理性状(如色泽、外观、透明度、有无异物)与说明不符者,含铝胶的灭活苗冻结后免疫力降低。

(2)疫苗的运输和保存。疫苗运输过程和保存过程要按照规定的条件进行,否则会引起疫苗质量的下降甚至造成免疫失败。疫苗运输中要防止高温、曝晒和冻融,活疫苗运输可用带冰块的保温瓶或保温箱运送,运送过程中要避免高温和阳光直射,北方地区要防止气温过低而造成的冻结及温度高低不定引起的冻融。疫苗需低温保存。灭活苗保存于 2～15 ℃的阴暗环境中;冻干活疫苗多要求在－15 ℃阴暗环境中保存,温度越低,保存时间越长;而活湿苗,只能现制现用,在 0～8 ℃下仅可短期保存;冻结苗应在－70 ℃以下的低温条件下保存。

(3)制订合理的免疫程序。目前,还没有适用于所有地区及各养殖场的固定免疫程序,应根据当地实际情况和各养殖场(区)的具体情况制订合理的免疫程序,制订免疫程序时需要充分考虑本地区疫病流行情况、动物种类和用途、动物的年龄、母源抗体水平、饲养管理水平及疫苗的种类、性质、免疫途径等条件,保证每种疫苗在适当的时机,以适当的途径接种,才能起到良好的免疫效果。通过血清学试验进行抗体检测可以为确定免疫程序提供参考依据。

(4)疫苗型别与疫病型别一致。某些传染病的病原具有多种血清型,并且各种血清型之间无交互免疫性,所以对这些传染病的预防需要选择与当地流行相应疫病型别相同的疫苗或多价苗,如口蹄疫、禽流感、鸡传染性支气管炎的免疫就应注意对型免疫或使用多价苗。

(5)动物体质。注意被免疫动物的体质、年龄及是否妊娠等,如果不是受到传染的威胁,一般抵抗力较差的动物可暂时不注苗,特别是可能存在风险的弱毒疫苗。在疫病流行区应逐头测温和观察症状,正常无病的动物可立即注射疫苗,已有症状的动物应迅速隔离后注射抗血清,不能注射疫苗,否则会激发传染病的发生,但无抗血清又有全群覆没的危险时也可以进行全群注射,俗称"顶风上苗"。

(6)选择合理的免疫途径。疫苗常用的接种途径有皮下注射、肌内注射、饮水、点眼、滴鼻、气雾、刺种等,不同的疫苗应根据需要选择适当的途径。选择免疫途径时要考虑病原体侵入机体的门户和定殖部位、疫苗的种类和特点。自然感染途径不仅可调动全身的体液免疫和细胞免疫,而且可诱发局部黏膜免疫,尽早发挥免疫防御作用。但有些疫苗必须经特定途径免疫,才能引起良好的免疫作用,如禽痘疫苗用刺种接种、新城疫Ⅰ系疫苗用肌内注射等。一般皮下注射和肌内注射免疫确实,吸收快,但需逐只注射,工作量大,而且动物的应激反应比较大;饮水免疫时抗原在外界和体内损失比较多,故疫苗用量大,但在大型鸡场中,可大大减少工作量,对鸡群的应激也小。饮水免疫时应注意免疫前要适当停水，适当加大疫苗用量，只有活疫苗才适于饮水免疫；点眼滴鼻效果较好，疫苗抗原刺激眼部的哈德腺和呼吸道、消化道的黏膜免疫系统，呈现的局部免疫作用受血清抗体影响较小，而且能在感染初期起到免疫保护作用；气雾免疫是用气雾发生器使疫苗雾化，通过口、鼻、眼吸收疫苗，气雾免疫的效果与雾滴大小有关。气雾免疫可减少工作量和抓鸡的应激，但雾滴对呼吸道的应激作用常常诱发潜在的支原体病，其刺激作用与雾滴大小成反相关，故可通过预防用药和调节雾滴大小来减少支原体病的发生。

(7)免疫剂量、接种次数及免疫间隔。在一定剂量范围内，疫苗剂量与免疫效果成正相关。剂量过低对机体刺激强度不够，不能产生足够强烈的免疫反应；而剂量增加到一定程度之后，免疫效果不增加，反而引起免疫抑制，称为免疫麻痹。疫苗的剂量应按照规定使用，不得任意增减。疫苗使用时在初次应答之后，间隔一定时间重复免疫可刺激机体产生再次应答和回忆应答，可产生较高的抗体水平和较持久免疫。因此生产中使用疫苗常进行 2～3 次的连续接种，间隔时间视疫苗种类而定，细菌或病毒疫苗免疫产生快，间隔 7～10 d；类毒素引起免疫反应较慢，间隔 4～6 周。

(8)疫苗的稀释及使用。某些疫苗使用时需要稀释，必须选择符合要求的稀释剂来稀释疫苗，一般用于滴鼻、点眼、刺种、涂肛及注射接种的疫苗可用灭菌的生理盐水或灭菌的蒸馏水作用稀释剂；饮水免疫时稀释剂最好用蒸馏水或去离子水及深井水，但不能用含消毒剂的自来水；气雾免疫时稀释剂可用蒸馏水或去离子水，如果稀释水中含有盐类，雾滴喷出后，由于水分蒸发盐类浓度升高会使疫苗病毒死亡，可以在饮水或气雾的稀释剂中加入 0.1%的脱脂奶粉或山梨糖醇保护疫苗免疫原性。稀释疫苗时首先将疫苗瓶盖消毒，然后用注射器把少量的稀释剂注入疫苗瓶中充分摇振，使疫苗完全溶解后再加入其余量的稀释剂。如果疫苗瓶过小不能装入全部的稀释剂，应把疫苗吸出来注于另一无菌容器内，再用稀释剂把原疫苗瓶冲洗若干次，把全部疫苗病毒都洗下来。疫苗应于临用前才由冰箱中取出，稀释后应尽快使用，一般疫苗稀释后应在 2～4 h 用完，过期作废。使用疫苗要做好消毒灭菌工作，接种疫苗使用的注射器、针头等要清洗灭菌后方可使用。注射器和针头尽量做到每只动物换一个，绝不能一个针头连续注射；用清洁的针头吸疫苗。接种完毕，所有的用具及剩余疫苗应灭菌处理。

(9)药物的干扰。在使用毒苗或菌苗前后 10 d 内不宜使用抗生素及其他抗微生物药物，也不宜将病毒苗(含抗微生物药物)与弱毒活菌苗混合使用，以免引起抗菌药物的干扰导致免疫失败。

(10)防止不良反应的发生。使用疫苗时，应注意被免疫动物的年龄、体质和特殊的生理时期。幼龄动物应选用毒力弱的疫苗免疫，如新城疫的首次免疫用Ⅳ系而不用Ⅰ系，鸡传染支气管炎首次免疫用 H120 而不用 H52；对体质较弱或正患病的动物应暂缓接种；对妊娠动物或产蛋期的家禽应使用弱毒的活疫苗，可能导致胎儿的发育障碍和产蛋下降，故应暂缓免疫或在母畜配种前、家禽开产前做好各种疫病的免疫工作，确实必须在此阶段接种疫苗的可选用灭活疫苗进行接种。免疫后应注意观察动物状态和反应，有些疫苗使用后会出现短时间的轻微反应，如发热、局部淋巴结肿大等属正常反应，出现剧烈或长时间的不良反应应及时治疗。

(二)免疫血清

免疫血清是由动物反复多次免疫同一种抗原物质后，机体血清中含有大量的特异抗体，采取其血液分离得到的血清，又称高免血清或抗血清。使用免疫血清属于人工被动免疫，适用于相应疫病的治疗和紧急预防。免疫血清注入机体后可立即发挥抗病作用,但这种免疫力维持时间较短,一般为2～3周,故使用免疫血清进行传染病防治时应多次注射。因为免疫血清只能中和游离的病毒和外毒素,对已经结合于细胞的病毒和毒素不能发挥作用,故使用抗血清时也应注意早期足量。在临床上应用较多的免疫血清是抗病毒血清和抗毒素血清,如抗小鹅瘟血清、抗炭疽血清、抗猪瘟血清、破伤风抗毒素等。

1. 免疫血清的分类

根据制备免疫血清所用的抗原物质不同,免疫血清可分为抗菌血清、抗病毒血清和抗毒素血清;根据制备免疫血清所使用的动物不同,免疫血清可分为同种血清和异种血清,用同种动物制备的血清称为同种血清,用不同种动物制备的血清称为异种血清。抗菌血清和抗毒素血清通常用大动物制备,如用马制备的破伤风抗毒素血清,用牛制备的抗猪丹毒血清均为异种血清;抗病毒血清常用同种动物制备,如用猪制备猪瘟血清,用鸡制备抗新城疫血清等。同种血清虽然产量有限但注射后不引起机体应答反应,比异种血清免疫期长。家禽还常用卵黄抗体制剂来进行人工被动免疫,如鸡群暴发传染性法氏囊病时用卵黄抗体进行接种,可起到良好的防制效果。

2. 免疫血清的制备

(1)动物的选择和管理。用于制备免疫血清的动物必须健康,来自非疫区,使用前应经必要的检疫,最好为自繁自养动物或购SPF动物及其他级别的动物。以体形较大、性情温顺、体质强健的青壮年动物为宜。由于动物存在个体免疫应答的差异,所以选定的动物要有一定的数量,不能只用一只。作为免疫用的动物应由专人负责管理和喂养,饲料要营养丰富多汁,动物要适当运动,并保持清洁,随时观察动物状态,如有异常,及时治疗处理。

(2)免疫原。免疫原的免疫原性与制备血清的质量和数量密切相关。要根据病原微生物的培养特性,采用不同的方法制备。制备抗菌血清时,基础免疫多为疫苗,高度免疫时一般选择毒力较强的菌株。有时要用多品系、多血清型菌株。用最适宜的培养基按常规方法进行培养,在生长菌数高峰期(多为16～18 h的培养物)收获新鲜菌液,经纯菌检验合格后即可作为免疫原。抗病毒血清制备时,基础免疫用弱毒疫苗,高度免疫可用血毒或脏器毒乳剂等强毒疫苗。抗毒素血清的免疫原可用类毒素、毒素或全培养物,但一般用类毒素作为免疫原。

(3)免疫程序。免疫程序分为基础免疫和高度免疫两个阶段。基础免疫用疫苗按预防剂量做第一次免疫,7 d至2～3周后,用较大剂量疫苗或特制灭活抗原再免疫1～2次,即完成基础免疫,基础免疫抗原无须过多或毒力过强。在基础免疫进行2周后进行高度免疫,采用强毒抗原,免疫剂量逐渐增加,间隔3～10 d,次数视血清抗体水平而定,1～10次不等,免疫途径一般采用皮下注射或肌内注射,应采用多部位注射,每一注射点的抗原量不宜过多,油佐剂抗原更应注意。

(4)血液的采集与血清的提取。按照免疫程序完成免疫的动物,经检验血清抗体效价达到合格标准时,即可采血;不合格者,继续免疫;多次免疫仍不合格者淘汰。一般血清抗体的效价高峰出现在最后一次免疫后的7～10 d。采血可用全放血或部分采血,采用全放血法时,放血前应禁食24 h;但应饮水,以防血脂过高;采血必须无菌操作。采血时一般不加抗凝剂,少量血清制取时,可将全血注入灭菌容器内,使之与空气有最大接触面,室温下自然凝固,然后于37 ℃静置2 h,之后置4 ℃冰箱,次日离心收集血清;如采集血量较大时,可将动物血直接收集到事先用灭菌生理盐水或 PBS 湿润的玻璃筒内，置室温自然凝固，2～4 h 后，当有血清析出时，每采血筒内加入灭菌不锈钢砣，经 24 h 后，用虹吸法将血清吸入灭菌瓶中，加入防腐剂。放置数日做无菌检验，合格后分装，保存于 2～15 ℃半成品库，经抽样检验合格后交成品库保存或出厂。

3. 卵黄抗体的制备(以鸡传染性法氏囊病为例)

选择健康的产蛋鸡群，以免疫原良好的油佐剂灭活苗对开产前或已开产的蛋鸡，每只肌内注射 2 mL，7～10 d 后重复注射一次；再过 7～10 d 进行第 3 次注射，油苗剂量适度递增。第 3 次免疫后，定期检测卵黄抗体水平，待琼脂扩散试验效价达到 1∶128 时开始收集高免蛋，4 ℃保存备用，效价降到 1∶64 时停止收蛋。

将高免蛋用质量分数为 0.5%的新洁尔灭浸泡或清洗消毒，再用酒精擦拭蛋壳，打开鸡蛋分离蛋黄。根据测得的卵黄抗体效价加入灭菌生理盐水进行适当稀释(稀释后的卵黄抗体效价应不低于 1∶16 至 1∶32)，加青霉素 1 000 IU/mL、链霉素 1000 μg/mL，加硫柳汞质量分数为 0.01%，充分搅拌后分装于灭菌瓶内，于 4 ℃贮存。每批均需进行效价测定、无菌检验及安全检验。

4. 免疫血清使用的注意事项

免疫血清应保存于 2～8 ℃遮光环境中，冻干制品应保存在－15 ℃遮光环境中，使用过程中应注意以下几点。

(1)尽早使用。抗毒素血清和抗病毒血清具有中和外毒素及中和病毒的作用，这些作用仅限于尚未与细胞结合的外毒素和病毒，对已经和组织细胞结合及进入细胞内部发挥致病作用的毒素和病毒无效，因此在应用免疫血清治疗时应尽早使用，而且越早用效果越好。

(2)疗程够剂量足。应用免疫血清治疗时虽然起效快，疗效高，但是抗体在机体内会逐渐衰减，免疫力维持时间较短，因此在使用时必须注意疗程应足够长，剂量要足，必要时可多次使用以达到理想的效果；剂量的选择应充分考虑动物的体重、年龄及使用目的等因素，一般大动物用量为 10～20 mL，中等动物 5～10 mL，家禽 2～3 mL。

(3)途径适当。使用免疫血清正确的途径是注射，绝对不能经口给药；注射时应尽量选择吸收快、不良反应小的注射方式；静脉注射吸收最快，但易引起过敏反应，应用时要注意预防，静脉注射时血清应预热至 30 ℃左右再进行注射；肌内注射或皮下注射也是常用的注射方式，虽然作用比静脉注射慢，但是不易引起过敏反应，需要注意的是皮下注射和肌内注射量较大时应尽量分点注射，以增加吸收速度和减少局部刺激。

(4)防止过敏反应。使用异种血清治疗时可能引起过敏反应，要注意预防，最好使用提纯品；给大动物注射异种血清时可采用脱敏疗法，如发生过敏性休克可使用肾上腺素、氨茶碱等抢救，一般过敏可使用苯海拉明、氯苯那敏、维生素 C 及钙制剂缓解和消除过敏症状。

(三)诊断液

诊断液又称诊断试剂，是指利用微生物、寄生虫及其代谢产物或者含有其特异抗体的血清制成的专供传染病、寄生虫病或其他疾病以及机体免疫状态诊断用的生物制品，包括诊断抗原和诊断抗体。

(1)诊断抗原包括血清学反应抗原和变态反应抗原。血清学反应抗原包括：凝集反应抗原，如鸡白痢全血平板凝集反应抗原、鸡支原体病全血平板凝集反应抗原、猪伪狂犬乳胶凝集抗原、布鲁氏菌试管凝集反应抗原、布鲁氏菌虎红平板凝集反应抗原等；沉淀反应抗原，如炭疽环状沉淀反应抗原、马传染贫血琼脂扩散试验抗原等；补体结合反应抗原，如鼻疽补体结合反应抗原、马传染贫血补体结合反应抗原等。应该注意的是在各种类型的血清学试验中，同种微生物的抗原会因试验类型不同而有所差异，所以在选择诊断抗原时，应根据所要进行的试验类型选择诊断抗原的种类。变态反应抗原是用于易感染疫病的机体，此种抗原可以刺激机体发生迟发型变态反应，从而判断机体的感染情况，如用于检测结核分枝杆菌感染的结核菌素，检测布鲁氏菌感染的布鲁氏菌水解素等。

(2)诊断抗体包括诊断血清和诊断用特殊抗体。诊断血清是用抗原免疫动物制成的，类似于高免血清，如鸡白痢阳性血清、马流产阳性血清、炭疽沉淀素血清、魏氏梭菌定型血清、大肠埃希菌和沙门菌的因子血清等。诊断用特殊抗体是为了便于诊断动物疫病生产的具有一定特殊性质的抗体，如单克隆抗体、荧光抗体、酶标抗体、同位素标记抗体等也是目前广泛使用的诊断抗体。

(四)微生态制剂

微生态制剂又称活菌制剂、益生素，是利用非病原微生物制成的活菌制剂，可通过口服调整动物机体肠道菌群，治疗动物正常菌群失调引起的下痢及用作饲料添加剂，常用的非病原微生物有乳酸杆菌、蜡样芽孢杆菌、双歧杆菌、地衣芽孢杆菌、粪肠球菌等。

任务总结

表 8-8　生物制品及其应用任务总结

类别	内容	要点
任务实施	生物制品的概念	生物制品是什么？
	生物制品的分类	兽医临床常用的生物制品主要包括哪些？
	生物制品的制造	简述灭活疫苗的制备。
	生物制品的应用	简述免疫血清的使用注意事项。

任务测试

1. 扫描二维码，完成任务测试题。
2. 根据测试结果，指导教师对每位同学做出评价。

二维码 8-8　生物制品及其应用测试题

思政淬炼

中国"C-株"猪瘟疫苗的研究与应用

1833 年猪瘟在美国俄亥俄州首次暴发，随后从美国传播到英国，接着传到南非，再传到日本。1945 年在石家庄分离出石门毒株。1954 年农业部批准了猪瘟灭活苗的制造规程，但由于灭活疫苗的免疫效力低，成本高，人们的研究目标转向弱毒活疫苗。

1950 年，中国农业科学院哈尔滨兽医研究所从国外引进仍有一定毒力的国外弱毒株为起始材料，在兔体传 350 多代后，终于培育出一株适用于家兔的猪瘟兔化弱毒株，国际上称为"C-株"。猪体实验表明该毒株不仅对猪安全，还保持了优良的免疫病原性，而且毒力返祖的可能性很小。用该毒株免疫猪 4 d 即可产生免疫保护力，一次接种产生的免疫保护期可达 1 年以上。该毒株于 1956 年用于生产弱毒疫苗，并在全国推广使用。1956 年我国将该毒株以先进科技成果先后无偿赠予苏联、匈牙利等国家。匈牙利应用证明，来自北京的兔化弱毒优于英美当时的商品弱毒苗，对种猪、乳猪无残余毒力。后来该种毒传到大部欧洲国家及一些拉美国家。1957 年，开始推广家兔脾淋组织兔化弱毒疫苗；1964 年研制成功乳兔组织疫苗、牛淋巴结及脾脏组织疫苗，1965 年在全国推广使用，提高了产量，降低了生产成本，后因易携带牛病毒性腹泻黏膜病病毒而停用；1974 年，猪肾原代细胞猪瘟疫苗研究获得成功，1975 年在全国推广使用，后因疫苗被猪瘟强毒污染而停用；1980 年与 1982 年分别研制出绵羊和山羊的肾原代细胞猪瘟疫苗，缺点是产量太少；1985 年研制成功犊牛睾丸原代细胞猪瘟疫苗，在全国推广使用至今，长达 39 年。

2005 年研制出猪睾丸传代细胞猪瘟疫苗，2008 年起农业部指定在全国 16 个省市推广使用；2020 年军事科学院与勃林格殷格翰共同开发的猪瘟活疫苗(C-株，PK/WRL 传代细胞源)研制成功。我国猪瘟"C-株"疫苗不仅为世界上一些国家消灭猪瘟做出了贡献，至今对我国猪瘟控制的基本策略也有效，但是随着猪瘟消灭进程的加快，应尽快加强新型疫苗的研发进程，赋予"C-株"新的含义。

项目九

实验实训

实验实训一　显微镜油镜的使用及细菌形态的观察

二维码 9-1　显微镜油镜的使用及细菌形态的观察

一、目的要求

(1)掌握显微镜油镜的使用及保养方法。

(2)认识细菌的形态、基本构造和特殊构造。

二、设备材料

显微镜、香柏油、二甲苯、擦镜纸、细菌染色标本。

三、实验实训内容

(一)显微镜油镜的使用

1. 油镜的识别

油镜是显微镜物镜的一种,因使用时必须浸于香柏油内,故称油镜。油镜与其他物镜有以下区别。

(1)油镜一般是所有物镜中最长的。

(2)油镜头上标有其放大倍数"100×"或"90×"。

(3)不同厂家生产的显微镜,常在不同镜头上标有不同颜色的线圈以示区别,使用时应先熟悉油镜头上的线圈颜色,以防用错物镜。

2. 基本原理

因光线在香柏油中的折射率($n=1.515$)与在玻璃中的折射率($n=1.52$)相近,故可减少因折射而射入镜头外的光线,提高了视野的亮度。

3. 使用方法

(1)对光:将聚光器升至最高,将光圈放大至最大,调节光源亮度,使射入镜头中的光线明亮。

(2)装片:在细菌染色标本片的待检部位滴一滴香柏油后,将标本片安放于载物台上,用弹簧片固定,将待检部位移至聚光器上,先用低倍镜寻找适当的视野,再换用油镜头观察。

(3)调焦:先用粗调节螺旋将载物台上升或使油镜头下降,使油镜头与标本片几乎接触,然后边用眼睛观察目镜,边用细调节螺旋向相反方向缓慢旋转,直至出现完全清晰的物像为止。

(4)保养:油镜使用完毕,先用粗调节螺旋将载物台下移或使油镜头上升,将细菌标本片取下,用擦镜纸吸去香柏油,如油已干或模糊不清者,可在擦镜纸上滴 1~2 滴二甲苯或无水乙醇后将玻片上的香柏油吸净,并立即用干擦镜纸拭去二甲苯;用同样的方法将油镜头擦拭干净。然后将低倍镜转至中央或将物镜转成"八"字形,调节粗调节螺旋,使物镜头与载物台接触,下降聚光器。将显微镜用绸布盖好后装入镜箱,置于阴凉干燥处。

(二)细菌形态的观察

1. 细菌基本形态的观察

(1)球菌标本片的观察。

(2)杆菌标本片的观察。

(3)螺旋菌标本片的观察。

2. 细菌特殊构造的观察

(1)细菌荚膜标本片的观察。

(2)细菌鞭毛标木片的观察。

(3)细菌芽孢标本片的观察。

(三)注意事项

(1)当油镜头与标本片几乎接触时,不可再用粗调螺旋向上移动载物台或下降油镜头,以免损坏玻片甚至压碎镜头。

(2)油镜头和玻片只能用擦镜纸擦拭,不能用手、棉布或其他纸张擦拭。

(3)香柏油的用量以 1~2 滴、能淹到油镜头的中间部分为宜,用量太多则浸染镜头,用量太少则视野变暗不便观察。

(4)为了增强视野的亮度,应做到 3 点:聚光器调至最高、光圈调至最大、光源调至最亮。

四、教学组织

实验 1 人一组,每人有一台显微镜,教师认真讲解操作规程,边讲解边示范,学生观察画图,在学生基本清楚的情况下,教师分别进行指导。

五、作业

(1)实验报告。

(2)心得体会。

(3)将细菌形态画于实验册上。

实验实训二 动物微生物检验中常用玻璃器皿的准备

二维码 9-2 常用玻璃器皿的准备

一、目的要求

掌握动物微生物检验中常用玻璃器皿的准备。

二、设备材料

试管、吸管、平皿、锥形瓶、烧杯、量筒、脱脂棉、纱布、报纸、石炭酸、洗衣粉、盐酸等。

三、实验实训内容

1. 新购置的载玻片处理

新购置的载玻片，先用2%盐酸浸泡1 d，冲去盐酸；再用洗衣粉水洗涤，自来水冲净；浸泡在蒸馏水中或擦干装盒备用。

2. 用过的玻璃器皿的处理

(1)洗涤前必须灭菌。

①高压灭菌：油类的物品趁热洗涤(培养基、血液试管或滴管等)。

②吸管：浸泡于5%石炭酸48 h。

(2)洗涤。

①用过的载玻片，先用纸擦去香柏油，再放入洗衣粉液中煮沸(或5%的石炭酸48 h浸泡)，稍冷后取出。逐个用清水洗净，置于酒精中。试管等物品采用相同方法灭菌和洗涤。

②盖玻片使用前，可用洗衣粉或洗衣液浸泡，洗净后再用95%乙醇浸泡，擦干备用，用过的盖玻片也应及时洗净擦干保存。

③吸管浸泡于洗衣粉水中，用细铁丝取出棉花，用试管刷洗涤，再用自来水冲洗，最后用蒸馏水冲洗。

(3)干燥。自然干燥或放入鼓风干燥箱干燥。

四、教学组织

实验2～3人一组，教师认真讲解操作规程，边讲解边示范，学生模仿、操作，在学生基本清楚的情况下，教师分别进行指导。

五、作业

(1)实验报告。

(2)心得体会。

(3)将包装好的物品拍照贴于实验报告上。

实验实训三　细菌标本片的制备及染色方法

一、目的要求

掌握细菌标本片的制备及染色方法。

二维码 9-3　细菌标本片的制备及染色方法

二、设备材料

细菌培养物、接种环、玻片、酒精灯、染色缸、染色架、染色液、洗瓶、滤纸。

三、实验实训内容

(一)细菌涂片的制备

1. 液体培养物及液体病料

(1)涂片。用接种环取 1 滴培养液或液体病料，于玻片的中央均匀涂布成适当大小的薄层。

(2)干燥。自然干燥，天气较冷时也可于酒精灯火焰上方 30～40 cm 处适当加热干燥。

(3)固定。分为火焰固定和化学固定两种。火焰固定时，将干燥好的玻片涂面朝上，以其背面在酒精灯火焰上来回通过数次，略做加热，以不烫手背为度；化学固定时，可将干燥好的玻片浸入甲醇中 2～3 min 后取出晾干，或在涂片上滴加数滴甲醇使其作用 2～3 min 后自然挥发干燥。此外，丙酮和酒精也可作为化学固定剂；做瑞氏染色的涂片不需固定，因染色液中含有甲醇，有固定作用。

(4)染色。根据不同的材料和菌种选择不同的染色方法。

2. 固体培养物

用接种环取 1 滴生理盐水于玻片的中央，用接种环挑取 1 个菌落于生理盐水中混合，均匀地涂布成适当大小的薄层，干燥，固定，染色。

(二)细菌触片的制备

将固体病料(病变组织)做无菌切开，用切面在玻片中央接触一下或稍用力印压成一薄层，干燥，固定，染色。

(三)细菌的染色法

1. 单染色法

单染色法又称简单染色法，即只应用一种染料进行染色的方法。

(1)亚甲蓝染色法。在已干燥、固定好的涂片或触片上滴加适量的亚甲蓝染色液，染色1～2 min后，水洗，干燥(吸水纸吸干或自然干燥)，镜检。

(2)瑞氏染色法。在已干燥、固定好的涂片或触片上滴加瑞氏染色液，为避免干燥，可适当多加一些，或视情况补充滴加，1～3 min后再加与染液等量的中性蒸馏水或缓冲液，轻轻晃动玻片，使之与染色液混合均匀，再经3～5 min后，直接用水冲洗，吸干或烘干后镜检。也可在玻片上的涂抹处盖一适当大小的滤纸，然后再在滤纸上轻轻滴加瑞氏染色液，至略浸过滤纸，视情况补充滴加，维持不干，3～5 min后直接用水冲洗，吸干或烘干后镜检。

(3)吉姆萨染色法。先将吉姆萨染色液原液稀释成常用的吉姆萨染色液(取5～10滴原液于5 mL新煮过的中性蒸馏水中，混合均匀)，在经甲醇固定好的涂片上滴加足量的染色液，或将涂片浸入盛有染色液的染色缸中，染色30 min或浸染数小时至24 h后取出，水洗，吸干或烘干后镜检。

2. 复染色法

应用两种或两种以上的染料或再加媒染剂进行染色的方法。

(1)革兰染色法。在已干燥、固定好的涂片上滴加适量的草酸铵结晶紫染色液，染色1～2 min后，水洗，再加革兰碘液，作用1～2 min后，水洗，加95%酒精脱色0.5～1 min后，水洗，稀释石炭酸复红(或沙黄、番红)染色液复染0.5 min后，水洗，干燥，镜检。

(2)抗酸染色法。常用的有齐-尼氏染色法和沙黄-亚甲蓝染色法。

①齐-尼氏染色法：在已干燥、固定好的涂片上滴加较多量的石炭酸复红染色液，酒精灯火焰上方微微加热至冒出蒸汽并维持3～5 min，水洗；再用3%盐酸酒精脱色至无染色液流出，充分水洗；然后用碱性亚甲蓝染液复染约1 min，水洗，吸干，镜检。

②沙黄-亚甲蓝染色法：在已干燥、固定好的涂片上滴加较多量的沙黄染色液，酒精灯火焰上方微微加热至冒出蒸汽3～5次，维持1～2 min，水洗；再用3%盐酸酒精脱色至无染色液流出，充分水洗；然后用碱性亚甲蓝染液复染约1 min，水洗，吸干，镜检。

(四)注意事项

(1)做细菌涂片时，不宜涂得过厚，以免影响制片效果。

(2)固定必须确实，火焰固定时不宜温度过高，以免破坏菌体结构。

(3)每种染液在染色的过程中应保持染色液不干，尤其加热染色的染液，在染色过程中应随时添加，以免蒸发干，影响染色效果。

(4)每种染液染色后，应用水将染液一起冲掉，不可先将染液倾去后再用水冲洗。

四、教学组织

实验2～3人一组，教师认真讲解操作规程，边讲解边示范，学生操作、观察、作图，在学生基本清楚的情况下，教师分别进行指导。

五、作业

(1)实验报告。

(2)心得体会。

(3)将每组制作的涂片通过显微镜观察,照片投至大屏,分别进行分析点评。

实验实训四　常用培养基的制备

一、目的要求

（1）掌握常用培养基的制备过程。

（2）掌握培养基 pH 的测定和调节方法。

二维码 9-4　常用培养基的制备

二、设备材料

灭菌锥形瓶、烧杯、试管、平皿、天平、高压灭菌器、过滤装置、漏斗、纱布、电炉、玻棒、牛肉浸膏、蛋白胨、磷酸氢二钾、氯化钠、琼脂、蒸馏水、0.1 mol/L 氢氧化钠溶液、精密 pH 试纸等。

三、实验实训内容

（一）基础培养基的制备

1. 普通肉汤培养基

称取牛肉膏 3～5 g，蛋白胨 10 g，磷酸氢二钾 1 g，氯化钠 5 g，放入烧杯中，加蒸馏水 1 000 mL，充分搅拌溶解，必要时可稍加温促进溶解。测定和调整 pH 为 7.4～7.6，用滤纸过滤，补足蒸发水分，分装至锥形瓶中，包装，置高压过滤器内灭菌（0.105 MPa，20 min）后，于无菌室或超净台内分装到试管内，每管约 10 mL，无此设备者可先分装后再灭菌（图 9-1）。

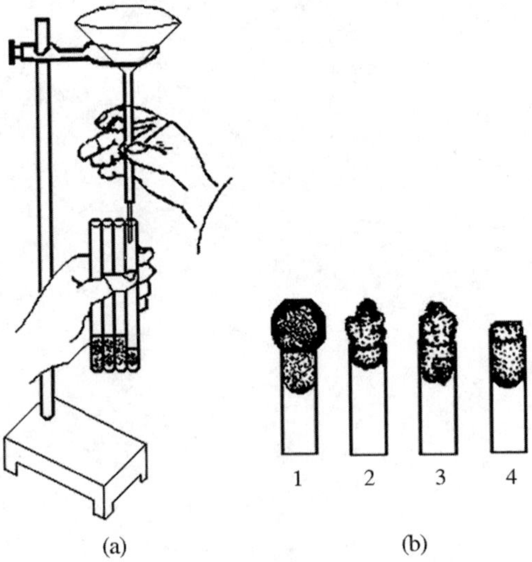

a. 培养基分装到试管操作；b. 分装后试管加盖棉塞（1 为正确示范；2、3、4 为错误示范）

图 9-1　培养基的分装装置与棉塞

2. 普通琼脂培养基

取1 000 mL普通肉汤培养基于烧杯中，加入20～30 g琼脂，煮沸使琼脂充分熔化，趁热用2～4层纱布过滤，补充蒸馏水至1 000 mL，测定和调节pH至所需要求。高压灭菌后无菌分装到试管(装量为1/4～1/3管)中趁热斜置，冷却即成琼脂斜面；或分装平皿(厚度为2～3 mm)中，水平静置冷却即成琼脂平板。也可先分装到试管中，再进行高压灭菌，然后趁热斜置冷却。

(二)营养培养基的制备

1. 鲜血琼脂培养基

鲜血琼脂培养基又称为血液琼脂培养基。将灭菌后的普通琼脂培养基加热溶解，冷却至45～50 ℃时加入无菌鲜血(每100 mL普通琼脂培养基中加入鲜血5～6 mL)，摇匀后趁热分装到试管中制成斜面，或分装到平皿中制成平面。若温度过高时加入鲜血，则血液变为暗褐色，称为巧克力琼脂。

2. 血清琼脂培养基

制备方法同鲜血琼脂培养基，血清用量是每100 mL普通琼脂培养基中加入血清5～6 mL。

(三)其他常用培养基的制备

1. 半固体培养基

制备方法同普通琼脂培养基，只是将琼脂的用量减少为0.5%～0.7%。

2. 马铃薯琼脂培养基

马铃薯200 g，去皮后切成小块，加蒸馏水煮沸30 min，用4层纱布过滤，加入葡萄糖20 g，熔化后，补充蒸馏水至1 000 mL，调节pH至4.5，灭菌后分装即可。主要用于霉菌和担子菌的分离培养。

3. 麦康凯琼脂培养基

蛋白胨2 g、乳糖1 g、氯化钠0.5 g、胆盐0.5 g、1%中性红水溶液0.5 mL，加蒸馏水至1 000 mL。灭菌后分装即可。

4. SS琼脂培养基

蛋白胨5 g、牛肉浸膏5 g、乳糖10 g、胆盐10 g、枸橼酸钠10～14 g、硫代硫酸钠8.5 g、枸橼酸铁0.5 g、0.5%中性红水溶液4.5 mL、0.1%亮绿溶液0.33 mL、琼脂25～33 g，蒸馏水加至1 000 mL。灭菌后分装即可。

(四)pH测定法

精密pH试纸法：取该试纸1条浸入待测的培养基中，0.5 s后取出与标准比色卡比较，如为酸性，滴加1 mol/L氢氧化钠溶液至pH在所需范围之间。在滴加1 mol/L氢氧化钠溶液时，应充分摇匀，再用试纸测定。

四、 教学组织

实验 2～3 人一组，教师认真讲解操作规程，边讲解边示范，学生理解、操作，在学生基本清楚的情况下，教师分别进行指导。

五、 作业

(1)实验报告。

(2)心得体会。

(3)将制备好的培养基做好标记存放冰箱备用。

实验实训五　细菌的分离培养及培养性状的观察

二维码 9-5　细菌的分离培养及培养性状的观察

一、目的要求

(1)掌握细菌的分离培养、纯化的操作方法。

(2)掌握细菌在培养基上的生长特性。

二、设备材料

恒温培养箱、病料或细菌培养物、接种环、接种针、酒精灯、灭菌吸管、细菌培养基、无水碳酸钠、氢氧化钠或氢氧化钾、凡士林及生理盐水。

三、实验实训内容

(一)细菌的分离培养

1. 病料的采取

将新鲜肛门拭子用灭菌生理盐水洗涤,洗涤液可用于分离培养;无菌采取新鲜粪便的中心部分,用灭菌生理盐水稀释搅匀后澄清,其上清液可用于分离培养;如为病理组织,可用烧红的刀片在其表面烫一下,随即用此刀片在烫过的地方切开一小口,用灭菌接种环在切口内蘸一下即可用于分离培养。

2. 平板画线分离培养

目的是将病理材料中的细菌分散,以便使细菌单在,从而发育成单个菌落,防止长成菌苔。

(1)直接画线分离培养。点燃酒精灯后,左手持皿,底朝下,盖在上,以无名指和小指托底,拇指、食指和中指将皿盖揭开呈 20°角,角度不宜过大,以防空气进入;右手持接种环,在火焰上烧灼后取少许的材料涂在培养基边缘,将接种环上多余的材料在火焰上烧掉,然后在培养基表面进行"Z"字形画线,然后将平皿盖好,倒置于恒温培养箱中培养。

(2)分区画线分离培养。用玻璃铅笔在皿底外面画线,将培养基分成 3~6 个小区,持皿方法同直接画线,但每划完一个小区应将平皿旋转一定角度,以便画线。

(3)斜面画线分离培养。左手持试管,手掌朝上,食指和拇指夹住试管;右手持接种环,先将试管的棉塞端在酒精灯火焰上方旋转两周,然后用右手小指和手掌边缘夹住棉塞,打开试管,保持试管口在火焰上方进行操作,在斜面上从试管底部向试管口做"Z"字形画线,接种完毕,在酒精灯火焰附近塞上棉塞后,在火焰上方旋转两周。放至试管架于恒温培养箱中培养。

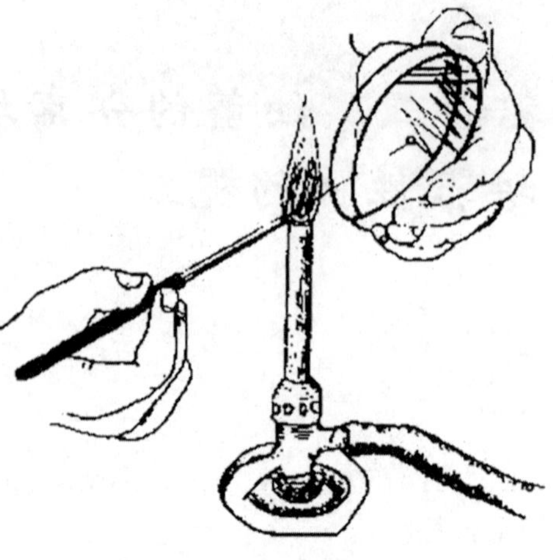

图 9-2 平板画线操作示意图

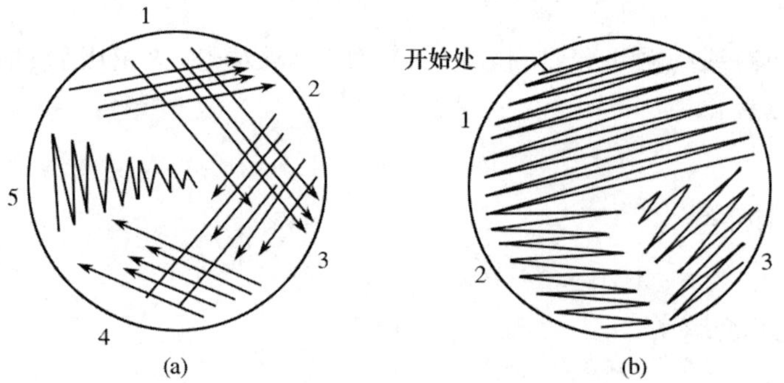

a. 分区划线分离培养(1、2、3、4、5 为分区);b. 直接划线分离培养(1、2、3 为需要旋转后划线区域)

图 9-3 画线分离示意图

(4)增菌培养。当病料中的细菌很少时,直接进行分离培养往往不易成功,常先用液体培养基进行增菌培养。方法是取少许病理材料直接加入培养基中,置恒温培养箱中培养 24～48 h 后,可取少量培养液做画线分离培养。

(二)细菌的纯化

操作方法基本同分离培养,但进行斜面纯化移植时左手应同时握住原培养管和待接种管,右手小指和手掌边缘夹住一个棉塞,无名指和中指夹住另一个棉塞,必要时中指和食指还可夹住第三个棉塞,液体培养基的纯化移植同液体培养基初次分离培养。

(三)细菌在培养基上的生长特性观察

1. 固体培养基上的生长特性

细菌在固体培养基上生长繁殖,可形成菌落。观察菌落时,主要看以下内容。

(1)大小:不同细菌,其菌落大小变化很大。常用其直径来表示,单位是毫米或微米。

(2)形状:主要有圆形、露滴状、乳头状或油煎蛋状、云雾状、放射状或蛛网状、同心圆状、扁平和针尖状等。

(3)边缘特征:有整齐、波浪状、锯齿状、卷发状等。

(4)表面性状:有光滑、粗糙、皱褶、颗粒状、同心圆状、放射状等。

(5)湿润度:有干燥和湿润两种。

(6)隆起度:有隆起、轻度隆起、中央隆起和云雾状等。

(7)色泽和透明度:色泽有白、乳白、黄、橙、红及无色等;透明度有透明、半透明、不透明等。

(8)质地:有坚硬、柔软和黏稠等。

(9)溶血性:分为α-溶血、β-溶血和γ-溶血3种;

2. 液体培养基上的生长特性

(1)浑浊度:有强度浑浊、轻微浑浊和透明3种。

(2)底层情况:包括有沉淀和无沉淀2种,有沉淀又可分为颗粒状和絮状2种。

(3)表面性状:分为形成荚膜、菌环和无变化3种情况。

(4)产生气体和气味:很多细菌在生长繁殖的过程中能分解一些有机物产生气体,可通过观察是否产生气泡或收集产生的气体来判断;另一些细菌在发酵有机物时能产生特殊气味,如鱼腥味、醇香味等。

(5)色泽:细菌在生长繁殖的过程中能使培养基变色,如绿色、红色、黑色等。

3. 半固体培养基上的生长特性

有运动性的细菌会沿穿刺线向周围扩散生长,形成侧松树状、试管刷状;无运动性的细菌则只沿穿刺线呈线状生长。

(四)注意事项

(1)细菌的分离培养必须严格无菌操作。

(2)接种环或接种针在挑取菌落之前应先在培养基上无菌落处冷却,否则会将所挑的菌落烫死而使培养失败。

(3)画线接种时应先将接种环的环部稍弯曲,同时用力适度;分区接种时,每区开始的第一条线应通过上一区的画线。

(4)不同细菌所需要的培养时间相差很大,应根据不同的菌种培养观察足够的时间。

四、教学组织

实验2～3人一组,教师认真讲解操作规程,边讲解边示范,学生操作,在学生基本清楚的情况下,教师分别进行指导。

五、作业

(1)实验报告。

(2)心得体会。

(3)将自己的培养物拍照并贴在实验报告上。

实验实训六　细菌的药物敏感试验（纸片法）技术

二维码 9-6　细菌的药物敏感试验（纸片法）技术

一、目的要求

（1）掌握消毒药及治疗药物的杀菌或抑菌作用。

（2）学会药物敏感试验的操作技术。

二、设备材料

接种环、酒精灯、试管架、恒温箱、镊子、常用消毒剂、浸有药物的干燥滤纸片、普通琼脂平板、大肠埃希菌、枯草杆菌和葡萄球菌的培养物、各种抗生素。

三、实验实训内容

（一）化学消毒剂的杀菌作用

（1）以接种环取大肠埃希菌及葡萄球菌菌液（18～24 h 肉汤培养物），用连续画线法分别接种于两个琼脂平板上，使菌液密布于培养基表面。

（2）以灭菌镊子夹取纸片（直径 6 mm）分别浸于 0.1%升汞、5%石炭酸、2%来苏儿、2%碘酒中，每管中浸 2 片。浸透后，再将纸片一一取出，分别放在已接种细菌的琼脂平板表面，各纸片间的距离要大致相等。

（3）置 37 ℃培养 24 h，观察结果。测量各消毒剂纸片周围的抑菌圈，并记录、分析结果。

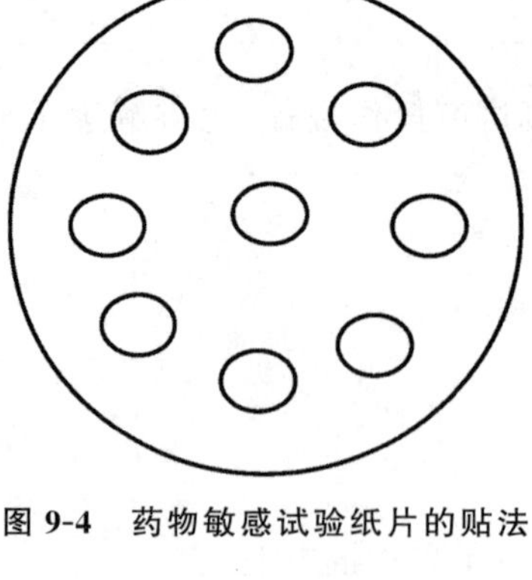

图 9-4　药物敏感试验纸片的贴法

(二)细菌对抗生素等药物的敏感试验

测定细菌对抗生素等药物的敏感度,可供临床诊疗上正确选用药物。

(1)取 6～8 h 的大肠埃希菌与金黄色葡萄球菌的肉汤培养物,以密集均匀画线法,分别接种在两个普通琼脂平板表面。

(2)在平皿底部背面用蜡笔标记“青霉素”“链霉素”“庆大霉素”“盐水”“小檗碱”。

(3)用灭菌镊子夹取浸有药物的干燥滤纸片,按标记位置,轻轻贴在已接种好细菌的琼脂培养基的表面,一次放好,不得移动。

(4)置 37 ℃温箱内培养 18～24 h 后取出,观察并记录、分析结果。根据纸片周围有无抑菌圈及其直径大小,按表 9-1 的标准确定细菌对抗生素等药物的敏感度。

表 9-1　细菌对不同抗菌药物敏感度标准

药物名称	抑菌圈直径/mm	敏感度
青霉素	<10	不敏感
	11～20	中度敏感
	>20	高度敏感
土霉素、四环素、新霉素、链霉素、磺胺类药物	<10	不敏感
	11～14	中度敏感
	>14	高度敏感
庆大霉素、卡那霉素	<12	不敏感
	13～14	中度敏感
	>14	高度敏感
氯霉素、红霉素	<10	不敏感
	11～17	中度敏感
	>17	高度敏感
其他	<10	不敏感
	11～15	中度敏感
	>15	高度敏感

附:干燥抗菌纸片的制备法

取直径 6 mm 的无菌滤纸片,浸于一定浓度的抗菌药液中,如青霉素为 100 IU/mL 链霉素、氯霉素等抗生素为 2 mg/mL,磺胺嘧啶针剂为 0.1 mg/mL,小檗碱或其他中药可根据需要稀释原液。一般每毫升药液中装有滤纸片 100 片,浸泡 1～2 h 后干燥备用,药剂维持 1～2 个月有效。

(三)注意事项

(1)试验用菌种对于被测定的抗生素应具有高度敏感性。

(2)药检所下发的试验菌种为冷冻干燥品,保存于 5～8 ℃冰箱内,一般可保存 1～3 年。

(3)实验时,一定要建立“无抗生素操作的观念”。

(4)磺胺类药物用无胨琼脂平板,因蛋白质会使磺胺失去作用。

四、教学组织

实验 2～3 人一组,教师认真讲解操作规程,边讲解边示范,学生理解、操作,在学生基本清楚的情况下,教师分别进行指导。

五、作业

(1)实验报告。

(2)心得体会。

(3)将本组结果拍照贴在实验报告上。

实验实训七　外界环境微生物测定技术

一、目的要求

（1）了解自然界中微生物的分布及其意义。

（2）掌握水中细菌总数的测定方法。

二维码 9-7　沙门菌检测

二、设备材料

琼脂、玻璃平皿、生理盐水、试管、吸管、恒温箱、自来水。

三、实验实训内容

（一）空气中的微生物

取琼脂平皿数个，分别置于不同的地方，打开皿盖，暴露于空气中，经 5 min、10 min、30 min、60 min 后，将盖盖好，置恒温箱中培养 24～48 h，观察生长情况。

（二）水中的微生物

水的来源不同，所含细菌种类及活菌数也不同。按国家规定，1 mL 饮用水中的细菌总数不得超过 100 个，大肠埃希菌指数不应大于 3。水中的细菌总数检查法如下。

（1）吸取自来水 1 mL 移至无菌空培养皿内。

（2）另取 3 只空培养皿和 2 支盛有 9 mL 生理盐水的试管备用。吸取井水或池水 1 mL 移至第一个空培养皿内，另吸取 1 mL 移至第一支盐水试管中。用吸管吹吸 3 次，将第一支盐水试管混匀后吸出 1 mL(1∶10)移至第二个空培养皿内；另吸取 1 mL 移至第二支盐水试管中，用同样的方法混匀后，吸出 1 mL(1∶100)移至第三个空培养皿内。

（3）取 4 个融化后冷却至 45 ℃的高层琼脂，分别倾于上述 4 个培养皿内，混匀，静置凝固。

（4）将上述 4 个凝固后的培养皿置于恒温箱(37 ℃)内，孵育 24 h，取出观察。分别在细菌菌落计算器上算出自来水、井水或池水中每毫升所含活菌数。计算菌落时，一般选择生长有 30～300 个菌落的培养皿，算出精确菌落数后，分别乘以稀释倍数，再取其平均值即得。

（三）动物毛上的微生物

用无菌剪刀和镊子剪取牛毛一束，浸于无菌生理盐水 3～5 mL 中，振荡片刻，吸取浸泡液 0.5 mL 做倾注培养，置恒温箱中，次日观察其结果。

(四)家畜口腔中的微生物

取新鲜琼脂平皿及加有5%蔗糖的培养琼脂平皿各1个,距离1尺,对准家畜的鼻腔,其呼吸3次,盖好后置恒温箱中培养,1～2 d后检查结果。

四、教学组织

实验2～3人一组,教师认真讲解操作规程,边讲解边示范,学生理解、操作,在学生基本清楚的情况下,教师分别进行指导。

五、作业

(1)实验报告。

(2)心得体会。

(3)比较分析实验结果,讨论影响实验结果的因素。

实验实训八　实验动物接种技术

一、目的要求

（1）掌握实验动物注射的一般方法。
（2）掌握实验动物的剖检技术。
（3）掌握微生物学诊断用病料的采取方法及包装寄送。

二维码 9-8　小鼠的操作技术

二、设备材料

实验动物、注射器、针头、酒精、碘酊、注射药物。

三、实验实训内容

（一）实验动物接种操作技术

（1）实验动物的选择和接种后的管理：根据病原微生物的生物学特性和实验目的与要求选择适宜的实验动物（应考虑经济、健康、适龄、体重和性别）和接种途径。接种完毕后，实验动物必须隔离饲养，做好标记，并详细记载。

（2）实验动物的固定方法：示教。

（3）实验动物的接种（感染）方法。

①皮下接种：一般在前肢或腋下做皮下接种。

②腹腔接种：将后肢抬高，从腹后侧注射，确定注射针进入腹腔后方可注射。

③静脉注射：家兔可进行耳外缘静脉注射，小鼠可进行尾中缘静脉注射。

④肌内注射：在肌肉丰满处注射。

（二）实验动物的剖检、病料采取、包装要求

（1）实验动物死亡后应立即解剖，以免腐败菌及肠道菌侵入脏器，给病原菌的分离带来困难，甚至不能得到应有的结果，同时也影响病理变化的观察。

（2）解剖用器械，必须经煮沸或高压灭菌。每一脏器用一套器械。

（3）实验动物放瓷盘中固定后，先用消毒药水将毛充分浸湿，打开皮肤后，用酒精棉球灼烧腹壁，剪开腹壁。

①以无菌操作法取病料，放入无菌容器送检或进行接种工作，再取病料制片，以备染色镜检。

②用酒精棉球灼烧胸壁，打开胸腔，无菌采取胸腔积液、心包液及血液进行培养或送检，并

取病料制片染色镜检。

③观察实验动物有无特殊病变。

④做好详细记录。

四、教学组织

实验 2～3 人一组，教师认真讲解操作规程，边讲解边示范，学生理解、操作，在学生基本清楚的情况下，教师分别进行指导。

五、作业

(1)实验报告。

(2)心得体会。

(3)将采集好的病料做好标记，拍照贴于实验报告上。

实验实训九　病毒的鸡胚接种技术

二维码 9-9　病毒的鸡胚接种技术

一、目的要求

(1)掌握病毒的鸡胚培养方法。

(2)掌握病毒的鸡胚接种技术。

二、设备材料

消毒设备、注射器、头皮针、滴管、接种环、酒精灯、受精卵、照蛋器、孵化设备、卵盘、卵杯、接种箱、眼科镊子和剪子、毛细吸管、锥子、灭菌平皿、恒温箱、碘酒、70%酒精、镊子、剪刀、封蜡。

三、实验实训内容

(一)准备鸡胚

孵育前的种蛋先用清水洗净,再用纱布擦干,放入孵化器内进行孵育(温度 37 ℃,相对湿度是 45%～60%),孵育 3 d 后,每日翻动种蛋 1～2 次。孵育至第 4 天,用照蛋器观察鸡胚发育情况,未受精卵,可见模糊的卵黄黑影,不见鸡胚的形迹,应淘汰。活胚可看到清晰的血管和鸡胚的暗影,偶尔还可见胚动,随后每日观察 1 次,若见胚动呆滞或没有运动的、血管昏暗模糊的,即可能是已死或将死的鸡胚,要随时淘汰。生长良好的蛋胚一直孵育到接种前,具体胚龄视拟培养病毒种类和接种途径而定。

(二)接种

1. 绒毛尿囊膜接种

(1)将孵育 10～12 d 的鸡胚放在照蛋器上,用铅笔勾出气室与胚胎略近气室端的绒毛尿囊膜发育得好的地方。

(2)用碘酒消毒气室顶端与绒毛尿囊膜记号处,并用磨壳器或齿钻在记号处的卵壳上磨开一个三角形或正方形(每边 5～6 mm)的小窗,不可弄破下面的壳膜。在气室顶端钻一小孔。

(3)用小镊子轻轻揭去所开小窗处的卵壳,露出壳下的壳膜,在壳膜上滴 1 滴生理盐水,用针尖小心地划破壳膜,但注意切勿伤及紧贴在下面的绒毛尿囊膜,此时生理盐水自破口处流至绒毛尿囊膜,以利两膜分离。

(4)用针尖刺破气室小孔处的壳膜,再用橡皮乳头吸出气室内的空气,使绒毛尿囊膜下陷而形成人工气室。

(5)用注射器通过窗口的壳膜窗孔滴 0.05～0.1 mL 牛痘病毒液于绒毛尿囊膜上。

(6)在卵壳的窗口周围涂上半凝固的石蜡，做成堤状，立即盖上消毒盖玻片。也可用揭下的卵壳封口，则将卵壳盖上，接缝处涂以石蜡，但石蜡不能过热，以免流入卵内。将鸡胚始终保持人工气室在上方的位置，进行 37 ℃培养 48～96 h，观察结果。

2. 尿囊腔接种

用孵育 10～12 d 的鸡胚，因这时尿囊液积存得最多。

(1)将鸡胚在照蛋器上照视，用铅笔画出气室与胚胎位置，并在绒毛尿囊膜血管较少的地方做记号。

(2)将鸡胚竖放在蛋座木架上，钝端朝上。用碘酒消毒气室蛋壳，并用钢针在记号处钻一小孔。

(3)用带 18 mm 长针头的 1 mL 注射器吸取鸡新城疫病毒液，针头刺入孔内，经绒毛尿囊膜入尿囊腔，注入 0.1 mL 病毒液。

(4)用石蜡封孔后于 37 ℃孵化器内孵育 72 h。

3. 羊膜腔接种

(1)将孵育 10～11 d 的鸡胚在照蛋器上照视，画出气室范围，并在胚胎最靠近卵壳的一侧做记号。

(2)用碘酒消毒气室部位的蛋壳。用齿钻在气室顶端磨一个三角形，每边约 1 cm 的裂痕。注意勿划破壳膜。

(3)用灭菌镊子揭去蛋壳和壳膜，并滴加灭菌液体石蜡 1 滴于下层壳膜上，使其透明，以便观察，若将鸡蛋胚放在检卵灯上，则看得更清楚。

(4)用灭菌尖头镊子，两页并拢，刺穿下层壳膜和绒毛尿囊膜没有血管的地方，并夹住羊膜从刚才穿孔处拉出来。

(5)左手用另一把无齿镊子夹住拉出的羊膜，右手持带有 26 号针头的注射器，刺入羊膜腔内，注入鸡新城疫病毒液 0.1 mL。针头最好用无斜削尖端的钝头，以免刺伤胚胎。

(6)用绒毛尿囊膜接种法的封闭方法将卵壳的小窗封住，于 37 ℃孵化器内孵育 48～72 h，保持鸡胚的钝端朝上。

(三)收获

1. 绒毛尿囊膜

(1)用碘酒消毒人工气室上的卵壳，除去窗孔上的盖子。

(2)将灭菌剪子插入窗内，沿人工气室的界线剪去壳膜，露出绒毛尿囊膜，再用灭菌眼科镊子将膜正中夹起，用剪刀沿人工气室边缘将膜剪下，放入加有灭菌生理盐水的培养皿内，观察病灶形状。然后用于传代或用 50%甘油保存。

2. 尿囊腔接种法收获尿囊液

(1)将鸡胚放在冰箱内冷冻半天或一夜，使血管收缩，以便得到无胎血的纯尿囊液。

(2)用碘酒消毒气室处的卵壳，并用灭菌剪刀除去气室的卵壳。切开壳膜及其下面的绒毛尿囊膜，翻开到卵壳边上。

(3)将鸡胚倾向一侧，用灭菌吸管吸出尿囊液。一个鸡胚可收获 6 mL 左右尿囊液。若操作时损伤了血管，则病毒会吸附在红细胞上，尿囊液无用。收获的尿囊液经无菌试验后可在4 ℃以下的温度中保存。

(4)观察鸡胚，看有无典型的症状。

3. 羊膜腔接种法收获羊水

(1)按收获尿囊液的方法消毒、去壳，翻开壳膜和尿囊膜。

(2)先吸出尿囊液。再用镊子夹出羊膜，以尖头毛细吸管插入羊膜腔，吸出羊水，放入灭菌试管内，每鸡胚可吸0.5～1.0 mL。经无菌试验后，保存于低温中。

(3)观察鸡胚的症状。

四、教学组织

实验2～3人一组，教师认真讲解操作规程，边讲解边示范，学生理解、操作，在学生基本清楚的情况下，教师分别进行指导。

五、作业

(1)实验报告。

(2)心得体会。

实验实训十　鸡新城疫病毒红细胞凝集和凝集抑制试验(微量法)

二维码 9-10　鸡新城疫病毒红细胞凝集和凝集抑制试验(微量法)操作技术

一、目的要求

(1)掌握鸡新城疫病毒的红细胞凝集和凝集抑制试验(微量法)的操作方法。

(2)掌握这两个试验的判定方法。

二、设备材料

96孔V形微量血凝集反应板、微量移液器(0.025 mL)、微量振荡器、玻璃注射器、离心管、离心机、灭菌生理盐水、0.5%鸡红细胞悬液、鸡新城疫弱毒疫苗Ⅱ系或Lasota系、鸡新城疫标准阳性血清和阴性血清、被检血清。

三、实验实训内容

(一)试验准备

0.5%红细胞液的制法:由鸡翅静脉或心脏采血,放入灭菌试管(按每毫升血加入3.8%柠檬酸钠0.2 mL做抗凝剂)内,迅速混匀,将此血液注入离心管中,经3 000 r/min,离心5～10 min,用吸管吸去上清液和红细胞上的白细胞薄膜,将沉淀的红细胞加生理盐水洗涤,如此反复洗涤3次,将最后一次离心后的红细胞,按0.5%的稀释度加入生理盐水即配成0.5%鸡红细胞生理盐水悬液。

(二)病毒的红细胞凝集试验(HA)

(1)用微量吸液器每孔均滴加生理盐水0.025 mL(表9-2)。

(2)用微量吸液器再吸取0.025 mL病毒,滴于第1孔中,用移液器抽吸5次混合后吸至第2孔,依次倍比稀释到第11孔,弃去0.025 mL,病毒稀释倍数依次为1∶2至1∶2 048,第12孔做对照。

(3)再以微量吸液器每孔滴加0.5%鸡红细胞悬液0.025 mL。

(4)置于振荡器上振荡混匀约1 min,放入37 ℃恒温箱中15～30 min,取出观察结果。

表 9-2　鸡新城疫红细胞凝集(HA)试验操作术式(微量法)　mL

孔号	1	2	3	4	5	6	7	8	9	10	11	12
生理盐水	0.025	0.025	0.025	0.025	0.025	0.025	0.025	0.025	0.025	0.025	0.025	0.05
鸡新城疫弱毒疫苗	0.025	0.025	0.025	0.025	0.025	0.025	0.025	0.025	0.025	0.025	0.025	弃0.025 —
0.5%鸡红细胞悬液	0.025	0.025	0.025	0.025	0.025	0.025	0.025	0.025	0.025	0.025	0.025	0.025
病毒稀释倍数	1:2	1:4	1:8	1:16	1:32	1:64	1:128	1:256	1:512	1:1 024	1:2 048	—
作用温度与时间	振荡器上振荡混匀约 1 min,放入 37 ℃恒温箱中 15～30 min											
结果(例)	++++	++++	++++	++++	++++	++++	++++	++++	++	−	−	−

注:"++++"表示完全凝集,"++"表示不完全凝集,"−"表示不凝集。

观察结果:将反应板倾斜成 45°角,沉于管底的红细胞沿着倾斜面向下呈线状流动者,表明红细胞未被或不完全被病毒凝集;如果孔底的红细胞铺平孔底,凝成均匀薄层,倾斜后红细胞不流动,说明红细胞被病毒所凝集。

如上所述,病毒液的 HA 效价 1:256,HI 试验时,病毒抗原液 0.025 mL 内须含 4 个凝集单位,则应将病毒液做成 256/4=64 倍的稀释液。

(三)病毒的红细胞凝集抑制试验(HI)

(1)用微量移液器在第 1～10 孔均滴加生理盐水 0.025 mL,第 11 孔滴加 0.05 mL(表 9-3)。

(2)用微量吸液器再吸取 0.025 mL 被检血清,滴于第 1 孔中,用吸液器混合 5 次后吸至第 2 孔,依次倍比稀释到第 10 孔,弃去 0.025 mL,被检血清稀释倍数依次为 1:2 至 1:1 024。

(3)再以微量吸液器每孔加入含有 4 个单位的病毒液 0.025 mL 至第 10 孔,第 11 孔为红细胞对照孔,不加病毒液。

(4)置于振荡器上振荡混匀约 1 min,放入 37 ℃恒温箱中 15～20 min。

(5)再以微量吸液器每孔加 0.5%鸡红细胞悬液 0.025 mL,放在振荡器上振荡 1～2 混匀,静置 15～30 min,判定结果。

(6)每次试验应做抗原对照孔。

表 9-3 鸡新城疫细胞凝集抑制试验操作术式(微量法) mL

孔号	1	2	3	4	5	6	7	8	9	10	11	12
被检血清稀释倍数	1:2	1:4	1:8	1:16	1:32	1:64	1:128	1:256	1:512	1:1 024	红细胞对照	抗原对照
生理盐水	0.025	0.025	0.025	0.025	0.025	0.025	0.025	0.025	0.025	0.025	0.05	
免疫血清	0.025	0.025	0.025	0.025	0.025	0.025	0.025	0.025	0.025	0.025	弃0.025 —	—
4 单位病毒	0.025	0.025	0.025	0.025	0.025	0.025	0.025	0.025	0.025	0.025	—	0.025
混匀,置 20～30 ℃恒温箱静置 15～30 min												
0.5%鸡红细胞悬液	0.025	0.025	0.025	0.025	0.025	0.025	0.025	0.025	0.025	0.025	0.025	0.025
混匀,置 20～30 ℃恒温箱反应 15～30 min 观察结果												
结果(例)	−	−	−	−	−	−	+	++	+++	++++	−	++++

注:“−”表示不凝集,“++”表示不完全凝集,“++++”表示完全凝集。

结果观察:将反应板倾斜成 45°角,沉于管底的红细胞沿着倾斜面向下呈线状流动者,表明红细胞未被或不完全被病毒凝集;如果孔底的红细胞铺平孔底,凝成均匀薄层,倾斜后红细胞不流动,说明红细胞被病毒所凝集。

能将 4 IU 病毒物质凝集红细胞的作用完全抑制的血清最高稀释倍数,称为该血清的红细胞凝集抑制效价,用被检血清的稀释倍数或以 2 为底的对数表示。

四、教学组织

实验 2～3 人一组,教师认真讲解操作规程,边讲解边示范,学生理解、操作,在学生基本清楚的情况下,教师分别进行指导。

五、作业

(1)实验报告。

(2)心得体会。

(3)每组拍照,记录自己的试验结果。

实验实训十一　真菌的检验

一、目的要求

（1）掌握观察霉菌形态的基本方法，并观察其形态特征。

（2）掌握常用的霉菌制片方法。

二维码 9-11　霉菌的培养

二、设备材料

曲霉、青霉菌、根霉菌、毛霉菌、乳酸石炭酸棉蓝染色液、20%甘油、察氏培养基平板、马铃薯培养基、无菌吸管、载玻片、盖玻片、U 形玻棒、解剖刀、玻璃纸、滤纸等。

三、实验实训内容

1. 一般观察法

于洁净载玻片上，滴 1 滴乳酸石炭酸棉蓝染色液，用解剖针从霉菌菌落的边缘处取小量带有孢子的菌丝置染色液中，再细心地将菌丝挑散开，然后小心地盖上盖玻片，注意不要产生气泡。置显微镜下先用低倍镜观察，必要时再换高倍镜。

2. 载玻片观察法

（1）将略小于培养皿底内径的滤纸放入皿内，再放上 U 形玻棒，其上放一洁净的载玻片，然后将两个盖玻片分别斜立在载玻片的两端，盖上皿盖，把数套（根据需要而定）如此装置的培养皿叠起，包扎好，用 1.05 kg/cm^2、121.3 ℃灭菌 20 min 或干热灭菌，备用。

（2）将 6～7 mL 灭菌的马铃薯葡萄糖培养基倒入直径为 9 cm 的灭菌平皿中，待凝固后，用无菌解剖刀切成 0.5～1 cm^2 的琼脂块，用刀尖铲起琼脂块放在已灭菌培养皿内的载玻片上，每片上放置 2 块。

（3）用灭菌的尖细接种针或装有柄的缝衣针，取（肉眼可见的）少量霉菌孢子，轻轻点在琼脂块的边缘上，用无菌镊子夹着立在载玻片旁的盖玻片盖在琼脂块上，再盖上皿盖。

（4）在培养皿的滤纸上，加无菌的 20%甘油数毫升，至滤纸湿润即可停加。将培养皿置 28 ℃ 培养一定时间后，取出载玻片置显微镜下观察。

3. 玻璃纸透析培养观察法

（1）向霉菌斜面试管中加入 5 mL 无菌水，洗下孢子，制成孢子悬液。

（2）用无菌镊子将已灭菌的、直径与培养皿相同的圆形玻璃纸覆盖于察氏培养基平板上。

（3）用 1 mL 无菌吸管吸取 0.2 mL 孢子悬液于上述玻璃纸平板上，并用无菌玻璃刮棒涂抹均匀。

(4)置 28 ℃恒温培养 48 h 后，取出培养皿，打开皿盖，用镊子将玻璃纸与培养基分开，再用剪刀剪取一小片玻璃纸置于载玻片上，用显微镜观察。

四、教学组织

实验 2～3 人一组，教师认真讲解操作规程，边讲解边示范，学生理解、操作，在学生基本清楚的情况下，教师分别进行指导。

五、作业

(1)实验报告。

(2)心得体会。

实验实训十二　凝集试验

一、目的要求

(1)掌握玻片凝集试验和试管凝集试验的操作方法。

(2)掌握这两种试验的结果判定。

二维码 9-12　虎红平板凝集试验

二、设备材料

沙门菌诊断血清、鸭沙门菌及大肠埃希菌 24 h 培养物、布鲁氏菌阳性及阴性血清、布鲁氏菌抗原、生理盐水、毛细吸管、试管架、刻度吸管、接种环、玻片。

三、实验实训内容

(一)玻片凝集试验

将玻片划分成 3 格,每格右上角标上序号,在第 3 格内加 1 滴生理盐水,第 1、2 格内各加 1 滴沙门菌诊断血清,用接种环自斜面挑取鸭沙门菌液置于第 3 格内混匀,随即再取 1 环置第 1 格内混匀;接种环灭菌后取大肠埃希菌混匀于第 2 格,静止 2～3 min 后观察结果。

结果判定:第 1 格内应形成白色絮状凝集物;第 2、3 格内均无凝集物形成。

(二)试管凝集试验

(1)取小试管 7 支依次编号,按表 9-4 先加入生理盐水。

(2)吸取布鲁氏菌阳性血清 0.2 mL 于第 1 管连续吹吸 3 次,充分混匀后,吸出 1.5 mL 弃之,再吸出 0.5 mL 加入第 2 管,同法混匀后又吸取 0.5 mL 于第 3 管,依次类推连续稀释到第 4 管,混匀后吸弃 0.5 mL。第 5 管不加阳性血清,第 6 管中加 1∶25 稀释的阳性血清 0.5 mL,第 7 管中加 1∶25 稀释的阴性血清 0.5 mL。

(3)吸取 1∶20 布鲁氏菌抗原于各管内 0.5 mL,分别摇匀后置 37 ℃ 24 h,观察结果。

(4)结果判定。

以产生明显凝集(＋＋)的血清最高稀释度为其效价。判定标准如下。

“＋＋＋＋”　大凝集块,液体透明,为 100％凝集。

“＋＋＋”　凝集片明显,液体较透明,为 75％凝集。

“＋＋”　凝集片可见,液体不太透明,为 50％凝集。

“＋”　液体浑浊,少量细菌凝集,为 25％凝集。

“－”　液体均匀浑浊,无凝集。

表 9-4 试管凝集试验加样表

mL

管号	1	2	3	4	5	6	7
血清稀释度	1:25	1:50	1:100	1:200	对照		
					抗原对照	阳性血清 1:25	阴性血清 1:25
0.5%盐水	2.3	0.5	0.5	0.5	0.5	—	—
被检血清	0.2	0.5	0.5	0.5	—	0.5	0.5
抗原(1:20)	0.5	0.5	0.5	0.5	0.5	0.5	0.5
		弃1.5			弃0.5		

四、教学组织

实验 2～3 人一组，教师认真讲解操作规程，边讲解边示范，学生理解、操作，在学生基本清楚的情况下，教师分别进行指导。

五、作业

(1)实验报告。

(2)心得体会。

实验实训十三 琼脂扩散试验

一、目的要求

(1)掌握环状沉淀试验和琼脂扩散试验的一般操作。

(2)掌握这两种试验的结果判定。

二、设备材料

小试管、毛细吸管、三角烧瓶、高压灭菌器、酒精灯、玻片或平皿、打孔器、温箱及湿盒等、琼脂 1 g 加 pH 7.4 的 0.01 mol/L PBS 或生理盐水(禽类血清用 8%盐水)100 mL。抗原:鸡马立克病阳性抗原及待检鸡毛囊或马传贫抗原。抗体:鸡马立克病标准诊断血清或疑似马传贫的病马血清及阳性血清。

三、实验实训内容

(一)环状沉淀试验(以炭疽杆菌为例)

(1)抗原制备:取可疑患炭疽死亡病畜皮肤或脏器约 1 g 放小试管或三角烧瓶中,加生理盐水 510 mL,煮沸 30～40 min。冷却后按最初量补足生理盐水,用滤纸过滤 2～3 次,取澄清液作为待检抗原。

二维码 9-13 免疫沉淀实验

(2)取 3 支小试管,用毛细采血管加 0.1 mL 炭疽沉淀血清(注意液面勿有气泡)。

(3)取其中 1 只用毛细采血管将待检抗原沿管壁小心加入,使其重叠在炭疽沉淀血清之上,上下两液间有一整齐界面。

(4)另 2 只小试管作对照,1 支加炭疽阳性抗原,1 支加生理盐水,方法同上。

(5)在 5～10 min 内判断结果,上下重叠的两液界面上出现乳白色环者为炭疽阳性,证明被检动物死于炭疽。加炭疽阳性抗原的对照管应出现白环,另一对照管则不出现。

(二)琼脂扩散试验

(1)取 1%琼脂加热融化后,用毛细采血管加入清洁的玻片上或倒入平皿中,厚 2.5～3 mm,注意勿倒出气泡。

(2)冷凝后打孔,琼脂板冷却后,用梅花打孔器垂直压入琼脂,并尽量带出打下的琼脂柱,未带出的琼脂用针头或小镊子挑出,孔打完后轻轻在酒精灯火焰上过数次或用小玻棒加热后封闭孔底。

(3)中央孔加入鸡马立克病标准诊断血清，第1、4孔加入阳性抗原，其余各孔加待检鸡毛囊(或中央孔加绵羊血清，周围孔加兔抗羊血清)。样品用毛细吸管滴加，满孔为度。各样品吸管必须标明，不得混用。加样后置湿盒中，于30～37 ℃温箱中扩散24 h，观察结果。

(4)阳性抗原与标准血清间有明显致密的沉淀带，若样品抗原的沉淀线与之融合可判为阳性；若待检毛囊孔与标准抗血清间无沉淀带出现则为阴性。

四、教学组织

实验2～3人一组，教师认真讲解操作规程，边讲解边示范，学生理解、操作，在学生基本清楚的情况下，教师分别进行指导。

五、作业

(1)实验报告。

(2)心得体会。

实验实训十四　荧光抗体染色法

一、目的要求

(1)进一步理解荧光抗体染色法的原理。

(2)以炭疽荚膜荧光抗体染色法为例,掌握荧光抗体染色法的基本操作方法。

二、设备材料

病料、抗炭疽杆菌荚膜荧光抗体诊断液、兔抗炭疽杆菌荚膜血清、羊抗兔 IgG 荧光抗体诊断液、pH 7.2～7.6 PBS 液、甘油缓冲盐水、蒸馏水、滴管、玻片、恒温培养箱、湿盒、荧光显微镜。

三、实验实训内容

原理:免疫球蛋白与荧光素结合后制成的荧光抗体,仍具有与相应抗原结合的抗体特性,又具有在荧光显微镜下易检测的特性,故可作为一种特异性试剂,在特定条件下去浸染标本,若标本中存在着相应的抗原,抗原可与荧光抗体结合,形成抗原－抗体－荧光素复合物,在荧光显微镜下观察,即可看到发荧光的抗原形态,表明相应抗原的存在。如果标本中不存在与该种荧光抗体相应的抗原,荧光抗体就不能被结合,而被水洗掉,在荧光显微镜下就看不到抗原的形态,从而达到鉴别抗原、诊断疾病的目的。

二维码 9-14　免疫组织化学

1. 直接法

(1)用疑似病尸的脏器(如肝、脾、淋巴结)涂片,自然干燥,火焰固定。

(2)用滴管将抗炭疽杆菌荚膜荧光抗体诊断液(用 PBS 稀释至工作效价)滴加于待检标本片上,并使之布满整个标本。

(3)将玻片置湿盒中(玻片少时可用大平皿,玻片多时可用放有玻片架的有盖搪瓷盘,容器底部垫以含水纱布或滤纸),放 37 ℃温箱,作用 30 min 左右。

(4)取出玻片,用 pH 7.2～7.6 PBS 冲去多余的荧光抗体,将玻片在大量的 PBS 中漂洗 15 min,中间换液一次,再以蒸馏水冲洗除盐。

(5)玻片自然干燥后,放荧光显微镜下,用高倍镜观察,或滴 1 滴甘油缓冲盐水(中性无自发荧光的甘油 9 份,加 pH 7.4～7.6 PBS 1 份)代替香柏油,用油镜观察。

2. 间接法

(1)用疑似病尸的脏器涂片,自然干燥,火焰固定。

(2)用滴管吸取未标记的兔抗炭疽杆菌荚膜血清(事先用 PBS 稀释 10～20 倍),滴加于待检标本片上,并使其布满整个标本。

(3)将玻片置湿盒中,放 37 ℃温箱,作用 30 min,取出玻片,用 PBS 冲洗 15 min,中间换液 2 次。

(4)玻片干燥后,滴加羊抗兔 IgG 荧光抗体诊断液(用 PBS 稀释至工作效价),并使之布满整个标本。

(5)置湿盒中,放 37 ℃温箱,作用 30 min,取出玻片,用 PBS 充分漂洗,再以中性蒸馏水冲洗除盐。

(6)玻片干燥后,放荧光显微镜下观察。

3. 结果判定

用荧光显微镜观察菌体荧光图像,主要判定结果指标有 2 个:一是菌体的形态特征,二是荧光亮度。疑为炭疽的标本片经用荧光抗体(直接法或间接法)染色后,若标本片上发现有荚膜的大杆菌,荚膜有明亮的黄绿-亮绿色的荧光,荚膜中央菌体呈暗绿色或不着色,则判为阳性;若被检病料有不同程度的分解,镜检时见到呈杆状排列的颗粒状荧光,而菌体不清,也有一定的判定意义;但发现无荚膜而发均匀荧光的杆菌,则不能判为炭疽杆菌,因抗炭疽杆菌荚膜血清中含有沉淀素,能与部分其他需氧芽孢杆菌发生交叉反应。

初次应用制成的荧光抗体时,应设以下对照。

(1)阳性对照用接种炭疽杆菌死亡的小鼠肝脏涂片,用制备的荧光抗体染色,应见到明显增大的粗大杆菌,荚膜有明亮的黄绿-亮绿色荧光,菌体呈暗绿色,并应将制备的荧光抗体用 PBS 做不同倍数稀释后,分别用以染色,以确定荧光抗体的工作效价(菌体有明亮的荧光)及非特异性荧光最弱的荧光抗体稀释倍数。如制成的荧光抗体浓度太低,染色后荧光太弱,可将其浓缩后再用。

(2)类属抗原对照以枯草杆菌或其他类炭疽杆菌的纯培养物涂片,用制备的荧光抗体染色,应无明亮的特异荧光。

(3)阻抑试验将制备的荧光抗体与未标记的同类 IgG 或血清等量混合后,去染色已知含炭疽杆菌的病料(一步法),或先以未标记的血清处理标本片,作用 30 min 后,再加荧光抗体(二步法)染色,均应无荧光或呈弱荧光。

四、教学组织

实验 2～3 人一组,教师认真讲解操作规程,边讲解边示范,学生理解、操作,在学生基本清楚的情况下,教师分别进行指导。

五、作业

(1)实验报告。

(2)心得体会。

实验实训十五 酶联免疫吸附试验(ELISA)

一、目的要求

(1)掌握 ELISA 的基本原理。
(2)熟悉 ELISA(间接法)的操作方法。

二维码 9-15 酶联免疫吸附试验

二、材料准备

(一)器材

聚苯乙烯 96 孔平底反应板、微量移液器、枪头、滤纸、微量混合器、酶标仪等。

(二)试剂

以下试剂,有条件的可以购买商品化试剂盒。

(1)包被液(CB,0.05 mol/L pH 9.6 碳酸盐缓冲液)。

Na_2CO_3	1.59 g
$NaHCO_3$	2.93 g
蒸馏水加至	1 000 mL

(2)稀释液(PBS,0.01 mol pH 7.2 磷酸盐缓冲液)。

A 液(0.2 mol/L Na_2HPO_4 溶液)	72 mL
B 液(0.2 mol/L NaH_2PO_4 溶液)	28 mL
NaCl	18 g
加蒸馏水至	2 000 mL

注:A 液配制:71.64 g $Na_2HPO_4 \cdot 12H_2O$ 溶解在 1 000 mL 蒸馏水。
B 液配制:31.2 g NaH_2PO_4 溶解在 1 000 mL 蒸馏水。

(3)洗涤液(PBST,0.05%吐温 PBS,pH 7.4)。

A 液(0.2 mol/L Na_2HPO_4)	81.0 mL
B 液(0.2 mol/L NaH_2PO_4)	19.0 mL
吐温(Tween-20)	0.5 mL
NaCl	8.5 g
加蒸馏水至	1 000 mL

该液在 4 ℃冰箱保存备用。

(4)底物溶液(临用时配制,棕色瓶避光保存)。

邻苯二胺	40 mg

0.2 mol/L NaH_2PO_4	25.7 mL
2%无水柠檬酸液	29.3 mL
37% H_2O_2	0.15 mL
蒸馏水加至	100 mL

(5)终止液(2 mol/L H_2SO_4)。

用蒸馏水将10.8 mL浓硫酸稀释至100 mL(注意应是硫酸滴入水中)。

(6)酶标抗体兔抗猪IgG辣根过氧化物酶(HRP)标记抗体或酶标葡萄球菌A蛋白(酶标SPA)。

(7)标准抗原。

(8)标准阴、阳性血清。

(9)检样采集的猪血清。

三、实验实训内容

(一)原理

在合适的载体上,酶标记抗体或抗原与相应的抗原或抗体形成酶标记的抗原-抗体免疫复合物;在一定的底物参与下,免疫复合物上的酶催化底物使其水解,氧化或还原成另一种带色物质,由于在一定条件下,酶的降解底物和呈现色泽是成正比的,故可以通过比色测定,进而计算出参与反应的抗原或抗体的含量。

(二)操作步骤

(1)抗原包被。抗原用pH 9.6的碳酸盐缓冲液做适当稀释(购买者,按说明书;自制者,需事先进行滴定)后包被,每孔加200 μL,放湿盒置4 ℃冰箱过夜。

(2)洗涤。次日甩干(甩干洗涤液,下同)用pH 7.4 PBST洗涤3次,每次静置3 min后,甩干洗涤液,最后1次在吸水纸上拍干。

(3)加血清。将被检血清做1∶80稀释(全血做1∶10稀释),每份血样做2孔,每孔加稀释后样品100 μL,同时加入1∶100阳性血清和1∶80阴性血清各2孔作对照,置湿盒放37 ℃温箱作用30 min。

(4)洗涤。同步骤(2)。

(5)加酶标抗体。每孔加入酶标抗体(或酶标SPA)100 μL,置湿盒37 ℃温箱作用30 min。

(6)洗涤。同步骤(2)。

(7)加底物。每孔加底物溶液100 μL,置湿盒37 ℃温箱作用30 min。

(8)终止反应。每孔加入2 mol/L H_2SO_4 溶液(终止液)各50 μL。

(9)比色。肉眼比色或用酶标仪比色。

(三)结果判定

肉眼观察液体里黄色或棕褐色者为阳性反应,无色者为阴性反应。

酶标仪选用492 nm波长比色,见被检血清*OD*值高于标准阴性血清平均*OD*值2倍以上者为阳性反应，否则为阴性反应。

四、教学组织

实验 2～3 人一组，教师认真讲解操作规程，边讲解边示范，学生理解、操作，在学生基本清楚的情况下，教师分别进行指导。

五、作业

(1)实验报告。

(2)心得体会。

实验实训十六　主要病原菌的认识

一、目的要求

认识结核分枝杆菌、布鲁氏菌、炭疽杆菌、猪丹毒杆菌和多杀性巴氏杆菌的形态染色特性和培养特性。

二、材料

卡介苗、布鲁氏菌抗原、齐-尼氏染色液、2%沙黄染色液、1%孔雀绿水溶液、石炭酸复红液、1%亚甲蓝染色液、醋酸、甘油琼脂培养基、血清肝汤培养基、酒精灯、显微镜、CO_2 培养箱。

三、实验实训内容

(一)结核分枝杆菌

取培养物抹片(如没有培养物可用卡介苗代替)、干燥、火焰固定,用齐-尼氏法做抗酸染色(方法见实验实训二),干后镜检观察。

1. 形态染色特性

本菌为革兰阳性细长或微弯杆菌,牛型比人型短而粗,禽型具多形性。无芽孢,无荚膜,不能运动,用齐-尼氏法做抗酸染色,镜检,红色细菌为抗酸菌,其他细菌为蓝色。

2. 培养特性

本菌营养要求高,生长缓慢,需 2～6 周才能发育好,在甘油琼脂上形成干燥颗粒状,乳白色不透明叠起的菌落。

(二)布鲁氏菌

布鲁氏菌的病料最好取新鲜流产胎儿的胃内容物,或用羊水、胎盘的坏死部分,阴道分泌物等,必要时也可取乳汁和尿进行检验。但乳汁和尿因含水较多,最好先用离心法沉淀,取其沉淀物进行镜检,分离培养或接种豚鼠。

取上述病料涂片(如无病料可用布鲁氏菌抗原代替),用鉴别染色法着染后再进行镜检观察。

鉴别染色法常用的有 2 种。①科兹洛夫斯基法的具体方法依次为:涂片、自然干燥、火焰固定,用 2%沙黄(即番红花红)水溶液加温染色,至出现气泡为止(约 1.5 min),充分水洗 1～2 min,再用 1%孔雀绿水溶液染色 0.5～1 min(也可用亚甲蓝染色液代替孔雀绿),水洗、干燥、镜检。本菌呈红色，其他菌呈绿色（最好 40 min 内镜检，经久则红色褪去）。②改良齐-尼氏法的具体方法依次为：涂片、干燥、火焰固定，用稀释石炭酸复红液染色 10 min，水洗，再用 0.5%的醋酸处理，不超过 30 s，充分水洗，用 1%亚甲蓝染色液复染 20 s，水洗、干燥、镜检。本菌呈红色、背景为蓝色。

1. 形态染色特性

革兰阴性球状或小而短杆菌，多单在，少短链，无运动性，不形成芽孢和荚膜。用科兹洛夫斯基鉴别染色法，本菌呈红色，其他杂菌呈绿色。

2. 培养特性

流产胎儿布鲁氏菌和绵羊布鲁氏菌初代分离需在 5%～10% CO_2 环境中始能生长（也可用燃烛法）。在肝汤琼脂上，72 h 形成细小湿润、闪光、圆形隆起菌落。

血清肝汤培养基内做振荡培养，3～6 d 后布鲁氏菌在距表面 0.5 cm 处形成带状生长。

（三）炭疽杆菌

可取病料（血液、水肿液、脾、淋巴结或人工感染小鼠死亡后的肝）或培养物进行涂片，待自然干燥、火焰固定后，病料用亚甲蓝或瑞氏染色，培养物用革兰染色，干后镜检，观察。

（1）形态染色特性革兰阳性大杆菌。在组织标本（病料制片）中单个存在或呈短链排列，有荚膜，无芽孢，菌体呈杆状，两端相连处呈竹节状，在人工培养物标本中，细菌呈长链排列，无荚膜，有卵圆的中央或偏端芽孢。

（2）培养特性在普通琼脂上培养 24 h，生成灰白色、扁平、毛玻璃样不透明菌落，边缘不整齐，呈卷发状，明胶穿刺，呈倒立松树状。

（四）猪丹毒

病料采集：可疑猪丹毒疹块型采取皮肤，败血型采取肾、肝、脾、心血、淋巴结和骨髓等检验，在实验中常用本菌培养物（肉汤或固体培养基加生理盐水稀释）注射小鼠或鸽（在鸽体内菌形很大）死后取肝、心血涂片，自然干燥后用瑞氏染色或亚甲蓝染色（方法见实验实训三），待干后，镜检观察。

（1）形态染色特性革兰阳性，平直或微弯的细小杆菌，细菌散在或簇集于白细胞中，在慢性猪丹毒心内膜疣状物上，多呈长丝状，不运动，不形成荚膜和芽孢。

（2）培养特性在血琼脂上 24～48 h 后生成针尖大露滴样圆形小菌落，菌落无色透明，周围可形成狭窄的绿色溶血环。在营养琼脂上生长不佳，明胶穿刺不液化，呈试管刷状生长。

（五）多杀性巴氏杆菌

尽可能采取新鲜病料（心血、肝、脾、淋巴结、骨髓等）制成涂片，在实验中，可用本菌的肉汤培养物注射小鼠或鸡，死后，取肝涂片，自然干燥后，再用瑞氏或碱性亚甲蓝染色，待干后镜检观察。

（1）形态染色特性革兰阴性球杆菌，菌体两端钝圆，常单在，有时成双，组织抹片用碱性亚甲蓝或瑞氏染色，干后镜检观察，本菌呈典型明显的两极着色。

（2）培养特性在血琼脂上生长良好，24 h 可形成淡灰色、圆形、光滑湿润、边缘整齐露珠样小菌落，不溶血。

四、教学组织

实验 2～3 人一组，教师认真讲解操作规程，边讲解边示范，学生理解、操作，在学生基本清楚的情况下，教师分别进行指导。

五、作业

(1)实验报告。

(2)心得体会。

实验实训十七　霉菌的形态观察

一、目的要求

学习霉菌的标本制备方法，观察根霉菌、毛霉菌、青霉菌、曲霉菌、白地霉菌的形态构造。

二、材料

1. 菌种

白地霉培养液；根霉菌、毛霉菌、曲霉菌、青霉菌平板。

2. 染料

乳酸石炭酸棉蓝液。

3. 其他

显微镜、载玻片、盖玻片、接种环、解剖针、培养皿、玻棒、滤纸、20％甘油。

三、实验方法

（一）实验原理

霉菌的菌丝较大，细胞容易收缩变形，孢子容易飞散，在制备霉菌标本时，常用乳酸石炭酸溶液作为介质，具有不使细胞变形，可杀菌防腐，不易干燥，能保持较长时间等优点，若加入棉蓝，又具有一定染色效果。

霉菌的有些结构在制片过程中易被破坏，影响观察，可采用载玻片培养法。此法便于直接在显微镜下观察，尤其适用于根霉菌的假根，曲霉菌的足细胞及分生孢子链等结构的生长情况的观察，并且还可在同一标本上观察到微生物发育的不同阶段的形态。

（二）白地霉的观察

取一块干净的载玻片，加 1 滴白地霉培养液，加盖玻片制成水浸标本片，在显微镜下观察白地霉菌丝及节孢子的形态。

（三）其他霉菌观察

1. 一般观察法

加 1 滴乳酸石炭酸棉蓝液于洁净的载玻片中央，用解剖针从菌落的边缘处挑取少量带有孢子的菌丝，放入乳酸石炭酸棉蓝液中，再细心地把菌丝挑散开，加盖玻片，注意不要有气泡产生。置于显微镜下观察，菌丝呈蓝色，颜色的深度随菌龄的增加而减弱。

观察根霉菌时，注意观察其菌丝（无横隔）、假根、孢子囊柄（与假根相对着生）、孢子囊、囊轴、囊托、孢子囊孢子及厚垣孢子。

观察毛霉菌时，注意观察其菌丝（无横隔）、孢子囊柄、囊轴、孢子囊孢子及厚垣孢子。

观察曲霉菌时，注意观察其菌丝（有横隔）、足细胞、分生孢子梗、顶囊、小梗（形状、层数及在顶囊上的着生情况）、分生孢子的着生情况。

观察青霉菌时，注意观察其菌丝（有横隔）、分生孢子梗、带状枝（小梗的轮数及对称性）、分生孢子的着生情况。

2. 载玻片培养法

（1）湿室准备：在培养皿底部先放一张圆形滤纸，在滤纸上依次放上“Z”形玻棒、载玻片和盖玻片（2 片），盖上培养皿盖，用纸包扎好，高压（9.8×10^{4} Pa）灭菌 20 min。

（2）用接种环挑取少量霉菌孢子，置于湿室的载玻片的中央，用无菌滴管滴加少量冷却至 45 ℃左右的察氏培养基。

（3）将镊子在火焰上灼烧灭菌后，取无菌盖玻片盖在培养基上，然后轻轻压一下。用滴管取融化的石蜡将盖玻片的三边密封。

（4）将 3～5 mL 20％甘油倒于湿室内，以保持湿度，将培养皿置于 28 ℃恒温箱中培养 2 d。

（5）将培养好的载玻片取出，置于显微镜下观察。

四、教学组织

实验 2～3 人一组，教师认真讲解操作规程，边讲解边示范，学生理解、操作，在学生基本清楚的情况下，教师分别进行指导。

五、作业

（1）实验报告。

（2）心得体会。

实验实训十八　病毒学实验技术

一、目的要求

掌握常用的病毒学实验技术和诊断方法。

二、操作步骤

(一)病毒诊断用病料的采集

病毒分离用生物学材料最理想的采集时期，是在机体尚未产生抗体之前的疾病急性期。各种病料，如血液、鼻咽拭子、粪便、尿液、脓汁、水泡液、皮肤病变、脑脊液和活体穿刺材料以及剖检时采取的组织，均可用于病毒分离。每个具体疾病需要采取何种生物标本，可参考有关疾病的叙述，特别是其诊断部分。

适用于病毒分离用的组织选择的基本原则包括：呼吸道疾病在急性期，可采取鼻拭子或咽拭子作为病料；痘病可以采取水泡液或痂皮作为病料；全身性卡他性疾病可以采取血液或分泌的浆液作为病料。采取组织标本时必须在动物死亡后立即进行，必要时可扑杀濒死期动物，更利于病毒分离。另外应采取动物血液做血清学试验，在冰冻前必须先从全血中分离血清，因为冰冻容易导致溶血，影响某些血清学试验的结果。

不同病毒的生物学特性不同，有的病毒对热及酸敏感，故在采集病料时必须特别注意，避免杀死病料中的病毒。必须采取新鲜材料，立即置 −70～−60 ℃ 下冰冻。此外，在用采取的病料接种组织培养物或实验动物分离病毒时，时间尽量要短。如无其他方法，可将组织标本低温冰冻后置−20 ℃保存，等待取来干冰后再贮藏和送往实验室。将标本放入宽口保温瓶或以泡沫苯乙烯隔热的纸板盒内，再用冰充填，也可达到这一目的。如果没有干冰，则可应用 50% 甘油；某些病毒在此种溶液中能比其他一些病毒存活更久。将小块组织、粪或黏液装入小瓶内，再向瓶内注满 50%甘油，并于 6 ℃贮藏。

组织标本用无菌器械在无菌条件下采取。如果想要了解组织中的病毒分布，则必须应用分开的器械采取每个组织。经常应用紧盖的灭菌旋帽瓶子贮藏可疑的组织和液体。如将液体标本瓶放入干冰内，则应紧盖瓶塞，因干冰的气相就是 CO_2，CO_2 可改变液体的 pH 使不耐酸的病毒灭活。如果瓶盖漏气，将其放入密封的塑料袋内，也可达到目的。

(二)包涵体的检查

用狂犬病脑切片的内基氏(Ne gri)小体或其他包涵体标本片示教。若有狂犬病的病料组织，可用清洁的玻片做触片，干燥后置甲醇中固定，以吉姆萨染色液染 1 h，水洗，干燥，镜检。通常可用塞勒氏染色法检查狂犬病病毒包涵体。

1. 塞勒氏染液配制

(1)先配好1%亚甲蓝的纯甲醇溶液和1%碱性复红(即碱性一品红)的纯甲醇溶液。两液分别置瓶中加塞塞紧后,于冷处可长期保存。

(2)用前将2份亚甲蓝液与1份复红液混合,即为塞勒氏染液。用前试验,以神经组织间质染成淡红色为妥,若红色过浅酌加复红液,红色过深酌加亚甲蓝液。

2. 塞勒氏染色法

将新鲜脑组织触片(触片不干也可以)浸于塞勒氏染液3 s,取出,用水冲洗,自然干燥后镜检。

3. 结果

狂犬病病毒包涵体在神经组织的胞质中,嗜酸性,呈樱桃红色。嗜碱性组织与细胞核呈深蓝色,神经细胞质呈蓝紫色,间质呈粉红色,神经纤维呈桃红色,神经鞘不着色(图9-5)。

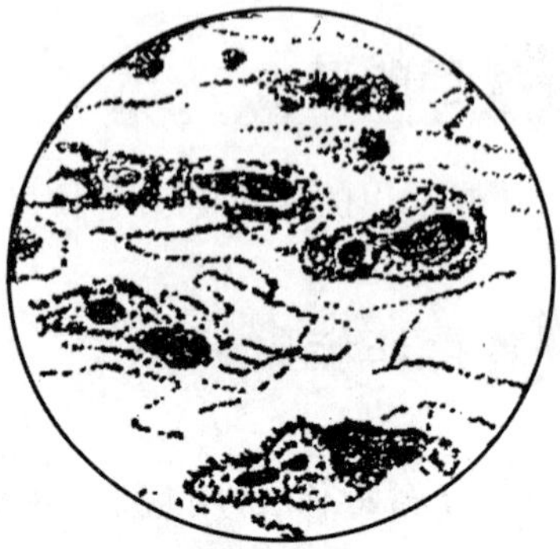

图9-5 狂犬病病毒包涵体

(三)鸡胚接种

1. 鸡蛋选择和孵化

选健康无病鸡群的新鲜受精蛋。鸡胚对所要接种的病毒应无免疫力,因为其抗体可由母鸡经卵黄而传给胚胎。以来航鸡蛋或其他白壳蛋为好,因为白壳蛋照蛋时较易于观察。孵化时以孵化箱较好,培养细菌的温箱也可以用,但和孵小鸡一样,特别要求温度、翻蛋和湿度适当相对湿度为60%左右,所用温度和孵小鸡相似,但最低可用36 ℃,一般37.5 ℃,高可到38.5 ℃,每日翻蛋最少3次,开始可以将鸡蛋横放,要接种的前2 d立放,气室向上,接种前2 d特别注意鸡胚位置,希望近中央,不要过分偏在一边,胚胎偏在一边易死亡。接种前2 d若发现过分偏在一边,照蛋后将偏在一边的胚胎朝下放,可以矫正到鸡胚趋向中央。

孵化3~4 d,可用照蛋器在暗室观察,鸡胚发育处的血管明显可见。没有鸡胚发育也无血管的是未受精蛋。有鸡胚但鸡胚固定一处不动且血管消散呈暗红色者是死胚。活的鸡胚,血管及其主要分枝均明显,呈鲜红色,鸡胚可以活动。实验室接种用的鸡胚最小是6日龄,最大是12日龄或13日龄。此时鸡胚构造如图9-6所示。

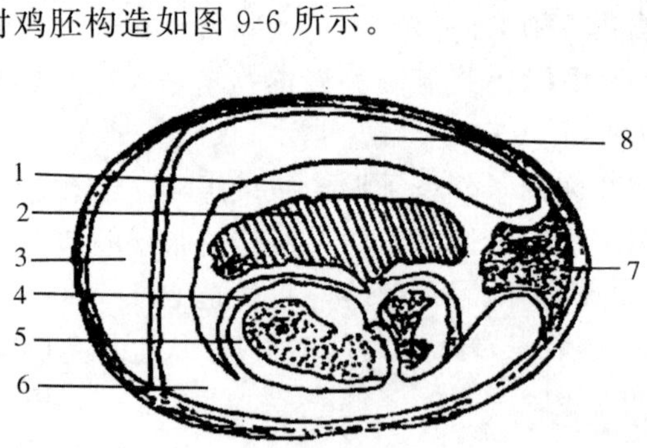

1.胚外腔 2.卵黄囊 3.气室 4.羊膜 5.羊膜腔 6.绒毛尿囊膜 7.蛋白 8.绒毛尿囊腔

图9-6 9~10日鸡龄胚构造示意图

2. 接种前准备

(1)病毒的接种材料事先应经无菌检验,即接种到一管硫羟代乙酸肉汤(或肉汤、熟肉培养基各1管)不生长。要达到材料无菌,可采取以下措施。

①所取材料应无菌,处理(如研磨、离心取上液等)过程中也无细菌污染。

②如所取材料已污染,可在每毫升材料中加青霉素和链霉素各达1 000～5 000 IU(常用1 000～2 000 IU),置室温中1 h或冰箱中12～24 h处理,或经滤器除菌。

(2)照蛋,以铅笔划出气室、胚胎的位置,若要做卵黄囊接种或血管注射,还要划出相应的部位。

(3)用碘酒在接种处的蛋壳上消毒,并在该处开孔。

3. 鸡胚接种方法

鸡胚接种的方法很多,仅列举其中较常用的一些方法。同时,当列举的接种途径有几种技术时,也仅选择其中最广泛应用的一种。如图9-7所示。

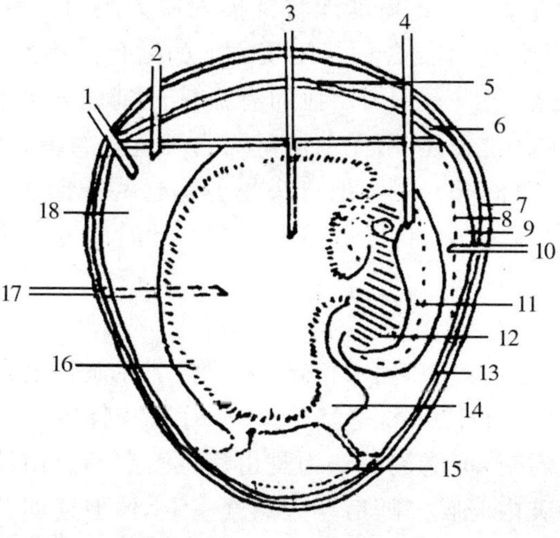

1,2. 尿囊腔途径　3. 卵黄囊途径　4. 羊膜腔途径　5. 绒毛尿囊膜的界线(在其塌落时)　6. 膜塌落时的气室底位置　7. 内壳膜　8. 塌落时的绒毛尿囊膜　9. 人工气室　10. 绒毛尿囊膜途径　11. 羊膜腔　12. 胚胎　13. 绒毛尿囊膜　14. 膜外腔　15. 蛋清　16. 卵黄囊膜　17. 卵黄囊途径　18. 绒毛尿囊腔

图9-7　鸡胚接种途径示意图

(1)卵黄囊接种。

大型的原生小体性病毒和立克次体易在卵黄囊膜内生长。虽然许多较小的病毒也可用卵黄囊途径接种,但这些病毒主要侵害胚胎本身并在胚胎组织内增殖,而不是侵害卵黄囊组织和在其中增殖。

①日龄和准备。孵化5～7 d的鸡胚较为适用,因为此时的卵黄囊较大。在照蛋器上检蛋,并用铅笔画出气室的边缘。气室部分的蛋壳称为壳帽,待碘酒干后,在天然气室的正中处用钻钻一个孔。

②接种和孵育。应用装有2.54 cm长的8号针头的注射器,将针头全长穿过壳帽上的孔直向下插(与鸡蛋的长轴平行),并把接种物注入卵黄囊内。通常接种0.2～0.5 mL。随后用石蜡-凡士林混合物封闭蛋壳孔,并将鸡蛋置37 ℃孵育。

③收获程序。收获时将蛋直立于蛋盘内。用无菌镊子打碎蛋壳，并将壳帽除去。将暴露的膜撕去，并用去掉了嘴的灭菌 10 mL 吸管吸取卵黄。如需收获卵黄囊膜，可将蛋内容物迅速倾于一个灭菌平皿内。卵黄囊常在操作时破裂。卵黄囊呈深黄色，易于识别。用无菌镊子将卵黄囊与绒毛尿囊膜分开，并与胚胎剥离，迅速移置于一个灭菌平皿内。如欲收获鸡胚胎，可用弯头牙科探针钩住胚胎的颈部取出之，并用无菌剪刀剪去附着的膜后移置于灭菌平皿内。

(2)尿囊腔接种。

流感病毒和新城疫病毒以及引起呼吸道感染的其他多数病毒都易在尿囊壁的内胚层细胞内生长，并于尿囊液中释出。脑脊髓炎病毒和流行性腮腺炎病毒在用这个途径接种时也易增殖。

①日龄和准备。取孵化 8～11 日龄的鸡胚，检蛋，并用铅笔画出气室边缘。将蛋直立，气室向上。在鸡蛋的侧面离气室底上方几毫米、绒毛尿囊膜发育良好处选好一点。用碘酒消毒该点及其周围部分，在蛋壳上用钻钻一个孔或用针穿刺一个孔。

②接种和孵育。取一长 1.3 cm 的 7 号针头，接在吸有接种物的小注射器上，通过蛋壳上的钻孔，与鸡蛋长轴平行地或者呈一定角度地将针插入尿囊腔内。每个蛋注射 0.2～0.5 mL 的接种物。随后用热的石蜡-凡士林混合物封闭蛋壳上的钻孔。将蛋置 37 ℃孵育。

③尿囊液的收获。为使收获时不致因出血而有血液流到尿囊液内，可在收获前将鸡胚置冰箱内冷藏 4～6 h。将鸡胚直立放置，用无菌镊子除去气室上的蛋壳，暴露气室底。气室底由敷覆在绒毛尿囊膜上的内壳膜构成。用一把弯头小剪将这些膜撕去。为了便于采集尿囊液，可置入一把镊子，使其尖端朝向蛋壳，将胚胎挤向一侧。此时即可应用 5 mL 或 10 mL 灭菌吸管吸取尿囊液。

(3)绒毛尿囊膜接种。

①日龄和准备。取 9～11 日龄的鸡胚，检蛋，并用铅笔在血管最丰富处的蛋壳上画出一个 1 cm^2 的区域，应用 5%石炭酸消毒蛋壳，待其干燥。不用碘酒消毒，因为酒精溶液可经蛋壳吸收，并在绒毛尿囊膜上产生病变，可能被误认为是由病毒引起的。用钻子沿蛋壳上的铅笔线钻开。必须十分小心，切勿弄破内壳膜。随后在天然气室上，像上述卵黄囊接种法那样的钻孔或刺孔。将蛋平放，使钻开一小块蛋壳的一侧向上。用尖头镊子或牙科探针轻轻地将已钻开的蛋壳取去。此时暴露出内壳膜，它的下面就是绒毛尿囊膜。滴上 1 滴无菌生理盐水，使内壳膜软化。取一长约 0.64 cm 的 7 号针头连接于 1 个 1 mL 注射器上，使针头尖的斜面以 45°角接触这个已软化的内壳膜部分，稍稍向下一压，即可因牵引而在内壳膜上造成一个裂缝。必须注意不要损伤下层的绒毛尿囊膜。因为内壳膜的纤维斜向行走，所以应使注射器与鸡卵长轴呈 45°角，这样向下一压，就可将纤维分离而不撕断。随后用橡皮球在天然气室的钻孔上吸气。也可以在吸气前先在裂缝上滴加 1 滴灭菌盐水。吸入的盐水可以帮助绒毛尿囊膜与内壳膜分开。当部分鸡蛋内容物向原来的天然气室部分转移时，绒毛尿囊膜即塌落。绒毛尿囊膜与内壳膜分离和绒毛尿囊膜塌落的证据，就是内壳膜变为透明。

②接种和孵育。用一支连接 7 号或 8 号针头的 1 mL 注射器，小心地将针头经内壳膜的裂缝插入，滴加 0.1～0.2 mL 接种物于绒毛尿囊膜上。严格的操作应在照蛋器上进行，以保证接种物确实滴在绒毛尿囊膜上，而不是穿透了绒毛尿囊膜。接种后，将鸡蛋稍行摇动，使接种物均匀扩散于绒毛尿囊膜表面。蛋壳的开口用一小块橡皮膏封闭。继续孵育，使蛋壳窗向上。

另一个接种方法可以不开蛋壳窗。在已消毒的蛋壳上选好部位钻孔，达内壳膜。用一6号针头，使针头尖的斜面向下，在钻孔的周围小心地稍稍下压针头，将内壳膜与蛋壳分开。随后将蛋放在照蛋器上，并在已经钻好的气室孔上吸气。当时即可清楚地见到绒毛尿囊膜的塌落。

③膜组织的收获。将蛋平放，蛋壳窗向上。用碘酒棉球消毒蛋壳窗周围，撕去橡皮膏。用灭菌镊子除去周围蛋壳，暴露出绒毛尿囊膜。用镊子将膜夹住，并用剪刀剪下后迅速移到一个灭菌平皿内。

因为9～10日龄的鸡胚的绒毛尿囊膜牢固地粘连于内壳膜上，所以一个通用的方法是在鸡胚7～8日龄时就使绒毛尿囊膜塌落，随后继续孵育，直至准备接种时为止。接种操作需在照蛋器上进行，以保证此时绒毛尿囊膜不上升，而且接种物确实是放在绒毛尿囊膜上而不是在尿囊腔内。随后用石蜡-凡士林混合物或橡皮膏封闭蛋壳孔。此后按第一方法进行孵育和收获。

(4)羊膜接种。

此法主要用于由咽喉洗漱液中分离流感病毒。由于鸡胚在发育过程中吞咽羊水，并将其中所含的病毒携带至呼吸道和肠道组织，病毒主要在这些组织内增殖。脑脊髓炎病毒也可通过羊水腔途径进行分离。

①日龄和准备。用7～15日龄的鸡胚，检蛋，确定胚胎位置，随后根据胚胎位置在鸡蛋的侧面、气室上方蛋壳的相应位置上选点并标记。按常法处理后，像卵黄囊接种那样钻孔。

②接种和孵育。接种时应用1 mL注射器，连接一个长约1.8 cm的7号针头。将蛋平放于照蛋器上，插入针头，并缓慢地向胚胎方向刺入。刺破羊膜囊时的一个证据，就是胚胎突然运动。随后将针头稍回抽，并注入0.1～0.2 mL接种物。蛋壳上的钻孔用石蜡-凡士林混合物封闭，将蛋直立，继续孵育。

③羊水的采集。除去蛋壳，在气室底上滴加几滴生理盐水，使膜透明。以胚胎的眼睛作为参考依据，用连接一个短的6号针头的注射器吸取羊水。

(5)其他。

①静脉内接种。鸡胚接种方法实际上不常用。操作时应用12～14日龄的鸡胚。以检蛋法标记出一根大静脉。如前述方法除去该静脉上方的一小块四方形蛋壳。滴加1小滴灭菌矿物油于内壳膜上，使其变为透明。将一连接在小注射器上的4号针头顺血流方向插入静脉内。随后注入0.1～0.5 mL的接种物。如前述，孵育并收获。

②脑内接种。该方法在培养狂犬病病毒时使用。

三、组织培养

培养病毒的组织培养技术，主要有下列5种基本方法。

(一)悬浮细胞培养法

这是一个古老但现在仍在应用的方法，常用于口蹄疫病毒的培养。

二维码9-16　细胞培养技术

(二)血浆凝块培养法

应用凝固血浆(经常是鸡血浆)使组织块贴附在玻片或试管壁

上。先在玻璃表面涂布一层血浆膜，加入胚胎浸出液使其凝固。将组织块置入这一基质内，即能贴附于玻璃表面并增殖。应用这一方法可以看到细胞增殖，并可测量组织块的生长情况。这类培养物中的病毒生长，可根据下列几种方法测知：①取培养物的液体或细胞作为病毒样品，接种于已知能发生感染的易感动物；②注意其对细胞代谢的影响（即对某些代谢路径的抑制）；③观察细胞死亡（坏死）；④检测是否有血凝素存在；⑤对细胞或提纯的液体进行电子显微镜检查。

（三）单层细胞培养

静止的试管培养是病毒学中最常用的方法。这些培养物是用胰酶分散的组织制备的（来自适用的特殊来源，如肾、睾丸、皮肤、肿瘤以及其他组织）。这种培养物内含有小的细胞团块和单个细胞。将组织用剪刀剪碎，并用盐水冲洗，除去血细胞和细胞碎屑后将其置于胰酶溶液内，并用磁力搅拌装置不断搅拌。当细胞分散时（具体时间随胰酶消化的温度和所用组织而不同），稍微离心沉淀，用营养液冲洗 2～3 次，除去胰酶，用几层纱布过滤后进一步稀释，使每毫升中含有足够量的细胞，以保证良好的生长（细胞的具体数量随细胞种类而不同），并分装培养于试管内。

由肾组织制备的细胞悬液能在静置的任何玻璃表面（平皿或试管或玻璃瓶）产生丰富的单层细胞。这样制备的试管培养物可用于病毒的分离、滴定、中和试验以及研究病毒在细胞内的生长。

（四）直接培养

直接培养与单层细胞培养相同。在尸体剖检时采取组织或者采取活体组织，用于制备单层细胞培养物，以提高病毒分离的机会，特别是在组织内的病毒可能很少或者因存在抗体而使病毒呈不活动状态时。应用的胰酶应尽可能少，因为有些病毒可被胰酶灭活。

（五）器官培养

用于接种可疑病毒材料的器官培养物，也可如前所述那样直接用病变组织制备。

现在最常用的是单层细胞培养，培养病毒以同种动物细胞为佳（即牛的病毒用牛的细胞），肾细胞较常用，胚胎细胞较幼年动物的细胞好，幼年动物的细胞又较成年动物的细胞好。细胞培养对玻璃器皿洗涤要求很高，彻底洗净后用蒸馏水冲洗，再用双馏水冲洗，干燥灭菌后备用。所有溶液均用双蒸馏水配制，所用药品试剂要用高质量的分析纯试剂。操作过程中，严格要求无菌。

四、常用溶液的配制

（一）胰蛋白酶溶液

按量将胰蛋白酶加入汉克斯液后，置 37 ℃ 20 min 使其完全溶解，滤器除菌（不能加温，更不能高压），无菌检查合格后置－20 ℃保存，用前加适量的 3.5％或 1.4％ $NaHCO_3$ 使其 pH 为 7.6～7.8。此液供消化细胞用。

(二)汉克斯液

汉克斯(Hank's)液,又称亨克氏液。

原液甲一:

NaCl	160 g
$MgSO_4 \cdot 7H_2O$	2 g
KCl	8 g
$MgCl_2 \cdot 6H_2O$	2 g

按顺序加入 800 mL 双馏水中,一物溶解后再加另一物。

原液甲二: $CaCl_2$ 2.8 g 溶于 100 mL 双馏水中。

以上两液混合,加双馏水至 1 000 mL,加 2 mL 氯仿防腐,保存于 5 ℃。

原液乙一:

$NaH_2PO_4 \cdot 12H_2O$	3.04 g
KH_2PO_4	1.20 g
葡萄糖	20 g

按顺序加入 800 mL 双蒸馏水中。

原液乙二:0.4%酚红液 100 mL(0.4%酚红液是将 0.4 g 酚红置乳钵中,边研磨边徐徐滴入 0.1%的 NaOH 11.28 mL,酚红应完全溶解,置于 100 mL 量杯中,最后加双蒸馏水达 100 mL)。

将酚红液与葡萄糖等混合液混合,加双蒸馏水至 1 000 mL,加入 2 mL 氯仿防腐,保存于 5 ℃。

按下方配制即成汉克斯液:原液甲 1 份、原液乙 1 份、双馏水 18 份,9 磅 10 min 灭菌,此液在 5 ℃下可保存 1 个月。

用前以 1.4% $NaHCO_3$(9 磅 10 min 灭菌),无菌操作,校正 pH 到 7.4(根据需要而定),大约每 20 mL 的汉克斯液加入 0.5 mL 的碳酸氢钠可达 pH 7.4,此时颜色应是黄红色。

(三)厄尔氏液

原液甲:

NaCl	68 g
$NaHCO_3$	22 g
KCl	4 g
葡萄糖	10 g
$NaH_2PO_4 \cdot 2H_2O$	1.4 g
双蒸馏水	1 000 mL

原液乙:

$CaCl_2$	2 g
$MgCl_2 \cdot 6H_2O$	1.7 g
双蒸馏水	500 mL

按下方配制即成厄尔氏液:原液甲 2 份、原液乙 1 份、双馏水 17 份,滤器过滤,无菌检查合

格后，保存 5 ℃下备用，保存期 1 个月。

(四)供组织培养用的磷酸盐缓冲液(简称 PBS)

NaCl	8 g
Na_2HPO_4	1.15 g
KCl	0.2 g
KH_2PO_4	0.2 g
$CaCl_2$	0.1 g
$MgCl_2 \cdot 6H_2O$	0.1 g
双蒸馏水	1 000 mL

滤器过滤，此液 pH 为 7.3，保存于 5 ℃。当有沉淀发生时，不能供组织培养用。

下列供其他用途的磷酸盐缓冲液，不能用于组织培养，注意区别。

(1)NaCl	7.65 g
KH_2PO_4	0.21 g
Na_2HPO_4	0.724 g
蒸馏水	1 000 mL

此液 pH 为 7.2。

(2)NaCl	8.5 g
$NaH_2PO_4 \cdot 2H_2O$	0.22 g
Na_2HPO_4	1.2 g
蒸馏水	1 000 mL

(五)乙二胺四乙酸二钠溶液

乙二胺四乙酸二钠溶液简称 EDTA 二钠，$C_{10}H_{14}O_6N_2Na_2 \cdot 2H_2O$。

乙二胺四乙酸二钠	0.05 g
Na_2HPO_4	0.288 g
KH_2PO_4	0.55 g
NaCl	2 g
KCl	0.05 g
双蒸馏水	250 mL

9 磅 10 min 灭菌，4 ℃下保存备用，可代替胰蛋白酶溶液来消化传代细胞。

(六)5%乳蛋白水解物

将 5 g 乳蛋白水解物加入双蒸馏水 100 mL，待其完全溶解后，装瓶，9 磅 10 min 灭菌，冷后置 4 ℃保存。也可用汉克斯液直接配成 0.5%的溶液便于应用，但不宜长时间保存。

五、细胞的制备

应用细胞种类很多，以原代猪肾细胞为例。

(1)无菌取胚胎或仔猪肾。

(2)去肾被膜,切开肾为两半,剪去肾盂及髓质部。

(3)以含青霉素各 200 IU/mL 的磷酸盐缓冲液洗去血细胞,用剪刀剪成约小米粒大的小块,移于灭菌三角瓶中。

(4)再用含抗生素的磷酸盐缓冲液洗 3～4 次至洗液彻底清亮为止。

(5)加入 3～4 倍以上体积的 35 ℃胰酶液,在电磁搅拌器上搅拌消化(如无电磁搅拌器可置 40 ℃水浴锅中,内加无菌玻璃珠摇动),搅拌(或摇振)时以发生旋涡而不起泡沫为度,至液体明显浑浊时(10 min 左右),再用吸管或注射器吹打数次,待组织块沉淀后,将上层被消化后的细胞吸出,再加入消化液,将余下组织块再同样消化于 40 ℃ 10～20 min,再次吹打,分散细胞,将两次消化液汇合一起,经四层纱布过滤,收集滤液,离心(1 500 r/min,10 min),弃上清液,加入含抗生素的(见前述)汉克斯液悬浮,再离心,弃上清液,加入营养液悬浮,再离心。

也可将组织块在 4 ℃下消化 16～24 h(所谓冷消化法),搅拌,吹打,收集细胞液,离心,同上述。

(6)末次离心后,弃上清液,加入少许营养液悬浮,用计算白细胞的方法计算每毫升中细胞数,计数发现细胞太多时可取少许浓细胞液加营养液适当稀释后再计。

$$细胞数(mL)=\frac{4\ 大格细胞总数}{4}\times 10\ 000\times 稀释倍数$$

(7)根据计数结果,以营养液稀释到每毫升含肾细胞 100 万个。有经验的工作人员,可以不计数,稀释细胞到适当的浑浊度即可。

营养液:取 10 mL 小牛血清,80 mL 汉克斯液和 10 mL 5%乳蛋白水解物配成营养液,加双抗使每毫升营养液中含青霉素、链霉素各 200 IU。青霉素、链霉素事先可配成各 20 000 IU/mL 的溶液。

(8)分装于小玻瓶(小型实验室可用空的链霉素瓶,洗净,灭菌)中,链霉素瓶装 1 mL,并以蜡笔做瓶的上下记号。平放静置 37 ℃孵育 2 d 后,每日检查,至长成单层为度,快的 2～3 d,慢的 6～7 d。如液体浑浊说明有细菌生长,往往变酸或有霉菌生长时,应废弃。

(9)换液加病毒。细胞长成单层后,吸弃营养液,加入 9 mL 维持液。维持液中血清含量比营养液少一半(抗生素含量同上)。接种含病毒的材料 0.1 mL,放回温箱再培养。

(10)观察及收获病毒。每日检查细胞一次,凡有霉菌及细菌生长者弃之。病毒在其中生长,可引起细胞变性,原生质出现颗粒状,核浓缩或裂解,有的还明显地引起细胞溶解,出现空斑。发现有细胞变化或空斑时,即可将液体收集保存,同时做无菌检验。所收集的液体即繁殖的病毒液。有的病毒在细胞培养上生长,但细胞不出现病变,此时应以其他方法检查,如回归动物、END 法、荧光抗体检查等。瓶上细胞检查可作为一个标本保存,即吸去内溶液,经甲醇固定,吉姆萨液染色,水洗,干燥后保存。

传代细胞比初代细胞易于操作,在玻璃器皿内更易于适应,其性能(如所用的或可用的培养液、细胞的形态、细胞生长速度、细胞的保存等)是已知的,故较原代细胞常用。兽医实验室诊断最好备有传代细胞,以便病毒病的微生物学诊断。

六、病毒的血细胞凝集试验和血细胞凝集抑制试验

有些病毒,能凝集某种动物的红细胞,故可以此来推测材料中有无该病毒的存在。如有能凝集血细胞的病毒,其凝集性可表现为相应的抗体抑制,这种抑制具有特异性,故病毒的血细胞凝集抑制试验,可用已知病毒来检查被检血清中的相应抗体,也可用已知血清来鉴定未知病毒。由于只有一些病毒具有血凝性,故血凝或血凝抑制试验只能用于那些有血凝性的病毒。现以新城疫病毒为例。

(一)需要材料

(1)病毒弱毒的鸡新城疫疫苗,通过鸡胚繁殖后所收获的绒毛尿囊液。

(2)已知阳性血清将弱毒苗初次免疫鸡后,以后每周肌内注射按规定稀释好的疫苗 1 mL,4 次。末次注射后 2 周,心脏采血,分出血清,血凝抑制价可超过 1∶1 280,加硫柳汞后在冰箱中可保存 5 年以上。

(3)被检血清。从被检鸡的翅静脉或心脏采血,分出血清。

(4)鸡血细胞。采鸡血,抗凝,洗血细胞,配制成 0.5%鸡血细胞生理盐水溶液。

(二)操作方法

1.微量红细胞凝集试验

(1)用定量稀释器于每排各孔中加 PBS 0.05 mL。

(2)以稀释器吸取 1∶5稀释的抗原 0.05 mL 于第 1 孔,反复挤压 3～5 次后,吸 0.05 mL 于第 2 孔,依次倍比稀释至第 11 孔;弃去 0.05 mL。第 12 孔不加抗原作为对照。

(3)再用带新塑料吸嘴的稀释器吸取 0.5%红细胞悬液依次加各孔,每孔 0.05 mL。

(4)置微量振荡器上振荡 1 min,或用手轻轻摇振,混匀。

(5)置室温下(18～20 ℃)作用 30～40 min。

依据血细胞凝集程度判定反应结果,以出现完全凝集的抗原最大稀释度为该抗原的血细胞凝集效价。

各反应成分滴加量见表 9-5。

表 9-5 微量血凝(HA)试验加样表

孔号	1	2	3	4	5	6	7	8	9	10	11	12
滴度	1∶2	1∶4	1∶8	1∶16	1∶32	1∶64	1∶128	1∶256	1∶517	1∶1 024	1∶2 048	对照
稀释液/mL	25	25	25	25	25	25	25	25	25	25	25	25
抗原(病毒)/mL	25	25	25	25	25	25	25	25	25	25	25	—
红细胞悬液/mL	25	25	25	25	25	25	25	25	25	25	25	25
作用时间与温度	轻轻振荡 1～2 min,静置 30～60 min											
结果	+++	+++	+++	+++	+++	+++	++	−	−	−	−	−

注:"+++"为完全凝集,"++"为部分凝集,"−"为不凝集。

2. 微量红细胞凝集抑制试验

能凝集红细胞的病毒，其凝集性可为相应的抗体所抑制，这种抑制具有特异性，称为红细胞凝集抑制试验。病毒的血细胞凝集抑制试验，可用已知的血清来鉴定未知病毒(即 α-血细胞凝集抑制试验)，也可以用已知病毒来检查被检血清中的相应抗体(即 β-血细胞凝集抑制试验)。其中以 β-微量法红细胞凝集抑制试验最常用。

β-微量法 HI 试验多在 96 孔微量反应板上进行，具体操作(表 9-6)如下。

(1)用定量稀释器取 PBS 0.05 mL，加入每一排的第 1 孔，8 个血凝单位浓度的抗原 0.05 mL 于第 2 孔，再取浓度为 4 个血凝单位的抗原 0.05 mL 依次加入第 3～12 孔。

(2)用定量稀释器吸取待检血清 0.05 mL 于第 1 孔中，反复混匀后吸 0.05 mL 于第 2 孔，依次倍比稀释至第 11 孔，最后弃去 0.05 mL，第 12 孔不加血清，作抗原对照。

(3)置室温下作用 20 min。

(4)加 0.05 mL 0.5%红细胞悬液于各孔中，轻轻振荡混匀后，置室温下 30～40 min。

表 9-6 微量血凝抑制(HI)试验加样表

孔号	1	2	3	4	5	6	7	8	9	10	11	12
被检血清稀释倍数	1:2	1:4	1:8	1:16	1:32	1:64	1:128	1:256	1:512	1:1 024	红细胞对照	抗原对照
稀释液/mL	25	25	25	25	25	25	25	25	25	25	50	25
被检血清/mL	25	25	25	25	25	25	25	25	25	25	弃去	
稀释液/mL	25	25	25	25	25	25	25	25	25	25	50	25
标准阳性血清/mL	25	25	25	25	25	25	25	25	25	25	弃去	
4 单位病毒/mL	25	25	25	25	25	25	25	25	25	25	—	25
作用时间与温度	振荡 1～2 min，静置 20 min											
红细胞悬液/mL	25	25	25	25	25	25	25	25	25	25	25	25
作用时间与温度	振荡 1～2 min，静置 30～60 min											
结果 1	—	—	—	—	—	—	++	+++	+++	+++	—	+++
结果 2	—	—	—	—	—	—	—	—	—	+++	—	+++

依据血细胞凝集抑制程度判断结果。以完全抑制红细胞凝集的血清最大稀释度为该血清的血细胞凝集抑制效价。如果以 2 为底的负对数($-\log_2$)表示，其血凝抑制效价恰好与反应板上出现完全抑制的最高孔数相一致。

二维码 9-17 非洲猪瘟病毒检测技术

参考文献

[1] 中国农业科学院哈尔滨兽医研究所. 兽医微生物学[M]. 2版. 北京:中国农业出版社,2013.

[2] 葛兆宏. 动物微生物[M]. 北京:中国农业出版社,2001.

[3] 杜念兴. 兽医免疫学[M]. 2版. 北京:中国农业出版社,1997.

[4] 刘志恒. 现代微生物学[M]. 北京:科学出版社,2002.

[5] 周德庆. 微生物学教程[M]. 4版. 北京:高等教育出版社,2020.

[6] 河南农业大学. 动物微生物学[M]. 3版. 北京:中国农业出版社,2005.

[7] 刘宝全. 兽医生物制品学[M]. 北京:中国农业出版社,1995.

[8] 甘肃农业大学. 兽医微生物学[M]. 2版. 北京:中国农业出版社,1991.

[9] 黄青云,黄青云. 畜牧微生物学[M]. 6版. 北京:中国农业出版社,2017.

[10] 杨汉春. 动物免疫学[M]. 3版. 北京:中国农业大学出版社,2020.

[11] 江苏省徐州农业学校. 兽医微生物学[M]. 2版. 北京:中国农业出版社,1995.

[12] 王世若,王兴龙,韩文瑜. 现代动物免疫学[M]. 2版. 长春:吉林科学技术出版社,2001.

[13] 蔡宝祥. 家畜传染病学[M]. 4版. 北京:中国农业出版社,2001.

[14] 刘荣臻,曹元应. 病原微生物与免疫学[M]. 3版. 北京:人民卫生出版社,2014.

[15] 河南农业大学. 动物微生物学与免疫学[M]北京:中国科学技术出版社,1991.

[16] 费恩阁,李德昌,丁壮. 动物疫病学[M]. 北京:中国农业出版社,2004.

[17] 吴清民. 兽医传染病学[M]. 北京:中国农业大学出版社,2002.

[18] 邢钊,乐涛. 动物微生物及免疫技术[M]. 郑州:河南科学技术出版社,2006.

[19] 甘孟候. 中国禽病学[M]. 北京:中国农业出版社,1999.

[20] 胡建和,王丽荣,杭柏林. 动物微生物学[M]. 北京:中国农业科学技术出版社,2006.

[21] 郝民忠. 动物微生物[M]. 重庆:重庆大学出版社,2007.

[22] 杨文. 王振华. 邓灶福. 动物微生物[M]. 武汉:华中科技大学出版社,2015.

[23] 杨玉平. 动物微生物[M]. 北京:中国轻工业出版社,2012.

[24] D. 斯科特·麦克维,梅利莎·肯尼迪,M. M. 陈嘎帕. 兽医微生物学[M]. 3版. 王笑梅,冯力,译. 北京:中国农业出版社,2021.

[25] 许信刚,邢福珊. 兽医微生物学实验实习指导[M]. 2版. 杨凌:西北农林科技大学出版社,2020.

[26] 胡桂学. 兽医微生物学[M]. 北京:中国农业大学出版社,2018.

附 录

常用玻璃器材的准备

微生物实验室内应用的玻璃器材种类甚多，如吸管、试管、烧瓶、培养皿、培养瓶、毛细吸管、载玻片、盖玻片等，在采购时应注意各种玻璃器材的规格和质量，一般要求能耐受多次高热灭菌，且以中性为宜。玻璃器皿使用前要经过刷洗处理，使之干燥清洁，有的还需要无菌处理。对于每个从事微生物工作的人员应熟悉和掌握各种玻璃器皿用前用后的处理。现将玻璃器皿的种类及其准备列述如下。

一、常用玻璃器皿的种类及要求

(1)试管。用于细菌及血清学试验的试管应较坚厚，以便加塞不致破裂。常用的规格如下。

①(2～3) mm×65 mm，用于环状沉淀试验。

②(11～13) mm×100 mm，用于血清学反应及生化试验等。

③15 mm×150 mm，用于分装 5～10 mL 的培养基及菌种传代等。

④25 mm×200 mm，用于特殊试验或装灭菌滴管等。

(2)三角烧瓶。底大口小，放置平稳，便于加塞，多用于盛培养基、配制溶液等。常用的规格有 50 mL、100 mL、150 mL、250 mL、500 mL、1 000 mL、2 000 mL、3 000 mL、5 000 mL 等。

(3)培养皿。为硬质玻璃双碟，常用于分离培养。盖与底的大小应合适。盖的高度较底部稍低，底部平面应特别平整。常用的规格(以皿盖直径计)有 90 mm、75 mm、60 mm 等。

(4)吸管。用于吸取少量液体。常用的吸管有两种：一种为无刻度的毛细吸管；另一种为有刻度的吸管，管壁有精细的刻度。一般长为 25 cm，常用的容量为 0.2 mL、0.5 mL、1.0 mL、2.0 mL、5.0 mL 及 10 mL。

(5)量筒、量杯。用于液体的测量。常用规格为 10 mL、20 mL、25 mL、50 mL、100 mL、200 mL、500 mL、1 000 mL 及 2 000 mL。

(6)烧杯。常用的规格为 50～3 000 mL 容量，供盛液体或煮沸用。

(7)载玻片及盖玻片。载玻片供涂片用，常用的规格为 75 mm×25 mm，厚度为 1～2 mm，另有凹玻片可供制作悬滴标本及血清学试验用。盖玻片为极薄的玻片，用于标本封闭及悬滴标本等。有圆形的，直径 18 mm；方形的，18 mm×18 mm 或 22 mm×22 mm；长方形的，22 mm×36 mm 等数种。

(8)离心管。常用规格有 10 mL、15 mL、100 mL 及 250 mL 等数种，供分离沉淀用。

(9)试剂瓶。有磨砂口,有盖,分广口和小口两种,容量自 30～1 000 mL 不等,视需要量选择使用。分棕色、无色两种,为贮藏药品和试剂用,凡避光等药品试剂均宜用棕色瓶。

(10)玻璃缸。缸内常置石炭酸或来苏儿等清毒剂,以备放置用过的破片、吸管等。

(11)染色缸。有方形和圆形两种,可放载玻片 6～10 片,供细菌、血液及组织切片标本染色用。

(12)滴瓶。有橡皮帽式管滴和玻塞式,分白色和棕色,容量有 30 mL 和 60 mL 等,供贮存试剂及染色液用。

(13)漏斗。分短颈式和长颈式两种。漏斗直径大小不等,视需要而定。分装溶液或上垫滤纸或纱布、棉花作过滤杂质用。

(14)注射器。有 0.25 mL、0.5 mL、1 mL、2 mL、5 mL、10 mL、20 mL、50 mL 和 100 mL 等。供接种试验动物和采血用。

除上述外,还有发酵管、玻棒、酒精灯、玻璃珠以及蒸馏水瓶等玻璃器材。

二、一般玻璃器皿的准备

(1)新购入玻璃器皿的处理,新购玻璃器皿常附有游离碱质,不可直接使用,应先在 2%盐酸溶液中浸泡数小时,以中和碱性,然后用肥皂水及洗衣粉洗刷玻璃器皿的内外,再用清水反复冲洗数次,以除去遗留的酸质,最后用蒸馏水冲洗。

(2)用后玻璃器皿的处理,凡被病原微生物污染的玻璃器皿,在洗涤前必须进行严格的消毒,再行处理,其方法如下。

①一般玻璃器皿(如平皿、试管、烧杯、烧瓶等)均可置高压灭菌器内 15 磅 20～30 min 灭菌。随即趁热将内容物倒净,用温水冲洗后,再用 5%肥皂水煮沸 5 min,然后按新购入产品的方法同样处理。

②吸管类玻璃器皿使用后,投入 2%来苏儿或 5%石炭酸溶液内 48 h,以使其消毒,但要在盛来苏儿溶液的玻璃管底部垫一层棉花,以防投入吸管时损破。吸管洗涤时,先浸在 2%肥皂水中 1～2 h,取出,用清水冲洗后再用蒸馏水冲洗。

③载玻片与盖玻片用过后,可投入 2%来苏儿或 5%石炭酸溶液内,取出煮沸 20 min,用清水反复冲洗数次,浸入 95%酒精中备用。

各种玻璃器材若用上述方法处理,尚未达到清洁目的,则可将其浸泡于下述清洁液中过夜,取出后用清水反复冲洗数次,最后用蒸馏水冲洗。

附:清洁液的配制方法。

重铬酸钾	60 g
硫酸	60 mL
自来水	100 mL

此液可连续使用,直至液体变绿后不再使用。此种清洁液内含有硫酸,腐蚀性很强,使用时应注意对衣服和皮肤的灼损。

凡含油脂如凡士林、石蜡等的玻璃器皿,应单独进行消毒及洗涤,以免污染其他的玻璃器皿。这种玻璃器皿于未洗刷之前须尽量去油,然后用肥皂水煮沸并趁热洗刷,再用清水反复冲洗数次，最后用蒸馏水冲洗。

(3)玻璃器皿的干燥。玻璃器皿洗净后，通常倒置于干燥架上，令其自然干燥，必要时也可放于干烤箱中 50 ℃左右烤干，以加速其干燥，温度不宜太高，以免玻璃器皿碎裂。干燥后用干净的纱布或毛巾拭去干后的水迹，以备做进一步处理应用。

(4)玻璃器皿的包装。玻璃器皿在消毒之前，须包装妥当，以免消毒后又为杂菌所污染。

①一般玻璃器皿(试管、三角烧瓶、烧杯等)的包装。用做好适宜大小的棉塞，将试管或三角烧瓶口塞好，外面再用纸张包扎，烧杯可直接用纸张包扎。

②吸管的包装。用细铁丝或长针头塞少许棉花于吸管口端，以免使用时，将病原微生物吸入口中，同时又可滤过从口中吹出的空气。塞进的棉花大小要适度，太松太紧对其使用都有影响。最后，每个吸管均需用纸分别包卷，有时也可用报纸每 5～10 支包成一束或装入金属筒内进行干烤灭菌。

③培养皿、青霉素瓶、乳钵等包装。用无油质的纸将其单个或数个包成一包，置于金属盒内或仅包裹瓶口部分直接进行灭菌。

附：棉塞的制作。

制作棉塞，最好选择纤维长的新棉花，绝不能用脱脂棉，其制作方法视试管或瓶口的大小取适量棉花，分成数层。互相重叠，使其纤维纵横交叉，然后，折叠卷紧，用两层纱布捆系结实，做成长 4～5 cm 的棉塞。良好的棉塞上下粗细一样，并且与管口紧接，没有可见空隙。

(5)玻璃器皿的灭菌。玻璃器皿干燥包装后，均置于干热灭菌器内，调节温度至 160 ℃维持 1～2 h 进行灭菌，灭菌后的玻璃器皿，须在 1 周内用完，过期应重新灭菌，再行使用。必要时，也可将玻璃器皿用油纸包装后，用 121 ℃高压蒸汽灭菌 20～30 min。

三、供组织培养用的玻璃器皿及其他器皿的清洗、包装与消毒

(1)清洗不论新购置的或用过的玻璃器皿，都必须先浸泡于粗硫酸(有的实验室用清洁液)中过夜(清洁液的配方是：先将 102 g 重铬酸钾与常水 100 mL 相混合，加热，成饱和溶液，然后按每 35 mL 饱和溶液加粗制浓硫酸 1 000 mL 即成)，次日取出用自来水浸泡 4～6 h 后，再用自来水冲洗 10 次(不得少于 10 次)或用流水冲洗 5 min(清洁液浸泡的时间应适当延长)；最后用蒸馏水冲洗 6 次(双蒸馏水冲洗 3 次即可，放入温箱中干燥即可包装。

(2)包装吸管和移液管。在管口塞入普通棉花少许(不得过紧或过松)，用麻纸包扎后，装入玻璃筒灭菌；培养瓶在塞好软木塞后，外面用牛皮纸包扎；平皿分别用牛皮纸包裹；中试管以 4～6 支用方形牛皮纸包裹在一起，进行灭菌。待用的链霉素小瓶，可直接放入铝饭盒内灭菌。

(3)灭菌包装好的玻璃器皿，均以干热灭菌，100 ℃维持 2～3 h。灭菌过的器皿，必须在 1 周内用完，过期应重新灭菌。

(4)翻口橡皮塞的准备，一般经肥皂水煮沸 20 min 后，流水冲洗 10 次，再以蒸馏水冲洗 2 次后，用双蒸馏水浸泡于玻璃缸中备用。使用前煮沸消毒 15 min，也可取出、晾干、包装、高压灭菌器灭菌后使用。

四、毛细管的制备

取直径 5 mm 长约 10 cm 的中性硬质玻璃，两端各塞以棉花，包扎灭菌后两手持管的两端，将其中段置于喷灯上烧灼，待其赤热熔化时，即离开火焰，向两端拉长，即成毛细管。